普通高等院校计算机基础教育“十四五”规划教材

办公软件高级应用与实践

廖俐鹃　贺　琳　李　蓉◎主　编
翁权杰　马汝祯　陈颂丽◎副主编
王轻纱　梁智斌
周维柏◎主　审

中国铁道出版社有限公司
CHINA RAILWAY PUBLISHING HOUSE CO., LTD.

内 容 简 介

本书采用案例式教学模式，强调办公软件的应用和实践。全书共 7 章，内容包括 Word 2016 高级应用、Excel 2016 高级应用、PowerPoint 2016 高级应用、Visio 2016 高级应用、Excel 统计分析功能、Access 2016 数据库基础、宏与 VBA 基础等高级应用知识。各章配有针对全国计算机等级考试（二级 MS Office）的考点和相关习题，便于读者巩固所学知识，备考全国计算机等级考试。

本书适合作为高等院校各专业学习办公软件高级应用的教材，也可作为各类社会培训学校相关用书，还可作为计算机爱好者的自学参考书。

图书在版编目（CIP）数据

办公软件高级应用与实践/廖俐鹃，贺琳，李蓉主编. —北京：中国铁道出版社有限公司，2021. 8（2024.7 重印）
普通高等院校计算机基础教育“十四五”规划教材
ISBN 978-7-113-28170-0

Ⅰ. ①办… Ⅱ. ①廖… ②贺… ③李… Ⅲ. ①办公自动化-应用软件-高等学校-教材 Ⅳ. ①TP317.1

中国版本图书馆 CIP 数据核字（2021）第 145495 号

书　　名：办公软件高级应用与实践
作　　者：廖俐鹃　贺　琳　李　蓉

策　　划：唐　旭　　　　编辑部电话：（010）63549508
责任编辑：陆慧萍　贾淑媛
封面制作：刘　颖
责任校对：苗　丹
责任印制：樊启鹏

出版发行：中国铁道出版社有限公司（100054，北京市西城区右安门西街 8 号）
网　　址：https://www.tdpress.com/51eds/
印　　刷：三河市国英印务有限公司
版　　次：2021 年 8 月第 1 版　2024 年 7 月第 5 次印刷
开　　本：787 mm×1 092 mm　1/16　印张：19.75　字数：530 千
书　　号：ISBN 978-7-113-28170-0
定　　价：54.00 元

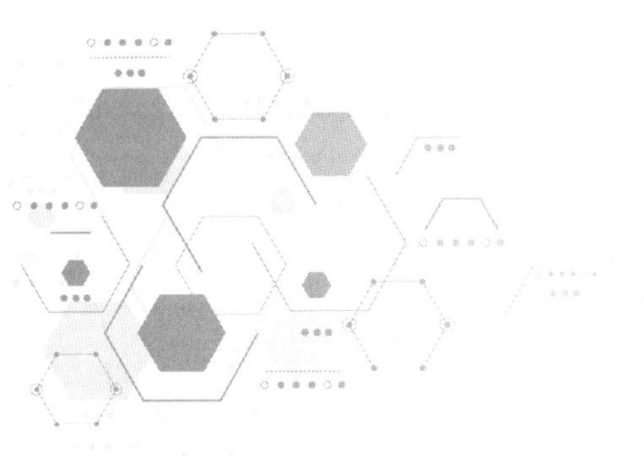

前 言

《中国高等院校计算机基础教育课程体系 2014》中提出了“以应用能力培养为导向，完善复合型创新人才培养实践教学体系建设”的工作思路，明确了以服务于专业教学为目标，在交叉融合中寻求更大的发展空间。许多高校将“Office 高级应用”课程纳入计算机基础教育课程体系，作为非计算机类专业的公共基础课。该课程的目的是非计算机专业类学生经过计算机基础课程学习后，能够进一步提高计算机应用能力。

本书采用案例式教学模式，强调应用和实践，激发学生的学习兴趣和创新意识，拓展思维，为将来的发展奠定良好的基础。全书分为 7 章，在强调应用的前提下，各章还配有针对全国计算机等级考试（二级 MS Office）的相关习题，便于读者备考计算机等级考试。

第 1 章 Word 2016 高级应用：主要介绍 Word 2016 长文档的设计与排版，以毕业论文的排版为对象，综合应用样式设计、页面布局、引用等主要功能。同时，安排批量发送录取通知书、个人简历的编辑、文档的修订、索引与书签等典型任务，进一步加强读者 Word 高级应用的能力。

第 2 章 Excel 2016 高级应用：以 Excel 多个综合性的应用任务设计为线索，介绍公式与函数的应用、数据的分类汇总与筛选、外部数据的导入与导出、数据透视图表的设计与应用、图表的创建与使用等内容。

第 3 章 PowerPoint 2016 高级应用：将 PowerPoint 的高级功能应用与演示文稿的设计理念相结合，通过较为生动的任务设计，介绍幻灯片内容的导入、主题的设计与应用、多媒体素材的插入应用、动画效果、幻灯片切换、备注的编辑与应用、幻灯片放映等内容。

第 4 章 Visio 2016 高级应用：主要讲解利用 Visio 2016 管理绘图文档、创建形状和添加文本、应用标注和容器、应用 Visio 数据、共享 Visio 绘图 5 个方面的内容，并以基本流程图为例详细介绍绘图的基本操作步骤，培养读者实际操作的能力。

第 5 章 Excel 统计分析功能：将理论与实践相结合，重点介绍 Excel 在统计分析中的应用，内容主要包括数据分析工具的安装、描述统计分析工具的使用、直方图分析工具的使用、模拟运算表的应用、单变量求解、规划求解、方案管理器等，帮助读者进一步加强运用 Excel 进行统计分析的综合应用能力。

第 6 章 Access 2016 数据库基础：主要讲解数据库的基本概念、数据库技术的发展、数据模型等内容。本章需要重点掌握关系型数据库。

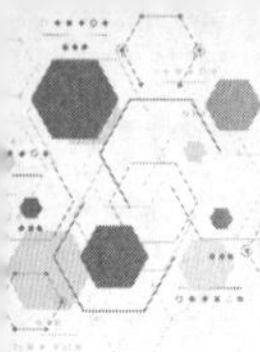

第 7 章 宏与 VBA 基础：主要介绍 Office 宏的录制与应用、VBA 方式实现对宏的编辑应用等内容。

本书由广州商学院信息技术工程学院计算机基础教研室统一策划、统一组织、集体编写，由廖俐鹃、贺琳、李蓉任主编，翁权杰、马汝祯、陈颂丽、王轻纱、梁智斌任副主编。全书由周维柏任主审。本书在编写过程中得到学校及各二级学院相关领导的大力支持和帮助，在此一并表示感谢。

由于编者水平有限，加之时间仓促，书中难免存在疏漏和不足之处，敬请各位同行和广大读者批评指正。

编 者

2021 年 4 月

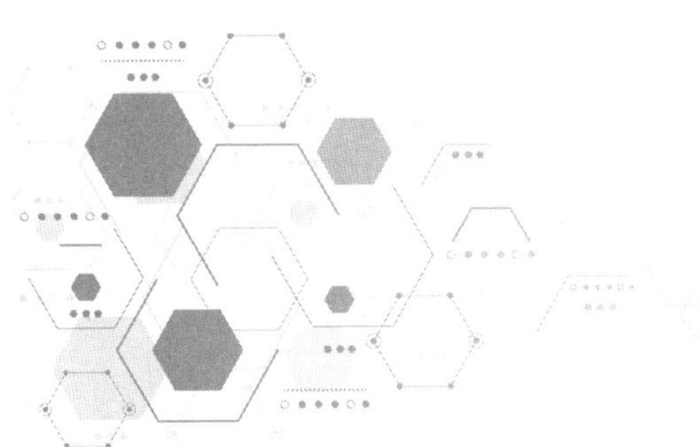

目 录

第 1 章 Word 2016 高级应用

学习目标

- 掌握样式的设置和创建模板。
- 掌握长文档的编辑和排版。
- 掌握图形、SmartArt 图形和表格的插入和编辑。
- 掌握邮件合并、查找和替换、修订和批注等操作。
- 通过案例素材的知识赋予思想政治教育方面的内容，寓价值观引导于案例实践的操作练习中，引发学生思考，帮助他们树立正确的世界观、人生观、价值观。

章节导学

Word 2016 是 Microsoft Office 2016 非常重要的一个组件，也是一款优秀的文字处理和排版软件，它被广泛地应用于我们的日常办公工作中。本章主要介绍 Word 2016 文档的相关设置、长文档的编辑和排版、图形和表格的编辑和排版，还有几个其他高级应用功能。另外，本章以邀请函的制作、宣传海报的制作和毕业论文的排版为实践案例，系统详细地介绍了 Word 2016 在邮件合并、图文表混排和长文档排版等几个方面的综合应用。

1.1 Word 2016 文档的相关设置

1.1.1 样式

样式是字体、字号和段落等一系列格式设置的集合，并将这一集合加以命名和保存。使用样式不仅能够快速准确地实现文档格式的设置，而且能够高效地调整文档的格式。在应用样式时，将同时应用该样式中所有的格式设置。

1. 内置样式

在 Word 2016 中，系统有很多内置样式。选择“开始”选项卡的“样式”选项组，列表中有多种内置样式，例如“标题”“副标题”“正文”等都是内置样式。单击样式列表右边的“其他”按钮，可以显示更多的内置样式，如图 1-1 所示。

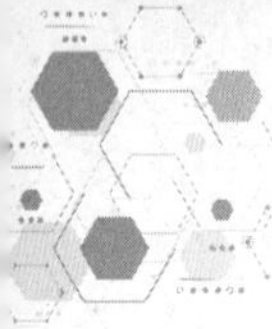

2. 新建样式

在实际应用中，除了应用 Word 自带的内置样式，用户还可以自己新建样式。例如论文的主体内容需要应用正文样式，但是 Word 默认的正文样式有的时候并不满足格式需求。这里并不推荐修改默认的正文样式，如果擅自修改，对于文档的其他部分可能会造成一些混乱。例如，一些特定的论文封面都是默认使用内置的正文样式，如果把内置的正文样式修改，就会造成已有的文字格式混乱。因此对于正文的排版，需要创建一个全新的正文样式。如创建一个名称为“A”的样式，格式要求：微软雅黑，四号，1.5 倍行距，段前和段后的距离为 0.5 行。具体的操作步骤如下。

Step 01：选择“开始”选项卡，然后单击“样式”区域右下角的对话框启动器按钮，打开“样式”任务窗格，如图 1–2 所示。

图 1–1　内置样式列表

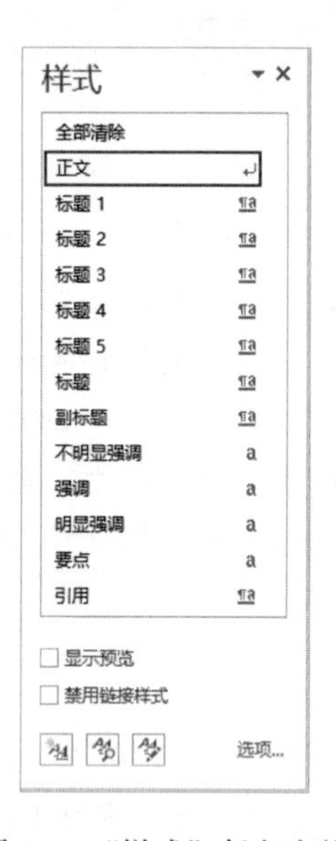

图 1–2　“样式”任务窗格

Step 02：单击“样式”任务窗格左下角的“新建样式”按钮，弹出“根据格式设置创建新样式”对话框，在“名称”文本框输入“A”，“样式类型”选择默认的“段落”命令，“样式基准”下拉列表选择“正文”，“后续段落样式”一般取默认值。

Step 03：单击“根据格式设置创建新样式”对话框左下角的“格式”按钮，选择下拉列表中的“字体”命令，在弹出的“字体”对话框中进行字符格式的设置，然后单击“确定”按钮返回。选择下拉列表中的“段落”命令，在弹出的“段落”对话框中进行段落格式的设置，设置如图 1–3 所示，然后单击“确定”按钮返回。

Step 04：单击“根据格式设置创建新样式”对话框中的“确定”按钮，“样式”选项组就会显示出新建的“A”样式。

3. 修改样式

如果样式不能满足要求，用户可以对样式进行修改。例如要求修改“A”样式的字体为黑体，三号。操作方法为：选中“样式”选项组中的“A”样式右击，在弹出的快捷菜单中选择“修改”命令，弹出“修改样式”的对话框，如图 1–4 所示。然后选择左下角“格式”下拉菜单的“字体”命令，在弹出的“字体”对话框进行格式修改即可。

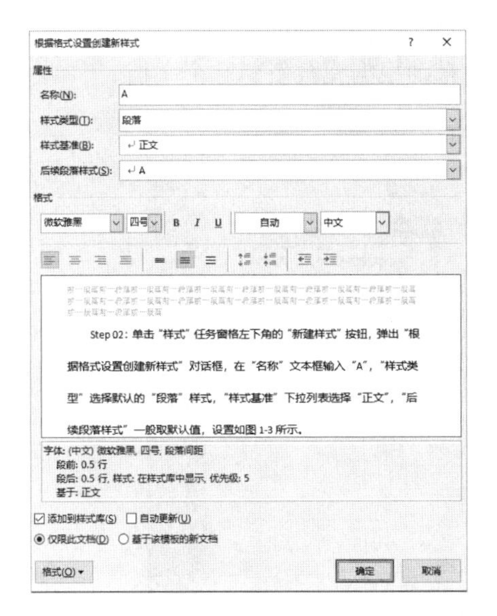

图 1-3　“根据格式设置创建新样式”对话框

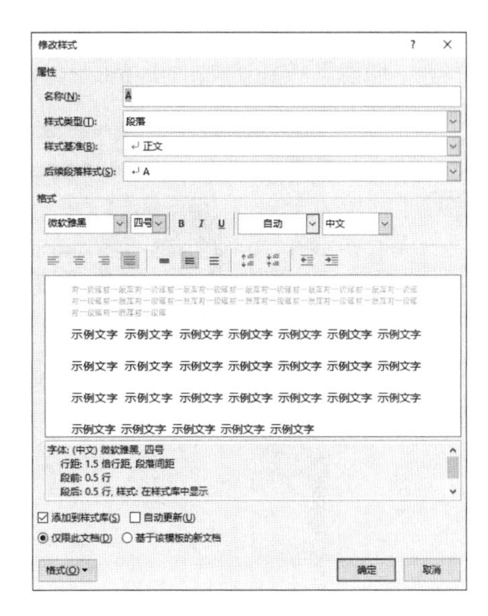

图 1-4　“修改样式”对话框

1.1.2　模板

模板是一种特殊的文档，包含了文档的基本结构和基本信息，例如样式、格式、页面布局等。Word 2016 为用户提供了多种类型的模板，利用这些模板可以快速地创建文档。

1. 使用模板创建文档

Word 2016 提供了很多联机模板，用户可以根据需要来搜索模板，快速创建基于某种模板的文档，具体的操作步骤如下。

Step 01：单击“文件”选项卡，在左侧列表中单击“新建”按钮，在搜索框中输入关键词，然后单击“开始搜索”按钮进行联机搜索。如输入关键词“信函”，就会出现很多模板，如图 1-5 所示。

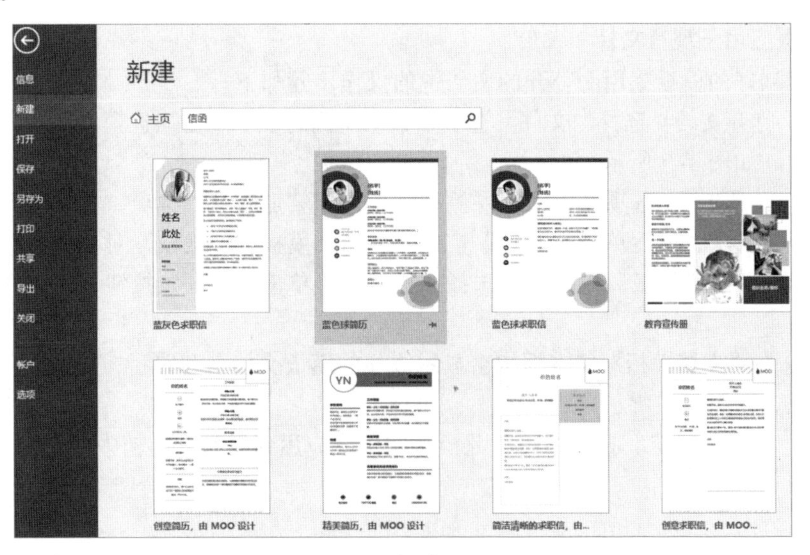

图 1-5　“新建”界面

Step 02：选择需要的模板，在弹出的对话框中将显示该模板的相关介绍信息，若符合需要，则单击“创建”按钮，如图 1-6 所示。此时，Word 会自动根据模板新建一个文档。

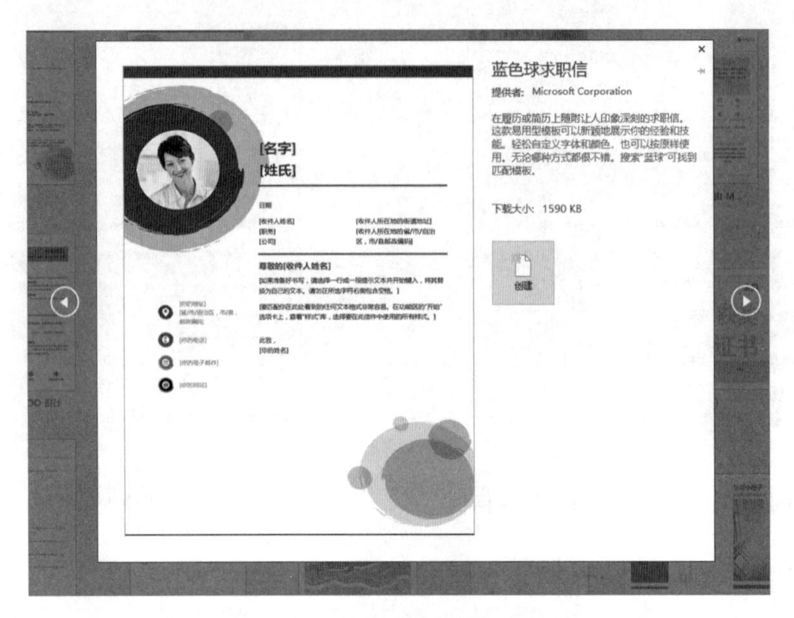

图 1-6 “蓝色球求职信”模板

Step 03：根据需要输入文档信息，然后将文档保存即可。

2. 创建新模板

用户可以利用已有的文档创建新模板，具体操作步骤如下。

Step 01：打开一个已经排版好各类格式的现有文档。选择“文件”选项卡，在左侧列表中单击“另存为”按钮，弹出“另存为”对话框。

Step 02：设置模板的存放位置。输入模板保存的文件名，在“保存类型”下拉列表选择“Word 模板”命令，单击“保存”按钮即可完成。

3. 将模板应用于现有文档

将一个定制好的模板应用到打开的文档中的操作步骤如下。

Step 01：打开文档，选择“文件”选项卡，在左侧列表中单击“选项”按钮，弹出“Word 选项”对话框，如图 1-7 所示。

Step 02：在“Word 选项”对话框左侧列表中选择“加载项”选项，在“管理”下拉列表中选择“模板”选项，然后单击“转到”按钮，弹出“模板和加载项”对话框，单击“选用”按钮，在弹出的“选用模板”对话框中选择一种模板，单击“打开”按钮，返回“模板和加载项”对话框。

Step 03：在“文档模板”文本框中会显示添加的模板文档名和路径，选择“自动更新文档样式”复选框，如图 1-8 所示。

Step 04：单击“确定”按钮即可将此模板的样式应用到打开的文档中。

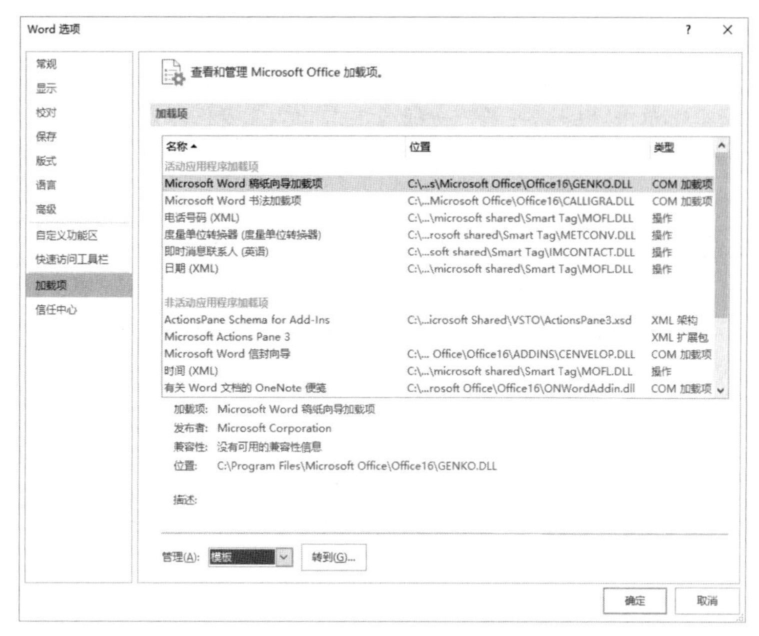

图 1-7　“Word 选项”对话框

图 1-8　“模板和加载项”对话框

1.1.3　视图

Word 在“视图”选项卡中提供了 5 种视图模式：页面视图、阅读视图、Web 版式视图、大纲视图和草稿。但在 Word 排版中最常用的视图模式有两种，分别是页面视图和大纲视图。

1．页面视图

我们最常使用的视图是页面视图，一般创建新文档、编辑文档、排版文档等大多数的编辑操作都默认在此视图下进行。在页面视图中，文档所见的效果即打印文档呈现的效果。

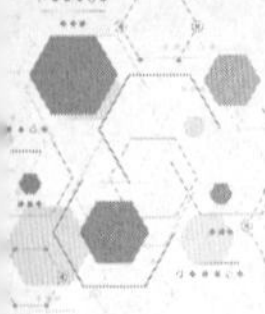

2. 阅读视图

阅读视图是为了方便阅读浏览文档而设计的视图模式，适合于查阅文档。选择“视图”选项卡“视图”选项组，单击“阅读视图”按钮或单击 Word 操作界面底部状态栏中的“阅读视图”按钮即可进入该视图。单击该视图左侧或右侧的三角形按钮，可前后翻页查阅文档，查阅完成后按【Esc】键可退出该视图。

3. Web 版式视图

该视图适用于发送电子邮件和创建网页，以网页的形式显示文档。选择“视图”选项卡“视图”选项组，单击“Web 版式视图”按钮或单击 Word 操作界面底部状态栏中的“Web 版式视图”按钮即可进入该视图。

4. 大纲视图

大纲视图可以方便对长文档进行查看，并在结构层面上调整，确定文档的整体结构。例如，设置标题的大纲级别、移动文本段落，或直接输入并修改文档的各级标题等。选择“视图”选项卡“视图”选项组，单击“大纲视图”按钮即可进入该视图。

5. 草稿

该视图下仅显示标题和正文，取消了页面边距、分栏、页眉页脚和图片等元素。选择“视图”选项卡“视图”选项组，单击“草稿”按钮即可进入该视图。

1.2 长文档的编辑和排版

1.2.1 分节符

分节符是指以当前光标为基准位置，将光标前后内容分成两个不同的章节。插入分节符以后，不同章节的内容可以在同一页显示，也可以在不同页显示。分节符有 4 种类型，下面进行详细介绍。

①“下一页”分节符将光标之后的文本强制移到下一页开始，常用于在文档中开始新的章节。

②“连续”分节符将光标前后的文本内容分为不同的节，但是在同一页上开始新一节，在视觉效果上几乎没有变化。

③“偶数页”分节符将光标后面的文本移到下一个偶数页的起始位置，在偶数页之间空出一页。

④“奇数页”分节符将光标后面的文本移到下一个奇数页的起始位置，在奇数页之间空出一页。

下面介绍文档添加分节符的方法，具体操作步骤如下。

Step 01：打开 Word 文档，将光标定位到要插入分节符的位置。在“布局”选项卡的“页面设置”选项组中单击“分隔符”按钮，如图 1-9 所示，在下拉列表的“分节符”栏中单击“下一页”选项。

Step 02：插入光标后的文档将被放置到下一页。

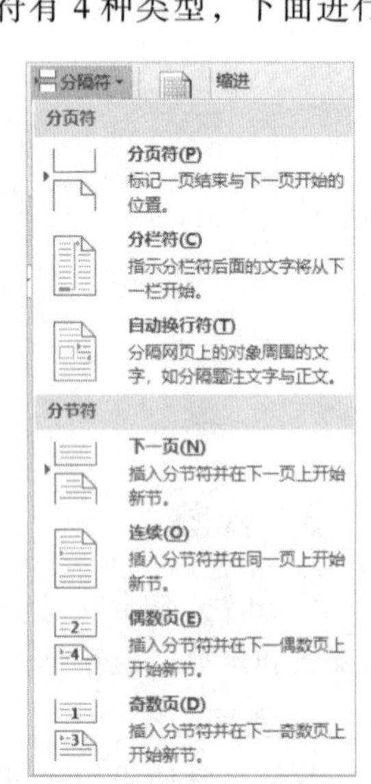

图 1-9 “分隔符”下拉列表

1.2.2　标题样式和多级列表

对于长文档的标题设置，不用手动输入编号，一般采用将“多级列表”链接到“标题样式”来实现各级标题的自动编号。下面以一个实例来介绍三级标题编号具体的操作步骤。文档设置要求如表 1–1 所示。

表 1-1　文档设置要求

<table>
<tr><th>标 题 样 式</th><th>多级列表编号</th><th>格　式</th><th>其　他</th></tr>
<tr><td>一级标题使用“标题 1”样式</td><td>第 X 章，X 为自动编号，对齐位置和文本缩进位置都为 0</td><td>黑体三号，居中对齐</td><td rowspan="3">各级标题与文字之间空一格</td></tr>
<tr><td>二级标题使用“标题 2”样式</td><td>X.Y，X 为章数字序号，Y 为节数字序号，如 1.1，且为自动编号，对齐位置和文本缩进位置都为 0</td><td>宋体小四加粗，左对齐</td></tr>
<tr><td>三级标题使用“标题 3”样式</td><td>X.Y.Z，X 为章数字序号，Y 为节数字序号，Z 为次节序号，如 1.1.1，对齐位置和文本缩进位置都为 0</td><td>宋体小四加粗，左对齐</td></tr>
</table>

具体操作步骤如下：

Step 01： 修改样式。打开文档“长文档的排版.docx”，根据设置要求，先修改三级标题的样式。选择“标题 1”样式右击，在弹出的快捷菜单中选择“修改”命令，在弹出的“修改样式”对话框中按照要求设置格式，如图 1–10 所示，用同样的方法按照要求修改“标题 2”和“标题 3”的样式。

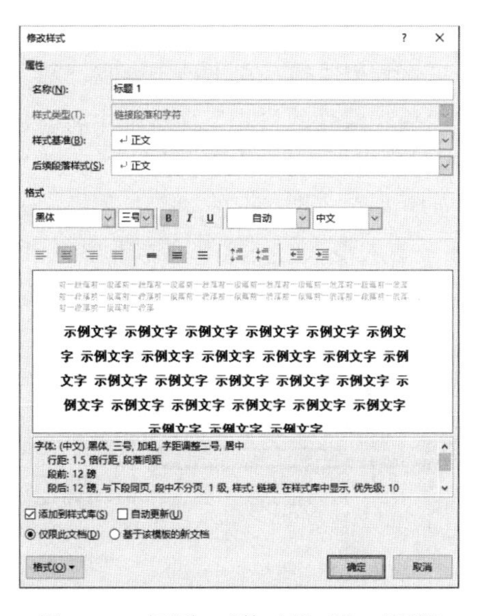

图 1–10　标题 1“修改样式”对话框

Step 02： 定义新的多级列表。选择“开始”选项卡，在“段落”选项组中单击“多级列表”按钮，然后单击下拉列表中“定义新的多级列表”命令，弹出“定义新多级列表”对话框，单击左下角的“更多”按钮，在此对话框完成以下设置。

设置一级标题。在“此级别的编号样式”下拉列表中选择“1，2，3，…”的编号样式，在“输入编号的格式”文本框中的数字前面和后面分别输入“第”和“章”。在“将级别链接到样式”下拉列表中选择“标题 1”样式，按照要求完成其他设置，对话框如图 1–11 所示。

设置二级标题。在“单击要修改的级别”列表框中选择“2”。在“包含的级别编号来自”

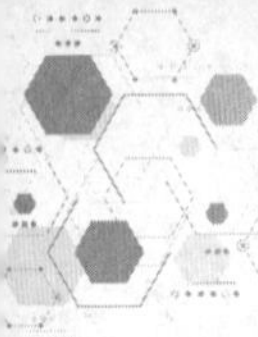

下拉列表中选择“级别 1”，在“输入编号的格式”文本框中将自动出现“1”，然后输入英文状态下的“.”。在“此级别的编号样式”下拉列表中选择“1，2，3，…”样式。在“输入编号的格式”文本框中将出现“1.1”。在“将级别链接到样式”下拉列表中选择“标题 2”样式，按照要求完成其他设置。

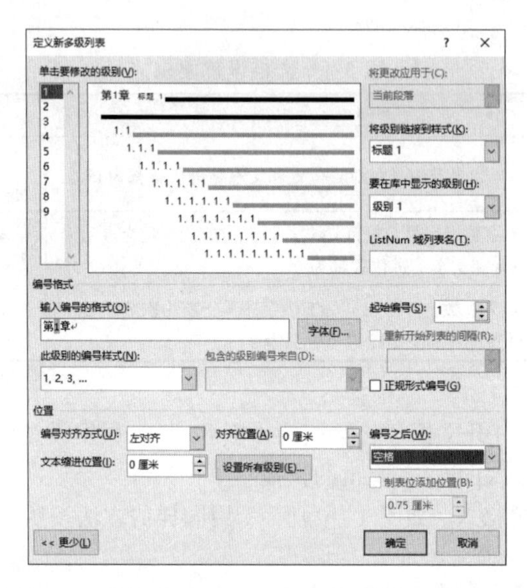

图 1-11　设置一级标题的“定义新多级列表”对话框

设置三级标题。在“单击要修改的级别”列表框中选择“3”。在“包含的级别编号来自”下拉列表中选择“级别 1”，在“输入编号的格式”文本框中将自动出现“1”，然后输入英文状态下的“.”。在“包含的级别编号来自”下拉列表中选择“级别 2”，在“输入编号的格式”文本框中将自动出现“1.1”，然后输入英文状态下的“.”。在“此级别的编号样式”下拉列表中选择“1，2，3，…”样式。在“输入编号的格式”文本框中将出现“1.1.1”。在“将级别链接到样式”下拉列表中选择“标题 3”样式，按照要求完成其他设置，对话框如图 1-12 所示。

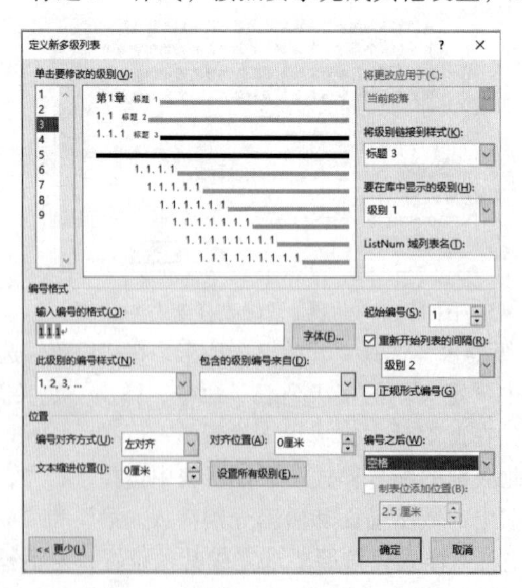

图 1-12　设置完三级标题的“定义新多级列表”对话框

完成以上设置以后，在“开始”选项卡“样式”选项组的样式列表中将会出现带有多级编号的“标题 1”“标题 2”“标题 3”的样式，如图 1–13 所示。

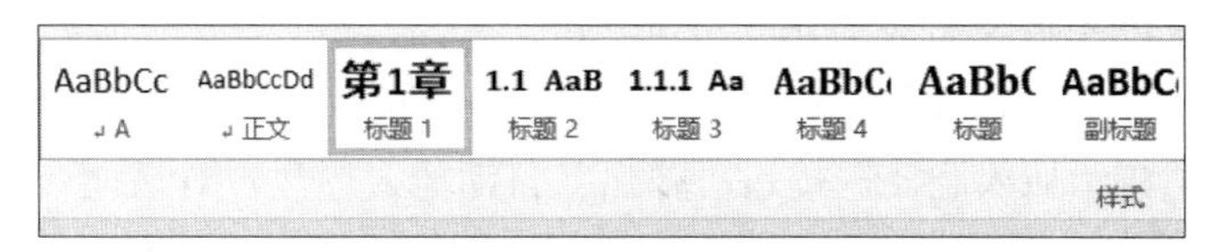

图 1–13　自动编号后的标题样式

Step 03： 应用标题样式。将光标定位到文档中的一级标题中，单击样式列表中的“标题 1”样式，一级标题将设置为已指定的样式。选择一级标题中原来的“第 1 章”“第 2 章”等字符，然后删除。用同样的方法将“标题 2”应用到文档中的二级标题，将“标题 3”应用到文档中的三级标题。

1.2.3　题注和交叉引用

题注是给图片、表格、图表、公式等项目添加的名称和编号。例如在图片下面输入图片编号和图片名称，这样可以方便读者查找和阅读。

交叉引用是对文档中其他位置内容的引用，例如可为题注、编号、标题、脚注、书签、段落等创建交叉引用。

1. 题注

（1）为已有的项目添加题注

在 Word 中，可以对已有的图片、图表、公式等项目添加题注，具体操作步骤如下。

Step 01： 在文档中选定想要添加题注的项目，如图片（图片下方已有图片名称，则将光标定位在名称的左侧），选择“引用”选项卡，在“题注”选项组中单击“插入题注”按钮，弹出“题注”对话框，如图 1–14 所示。

Step 02： 在“标签”下拉列表中选择一个标签，如图表、表格、公式等。若要新建标签，则单击“新建标签”按钮，在弹出的“新建标签”对话框中输入要设置的标签名称，如图、表等，单击“确定”按钮可建立一个新的标签。

Step 03： 单击“编号”按钮，弹出“题注编号”对话框，先设置编号格式。若需要将编号和章节序号联系起来，则需要选择“包含章节号”复选框，如图 1–15 所示。设置完成后，单击“确定”按钮返回“题注”对话框。再单击“确定”按钮完成题注的添加。

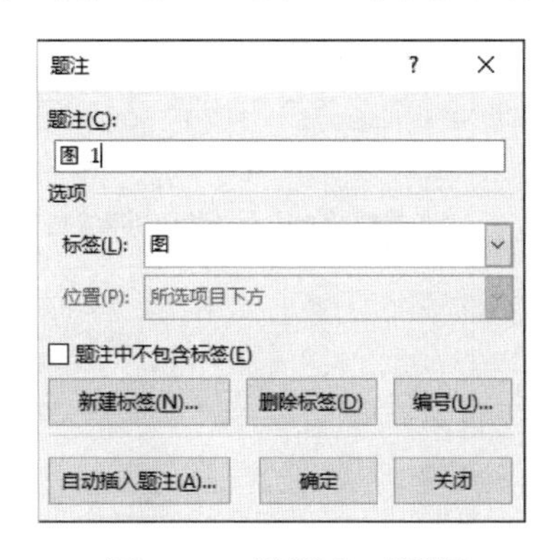

图 1–14　“题注”对话框

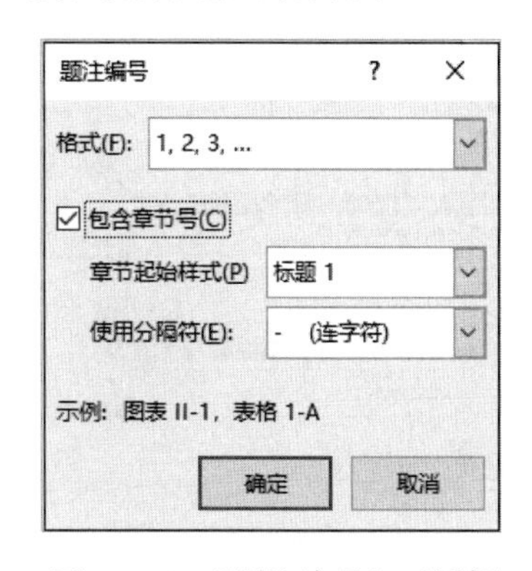

图 1–15　“题注编号”对话框

（2）自动添加题注

在文档中插入图片、图表或公式等项目时，可以设定自动给插入的项目加上题注。自动为项目添加题注的具体操作步骤如下。

Step 01：选择“引用”选项卡，在“题注”选项组中单击“插入题注”按钮，弹出“题注”对话框。然后单击“自动插入题注”按钮，弹出“自动插入题注”对话框，如图 1-16 所示。

Step 02：在“插入时添加题注”列表框中选择自动插入题注的项目，在“使用标签”下拉列表中选择“标签”类型，在“位置”下拉列表中选择题注与项目的相对位置。如果要新建标签，单击“新建标签”按钮，在弹出的对话框中输入新标签名即可。单击“编号”按钮可以设置编号格式。

Step 03：单击“确定”按钮，完成自动添加题注的操作。

（3）修改题注

题注有不同的编号格式，在添加题注时，可以设定不同的题注标签和编号格式，也可以对已有的编号进行修改。修改所有相同类型标签的具体操作步骤如下。

Step 01：选择要修改的相同类型的题注标签中的任意一个，选择“引用”选项卡，在“题注”选项组中单击“插入题注”按钮，弹出“题注”对话框。

Step 02：在“标签”下拉列表中选择要修改的题注标签。单击“新建标签”按钮，输入新标签名称，单击“确定”按钮返回。单击“编号”按钮，弹出“题注编号”对话框，在该对话框中根据需要选择一种编号格式，或选择“包含章节号”复选框，再单击“确定”按钮返回。

Step 03：在“题注”文本框中可看到修改后的题注格式。单击“确定”按钮，文档中所有相同类型的题注会自动更改为新的题注。如果在“题注”对话框中单击“删除标签”按钮，则可将选择的标签从“标签”下拉列表中删除。

2. 交叉引用

（1）创建交叉引用

创建交叉引用后，可以链接到同一文档的其他部分。例如，可以使用交叉引用链接到文档中其他位置出现的图表或图形。创建交叉引用的具体操作步骤如下。

Step 01：将光标定位到要创建交叉应用的位置，选择“引用”选项卡，在“题注”选项组中单击“交叉引用”按钮，弹出“交叉引用”对话框，如图 1-17 所示。

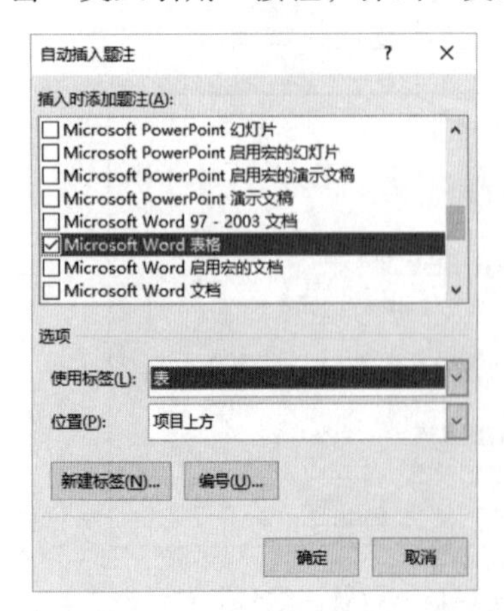

图 1-16 “自动插入题注”对话框

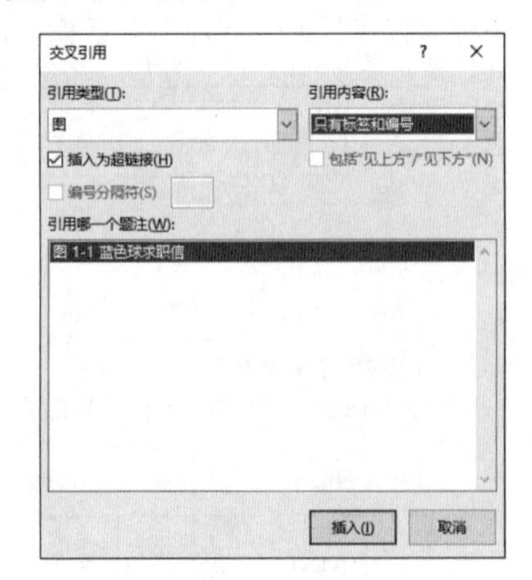

图 1-17 “交叉引用”对话框

Step 02：在“引用类型”下拉列表中选择要引用的对象类型，如选择“图”；在“引用内容”下拉列表中选择要插入的信息内容，如“整项题注”“只有标签和编号”“只有题注文字”等，这里选择“只有标签和编号”；在“引用哪一个题注”列表框中选择要引用的题注，然后单击“插入”按钮。

Step 03：这样就完成了一个交叉引用的创建，按照同样的方法可继续在文档中为其他对象创建交叉引用。全部完成后，单击“关闭”按钮即可。

（2）更新交叉引用

当文档中的被引用的对象发生了变化，如添加、删除或移动了题注，那么就需要更新交叉引用，操作步骤如下。

Step 01：若要更新单个交叉引用，选定该交叉引用。若要更新文档中所有的交叉引用，选定整篇文档。

Step 02：右击所选内容，在弹出的快捷菜单中选择“更新域”命令，即可完成单个或所有交叉引用的更新。

1.2.4　脚注和尾注

脚注和尾注都是对文本的补充说明，脚注是对文档中某些文字的说明，一般位于文档某页的底部；尾注用于添加注释，例如备注和引文，一般位于文档的末尾。

1．脚注

（1）插入脚注

把光标定位到要插入脚注的文本下面，单击“引用”→“脚注”→“插入脚注”，被标注的文字会自动生成上标数字，光标跳转至页脚，那里也自动生成了数字，在数字后面编辑脚注内容即可，如图 1-18 所示。

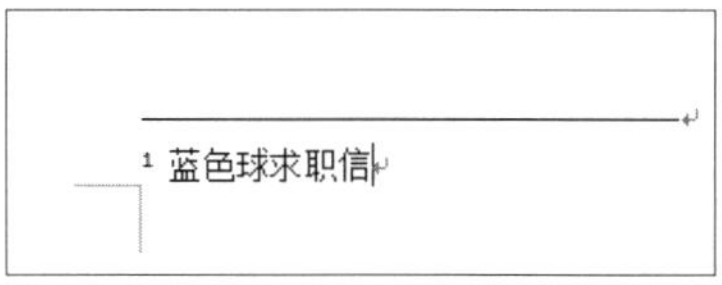

图 1-18　页脚处插入脚注的界面

插入脚注后，如果想看脚注，不必移到脚注所在页末尾，只需要把光标移到上标数字的位置，就会自动显示脚注。“插入脚注”右边有“下一条脚注”，单击它展开，其中“上一条脚注”和“下一条脚注”这两个命令用于在脚注之间切换，“上一条尾注”和“下一条尾注”用于尾注之间的切换。

（2）修改脚注

“脚注”的插入位置有两处：一处是页面底端，另一处是文字下方。两者之间的差别很小，选择前者文字下移一点点；反之，文字上移一点点。修改脚注的方法为：右击页尾要修改的脚注，选择“便笺选项”，或者单击“引用”选项“脚注”区域右下角的对话框启动器按钮，可以打开“脚注和尾注”对话框，如图 1-19 所示，单击“脚注”右边的下拉按钮，在下拉列表中选择“文字下方”命令，单击“应用”按钮即可。在该对话框中，还可以对脚注的格式、编号等进行修改。

（3）删除脚注

如果需要删除脚注，只要删除正文中脚注自动生成的上标数字，这样上标数字和页尾的脚注内容都会一起删除。如果需要逐个删除脚注，可以单击“脚注”→“下一条脚注”→“下一条脚注”迅速定位，然后将脚注一一删除。

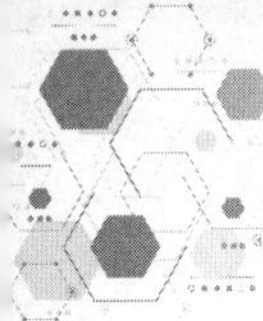

2. 尾注

（1）插入尾注

尾注会在文档的最后一页末尾显示。单击“引用”→“脚注”→“插入尾注”，在光标所在位置的文本会自动生成上标数字，光标跳转至文档末尾，那里也自动生成了数字，在数字后编辑尾注内容即可，如图 1–20 所示。

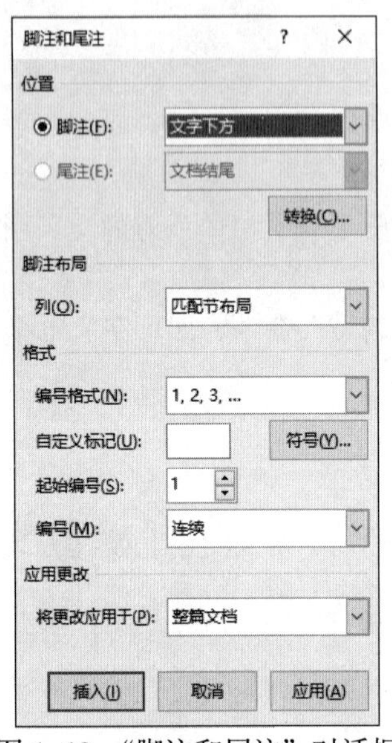

图 1–19 “脚注和尾注”对话框

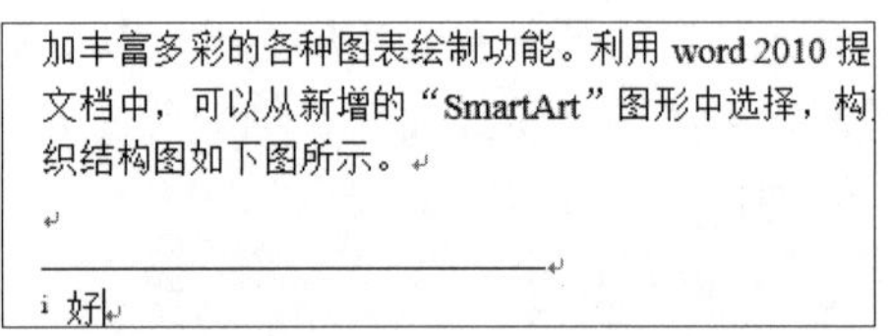

图 1–20 文档末尾插入尾注的界面

（2）修改尾注

“尾注”的插入位置可以是文档结尾或者节的结尾，选择节的结尾时，文档必须已经插入了分节符。修改尾注的方法为：右击文档末尾要修改的尾注，在弹出的快捷菜单中选择“便笺选项”命令，或者单击“引用”选项“脚注”区域右下角的对话框启动器按钮，可以打开“脚注和尾注”对话框，“尾注”右边的下拉列表有“节的结尾”和“文档结尾”两个选项，选择“节的结尾”命令，单击“应用”按钮即可。在该对话框中，还可以对尾注的格式、编号等进行修改。

（3）删除尾注

删除尾注的方法和删除脚注一样，删除正文中自动生成的尾注上标数字即可。如果需要逐个删除尾注，可以单击“尾注”→“下一条尾注”→“下一条尾注”迅速定位，然后将其他尾注删除。

3. 脚注和尾注的相互转换

脚注和尾注之间可以相互转换。如果要将某一条脚注转换为尾注，只需要在该脚注上右击，在弹出的快捷菜单中选择“转换至尾注”命令即可。同样的方法，在某个尾注上右击选择“转换为脚注”命令，如图 1–21 所示，可以实现将尾注转换成脚注。

如果要把尾注或脚注进行批量转换。可以在“脚注”区域右下角单击对话框启动器按钮，然后在弹出的“脚注和尾注”对话框中单击“转换”按钮，在弹出的“转换注释”对话框中选择对应的选项，单击“确定”按钮即可，如图 1–22 所示。

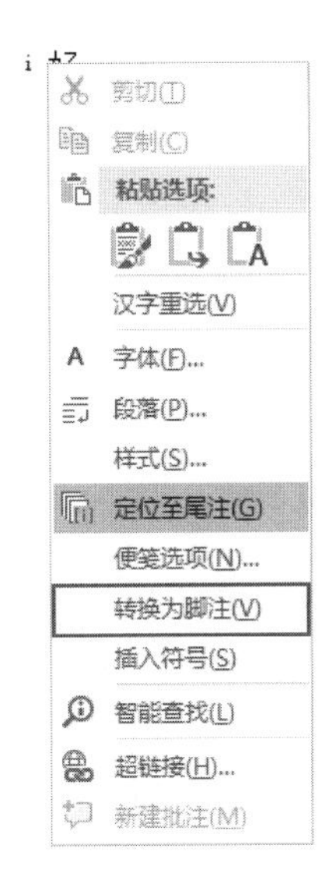

图 1-21　右击脚注弹出的快捷菜单

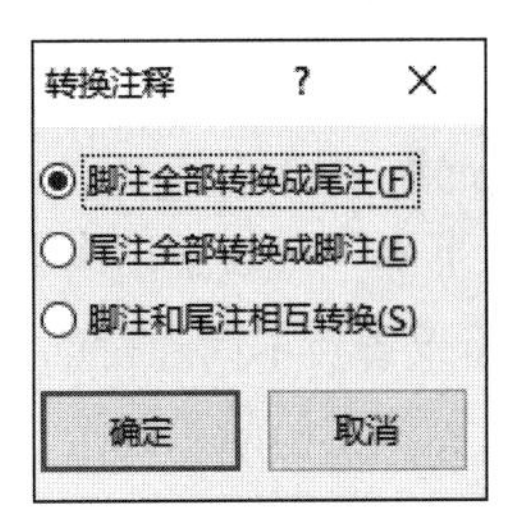

图 1-22　“转换注释”对话框

1.2.5　页眉、页脚和页码

1．设置不同章节不同的页眉和页脚

将同一篇文档的不同章节设置不同的页眉和页脚，首先要将整篇文档分节，然后才能插入页眉或页脚。具体的操作步骤如下。

Step 01： 将光标定位在需要插入分节符的位置，选择“布局”选项卡，在“页面设置”选项组中单击“分隔符”下拉按钮，在弹出的下拉列表中选择分节符“下一页”命令。

Step 02： 即在光标处插入一个分节符，并将分节符后面的内容显示在下一页中，文档如图 1-23 所示。

Step 03： 选择“插入”选项卡，在“页眉和页脚”选项组中单击“页眉”下拉按钮，在弹出的下拉列表中选择一种内置页眉样式，或选择“编辑页眉”命令，进入“页眉和页脚”的编辑状态。

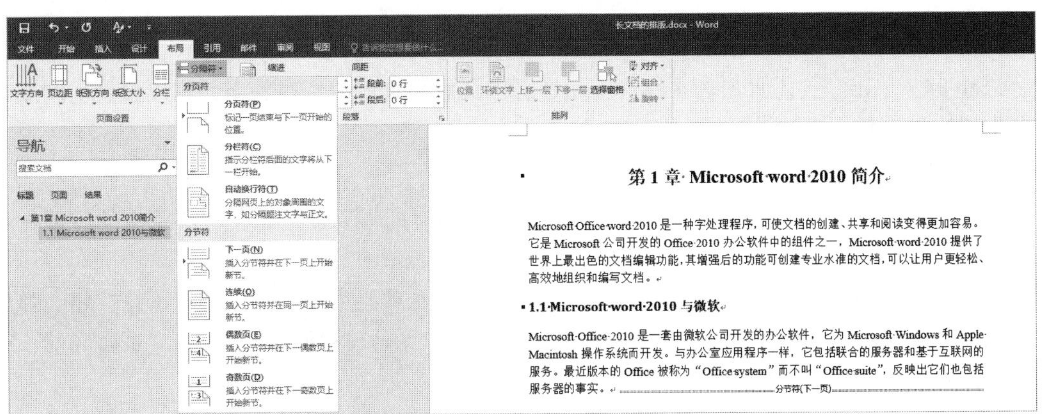

图 1-23　插入“下一页”分节符后的效果

Step 04： 将光标定位到第 1 节第 1 页的页眉处，输入当前节的页眉，然后拖动鼠标指针到第 2 节第 1 页的页眉处，选择“设计”选项卡，在“导航”选项组中单击“链接到前一条页眉”

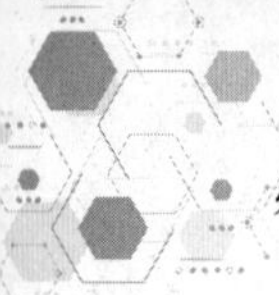

按钮，取消与前一节页眉的链接关系（若链接关系为灰色显示，表示无链接关系；否则表示前后两节保持链接关系），如图 1–24 所示，然后删除页眉中的原有内容，再输入本节的页眉。

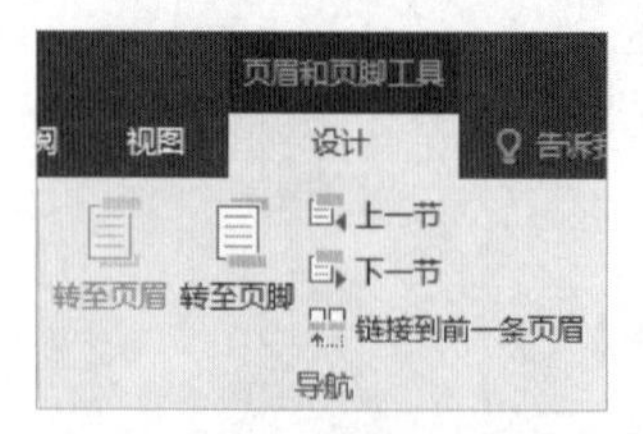

图 1–24 取消“链接到前一条页眉”

Step 05：参照上述方法可继续为文档中的其他节插入页眉。页眉插入完成后，可单击“关闭页眉和页脚”按钮退出编辑状态。

2. 设置首页不同和奇偶页不同

如果要将文档的奇数页和偶数页设置不同的页眉，或者去掉首页的页眉，就可以用“首页不同”和“奇偶页不同”两个选项来设置，具体操作步骤如下。

Step 01：选择“插入”选项卡，在“页眉和页脚”选项组中单击“页眉”下拉按钮，在弹出的下拉列表中选择一种内置的页眉样式。若内置的页眉样式不符合要求，则可以单击“编辑页眉”按钮，直接进入页眉编辑状态。

Step 02：进入“页眉和页脚”编辑状态后，会同时显示“页眉和页脚工具/设计”（以下简称“设计”）选项卡。若文档中已有页眉，则可以在页眉处双击，同样能够打开“设计”选项卡，显示页眉和页脚的内容。

Step 03：选择“选项”选项组中的“首页不同”或“奇偶页不同”复选框，如图 1–25 所示，将光标分别移位到文档中对应的页眉页脚处，然后编辑内容。

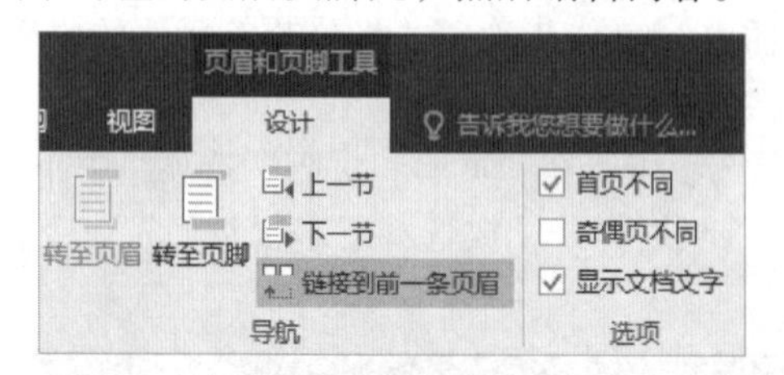

图 1–25 设置“首页不同”或“奇偶页不同”的选项界面

Step 04：单击“关闭页眉和页脚”按钮，退出页眉和页脚的编辑状态，完成首页不同或奇偶页不同的页眉和页脚的设置。

3. 设置不同的页码格式

同一篇文档的不同部分需要不同的页码格式，例如有的需要使用中文页码，有的需要拉丁文页码等，具体的操作步骤如下。

Step 01：选择“插入”选项卡，在“页眉和页脚”选项组中单击“页码”下拉按钮，弹出下拉列表，如图 1–26 所示。在该下拉列表中，选择一种页码放置的样式， 如“页面底端”中的“普通数字 2”选项，即进入页眉页脚的编辑状态。

Step 02：若要设置的页码格式不是默认的阿拉伯数字，则可以对插入的页码进行修改。选择“设计”选项卡，在“页眉和页脚”选项组中单击“页码”下拉按钮，在弹出的下拉列表中选择“设置页码格式”命令，弹出“页码格式”对话框，如图 1–27 所示。

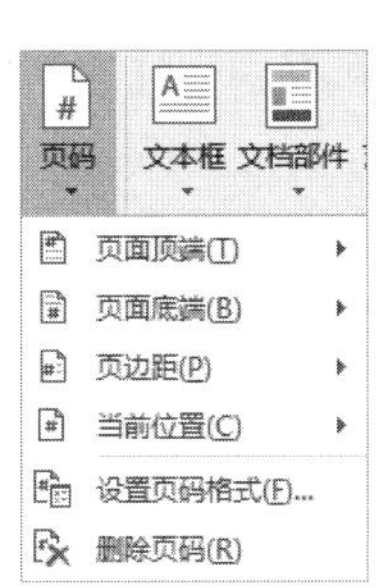

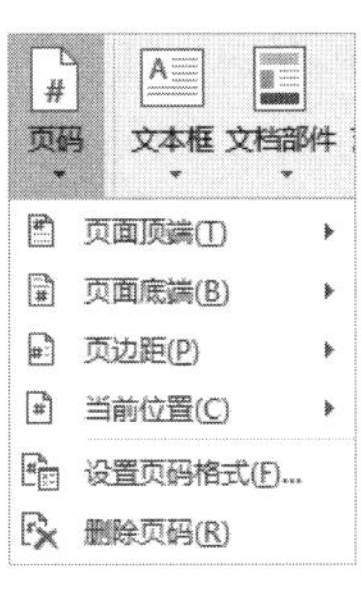

图 1–26 “页码”下拉列表

图 1–27 “页码格式”对话框

Step 03：在该对话框中，首先在“编号格式”下拉列表中选择编号的格式，再在“页码编号”选项组中选择“续前节”或“起始页码”单选按钮，若页码中需要包含章节号，则选择“包含章节号”复选框。操作完成后，单击“确定”按钮即可在文档中插入页码。再单击“关闭页眉和页脚”按钮退出页眉页脚的编辑状态。

1.2.6 目录

1. 标题目录的设置

Word 2016 中包含内置目录和自定义目录，其中自定义目录具有很大的灵活性，用户可以根据实际需要设置目录的大纲级别和目录的显示样式。编制标题目录后，单击目录中的某个页码的同时按住【Ctrl】键，可以自动跳转到该页码对应的标题。

（1）自定义目录的创建

Step 01：将光标定位在要建立目录的文档位置，选择“引用”选项卡的“目录”选项组，在“目录”下拉列表中选择“自定义目录”命令，打开“目录”对话框，如图 1–28 所示，在该对话框中可以设置目录格式和显示级别等。

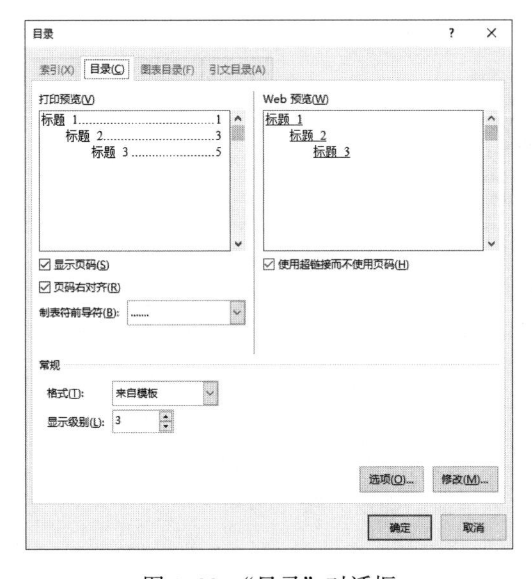

图 1–28 “目录”对话框

Step 02：在“目录”对话框中单击“选项”按钮，弹出“目录选项”对话框，可以选择目录标题显示的级别，一般默认为三级，如图 1-29 所示。

Step 03：如果要修改某级目录格式，可以单击“目录”对话框中“修改”按钮，打开“样式”对话框，如图 1-30 所示。选择要修改样式的目录级别，再单击“修改”按钮，然后在打开的“修改样式”对话框种对该级别的目录格式进行自定义，完成设置后依次单击“确定”按钮即可，插入目录完成以后的效果如图 1-31 所示。

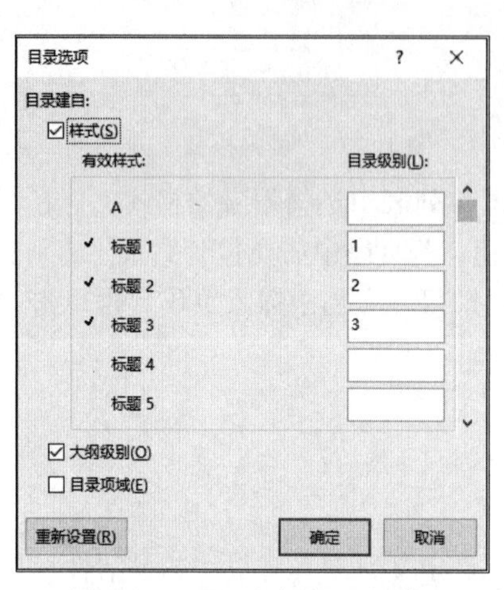

图 1-29 “目录选项”对话框

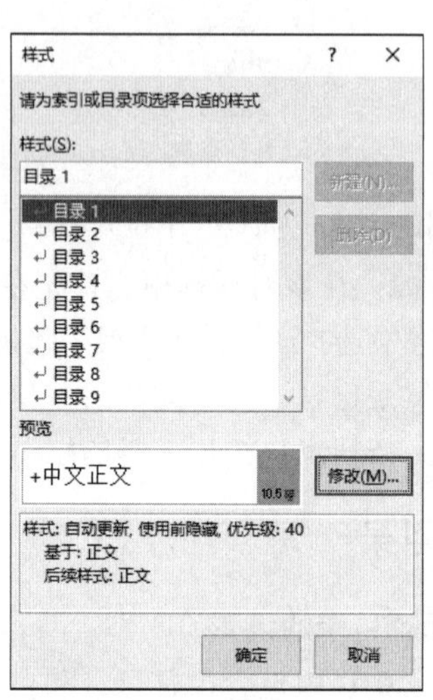

图 1-30 “样式”对话框

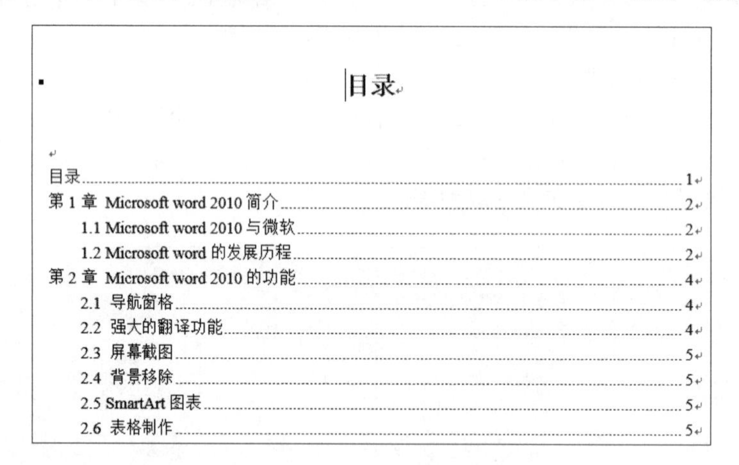

目录

图 1-31 插入目录完成以后的效果图

（2）更新目录

如果目录已经创建完成，但是文档内容又进行了修改，导致标题和页码发生了变化，则需要对目录进行更新，操作方法如下。

选择“引用”选项卡的“目录”选项组，单击“更新目录”按钮，在打开的“更新目录”对话框中选择“更新整个目录”单选按钮，如图 1-32 所示，再单击“确定”按钮即可。

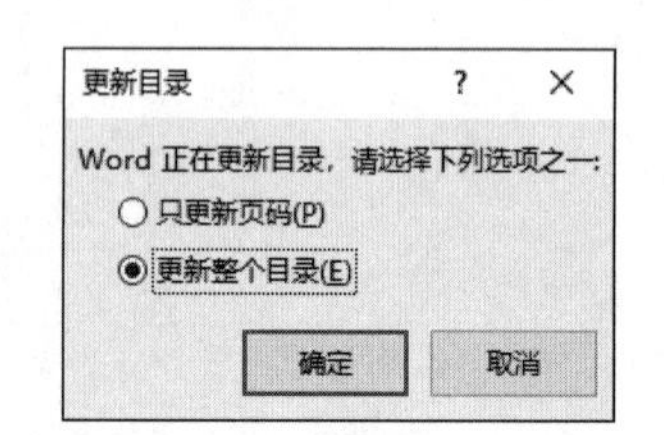

图 1-32 “更新目录”对话框

2. 图表目录的设置

图表目录是对文档中的图、表、公式等对象编制的目录。编制图表目录后，单击目录中的某个页码的同时按住【Ctrl】键，可以自动跳转到该页码对应的对象。图表目录创建的方法如下。

Step 01：打开已经对图、表、公式做好插入题注的文档，将光标定位到要创建图表目录的文档位置，选择“引用”选项卡的“目录”选项组，单击“插入表目录”按钮，弹出“图表目录”对话框，选择“题注标签”下拉列表中的“图”命令，如图 1-33 所示。

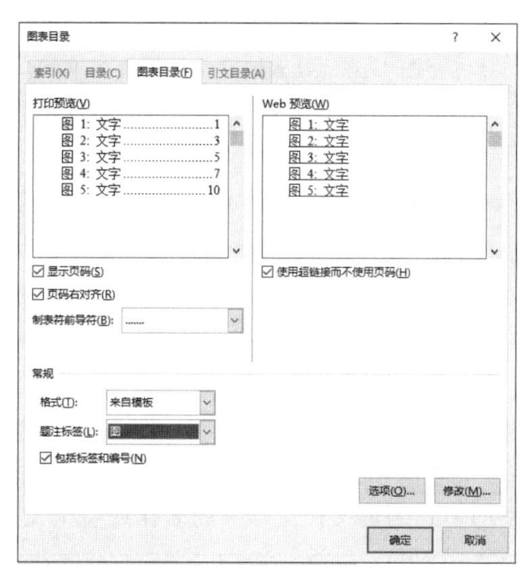

图 1-33　“图表目录”对话框 1

Step 02：在“题注标签”下拉列表中选择不同的标签，可以实现图、表、公式等题注的选择。例如选择“题注标签”下拉列表中的“表”命令，如图 1-34 所示。

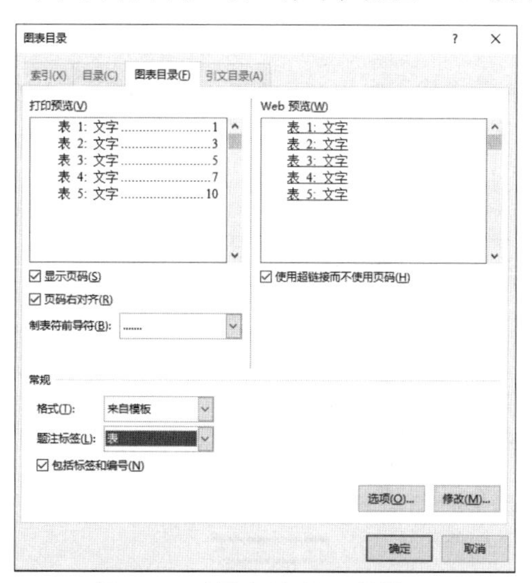

图 1-34　“图表目录”对话框 2

Step 03：单击“选项”按钮，弹出“目录选项”对话框，可对图表目录的标题来源进行设置，单击“确定”按钮返回。单击“修改”按钮，弹出“修改样式”对话框，可以对图表目录的样式进行修改，单击“确定”按钮返回。

Step 04：单击“确定”按钮完成图目录的创建，如图 1-35 所示。

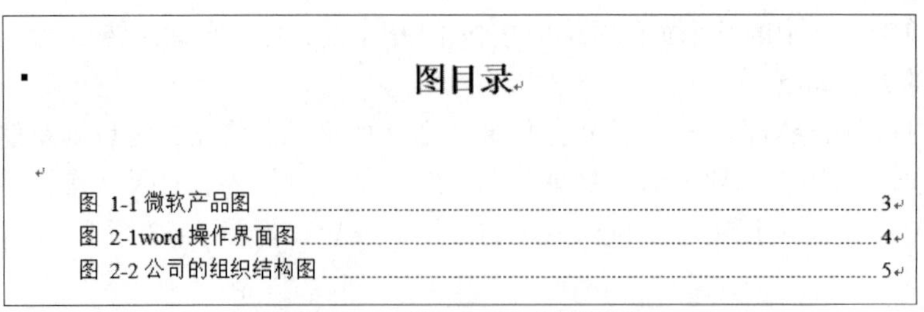

图目录

图 1-1 微软产品图 3
图 2-1word 操作界面图 4
图 2-2 公司的组织结构图 5

图 1-35　插入图目录的效果

图表目录的修改和更新方法与标题目录的操作方法类似，在此不再赘述。

1.2.7　参考文献

参考文献是在学术研究过程中，对前人的某些著作或论文的整体参考或借鉴。在学术文档里要对它们在文中出现的地方予以标明，并在文档末尾列出参考文献表。

1. 手动制作参考文献

各类文献的著录格式有一个国家标准文件 GB/T 7714—2015《信息与文献　参考文献著录规则》，其中详细规定了参考文献的具体格式。另外，参考文献标点符号一般采用半角状态下的英文标点。下面具体介绍参考文献制作的操作步骤。

Step 01：按照参考文献的格式编辑文档所参考的著作或者论文，如图 1-36 所示。

张奇.Visual C#数据库项目案例导航[M].北京:清华大学出版社,2005.
赵松涛.Visual Studio2005+SQL Server 2005 数据库应用系统开发[M].北京:电子工业出版社,2007.
刘勇.SQL Server 2000 基础教程[M].北京:清华大学出版社,2005.

图 1-36　编辑参考文档格式后的效果

Step 02：选择所有的参考文献文本内容，在“开始”选项卡中的“段落”选项组单击“编号”下拉按钮，在弹出的下拉列表中选择“定义新编号格式”命令，弹出“定义新编号格式”对话框，设置编号格式如图 1-37 所示，单击“确定”按钮。

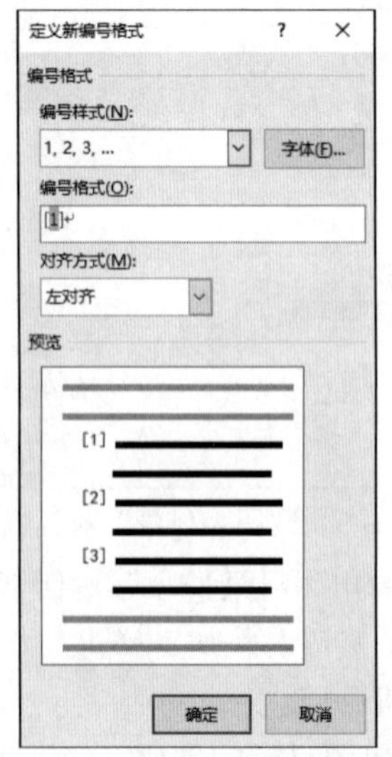

图 1-37　“定义新编号格式”对话框

2. 从论文下载网站生成参考文献

一般下载论文的网站都能导出参考文献，下面我们以中国知网为例介绍具体的操作步骤。

Step 01： 在中国知网搜索框输入关键词搜索相关的论文，找出自己需要下载的论文并选中，然后选择上方的“导出与分析”下拉列表中的“导出文献”→“GB/T 7714—2015 格式引文”命令，如图 1-38 所示。

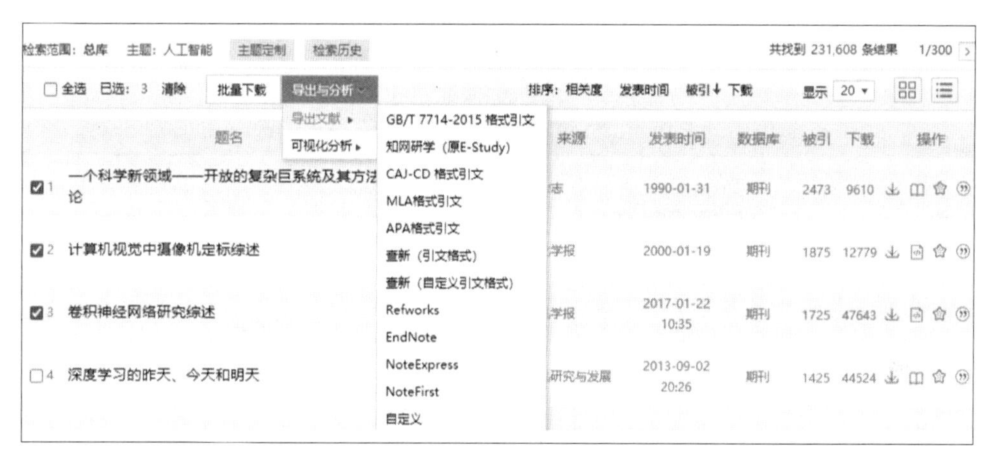

图 1-38　单击“导出与分析”后的界面

Step 02： 浏览器会跳出到第二个页面，如图 1-39 所示。

图 1-39　跳转的第二个页面

Step 03： 在这里单击“导出”按钮，选中文献的引用就以记事本格式的文档下载到本地计算机上。打开下载的记事本文档，如图 1-40 所示，直接复制粘贴到自己的论文中即可。

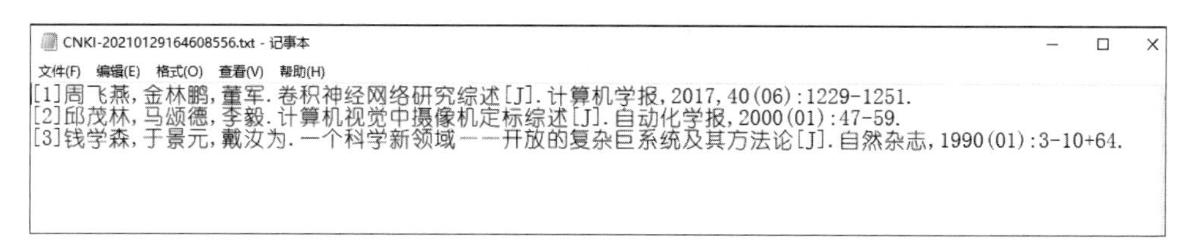

图 1-40　下载的记事本文档

3. 交叉引用法引用参考文献

在文档中引用参考文献，一般有交叉引用法、文献管理软件法、尾注法 3 种，其中交叉引用法最简便。交叉引用法的具体操作步骤如下。

Step 01： 将光标定位到要插入参考文献引用的位置，选择“引用”选项卡，在“题注”选项组中单击“交叉引用”按钮，弹出“交叉引用”的对话框。

Step 02： 在该对话框中，将“引用类型”设置为“编号项”，将“引用内容”设置为“段落编号”，在“引用哪一个编号项”列表框中选择要引用的参考文献的编号，如图 1-41 所示，单击“插入”按钮即可。

Step 03：参考文献的编号都是以“上标”的格式突出显示，所以还需要选中编号，然后选择“开始”选项卡，在“字体”选项组中单击右下角的对话框启动器按钮，弹出“字体”对话框，在该对话框中的“效果”栏中选择“上标”复选框即可，如图 1-42 所示。

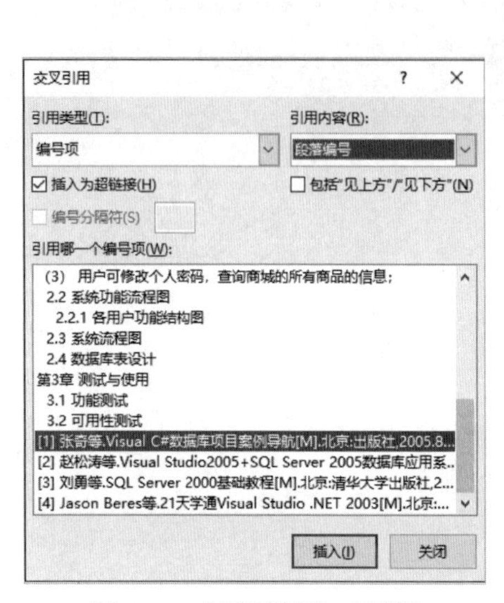

图 1-41 “交叉引用”对话框

图 1-42 “字体”对话框

用同样的方法可以添加其他参考文献的引用。如果参考文献的编号发生变化，比如某两篇参考文献的位置对调，此时只需要选择之前插入的引用右击，在弹出的快捷菜单中选择“更新域”命令，文档中的引用就会自动更新。

1.3 图形和表格的排版

1.3.1 图文混排

1. 插入和编辑图片

在 Word“插入”选项卡“插图”选项组中，系统提供了 6 种方式插入插图，它们分别是图片、联机图片、形状、SmartArt、图表和屏幕截图。其中图片、联机图片以及图形的设置方法有些类似。下面以图片为例介绍图片图形的插入和编辑方法，主要包括 3 个方面的设置：文字的环绕方式、图片的大小、图片的位置。

（1）设置图片的文字环绕方式

文字环绕方式是指插入图片后，图片与文字的环绕关系。其中，插入图片默认的文字环绕方式为“嵌入型”。Word 提供了 7 种文字环绕方式，可以通过下述方法设置图片的文字环绕方式。

① 选择图片，选择“绘图工具/格式”选项卡，在“排列”选项组中单击“环绕文字”按钮，在弹出的下拉列表中选择一种环绕方式即可。

② 选择图片右击，在弹出的快捷菜单中选择“其他布局选项”命令，弹出“布局”对话框，选择“文字环绕”选项卡，可选择其中的一种文字环绕方式，如图 1–43 所示。

图 1–43　“文字环绕”选项卡

（2）设置图片的大小

若要调整图片的大小，最快速的方法是使用鼠标拖动四周控制点的位置，但是无法精确控制其大小。可以通过下述方法实现图片大小的精确设置。

① 选择图片，直接在“格式”选项卡“大小”选项组的“高度”和“宽度”文本框中输入具体的数值，实现精确设置。

② 选择图片右击，在弹出的快捷菜单中选择“其他布局选项”命令，在弹出的“布局”对话框中选择“大小”选项卡进行设置，如图 1–44 所示。

图 1–44　“大小”选项卡

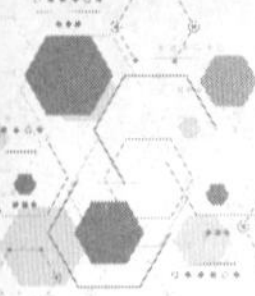

（3）设置图片的位置

这里需要注意，插入图片后一般先设置图片的文字环绕方式和大小，然后再设置图片的位置，其具体操作方法如下。

① 选择图片后，按住鼠标左键直接将图片拖动到文档中合适的位置。

② 选择图片后，用上面同样的方法调出“布局”对话框中，单击“位置”选项，可以对图片的位置进行精确设置，如图 1-45 所示。

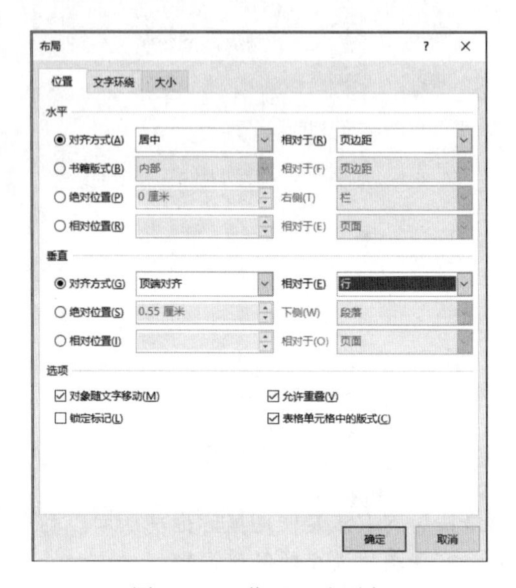

图 1-45 “位置”选项卡

2. 插入屏幕截图

除了插入已有的图片外，还可以直接截取当前屏幕的图片并插入文档中，这就需要使用 Word 的屏幕截图功能。下面介绍插入屏幕截图的具体操作步骤。

Step 01：在“插入”选项卡的“插图”选项组中单击“屏幕截图”下拉按钮，在弹出的下拉菜单中选择“屏幕剪辑”选项，如图 1-46 所示。

图 1-46 选择“屏幕剪辑”

Step 02：此时屏幕进入截图状态，变为灰色变半透明状，鼠标指针变为黑色十字形状，按住鼠标左键拖动选择需要截取的区域，释放鼠标后将自动在文档当前的指针位置处插入截取的图片。另外，截取中途按【Esc】键可以退出截图状态。

1.3.2 应用 SmartArt 图形

1. 创建 SmartArt 图形

Word 提供了丰富的 SmartArt 图形，使用 SmartArt 图形可以快速制作出外观美观、结构清晰的图示。下面以“组织结构图”为例，介绍 SmartArt 图形的创建和编辑。

Step 01：将光标定位在插入 SmartArt 图形的位置，选择“插入”选项，在“插图”选项组单击“SmartArt”按钮，弹出“选择 SmartArt 图形”对话框，如图 1-47 所示。

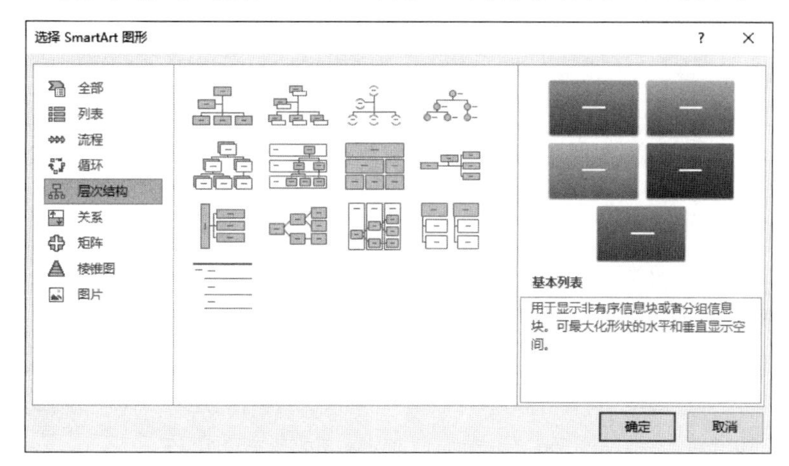

图 1-47　“选择 SmartArt 图形”对话框

Step 02：在该对话框的左边列表选择“层次结构”选项，然后在右边窗格中选择“组织结构图”选项，单击“确定”按钮，即可插入一个组织结构图。

Step 03：在组织结构图中编辑文字内容。有两种编辑方法：第一种是在左侧的“在此处键入文字”窗格中的各个“文本”条形框输入文字，右侧的组织结构图就会显示对应的文字；第二种是在右侧的组织结构图中的文本框直接输入文字。

Step 04：输入完成后单击 SmartArt 图形以外的任意位置，创建完成组织结构图，如图 1-48 所示。

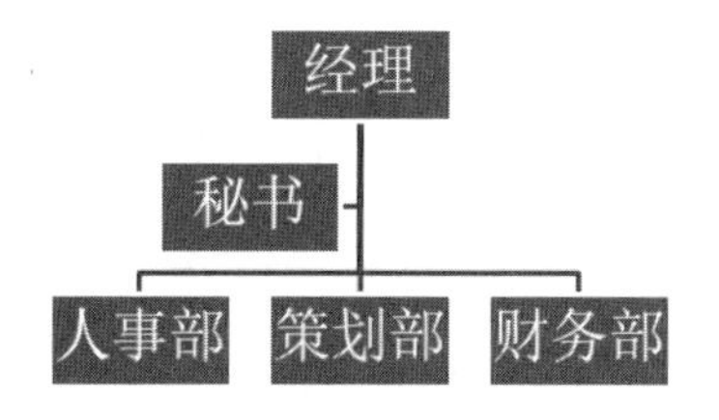

图 1-48　创建完的组织结构图

2. 添加和删除形状

若默认的结构不能满足需要，可在指定的位置添加形状。下面以图 1-48 继续添加和删除形状为例，介绍添加和删除形状的具体操作步骤。

Step 01：选择“秘书”形状，按住键盘上的【Delete】键即可删除形状。

Step 02：选择“财务部”形状右击，在弹出的快捷菜单中选择“添加形状”→“在后面添加形状”命令，即可添加一个空白形状。或者选择“财务部”形状，选择“SmartArt 工具/设计”选项卡，在“创建图形”选项组中单击“添加形状”下拉按钮，在下拉列表中选择“在后面添加形状”命令，也可以添加一个新形状。然后在新添加的形状中输入文字“销售部”即可。

Step 03：选择“财务部”形状，选择“SmartArt 工具/设计”选项卡，在“创建图形”选项组中单击“布局”下拉按钮，在下拉列表中选择“标准”命令，如图 1-49 所示。

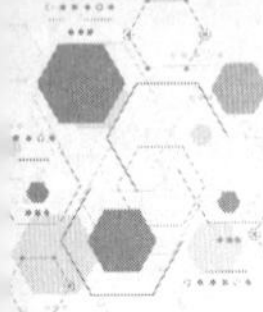

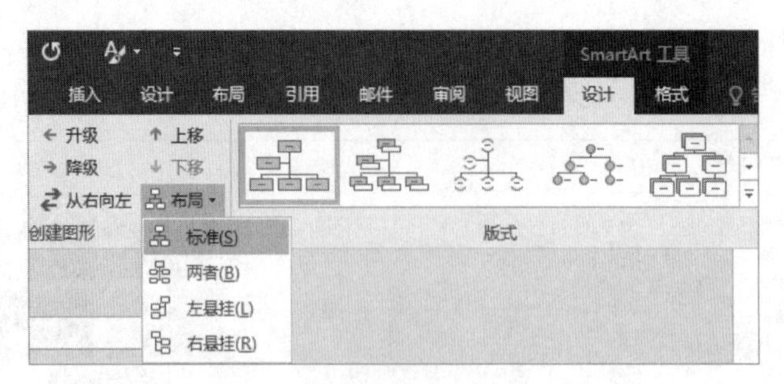

图 1-49 选择“标准”命令

Step 04：右击“销售部”形状，在弹出的快捷菜单中选择“添加形状”→“在下方添加形状”命令，可添加一个形状。在新添加的形状中输入文字“客服科”。

Step 05：右击“客服科”形状，在弹出的快捷菜单中选择“添加形状”→“在后面添加形状”命令，可添加一个形状。在新添加的形状中输入文字“配送科”即可完成创建，效果如图 1-50 所示。

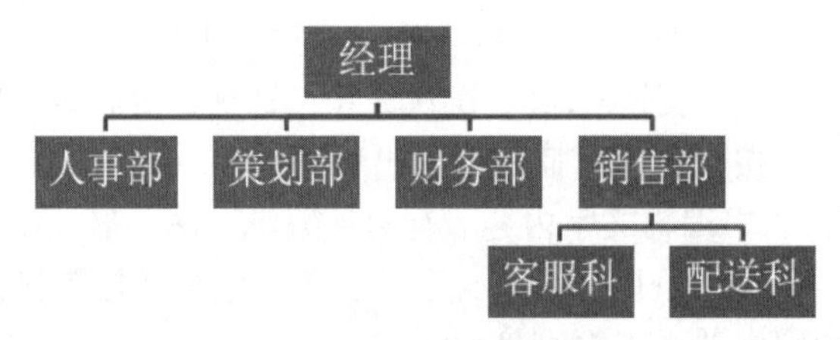

图 1-50 删除和添加形状后的效果图

3. 更改布局

用户可以更改整个 SmartArt 图形或其中一个分支的布局，以图 1-50 为例，更改为“层次结构”布局的具体操作步骤如下。

选择 SmartArt 图形，选择“SmartArt 工具/设计”选项卡，在“版式”选项组选择“层次结构”即可，效果如图 1-51 所示。

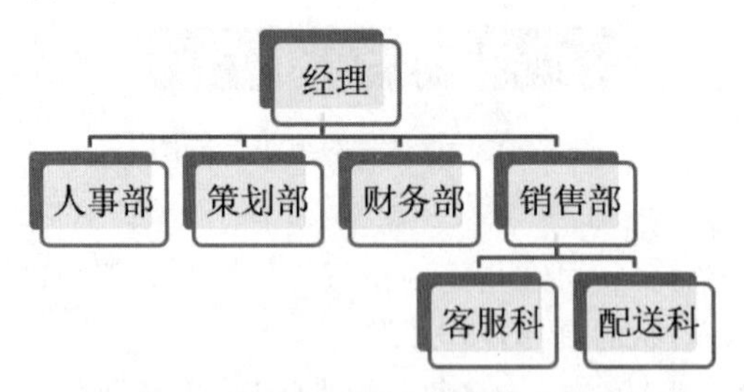

图 1-51 更改为“层次结构”的效果图

4. 更改单元格级别

更改 SmartArt 图形单元格级别的具体操作步骤如下。

选择图 1-51 所示的 SmartArt 图形，选择“配送科”形状，然后选择“SmartArt 工具/设计”选项卡，在“创建图形”选项组中单击“升级”按钮，即可看到图 1-52 所示的效果。如果再次单击“降级”按钮，又回到原来的图形布局关系。

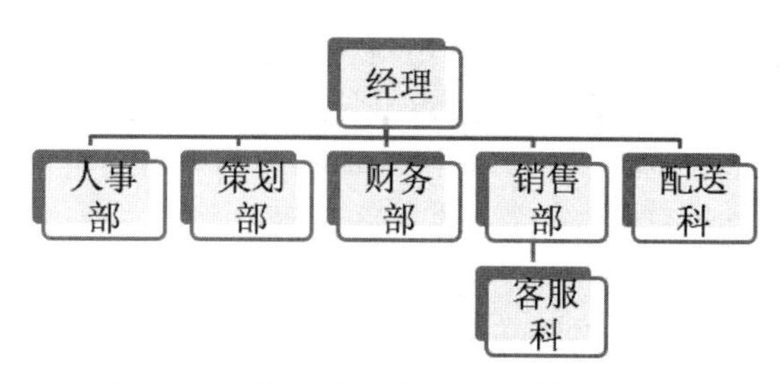

图 1-52　将“配送科”升级后的效果图

5. 更改 SmartArt 形状样式

更改 SmartArt 图形样式的具体操作步骤如下。

Step 01：选择图 1-51 所示的 SmartArt 图形，选择“SmartArt 工具/设计”选项卡，单击“更改颜色”按钮，在弹出的下拉列表中选择“彩色”中的“个性色”命令。

Step 02：在“SmartArt 样式”选项组中选择“三维”列表中的“优雅”选项，更改颜色和样式后的效果如图 1-53 所示。

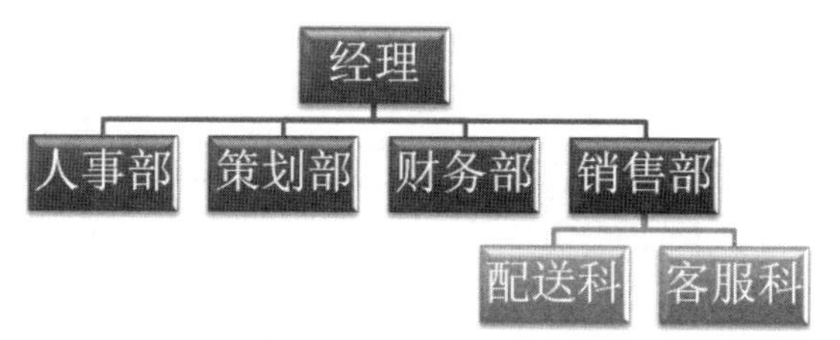

图 1-53　更改颜色和样式后的效果图

1.3.3　应用表格

1. 表格与文本的相互转换

（1）表格转换为文本

将表格转换成文的操作方法比较简单，下面以“表格转换成文本.docx”为例介绍表格转换为文本的操作方法。

将光标定位在表格中的任意位置，选择“表格工具/布局”选项卡，在“数据”选项组单击“转换成文本”按钮，弹出图 1-54 所示的对话框，然后选择文字分隔符，默认情况是“制表符”，单击“确定”按钮即可将表格转换成文本，效果如图 1-55 所示。

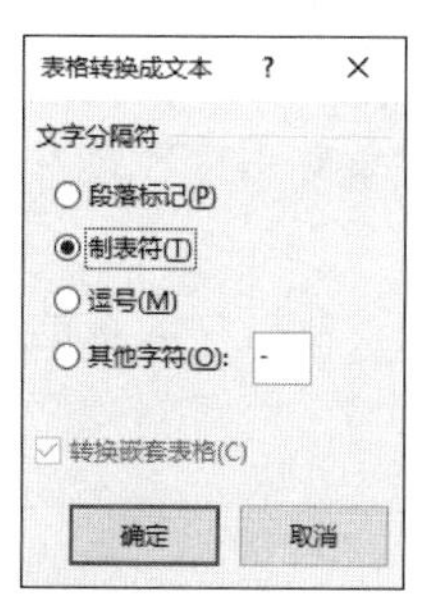

图 1-54　“表格转换成文本”对话框

姓名	王熙凤	职务	大管家
老公	贾琏	公公	贾赦
儿子	无	婆婆	邢夫人
女儿	阿 巧	亲家	刘姥姥

图 1-55　转换成文本的效果

“表格转换成文本”对话框中提供了 4 种文字分隔符选项。

① 段落标记。将每个单元格中的内容转换成文本段落。

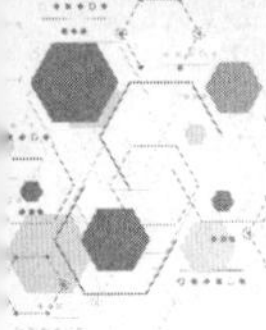

② 制表符。将每个单元格的内容转换后用制表符分隔，并且使它成为一个文本段落。

③ 逗号。将每个单元格的内容转换后用逗号分隔，并且使它成为一个文本段落。

④ 其他字符。在后面文本框中输入半角状态的分隔符，每个单元格的内容转换后会被输入的文字分隔符分隔，并且使它成为一个文本段落。

（2）文本转换为表格

当需要的时候，也可以将用段落标记、逗号、制表符或其他符号分隔的文本转换成表格，操作步骤如下。

打开文档“文本转换成表格.docx”，选择所有要转换成表格的文本，选择“插入”选项卡，在“表格”选项组中单击“表格”下拉按钮，在弹出的下拉列表中选择“文本转换成表格”命令，如图 1–56 所示，弹出“将文字转换成表格”对话框。

然后，在该对话框的“文字分隔位置”栏中选择当前文本所使用的文字分隔符，其他选项使用默认设置，如图 1–57 所示，单击“确定”按钮即可将文本转换成表格。

图 1–56 “表格”下拉列表

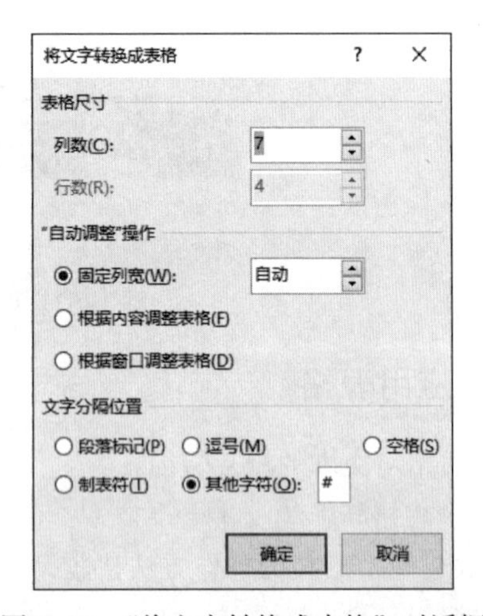

图 1–57 “将文字转换成表格”对话框

2. 重复标题行

Word 表格操作还有一项非常实用的功能，即跨页自动重复标题行的功能。这个功能可以实现表格跨页的时候，每页表格的第一行都会自动重复标题行，具体操作方法如下。

① 选择表格标题行，右击，在弹出的快捷菜单中选择“表格属性”命令，在打开的“表格属性”对话框中单击“行”选项，选择“在各页顶端以标题行形式重复出现”复选框，单击“确定”按钮即可完成设置。

② 选择表格标题行，选择“表格工具”的“布局”选项，单击“数据”区域的“重复标题行”按钮，如图 1–58 所示，也可以完成设置。

图 1–58 “数据”区域的“重复标题行”

3. 表格跨页断行

在 Word 文档的表格操作中，经常会遇到同一个表格同一个单元格里的内容，同一句话的前半句还在第一页，后半句却出现在第二页。如果靠挪移表格框线手动解决这个问题，很容易把表格拉得变形。这里就要通过“表格属性”来进行设置，具体操作步骤如下。

选择需要设置的表格区域或单元格，右击，在弹出的快捷菜单中选择“表格属性”命令，在打开的“表格属性”对话框中单击“行”选项，取消选择“允许跨页断行”复选框，如图 1–59 所示，单击“确定”按钮即可完成设置。

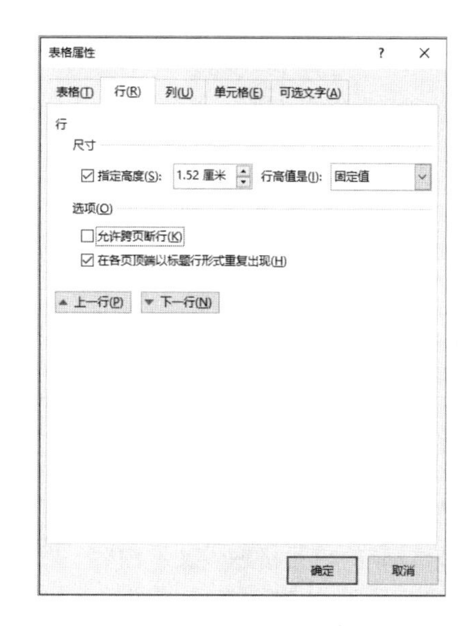

图 1–59　取消选择“允许跨页断行”复选框

4. 合并和拆分单元格

合并单元格是指将两个或多个单元格合并成一个单元格。而拆分单元格是指将一个单元格拆分为多个单元格。这两种单元格编辑操作都是在创建表格时比较常用且实用的操作。

下面使用合并与拆分单元格操作将一个常规表格制作成较为复杂的表格，效果如图 1–60 所示，具体操作步骤如下。

Step 01：启动 Word 2016 新建一个空白文档，将其命名为“个人简历.docx”。在第一行输入文本“个人简历”，将字体设置为“华文行楷”，字号设置为“小初”，居中对齐。

Step 02：将光标定位到第 2 行，选择“插入”选项卡，在“表格”选项组中单击“表格”下拉按钮，在弹出的下拉列表中选择“插入表格”命令，弹出“插入表格”对话框。在该对话框中，将列数设置为 5，行数设置为 7，如图 1–61 所示，然后单击“确定”按钮，这样就在文档中插入了一个 7 行 5 列的表格。

Step 03：选择表格前 6 行，选择“表格工具/布局”选项卡，在“单元格大小”选项组中将“高度”设置为 1.5 cm。适当调整第 1 列和第 3 列的列宽，然后选择第 5 列的前 4 行单元格，选择“表格工具/布局”选项卡，在“合并”选项组中单击“合并单元格”按钮，将它们合并为一个大单元格。按照同样的方法将第 5 行、第 6 行的第 2 列到第 5 列的单元格分别合并为一个单元格。

Step 04：选择第 7 行单元格，将第 2 列到第 5 列的单元格合并为一个大单元格后，选择此行，然后选择“表格工具/布局”选项卡，在“单元格大小”选项组中将“高度”设置为3 cm。然后将光标放在此行末尾的段落标记处，按【Enter】键插入空行。按照同样的方法再插入两空行。至此，表格布局基本完成。

个人简历				
姓　名		出生年月		
民　族		政治面貌		
邮　箱		毕业院校		
电　话		学　　历		
地　址				
求职意向				
教育背景				
实习经历				
校内实践				
技能证书				

图 1-60　“个人简历”效果图

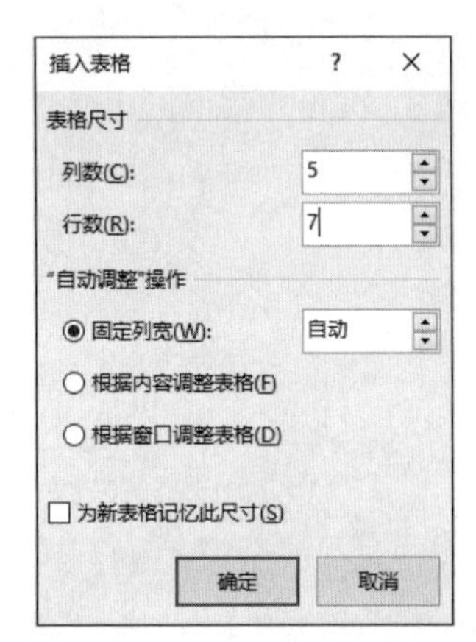

图 1-61　“插入表格”对话框

Step 05：按照效果图在表格对应的单元格输入文本内容。然后选择表格中所有文字，将字体设置为“微软雅黑”，字号为“四号”，加粗。选择“表格工具/布局”选项卡，在“对齐方式”选项组中将对齐方式设置为“水平居中”。

1.3.4　插入公式

1. 插入内置公式

插入内置公式的操作步骤：将光标定位到要插入公式的位置，选择“插入”选项卡的“符号”选项组，单击“公式”下拉按钮，在弹出的下拉列表中选择一种内置公式，如“二项式定理”，即可插入相应的公式，如图 1-62 所示。

$$(x+a)^n=\sum_{k=0}^{n}\binom{n}{k}x^k a^{n-k}$$

图 1-62　“二项式定理”公式

2. 插入自定义公式

如果系统的内置公式不能满足要求，可以插入自定义公式。下面以插入图 1-63 所示的公式为例，介绍插入自定义公式的具体操作步骤。

$$\tan 2\partial=\frac{2\tan\partial}{1-\tan^2\partial}$$

图 1-63　插入的公式示例

Step 01：将光标定位到插入公式的位置，选择“插入”选项卡“符号”选项组，单击“公式”下拉按钮，在弹出的下拉列表中选择“插入新公式”命令，在光标处插入一个空白公式框。

Step 02：首先输入“tan2=”，然后光标定位“tan2”后面，选择“公式工具/设计”选项卡“符号”选项组，选择插入符号“∂”。

Step 03：将光标定位到“=”后面，选择“公式工具/设计”选项卡“结构”选项组，单击“分数”下拉按钮，在弹出的下拉列表中选择第一个“分数（竖式）”。

Step 04：将光标定位到分数线的上面的方框，输入“2tan”，然后选择“公式工具/设计”选项卡“符号”选项组，选择插入符号“∂”。

Step 05：再将光标定位到分数线下面的方框，输入“1-tan”，然后将光标定位到“tan”后面，选择“公式工具/设计”选项卡“符号”选项组，选择插入符号“∂”。

Step 06：最后选择“tan”，单击“公式工具/设计”选项卡“结构”选项组中“上下标”下拉按钮，选择“上标”，“tan”右上方会出现一个小方框，在方框中输入“2”，完成操作。

1.4　其他高级应用

1.4.1　邮件合并

在办公文档中，常常需要制作邀请函、录取通知书或会议通知等文档，这些文档一般只有接收人的信息不同，其他主要内容基本一致。如果手动制作，就需要复制多份，然后逐一进行编辑修改，显然是很耗费时间的。如果使用 Word 的邮件合并功能，可以快速地批量制作这类文档。

使用邮件合并功能，无论创建哪种类型的文档，一般流程都包括 5 个步骤：创建主文档，创建数据源，建立主文档和数据源的关联，插入合并域，合并生成新文档。下面介绍邮件合并的具体操作步骤。

Step 01：创建主文档。启动 Word 2016，输入主文档的内容并编辑格式，如图 1-64 所示，设置完成后将主文档保存并命名为“邮件合并-主文档.docx”。

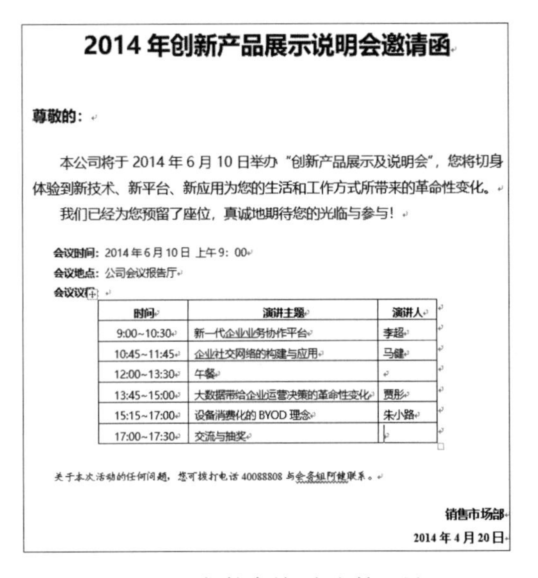

2014 年创新产品展示说明会邀请函

尊敬的：

本公司将于 2014 年 6 月 10 日举办“创新产品展示及说明会”，您将切身体验到新技术、新平台、新应用为您的生活和工作方式所带来的革命性变化。

我们已经为您预留了座位，真诚地期待您的光临与参与！

会议时间： 2014 年 6 月 10 日 上午 9：00

会议地点： 公司会议报告厅

会议议程：

时间	演讲主题	演讲人
9:00~10:30	新一代企业业务协作平台	李超
10:45~11:45	企业社交网络的构建与应用	马健
12:00~13:30	午餐	
13:45~15:00	大数据带给企业运营决策的革命性变化	贾彤
15:15~17:00	设备消费化的 BYOD 理念	朱小路
17:00~17:30	交流与抽奖	

关于本次活动的任何问题，您可拨打电话 40088808 与会务组阿健联系。

销售市场部

2014 年 4 月 20 日

图 1-64 “邮件合并-主文档”界面

Step 02：创建数据源。该实例采用 Excel 文件作为数据源，打开 Excel 2016 创建文件“邮件合并-通讯录.xlsx”，新建“通讯录”工作表并输入数据源的内容，如图 1-65 所示。

编号	姓名	性别	称谓
BTIC-C01	李辉	男	先生
BTIC-C02	范俊弟	男	先生
BTIC-C03	郝艳芬	女	女士
BTIC-C04	彭旸	女	女士

图 1-65 “邮件合并-通讯录”界面

Step 03：建立主文档和数据源的关联。打开主文档“邮件合并-主文档.docx”，在“邮件”选项卡“开始邮件合并”选项组，单击“选择收件人”下拉按钮，在弹出的下拉列表中选择“使用现有列表”命令，弹出“选取数据源”对话框，如图 1-66 所示。

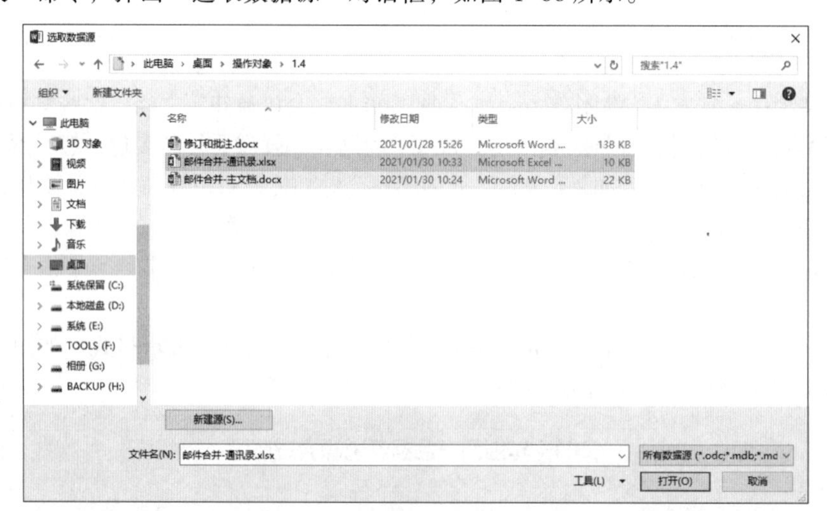

图 1-66 “选取数据源”对话框

在该对话框中选择已经创建好的数据源“邮件合并-通讯录.xlsx”，单击“打开”按钮，弹出“选择表格”对话框，选择数据所在的工作表“通讯录”，如图 1-67 所示。单击“确定”按钮将自动返回。

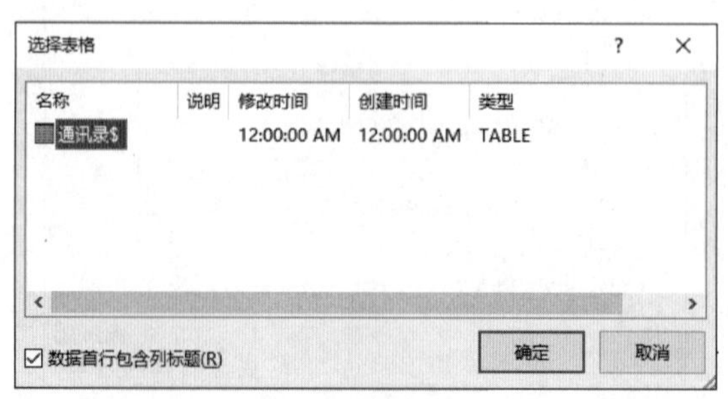

图 1-67 “选择表格”对话框

Step 04：插入合并域。将光标定位到主文档中文本“尊敬的”后面，单击“编写和插入域”选项组的“插入合并域”按钮，选择要插入的域“姓名”和“称谓”。插入完成后，最终效果如图 1-68 所示。

2020 年创新产品展示说明会邀请函

尊敬的«姓名»«称谓»：

本公司将于 2020 年 6 月 10 日举办“创新产品展示及说明会”，您将切身体验到新技术、新平台、新应用为您的生活和工作方式所带来的革命性变化。

我们已经为您预留了座位，真诚地期待您的光临与参与！

会议时间： 2020 年 6 月 10 日 上午 9：00

会议地点： 公司会议报告厅

图 1-68　插入合并域后的效果

Step 05：合并生成新文档。单击“预览结果”选项组中的“预览结果”按钮，将显示主文档与数据源合并后的第一条数据结果，单击查看记录按钮，可逐条显示各记录对应数据源的结果。

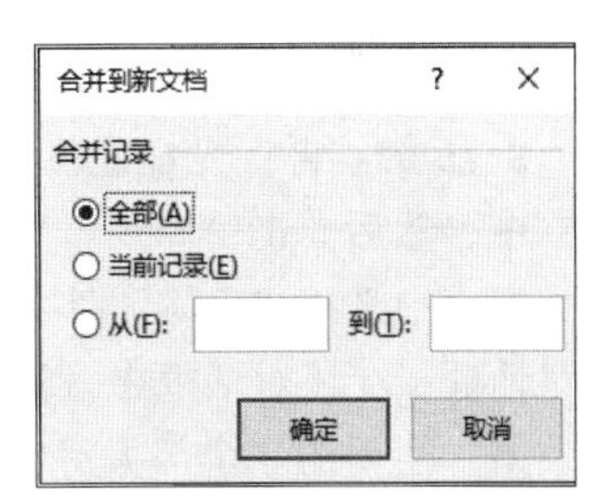

图 1-69　“合并到新文档”对话框

最后单击“完成并合并”下拉按钮，在弹出的下拉列表中选择“编辑单个文档”命令，弹出“合并到新文档”对话框，如图 1-69 所示。选择“全部”单选按钮，然后单击“确定”按钮，Word 将自动合并文档并将全部记录合并到一个新文档中，将新文档保存为“说明会邀请函.docx”，部分信函如图 1-70 所示。

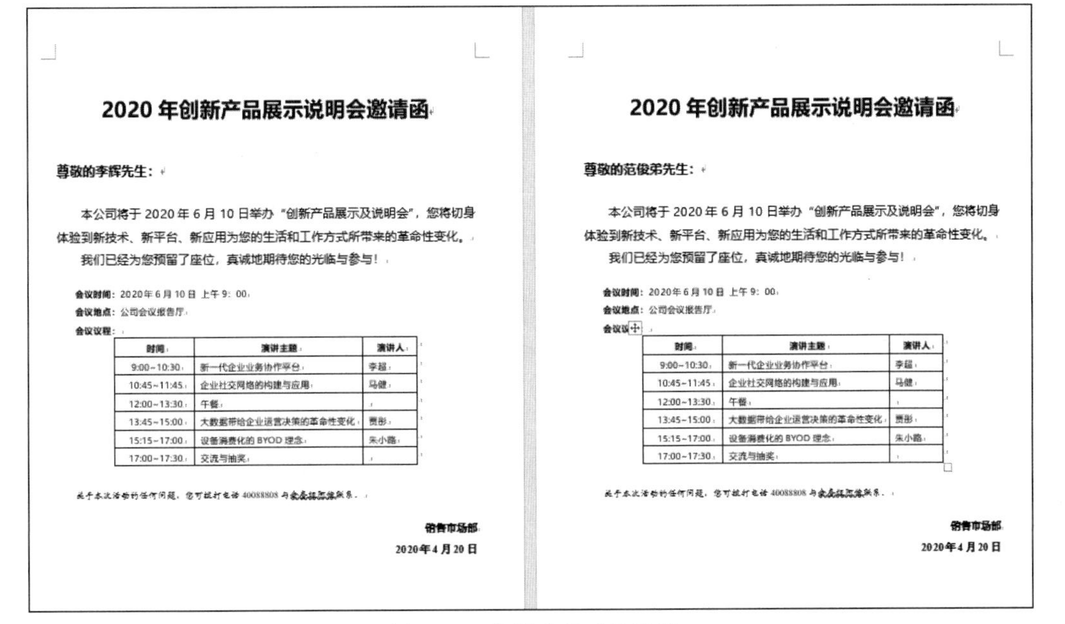

2020 年创新产品展示说明会邀请函

尊敬的李辉先生：

本公司将于 2020 年 6 月 10 日举办“创新产品展示及说明会”，您将切身体验到新技术、新平台、新应用为您的生活和工作方式所带来的革命性变化。

我们已经为您预留了座位，真诚地期待您的光临与参与！

会议时间： 2020 年 6 月 10 日 上午 9：00

会议地点： 公司会议报告厅

会议议程：

时间	演讲主题	演讲人
9:00~10:30	新一代企业业务协作平台	李超
10:45~11:45	企业社交网络的构建与应用	马健
12:00~13:30	午餐	
13:45~15:00	大数据带给企业运营决策的革命性变化	贾彤
15:15~17:00	设备消费化的 BYOD 理念	朱小路
17:00~17:30	交流与抽奖	

关于本次活动的任何问题，您可拨打电话 40088808 与[illegible]联系。

销售市场部

2020年4月20日

2020 年创新产品展示说明会邀请函

尊敬的范俊弟先生：

本公司将于 2020 年 6 月 10 日举办“创新产品展示及说明会”，您将切身体验到新技术、新平台、新应用为您的生活和工作方式所带来的革命性变化。

我们已经为您预留了座位，真诚地期待您的光临与参与！

会议时间： 2020 年 6 月 10 日 上午 9：00

会议地点： 公司会议报告厅

会议议程：

时间	演讲主题	演讲人
9:00~10:30	新一代企业业务协作平台	李超
10:45~11:45	企业社交网络的构建与应用	马健
12:00~13:30	午餐	
13:45~15:00	大数据带给企业运营决策的革命性变化	贾彤
15:15~17:00	设备消费化的 BYOD 理念	朱小路
17:00~17:30	交流与抽奖	

关于本次活动的任何问题，您可拨打电话 40088808 与[illegible]联系。

销售市场部

2020年4月20日

图 1-70　邮件合并后的效果

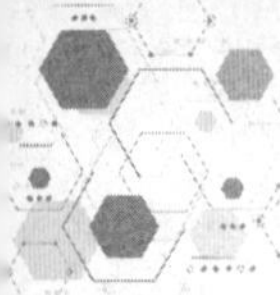

1.4.2 查找和替换

查找和替换是 Word 中非常重要的功能，该功能不仅可以查找和替换文本内容，还可以对字符格式、段落格式等进行查找和替换，掌握查找和替换的操作，可以更高效地编辑文档。

Step 01：打开文档“查找与替换.docx”，选择“开始”选项卡，在“编辑”选项组中单击“替换”按钮，弹出“查找和替换”对话框。在该对话框中，单击“更多”按钮，对话框将变成图 1–71 所示的样子。

Step 02：将光标定位到“查找内容”后的文本框中，然后单击“特殊格式”下拉按钮，在弹出的下拉列表中选择“任意字母”命令，将会在“查找内容”后出现符号^$。

图 1–71 “查找与替换”对话框

Step 03：再将光标定位到“替换为”后的文本框中，然后单击“格式”下拉按钮，在弹出的下拉列表中选择“字体”命令，弹出“替换字体”的对话框，在该对话框中，将“字体颜色”设置为标准色蓝色，“字形”设置为加粗，然后选择“效果”栏下的“全部大写字母”复选框，如图 1–72 所示，单击“确定”按钮返回“查找和替换”对话框，最后单击“全部替换”按钮即可，替换后的效果如图 1–73 所示。

图 1–72 “替换字体”对话框

第 1 章 MICROSOFT WORD 2010 简介

MICROSOFT OFFICE WORD 2010 是一种字处理程序，可使文档的创建、共享和阅读变得更加容易。它是 MICROSOFT 公司开发的 OFFICE 2010 办公软件中的组件之一，MICROSOFT WORD 2010 提供了世界上最出色的文档编辑功能，其增强后的功能可创建专业水准的文档，可以让用户更轻松、高效地组织和编写文档。

1.1 MICROSOFT WORD 2010 与微软

MICROSOFT OFFICE 2010 是一套由微软公司开发的办公软件，它为 MICROSOFT WINDOWS 和 APPLE MACINTOSH 操作系统而开发。与办公室应用程序一样，它包括联合的服务器和基于互联网的服务。最近版本的 OFFICE 被称为“OFFICE SYSTEM”而不叫“OFFICE SUITE”，反映出它们也包括服务器的事实。

OFFICE 最初出现于九十年代早期，最初是一个推广名称，指一些以前曾单独发售的软件的合集。当时主要的推广重点是购买合集比单独购买要省很多钱。最初的 OFFICE 版本包含 WORD、EXCEL 和 POWERPOINT。另外一个专业版包含 MICROSOFT ACCESS。MICROSOFT OUTLOOK 当时尚不存在。随着时间的流逝，OFFICE 应用程序逐渐整合，共享一些特性，例如拼写和语法检查、OLE 数据整合和微软 MICROSOFT VBA(VISUAL BASIC FOR APPLICATIONS)脚本语言。

1.2 MICROSOFT WORD 的发展历程

MICROSOFT WINDOWS WORD 的版本发展过程如下表所示。

WORD 版本表

1989 年	WORD FOR WINDOWS
1991 年	WORD 2 FOR WINDOWS
1993 年	WORD 6 FOR WINDOWS
1995 年	WORD 95，亦称 WORD 7
1997 年	WORD 97，亦称 WORD 8
1999 年	WORD 2000，亦称 WORD 9
2001 年	WORD XP，亦称 WORD 2002 或 WORD 10
2003 年	WORD 2003，亦称 WORD 11，但官方称之为 MICROSOFT OFFICE WORD 2003
2007 年	WORD 2007，亦称 WORD 12
2010 年	WORD 2010

图 1–73 替换后的效果图

1.4.3　修订和批注

1. 对文档进行批注

（1）添加批注

批注只是标记文档中的内容并给出意见或建议，并不会对文档进行修改，且批注存在于文档页面之外，不影响文档排版。当需要对文档某部分内容提出修改意见时，可以为该部分内容添加批注，其操作步骤如下。

选择需要添加标注的内容，在“审阅”选项卡的“批注”选项组中单击“新建批注”按钮，此时页面的右侧会出现一个批注框，在其中输入文本即可，如图 1-74 所示。

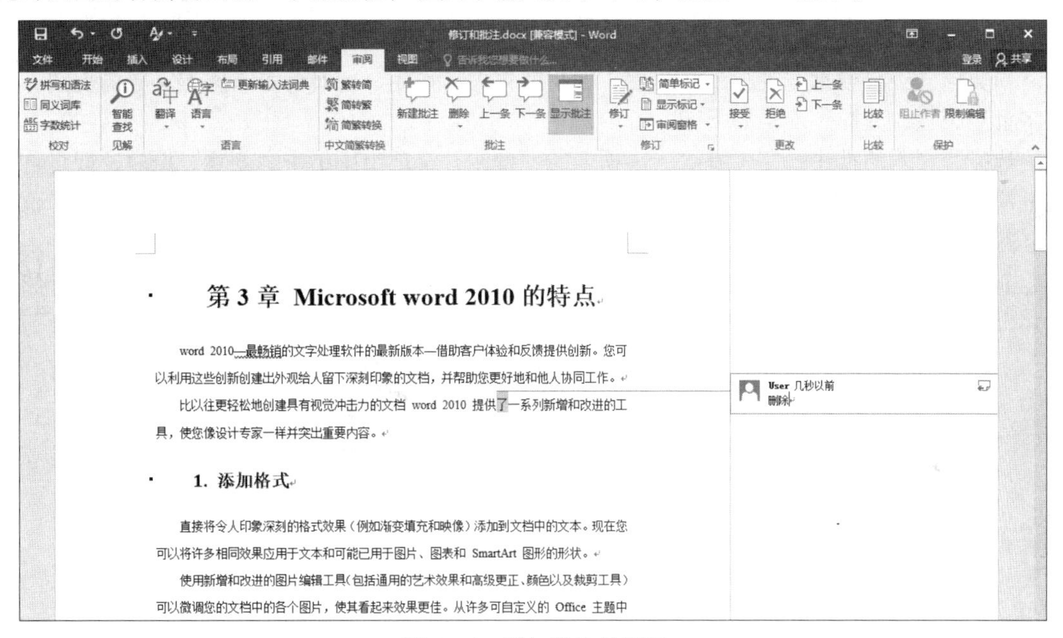

图 1-74　添加批注效果图

（2）查看批注

当需要查看文档中的批注时，可以通过相应按钮按上下顺序快速定位到各批注进行逐条查看，不必由用户从头到尾检查文档中哪些位置存在批注。

在“审阅”选项卡的“批注”选项组中单击“下一条”按钮即可将文档直接跳转到下一条批注所在的位置，如图 1-75 所示。如果要返回上一条批注，只需要单击“上一条”按钮即可。

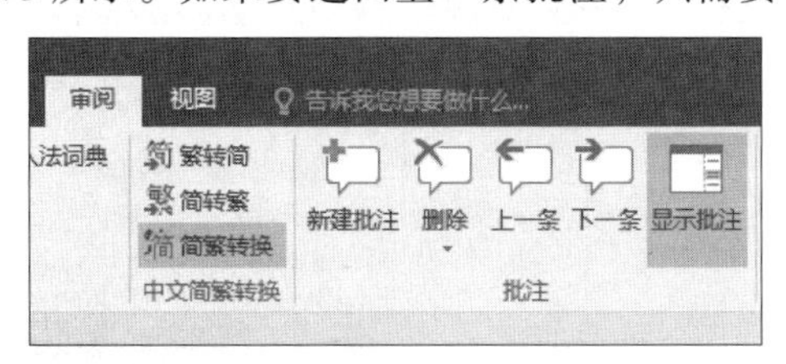

图 1-75　“上一条”和“下一条”按钮

（3）答复批注

在查看批注时，如果对批注给出的建议有异议，可以在该批注中进行答复，以免经过一段时间后会忘记当时的想法。

答复批注的具体操作步骤为：在需要答复的批注上单击“答复”按钮，然后在其中输入对该批注的意见即可，如图 1–76 所示。

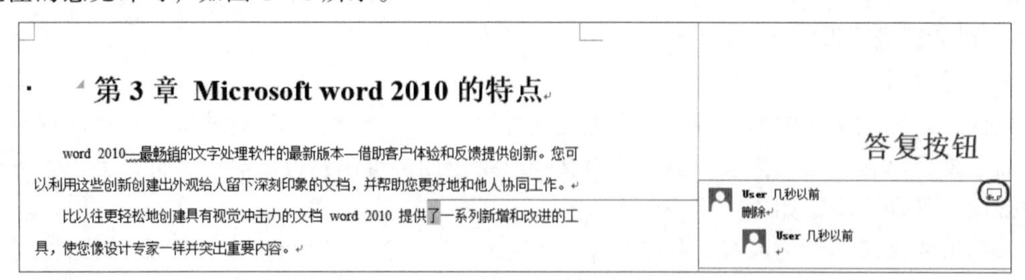

图 1–76 批注的“答复”按钮

（4）删除批注

当文档已经根据批注进行了修改后，批注就失去了作用。此时为了不影响文档的美观，可以将批注删除，其操作步骤如下。

选择待删除的批注，在“审阅”选项卡的“批注”选项组中单击“删除”按钮，即可将该条批注删除。或者在待删除的批注上右击，在弹出的快捷菜单中选择“删除批注”命令，也可以删除批注。

如果需要删除文档中所有批注，则可以在“批注”选项组中单击“删除”下拉按钮，然后在弹出的下拉列表中选择“删除文档中的所有批注”命令即可，如图 1–77 所示。

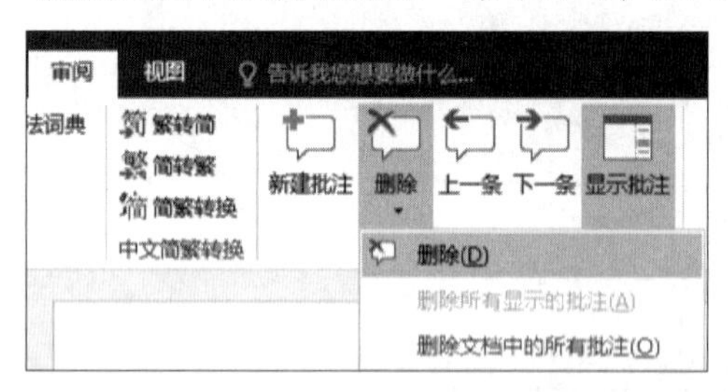

图 1–77 “删除”下拉列表

（5）显示和隐藏批注

可以将文档中的批注隐藏起来。单击“审阅”选项卡“修订”选项组的“显示标记”下拉按钮，将鼠标指针放在“特定人员”上，会显示文档中的所有审阅者，如图 1–78 所示。选择或取消选择审阅者前面的复选框，可显示或隐藏对应审阅者的批注。

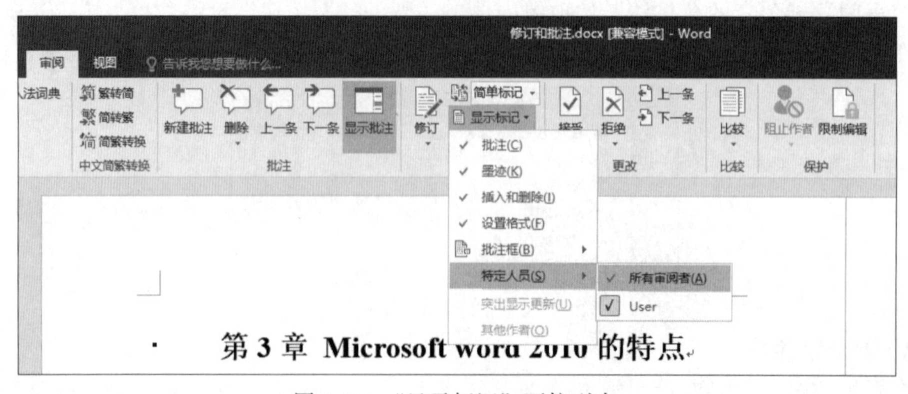

图 1–78 “显示标记”下拉列表

2. 对文档进行修订

（1）添加修订

在 Word 文档中，系统默认方式是关闭文档修订功能的。如果“修订”按钮以加亮突出显示，则表示“修订”功能已经打开；否则表示文档的修订功能处于关闭的状态。添加修订的操作步骤如下。

Step 01：单击“审阅”选项卡“修订”选项组中的 “修订”下拉按钮，在弹出的下拉列表中选择“修订”命令。

Step 02：此时文档进入修订状态，直接对文档内容进行编辑修改，即可将修订内容添加到文档，如图 1-79 所示。

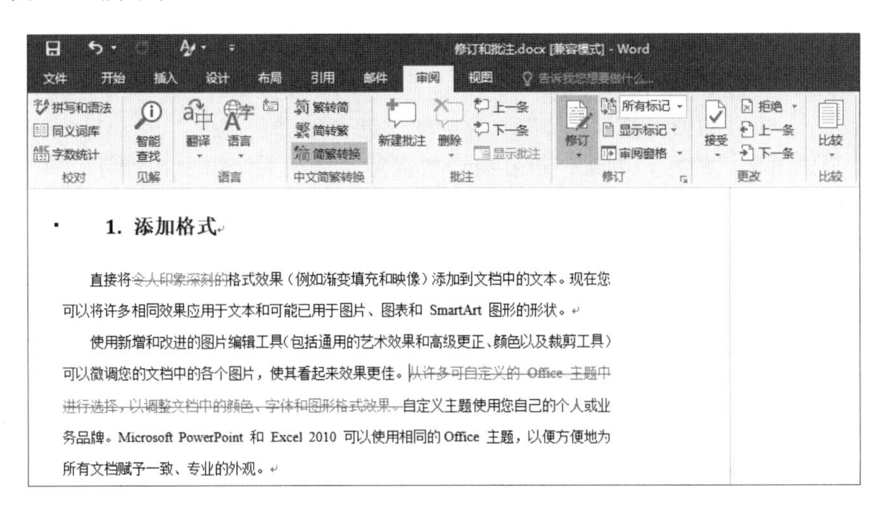

图 1-79 添加修订后的效果

（2）接受或拒绝修订

拿到经过修订的文档后，原作者可以通过比较修订前后的版本判断是否接受该修订。接受修订后，文档保存修订后的版本，且修订标记被删除；拒绝修订后，文档还是修订前的版本，并删除修订标记。

如果觉得该处修订的内容合理，则可以选择接受修订，其操作方法是将光标定位到需要接受的修订位置之前，在“审阅”选项卡的“更改”选项组单击“接受”下拉按钮，在下拉列表中选择“接受此修订”命令，如图 1-80 所示，即可接受此修订。

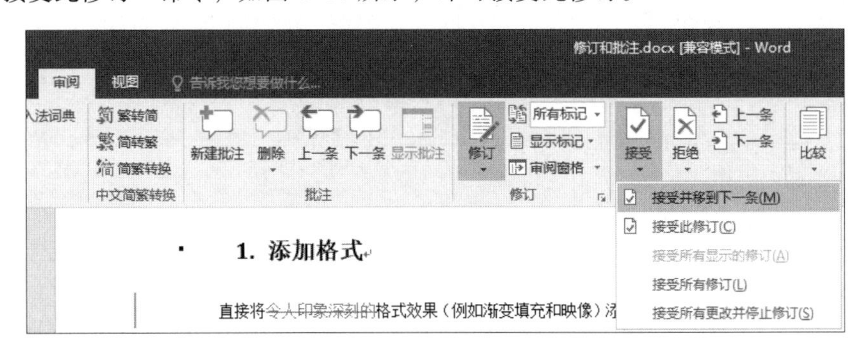

图 1-80 “接受”下拉列表

如果觉得某处修订的内容不合理，可以拒绝该修订，其操作方法是将光标定位到拒绝修订的位置之前，在“更改”选项组中单击“拒绝”下拉按钮，在下拉列表中选择“拒绝并移到下一条”命令，如图 1–81 所示，即可拒绝此处修订。

图 1–81 “拒绝”下拉列表

（3）设置修订样式

默认情况下，修订的内容是以删除线、下画线等进行标记。当多个用户对同一文档进行修订时，如果都使用默认的标记方式，很容易产生混淆，从而无法辨别该修订是哪个用户完成的。这时就需要对修订的标记方式进行修改，其操作方法如下。

在“审阅”选项卡的“修订”选项组中单击对话框启动器按钮，然后在打开的“修订选项”对话框中单击“高级选项”按钮，如图 1–82 所示。

在打开的“高级修订选项”对话框中的“标记”、“移动”和“格式”栏中分别设置相应的修订选项，然后依次单击“确定”按钮，如图 1–83 所示。

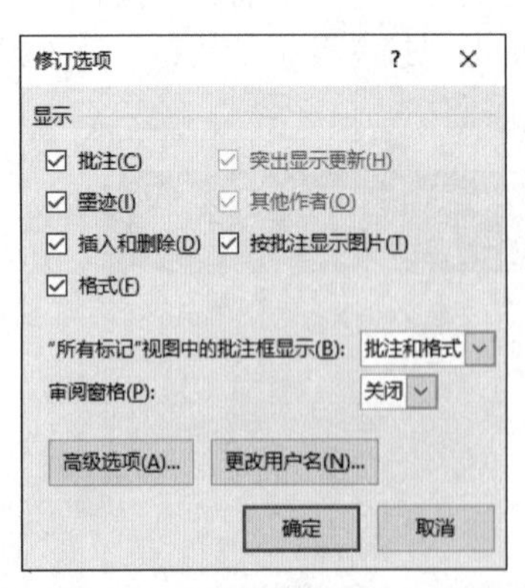

图 1–82 “修订选项”对话框

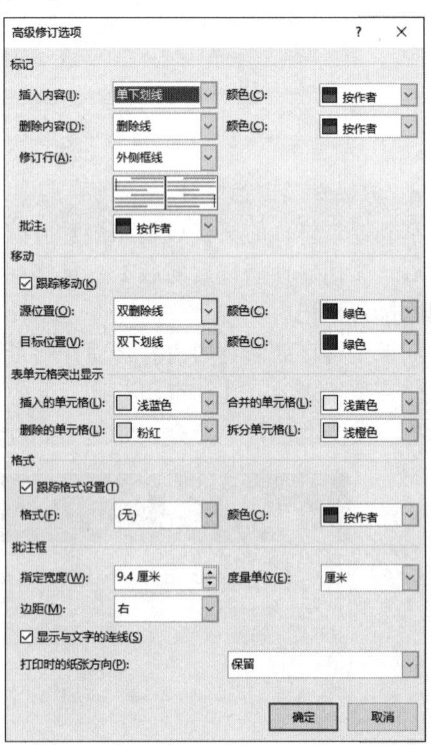

图 1–83 “高级修订选项”对话框

1.4.4　比较与合并文档

1. 比较文档

当同一份文档有两个不同的版本时，可以对这两个文档进行比较，从而发现文档的不同之处并进行处理。比较文档的方法很简单，具体操作步骤如下。

Step 01：启动 Word 2016，选择“审阅”选项卡，在“比较”选项组中单击“比较”下拉按钮，在弹出的下拉列表中选择“比较”命令，如图 1-84 所示。

Step 02：在打开的“比较文档”对话框中，单击“原文档”后面的“浏览”按钮，选择第一个需要比较的文档。单击“修订的文档”后面的“浏览”按钮，选择第二个需要比较的文档，如图 1-85 所示，单击“确定”按钮，此时会生成一个比较结果的新文档，如图 1-86 所示。

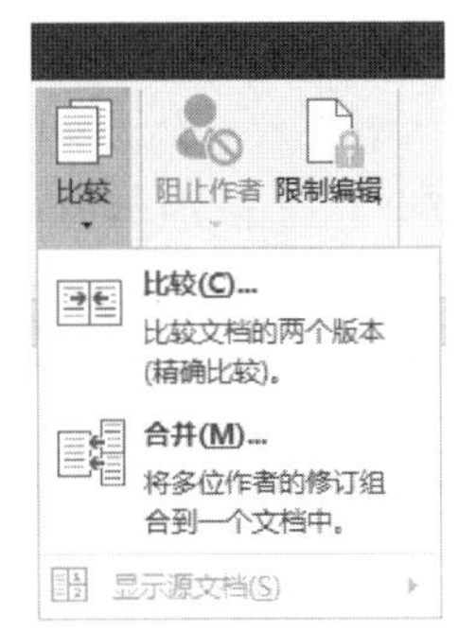

图 1-84　“比较”下拉列表

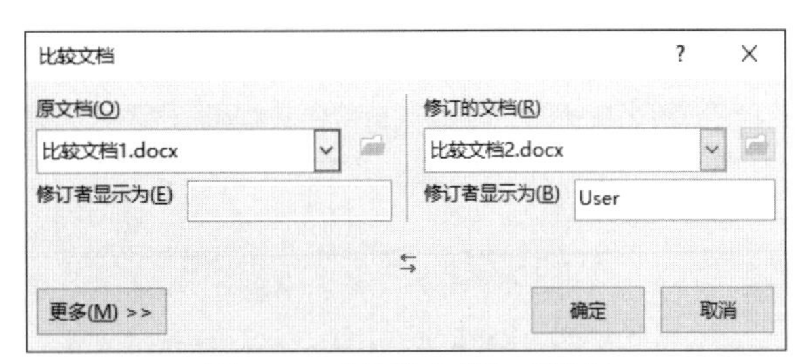

图 1-85　“比较文档”对话框

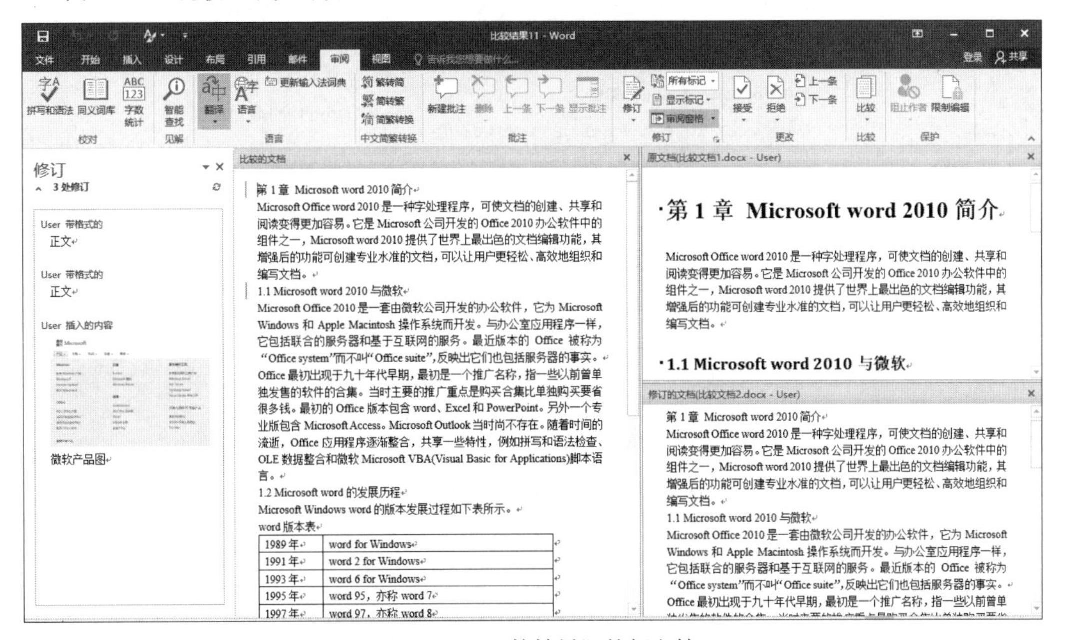

图 1-86　“比较结果”的新文档

2. 合并修订

在“审阅”选项卡的“比较”选项组还有一个“合并”选项，这个合并的作用是将同一个原文档的不同作者的批注和修订内容合并到一个文档中。

合并修订的操作方法与比较文档的操作基本相同，都需要选择待合并的两个文档并打开，然后会生成一个合并结果的新文档。

Step 01：启动 Word 2016，选择“审阅”选项卡，在“比较”选项组单击“合并”下拉按钮，在弹出的下拉列表中选择“合并”命令，在打开的“合并文档”对话框中，选择待合并的两个文档，如图 1-87 所示，单击“确定”按钮。

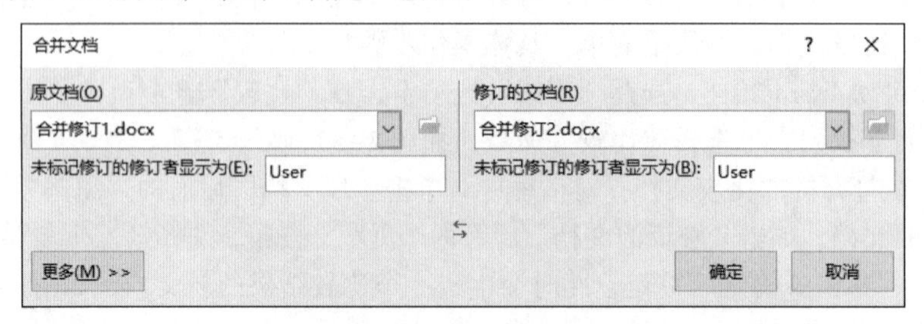

图 1-87 “合并文档”对话框

Step 02：此时会生成一个合并结果的新文档，在合并文档可以查看合并后的效果，也可以直接对修订和批注进行处理，如图 1-88 所示。处理完成以后，保存合并结果文档即可。

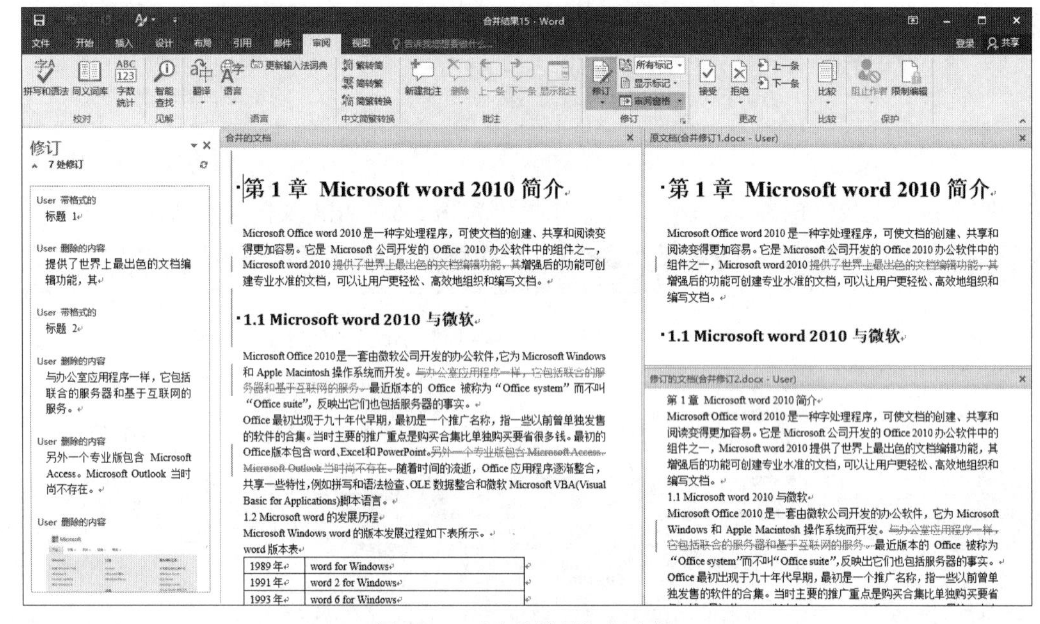

图 1-88 “合并结果”新文档

1.5 案 例 实 践

1.5.1 制作邀请函

制作邀请函是 Word 邮件合并功能的综合应用，本案例以一份学校邀请函为实例，提供相关素材，制作主文档如图 1-89 所示，邀请函如图 1-90 所示。完成制作后将主文档以“邀请函 1. docx”为文件名进行保存，将邮件合并生成的新文档以“邀请函 2. docx”为文件名进行保存。

邀请函

尊敬的：

高校思想政治教育与思想政治理论课教学是新形势下，高等教育战略的一项重要任务。加强高校教师思想政治队伍建设是巩固高校思想政治教育核心的基础，思想政治理论课教学是肩负着培养中国特色社会主义德才兼备优秀人才的重要任务。为进一步加强高校思想政治教育工作，学校决定举办“高校思想政治教育践行与思想政治理论课教学创新”研讨会。现诚邀您参加研讨会，会议时间：2019 年 3 月 14 日，地点：学校行政楼二楼报告厅。

学校科研处办公室

图 1–89　主文档“邀请函 1”效果图

邀请函

尊敬的王选院长：

高校思想政治教育与思想政治理论课教学是新形势下，高等教育战略的一项重要任务。加强高校教师思想政治队伍建设是巩固高校思想政治教育核心的基础，思想政治理论课教学是肩负着培养中国特色社会主义德才兼备优秀人才的重要任务。为进一步加强高校思想政治教育工作，学校决定举办“高校思想政治教育践行与思想政治理论课教学创新”研讨会。现诚邀您参加研讨会，会议时间：2019 年 3 月 14 日，地点：学校行政楼二楼报告厅。

学校科研处办公室

邀请函

尊敬的李鹏院长：

高校思想政治教育与思想政治理论课教学是新形势下，高等教育战略的一项重要任务。加强高校教师思想政治队伍建设是巩固高校思想政治教育核心的基础，思想政治理论课教学是肩负着培养中国特色社会主义德才兼备优秀人才的重要任务。为进一步加强高校思想政治教育工作，学校决定举办“高校思想政治教育践行与思想政治理论课教学创新”研讨会。现诚邀您参加研讨会，会议时间：2019 年 3 月 14 日，地点：学校行政楼二楼报告厅。

学校科研处办公室

图 1–90　合并新文档“邀请函 2”部分效果图

下面介绍具体的操作步骤。

1. 创建主文档

Step 01：启动 Word 2016，按照效果图编辑主文档的文本内容，将文件保存名为“邀请函 1. docx”。

Step 02：选中文档中的所有内容，设置格式为黑体，四号；单击“开始”→“段落”右下角的对话框启动器按钮，打开“段落”对话框，设置 “段前”和“段后”均为 1 行，“行距”为 1.5 倍行距，单击“确定”按钮。

选中邀请函的正文部分，单击“开始”→“段落”右下角的对话框启动器按钮，打开“段落”对话框，设置“特殊格式”为“首行缩进”，“缩进值”为 2 字符，单击“确定”按钮。

选中“邀请函”，设置字体格式为：华文行楷，一号，段落对齐方式为“居中”。选中落款部分的内容，设置对齐方式为“右对齐”。

Step 03：将光标定位在文档最后，执行“插入”→“插图”→“图片”命令，打开“插入图片”对话框，找到并选中图片“图片 1.png”，单击“插入”按钮。

Step 04：执行“图片工具/格式”→“排列”→“位置”→“环绕文字”→“四周型”命令。参照效果图，将图片调整到页面合适的位置。

Step 05：单击“保存”按钮保存主文档。

2. 将主文档和数据源关联

Step 01：将光标定位在文档任意位置，执行“邮件”→“开始邮件合并”→“信函”命令。

Step 02：然后执行“邮件”→“开始邮件合并”→“选择收件人”→“使用现有列表”命令，在打开的“选取数据源”对话框中找到文档“通讯录.docx”并选中，单击“打开”按钮。

3. 插入合并域及保存新文档

Step 01：将光标放置于“尊敬的”和“：”之间，单击“邮件”→“编写和插入域”→“插入合并域”，在下拉列表中选择“姓名”“职务”命令。

Step 02：执行“邮件”→“完成”→“完成并合并”→“编辑单个文档”命令，打开的“合并到新文档”对话框中选择“全部”，单击“确定”按钮。

Step 03：将新生成的文档保存命名为“邀请函 2.docx”。

1.5.2 制作宣传海报

制作宣传海报是 Word 图文混排的典型应用，一般会使用图片、形状、文本框、表格等多种对象。本案例的宣传活动是某高校学工处举办一场题为“领慧讲堂”的就业讲座，为此活动制作一份宣传海报，如图 1-91 和图 1-92 所示。

图 1-91 海报第一页效果图

图 1–92　海报第二页效果图

下面详细介绍具体的操作步骤。

1. 页面设置

Step 01：启动 Word 2016，按照效果图编辑文本内容，将文件保存名称为“领慧讲堂宣传海报.docx”。

Step 02：执行“布局”→“页面设置”→“纸张大小”命令，在下拉列表中选择 A4，选择“页边距”→“自定义页边距”命令，在弹出的对话框中，将上、下页边距均设置为 3.2 厘米，左、右页边距均设置为 2.5 厘米，单击“确定”按钮。

Step 03：执行“设计”→“页面背景”→“页面颜色”→“填充效果”命令，在弹出的对话框中单击“图片”选项卡，并单击“选择图片”按钮。在弹出的“选择图片”对话框中找到“海报背景图片.jpg” 文件，单击“插入”按钮，再单击“确定”按钮。

2. 设置海报第一页

Step 01：选择第一段的“领慧讲堂”就业讲座，执行“开始”→“字体”命令，设置字体格式为微软雅黑，小初，加粗，标准红色，在“段落”选项组设置对齐方式为“居中”。

Step 02：选择第一页的“报告题目”至“主办”对应段落，执行“开始”→“字体”命令，设置其字体格式为微软雅黑，二号，白色。再选中“报告题目:”，设置颜色为标准色深蓝。双击格式刷，指针会变成成刷子的形状，然后对其他几个段落前面部分的文本选中一遍即可应用“报告题目”一样的文本效果，应用完成后再次单击格式刷，取消对格式刷的选择。

Step 03：选中“欢迎大家踊跃参加”对应行，设置其字体为华文行楷，小初，对齐方式为居中。选中“主办”对应行，设置其对齐方式为“右对齐”。

Step 04：选择第一页所有段落，单击“开始”选项“段落”选项组的对话框启动器，在打开的“段落”对话框中，设置“行距”为 1.5 倍行距。

选择“报告题目”所在行，单击“开始”选项“段落”选项组的对话框启动器，在打开的

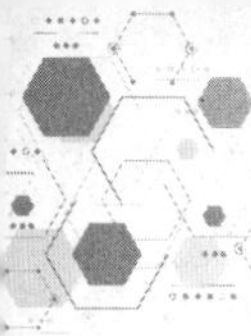

“段落”对话框中，设置其“段前”为2行。用上述同样的方法设置“报告题目”至“报告时间”对应段落的 “段后”为0.5行，设置“报告地点”对应段落的“段后”为1行，设置“欢迎大家踊跃参加”对应段落的“段后”为1.5行。

3. 排版海报第二页文本内容

Step 01：选择标题第一行，设置段落对齐方式为“居中”，设置字体格式为微软雅黑，二号，标准色深红。选择标题第二行“活动细则”四个字，设置字体格式微软雅黑，小二，标准色红色，加粗。

Step 02：选择下面的3个子标题（即日程安排、报名流程、报告人介绍），设置其字体格式为微软雅黑，四号，标准色深蓝。设置段落行距为1.5倍行距，段后0.5行。

Step 03：选择最后一段文字内容，设置字体格式为宋体，小四，白色。然后单击“开始”选项卡“段落”选项组的对话框启动器，在打开的“段落”对话框中，设置“特殊格式”为首行缩进，“缩进值”为2字符，单击“确定”按钮。最后执行“插入”→“文本”→“首字下沉”→“首字下沉选项”命令，设置“下沉行数”为3行，其他参数默认。

4. 插入和编辑表格

Step 01：将光标定位到“日程安排”的下一行，执行“插入”→“表格”→“插入表格”命令，在“插入表格”的对话框中设置“列数”为3列，“行数”为5行。

Step 02：在表格中编辑文本内容，根据内容适当修改表格宽度。选择表格中的所有文本内容，设置字体格式为微软雅黑，四号，标准色深蓝。再单独选择表格第一行的内容，设置文字颜色为白色，加粗。

Step 03：选择表格的第一行，执行“表格工具/设计”→“底纹”，选择主题颜色为“橄榄色，个性3，深色25%”。用同样方法设置后面四行的底纹颜色为“橄榄色，个性3，淡色40%”。

Step 04：选择整个表格，执行“表格工具/设计”→“边框”→“边框和底纹”命令，在弹出的“边框和底纹”对话框中，单击“边框”选项，选择“方框”，设置样式为“双实线”，颜色为“白色，背景1，深色5%”，宽度为0.75磅。单击“确定”按钮完成外边框的设置。

然后再次选择整个表格，用上述同样的方法打开“边框和底纹”对话框，单击“边框”选项，选择“自定义”，设置样式为“单实线”，颜色为“白色，背景1”，宽度为0.5磅。单击“确定”按钮完成设置。

5. 插入和编辑SmartArt图形

Step 01：将光标定位在“报名流程”下一行，执行“插入”→“插图”→“SmartArt”命令，在打开的“选择SmartArt图形”对话框中选择“流程”中的“基本流程”并单击“确定”按钮。

Step 02：单击流程图的最后一个形状，右击，在弹出的快捷菜单中选择“添加形状”→“在后面添加形状”命令，即可在后面添加一个形状。在流程图左边的“在此处键入文字”提示框中，输入四个文本框的内容。然后参考样式的效果，适当调整图形的高度和宽度。

Step 03：选择流程图，执行“SmartArt工具/设计”→“SmartArt样式”→“更改颜色”，选择“彩色-个性色”命令。然后执行“SmartArt工具/设计”→“SmartArt样式”→“中等效果”命令。

6. 插入和编辑图片

Step 01：将光标定位在第二页最后一段的任意位置，执行“插入”→“插图”→“图片”

命令，在打开的“插入图片”对话框中选择图片“Pic2.jpg”，单击“插入”按钮。

Step 02：选中图片，执行“图片”→“格式”→“环绕文字”→“其他布局选项”命令，在弹出的“布局”对话框中，设置文字环绕方式为“四周型”，设置大小为高度绝对值为 3.2 cm，勾选“锁定纵横比”，其他参数默认。参考样式的效果，调整图片到段落右侧合适的位置。

Step 03：选中图片，执行“图片工具/格式”→“图片样式”→“金属椭圆”命令；执行“图片工具/格式”→“调整”→“颜色”→“颜色饱和度”→“饱和度：0%”命令。

Step 04：由于插入 SmartArt 图形、图片等内容，可能会造成页面数量大于两页，把多余的页面删除，保证文档只有两页。最后保存文档即可。

1.5.3　毕业论文排版

论文排版是毕业论文撰写过程中非常重要的一个环节，也是每位大学毕业生必须掌握的一种基本技能。毕业论文的主要结构包括六个部分：封面、中英文摘要、目录、正文、参考文献和致谢。其中封面是由学校统一制作的，后面的内容需要按照学校的统一标准进行排版。

本案例实践以文档“毕业论文（原稿）.docx”为素材。下面先说明论文排版的具体要求，然后介绍排版的具体操作步骤。

在本案例中，论文的排版要求主要包括以下几个方面。

① 论文的主要结构分节。论文的封面、中文摘要、英文摘要、正文各章、参考文献和致谢每部分内容都是独立的一节，并从下一页开始。

② 页面设置。采用 A4 纸，设置上、下、左、右页边距分别为 2 cm、2 cm、2.5 cm、2.5 cm，页眉页脚均为 1.5 cm。

③ 一级、二级和三级标题的编号和格式。一级标题使用样式“标题 1”，居中；编号格式为“第 X 章”，序号和文字之间空一格，字体为“三号、黑体”，左缩进为 0 字符。其中 X 为自动编号。

二级标题使用样式“标题 2”，左对齐；编号格式为多级列表编号（形如 X.Y，X 为章序号，Y 为节序号），编号与文字之间空一格，字体为“四号、黑体”，左缩进为 0 字符。其中，X 和 Y 均为自动编号。

三级标题使用样式“标题 3”，左对齐；编号格式为多级列表编号（形如 X.Y.Z，X 为章序号，Y 为节序号，Z 为次节序号），编号与文字之间空一格，字体为“小四、黑体”，左缩进为 0 字符。其中，X、Y 和 Z 均为自动编号。

④ 新建样式，名为“样式 A”，并应用到正文中除章节标题、表和图的题注外的所有文字。样式 A 的中文字体为“宋体”，西文字体为“Times New Roman”，字号为“小四”；段落格式为左缩进 0 字符，首行缩进 2 字符，1.5 倍行距。

⑤ 给正文中的图添加题注，位于图下方文字的左侧，居中对齐，并使图居中。标签为“图”，编号为“章序号-图序号（例如第 1 章中的第 1 张图，题注编号为图 1-1）”。并在正文中出现的黄色突出显示的文字“如”和“所示”中间给图创建交叉引用，引用的内容为“标签和编号”。

⑥ 给正文中的表添加题注，位于表的上方文字的左侧，居中对齐，并使表居中。标签为“表”，编号为“章序号-表序号（例如第 1 章中的第 1 张表，题注编号为表 1-1）”。并在正文

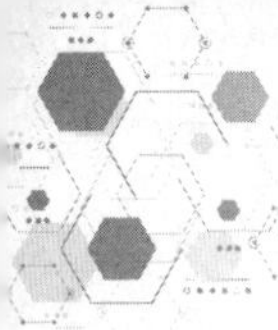

中出现的黄色突出显示的文字“如”和“所示”中间给表创建交叉引用，引用的内容为“标签和编号”。

⑦ 参考文献和致谢。参考文献和致谢的标题使用定义样式“标题 1”， 并删除编号。致谢部分字体为宋体，小四，1.5 倍行距，首行缩进 2 字符。参考文献的内容为自动编号，格式为[1]、[2]……根据作者提示，在正文中的相应位置交叉引用参考文献的编号并将其列为上标（在交叉引用前，请先删除黄色突出显示的编号）。

⑧ 中英文摘要。中文摘要格式：标题使用定义的样式“标题 1”，并删除自动编号。摘要内容为宋体，小四，首行缩进 2 字符，1.5 倍行距。“关键词：”为黑体，四号，其余关键词内容为宋体，小四，首行缩进 2 字符，1.5 倍行距。

英文摘要格式：标题使用定义的样式“标题 1”，并删除自动编号。其余内容为 Times New Roman，小四；首行缩进 2 字符，1.5 倍行距。“Key words：”为 Times New Roman，四号，其余关键词内容为 Times New Roman，小四，首行缩进 2 字符，1.5 倍行距。

⑨ 目录、图目录和表目录。在正文之前按照顺序插入 3 节，分节符类型为“下一页”。三节的标题分别是：目录，文字“目录”使用样式“标题 1”，删除自动编号，居中，自动生成目录项；图目录，文字“图目录”使用样式“标题 1”，删除自动编号，居中，自动生成图目录项；表目录，文字“表目录”使用样式“标题 1”，删除自动编号，居中，自动生成表目录项。

⑩ 论文页眉。封面不显示页眉，摘要至正文部分（不包括正文）的页眉显示“粤中商学院”。

使用域，添加正文的页眉：页眉中的文字为“章序号”+“章名”。

使用域，添加参考文献和致谢的页眉为相应的章节名。

⑪ 论文页码。在页脚中插入页码，居中显示。封面不显示页码；摘要至正文前采用“i，ii，iii，…”格式，页码连续。正文页码采用“1，2，3，…”格式，页码从 1 开始，页码连续，直到致谢的末尾页。

论文排版的具体操作步骤如下。

1. 论文分节

Step 01：将光标定位到中文摘要标题的最前面，选择“布局”选项卡，在“页面设置”选项组中单击“分隔符”下拉按钮，弹出下拉列表，如图 1-93 所示。

Step 02：在列表的“分节符”栏中选择分节符“下一页”，完成分节符的插入。如果将光标定位在封面内容的最后面，然后再插入分节符，此时在中文摘要标题的前面将产生一个空行，需要人工删除。

Step 03：重复操作前面两个步骤，用同样的方法在中文摘要、英文摘要、正文各章、参考文献和致谢所在页的后面插入分节符。

2. 页面设置

Step 01：选择“布局”选项卡，单击“页面设置”选项组中右下角的对话框启动器按钮，弹出“页面设置”对话框，如图 1-94 所示。

Step 02：在该对话框中，选择“页边距”选项卡，将文档的上、下、左、右页边距分别设置为 2 cm、2 cm、2.5 cm 和 2.5 cm。在“应用于”下拉列表中选择“整篇文档”。

Step 03：选择“纸张”选项卡，选择“纸张大小”为 A4；选择“版式”选项卡，设置页眉页脚边距为 1.5 cm。单击“确定”按钮完成页面设置。

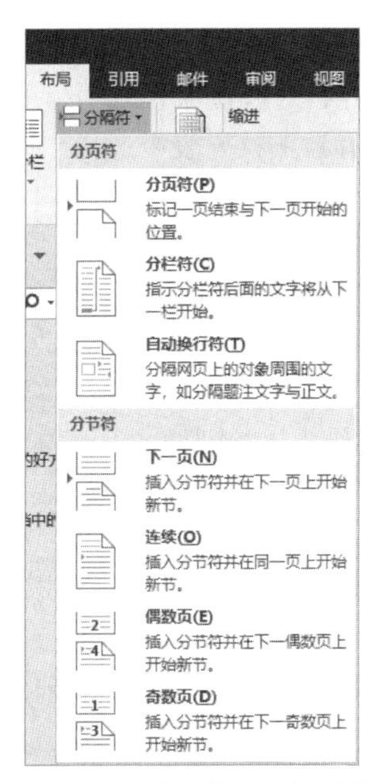

图 1–93　“分隔符”下拉列表

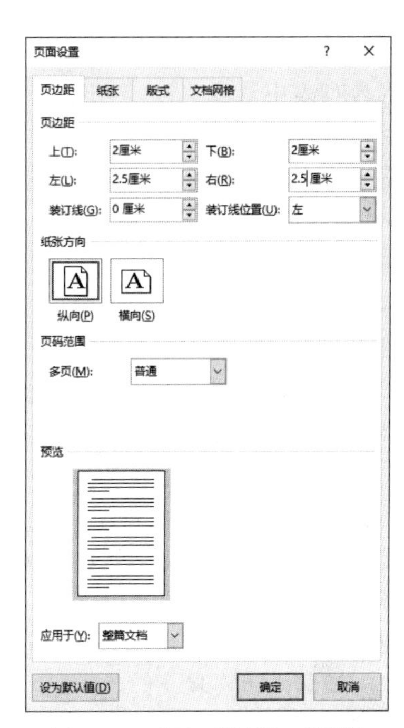

图 1–94　“页面设置”对话框

3. 各级标题自动编号

（1）创建多级编号的标题样式

具体操作步骤如下：

Step 01：选择“开始”选项卡，在“段落”选项组中单击“多级列表”下拉按钮，在弹出的下拉列表中单击“定义新的多级列表”按钮，弹出“定义新多级列表”对话框，再单击“更多”按钮，对话框如图 1–95 所示。

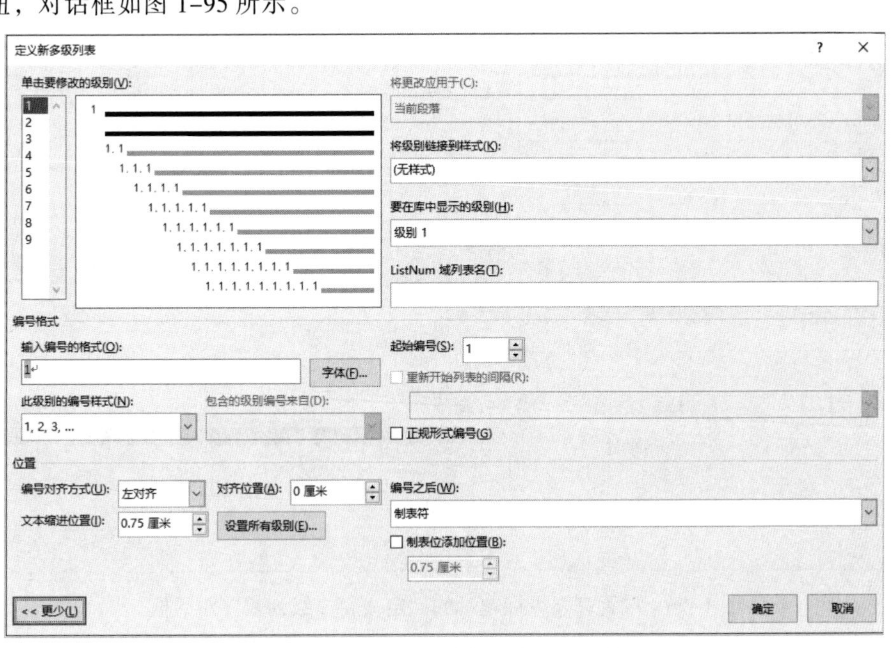

图 1–95　“定义新多级列表”对话框

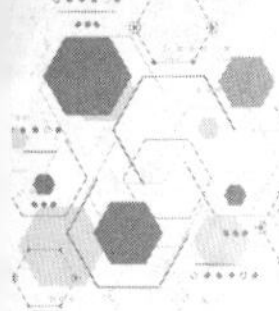

Step 02：一级标题的自动编号。在“定义新多级列表”对话框中，在“此级别的编号样式”下拉列表中选择“1，2，3，…”的编号样式，在“输入编号的格式”文本框中的数字前面和后面分别输入“第”和“章”。“编号对齐方式”选择左对齐，对齐位置设置为 0 厘米，在“编号之后”下拉列表中选择“空格”。在“将级别链接到样式”下拉列表中选择“标题 1”样式。

Step 03：二级标题的自动编号。在“单击要修改的级别”列表框中选择“2”。在“包含的级别编号来自”下拉列表中选择“级别 1”，在“输入编号的格式”文本框中将自动出现“1”，然后输入英文状态下的“.”。在“此级别的编号样式”下拉列表中选择“1，2，3，…”样式。在“输入编号的格式”文本框中将出现“1.1”。“编号对齐方式”选择左对齐，“对齐位置”设置为 0 厘米，在“编号之后”下拉列表中选择“空格”。在“将级别链接到样式”下拉列表中选择“标题 2”样式。

Step 04：三级标题的自动编号。在“单击要修改的级别”列表框中选择“3”。在“包含的级别编号来自”下拉列表中选择“级别 1”，在“输入编号的格式”文本框中将自动出现“1”，然后输入英文状态下的“.”。 在“包含的级别编号来自”下拉列表中选择“级别 2”，在“输入编号的格式”文本框中将自动出现“1.1”，然后输入英文状态下的“.”。在“此级别的编号样式”下拉列表中选择“1，2，3，…”样式。在“输入编号的格式”文本框中将出现“1.1.1”。“编号对齐方式”选择左对齐，“对齐位置”设置为 0 厘米，在“编号之后”下拉列表中选择“空格”。在“将级别链接到样式”下拉列表中选择“标题 3”样式。单击“确定”按钮完成一级、二级、三级标题的自动编号。

上述三个步骤分别设置完后，“定义新多级列表”对话框如图 1–96 所示。

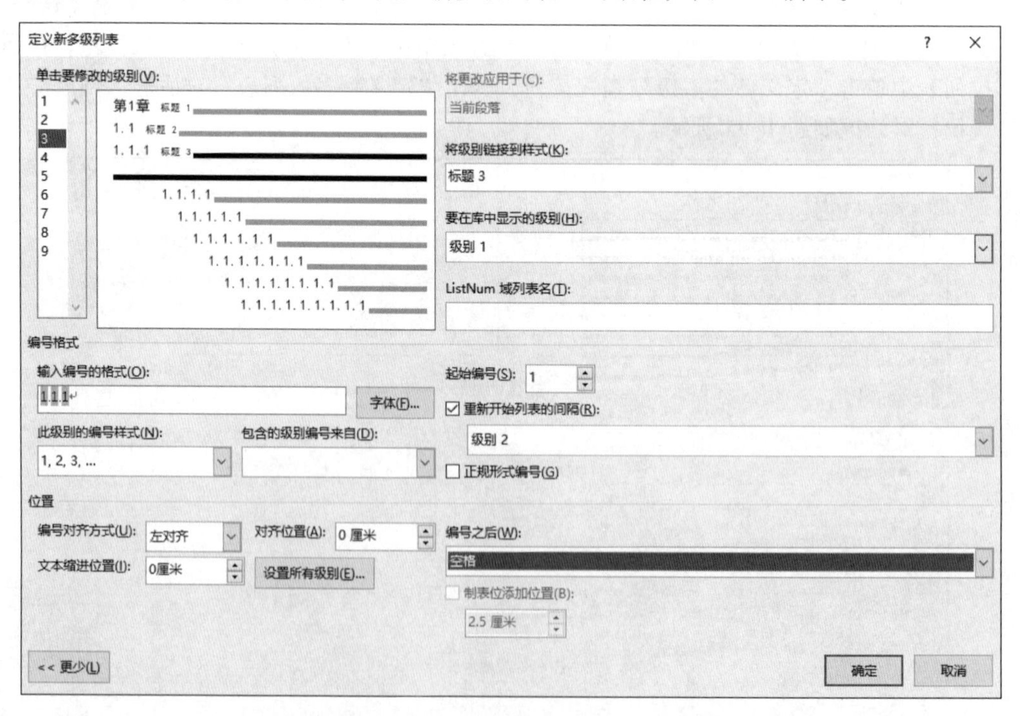

图 1–96　设置完三级标题后的“定义新多级列表”对话框

Step 05：在“开始”选项卡“样式”选项组的样式列表中将会出现标题 1、标题 2 和标题

3 的样式，如图 1–97 所示。

图 1–97　设置完三级标题后的“样式”选项组效果图

（2）修改各级标题样式

具体操作步骤如下：

Step 01：一级标题样式的修改。在样式列表中右击样式“第 1 章标题 1”，在弹出的快捷菜单中选择“修改”命令，弹出“修改样式”对话框，如图 1–98 所示。在该对话框中，将字体设置为“黑体”，字号设置为“三号”，单击“居中”按钮。单击对话框左下角的“格式”下拉按钮，在弹出的下拉列表中选择“段落”命令，弹出“段落”对话框，设置左缩进为 0 字符。单击“确定”按钮返回“修改样式”对话框。再单击“确定”按钮完成设置。

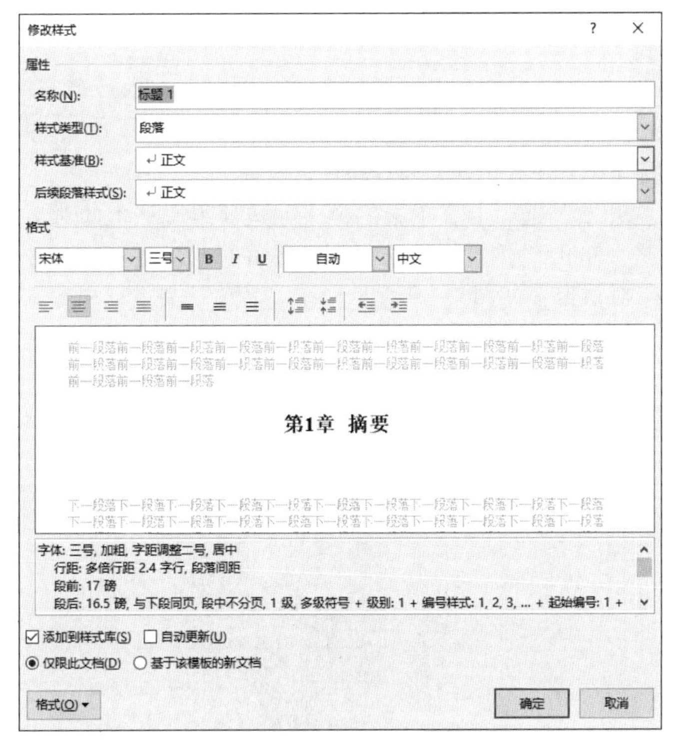

图 1–98　“修改样式”对话框

Step 02：二级标题样式的修改。在样式列表中右击样式“1.1　标题 2”，在弹出的快捷菜单中选择“修改”命令，弹出“修改样式”对话框。在该对话框中，将字体设置为“黑体”，字号设置为“四号”，单击“左对齐”按钮。单击对话框左下角的“格式”下拉按钮，在弹出的下拉列表中选择“段落”命令，弹出“段落”对话框，设置左缩进为 0 字符。单击“确定”按钮返回“修改样式”对话框。再单击“确定”按钮完成设置。

Step 03：三级标题样式的修改。在样式列表中右击样式“1.1.1　标题 3”，在弹出的快捷菜单中选择“修改”命令，弹出“修改样式”对话框。在该对话框中，将字体设置为“黑体”，字

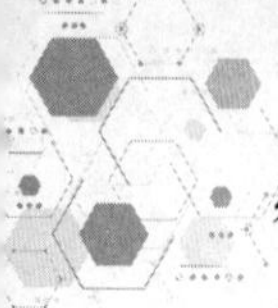

号设置为“小四”，单击“左对齐”按钮。单击对话框左下角的“格式”下拉按钮，在弹出的下拉列表中选择“段落”命令，弹出“段落”对话框，设置左缩进为 0 字符。单击“确定”按钮返回“修改样式”对话框。再单击“确定”按钮完成设置。

（3）应用各级标题样式

具体操作步骤如下：

Step 01：一级标题。将光标定位到文档中的一级标题所在行的任意位置，单击样式列表中的“第 1 章标题 1”样式，章名将自动设为指定的格式，删除原有的章名编号。其余章名应用样式方法类似。

Step 02：二级标题。将光标定位到文档中的二级标题所在行的任意位置，单击样式列表中的“1.1 标题 2”样式，节名将自动设为指定的格式，删除原有的节名编号。其余节名应用样式方法类似。

Step 03：三级标题。将光标定位到文档中的三级标题所在行的任意位置。单击样式列表中的“1.1.1 标题 3”样式，次节名将自动设为指定的格式，删除原有的次节名编号。其余次节名应用样式方法类似。

4．新建正文样式

（1）新建“样式 A”

具体操作步骤如下。

Step 01：将光标定位到正文中除标题行的任意位置。

Step 02：选择“开始”选项卡，单击“样式”选项组右下角的对话框启动器按钮，打开“样式”任务窗格。单击“样式”任务窗格左下角的“新建祥式”按钮，弹出“根据格式设置创建新样式”对话框，如图 1-99 所示，在“名称”文本框中输入新样式的名称“样式 A”。

图 1-99 “根据格式设置创建新样式”对话框

Step 03：单击“样式类型”右侧的下拉按钮，选择“段落”样式。在“样式基准”下拉列表中选择“论文正文”。

Step 04：单击对话框左下角的“格式”下拉按钮，在弹出的下拉列表中选择“字体”，弹出“字体”对话框。在该对话框中，将中文字体设置为“宋体”，西文字体设置为“Times New Roman”，字号设置为“小四”。设置字符格式后，单击“确定”按钮返回。

Step 05：在“格式”下拉列表中选择“段落”命令，弹出“段落”对话框，设置左缩进为 0 字符，首行缩进 2 字符，1.5 倍行距。设置段落格式后，单击“确定”按钮返回。

Step 06：在“根据格式设置创建新样式”对话框中单击“确定”按钮，“样式”任务窗格中会显示新建的“样式 A”样式。

（2）应用“样式 A”

具体操作步骤如下。

Step 01：将光标定位到正文中除标题、表格、表和图的题注的任意位置。也可以选择这些文字或同时选择多个段落的文字。

Step 02：选择“开始”选项卡，单击“样式”选项组右下角的对话框启动器按钮，打开“样式”任务窗格。选择“样式 A”，光标所在段落或选择的文字即自动设置为所选的样式。

Step 03：用相同的方法将“样式 A”应用于正文中其他段落文字。

包括标题样式和新建样式在内，应用样式之后的毕业论文如图 1-100 所示。

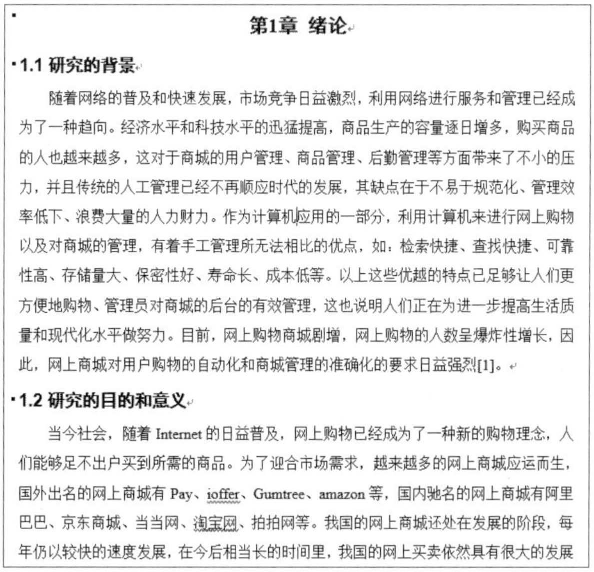

第1章 绪论

1.1 研究的背景

随着网络的普及和快速发展，市场竞争日益激烈，利用网络进行服务和管理已经成为了一种趋向。经济水平和科技水平的迅猛提高，商品生产的容量逐日增多，购买商品的人也越来越多，这对于商城的用户管理、商品管理、后勤管理等方面带来了不小的压力，并且传统的人工管理已经不再顺应时代的发展，其缺点在于不易于规范化、管理效率低下、浪费大量的人力财力。作为计算机应用的一部分，利用计算机来进行网上购物以及对商城的管理，有着手工管理所无法相比的优点，如：检索快捷、查找快捷、可靠性高、存储量大、保密性好、寿命长、成本低等。以上这些优越的特点已足够让人们更方便地购物、管理员对商城的后台的有效管理，这也说明人们正在为进一步提高生活质量和现代化水平做努力。目前，网上购物商城剧增，网上购物的人数呈爆炸性增长，因此，网上商城对用户购物的自动化和商城管理的准确化的要求日益强烈[1]。

1.2 研究的目的和意义

当今社会，随着 Internet 的日益普及，网上购物已经成为了一种新的购物理念，人们能够足不出户买到所需的商品。为了迎合市场需求，越来越多的网上商城应运而生，国外出名的网上商城有 Pay、ioffer、Gumtree、amazon 等，国内驰名的网上商城有阿里巴巴、京东商城、当当网、淘宝网、拍拍网等。我国的网上商城还处在发展的阶段，每年仍以较快的速度发展，在今后相当长的时间里，我国的网上买卖依然具有很大的发展

图 1-100　应用样式后的效果图

5. 创建图的题注和交叉引用

（1）创建图的题注

具体操作步骤如下。

Step 01：将光标定位到毕业论文正文中第一个图下面一行文字内容的左侧，选择“引用”选项卡，在“题注”选项组中单击“插入题注”按钮，弹出“题注”对话框，如图 1-101 所示。

Step 02：在“标签”下拉列表中选择“图”。若没有标签“图”，则单击“新建标签”按钮，在弹出的“新建标签”对话框中输入标签名称“图”，单击“确定”按钮返回。

Step 03：“题注”文本框中会出现“图 1”。单击“编号”按钮，弹出“题注编号”对话框。在“题注编号”对话框中选择“格式”为“1，2，3，…”，选择“包含章节号”复选框，将“章节起始样式”设为“标题 1”，在“使用分隔符”下拉列表中选择“-（连字符）”，如图 1-102 所示。单击“确定”按钮返回“题注”对话框，“题注”文本框将会出现“图 2-1”。单击“确定”按钮完成题注的添加。

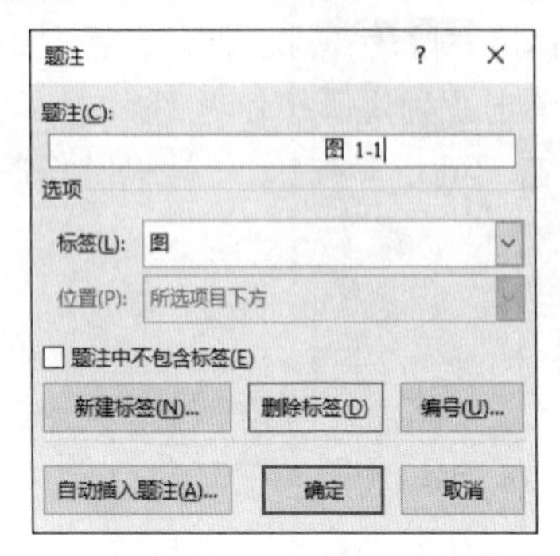

图 1-101 “题注”对话框

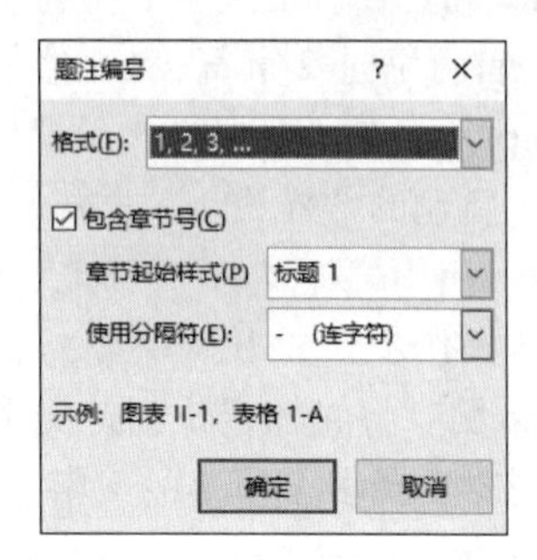

图 1-102 “题注编号”对话框

Step 04：选择图的题注及图，选择“开始”选项卡，在“段落”选项组单击“居中”按钮，设置图的题注及图的居中对齐。

Step 05：重复操作上面的步骤，可以插入其他图的题注。

（2）创建图的交叉引用

具体操作步骤如下。

Step 01：将光标定位到第一个图所对应的正文中“如”和“所示”的中间，选择“开始”选项，在“题注”选项组中单击“交叉引用”按钮，弹出“交叉引用”对话框，如图 1-103 所示。

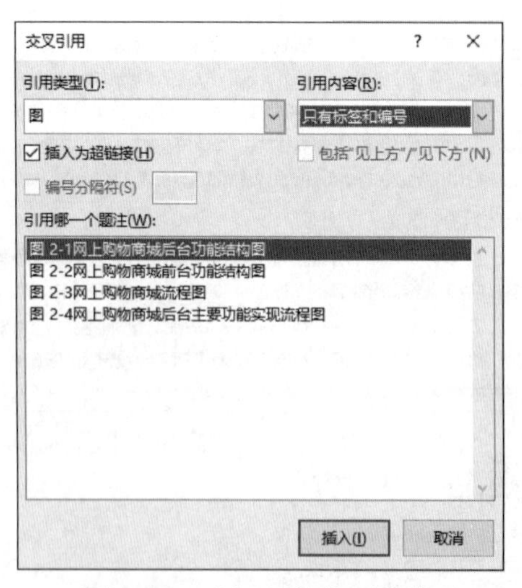

图 1-103 “交叉引用”对话框

Step 02：在“引用类型”下拉列表中选择“图”选项。在“引用内容”下拉列表中选择“仅标签和编号”选项。在“引用哪一个题注”列表框中选择要引用的题注，单击“插入”按钮。

Step 03：选择的题注编号将自动添加到文档中。按照上述步骤可实现所有图片的交叉引用。插入需要的所有交叉引用题注后单击“关闭”按钮，完成交叉引用的操作。

6. 创建表的题注和交叉引用

（1）创建表的题注

具体操作步骤如下。

Step 01：将光标定位到论文正文中第一个表上面一行文字的左侧，选择“引用”选项卡，在“题注”选项组中单击“插入题注”按钮，弹出“题注”对话框。

Step 02：在“标签”下拉列表中选择“表”。若没有标签“表”，则单击“新建标签”按钮，在弹出的“新建标签”对话框中输入标签名称“表”，单击“确定”按钮返回。

Step 03：“题注”文本框中会出现“表 1”。单击“编号”按钮，弹出“题注编号”对话框。在“题注编号”对话框中选择格式为“1，2，3，…”，选择“包含章节号”复选框，将“章节起始样式”设为“标题 1”。在“使用分隔件”下拉列表中选择“-连字符”，单击“确定”按钮返回“题注”对话框，“题注”文本框将会出现“表 2-1”。单击“确定”按钮完成题注的添加。

Step 04：选择表的题注及表，选择“开始”选项卡，在“段落”选项组中单击“居中”按钮，实现表的题注及表的居中对齐。

Step 05：重复操作上面的步骤，可以插入其他表的题注。

（2）创建表的交叉引用

具体操作步骤如下。

Step 01：将光标定位到第 1 个表所对应的正文中“如”和“所示”的中间，选择“引用”选项卡，在“题注”选项组中单击“交叉引用”按钮，弹出“交叉引用”对话框。

Step 02：在“引用类型”下拉列表中选择“表”选项。在“引用内容”下拉列表中选择“仅标签和编号”选项。在“引用哪一个题注”列表框中选择要引用的题注，单击“插入”按钮。选择的题注编号将自动添加到文档中。

按照上述步骤可实现所有表格的交叉引用。插入所有交叉引用题注后单击“关闭”按钮，完成交叉引用的操作。

7. 设置参考文献和致谢

（1）设置参考文献和致谢标题格式

具体操作步骤如下。

Step 01：将光标定位到参考文献标题行的任意位置或选择标题行，选择“开始”选项卡的“样式”选项组列表中 “第 1 章标题 1”样式，参考文献标题将自动设为指定的样式，删除原来的章节编号。

Step 02：按照上面的步骤，可实现致谢部分标题格式的设置。

（2）致谢的内容部分格式设置

具体操作步骤如下。

选择除“致谢”标题外的所有致谢内容文本，选择“开始”选项卡“样式”选项组的“样式 A”样式，可为致谢内容设置格式。

（3）参考文献的自动编号

具体操作步骤如下。

Step 01：选择所有的参考文献，选择“开始”选项卡，在“段落”选项组中单击“编号”下拉按钮，在弹出的下拉列表中选择“定义新编号格式”命令，弹出“定义新编号格式”对话框，如图 1-104 所示。

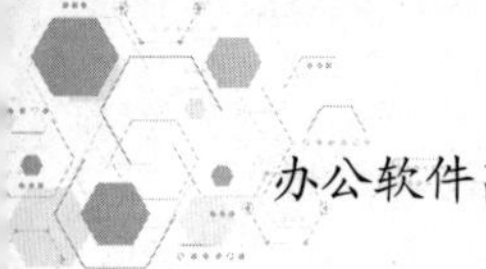

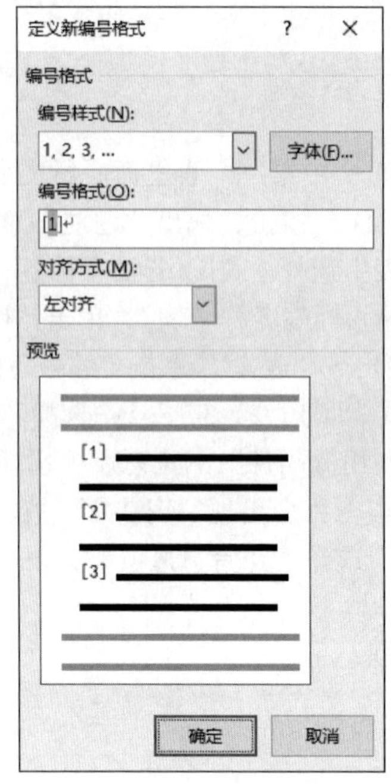

图 1–104 “定义新编号格式”对话框

Step 02：在该对话框中，编号样式选择“1，2，3，…”，在“编号格式”文本框中会自动出现数字“1”，在数字的左右分别输入“[”和“]”，对齐方式选择“左对齐”。设置编号格式后单击“确定”按钮。

Step 03：在每条参考文献的前面将自动出现如“[1]、[2]、[3]…”形式的自动编号，如图 1–105 所示。最后将段落格式设置为首行缩进 2 字符，行距为 1.5 倍。

参考文献

[1] 张奇.Visual C#数据库项目案例导航[M].北京:清华大学出版社,2005.

[2] 赵松涛.Visual Studio2005+SQL Server 2005 数据库应用系统开发[M].北京:电子工业出版社,2007.

[3] 刘勇.SQL Server 2000 基础教程[M].北京:清华大学出版社,2005.

图 1–105 参考文献自动编号效果图

8．设置中英文摘要

（1）设置中文摘要格式

具体操作步骤如下。

Step 01：将光标定位到中文摘要标题行任意位置，或选择标题行，选择“开始”选项卡，单击“样式”选项组中样式列表中的“第 1 章标题 1”样式，标题将自动设置为指定的格式。删除原有的章编号即可。

Step 02：选择文字“关键词:”，选择字体为“黑体”，字号为“四号”即可。选择摘要内容及“关键词”部分其余文字，选择字体为“宋体”，字号为“小四”。再将段落格式设置为首行缩进 2 字符，行距为 1.5 倍。

（2）设置英文摘要格式

具体操作步骤如下。

Step 01：将光标定位到英文摘要标题行任意位置，或选择标题行，选择“开始”选项卡，选择“样式”选项组中样式列表中的“第 1 章标题 1”样式，标题将自动设置为指定的格式。删除原有的章编号即可。

Step 02：选择文字“Key words:”，设置字体为“Times New Roman”，字号为“四号”。选择摘要内容及“Key words”外的其余文字，设置字体为“Times New Roman”，字号为“小四”。再将段落格式设置为首行缩进 2 字符，行距为 1.5 倍。

9. 创建目录、图目录、表目录

（1）插入分节

具体操作步骤如下。

将光标定位到正文的最前面，选择“布局”选项卡，在“页面设置”选项组中单击“分隔符”下拉按钮，在弹出的下拉列表的“分节符”栏中选择“下一页”命令，完成一节的插入，重复此操作，插入另外两个分节符。

（2）创建目录

具体操作步骤如下。

Step 01：将光标定位到要插入目录的第一行（插入的第 1 节位置），输入“目录”，应用样式列表中的“第 1 章标题 1”样式，并删除“目录”前面的章编号。选择“引用”选项卡，在“目录”选项组中单击“目录”下拉按钮，在弹出的下拉列表中选择“自定义目录”命令，弹出“目录”对话框，如图 1-106 所示。

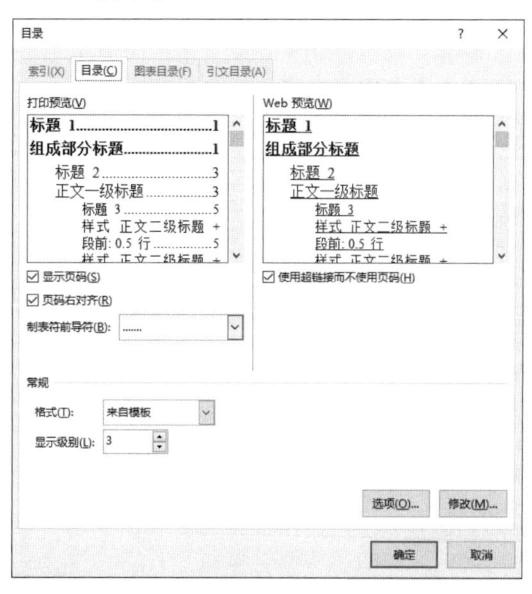

图 1-106 “目录”对话框

Step 02：在弹出的对话框中，确定目录显示的格式和级别，如“显示页码”“页码右对齐”等，或选择默认值。

Step 03：单击“确定”按钮，完成目录的创建。设置完成后如图 1-107 所示。

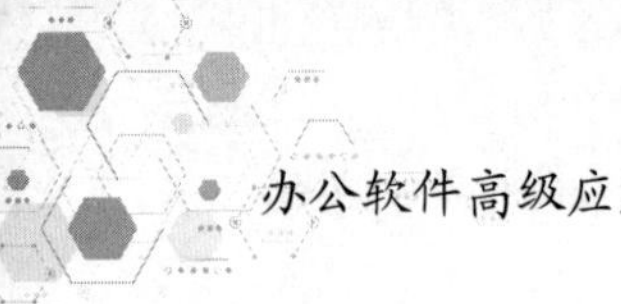

目录

图 1–107　创建目录后效果图

（3）创建图目录

具体操作步骤如下。

Step 01：将光标定位到要建立图目录的位置（插入的第 2 节位置），输入文字“图目录”，应用样式列表中的“第 1 章标题 1”样式，并删除“图目录”前的章编号。选择“引用”选项卡，在“题注”选项组中单击“插入表目录”按钮，弹出“图表目录”的对话框。

Step 02：单击“题注标签”下拉按钮，选择“图”题注标签类型，如图 1–108 所示。

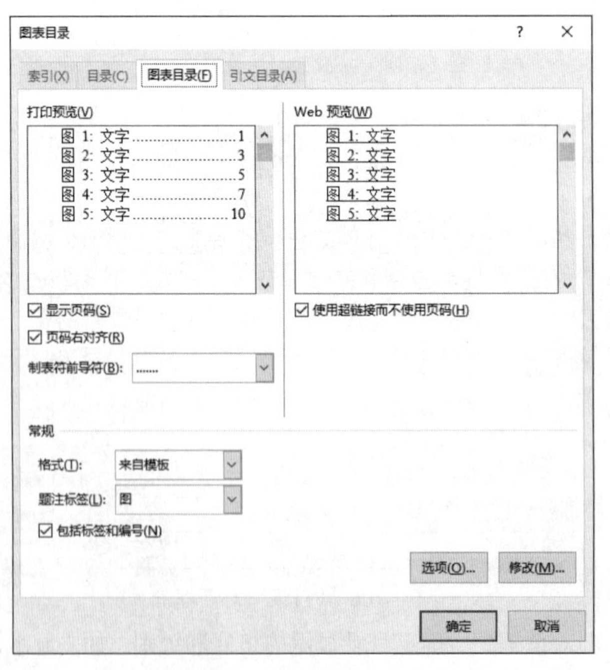

图 1–108　“图表目录”对话框

Step 03：在“图表目录”对话框中还可以对其他选项进行设置，其他项设置与“目录”设置方法类似，或取默认值。

Step 04：单击“确定”按钮，完成图目录的创建。

（4）生成表目录

具体操作步骤如下。

Step 01：将光标定位到要建立表目录的位置（插入的第 3 节位置），输入文字“表目录”，应用样式列表中的“第 1 章标题 1”样式，并删除“表目录”前的章编号。选择“引用”选项卡，在“题注”选项组中单击“插入表目录”按钮，弹出“图表目录”的对话框。

Step 02：单击“题注标签”下拉按钮，选择“表”题注标签类型。

Step 03：在“图表目录”对话框中还可以对其他选项进行设置，其他项设置与“目录”设置方法类似，或取默认值。

Step 04：单击“确定”按钮，完成表目录的创建。

10．插入论文页眉

毕业论文的页眉设置包括正文前（封面、目录、图表目录及中英文摘要）的页眉设置和正文（各章节、参考文献和致谢）页眉的设置。

（1）正文前页眉的设置

具体操作步骤如下。

封面为单独一页，无页眉页脚，故要省略封面页眉页脚的设置。具体操作步骤如下。

Step 01：将光标定位到封面所在页的下一页，选择“插入”选项卡，在“页眉和页脚”选项组中单击“页眉”下拉按钮，在弹出的下拉列表中选择“编辑页眉”命令。

Step 02：进入“页眉和页脚”编辑状态，同时显示“页眉和页脚工具/设计”选项卡，单击“导航”选项组中的“链接到前一条页眉”按钮，取消与封面页之间的链接关系，如图 1–109 所示。

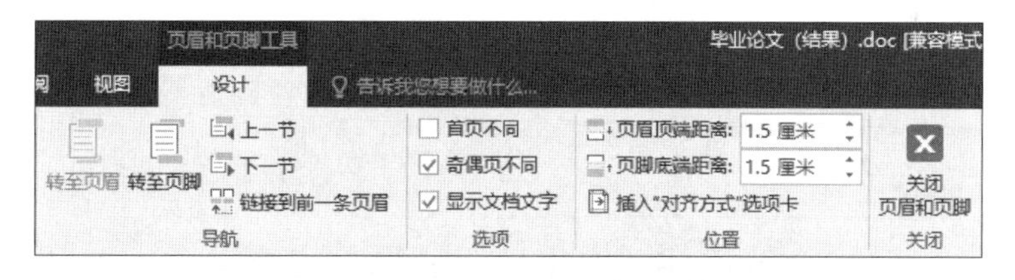

图 1–109 单击“链接到前一条页眉”

Step 03：在页眉中输入“粤中商学院”，设置居中对齐。

Step 04：双击非页眉页脚任意区域，返回文本编辑状态，完成正文前页眉的设置。

（2）正文页眉设置

具体操作步骤如下。

Step 01：将光标定位到正文所在页，单击“插入”选项卡“页眉和页脚”选项组中的“页眉”下拉按钮，在弹出的下拉列表中选择“编辑页眉”命令。

Step 02：进入“页眉和页脚”的编辑状态，同时显示“设计”选项卡。首先单击“导航”选项组中的“链接到前一条页眉”按钮，取消与前一节页眉的链接关系（若链接关系为灰色显示，表示无链接关系，否则一定要单击表示去掉链接）。

Step 03：选择“插入”选项卡，在“文本”选项组中单击“文档部件”下拉按钮，如图 1–110 所示，在弹出的下拉列表中选择“域”命令，弹出“域”对话框。

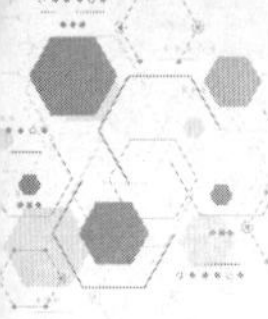

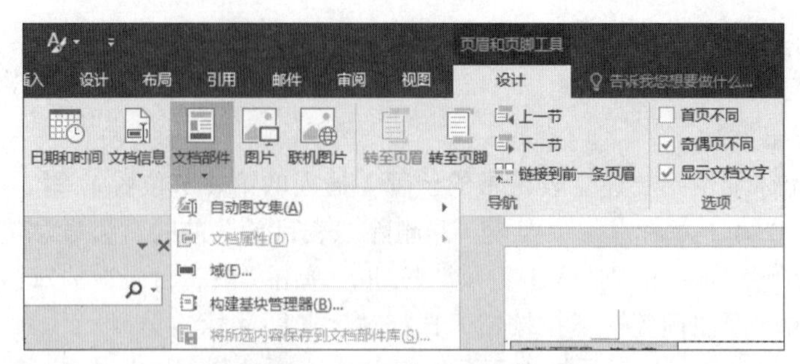
图 1-110 “文档部件”下拉列表

Step 04：在该对话框中，在“域名”列表框中选择“StyleRef”域，并在“样式名”列表框中选择“标题 1”样式，选择“插入段落编号”复选框，如图 1-111 所示。单击“确定”按钮，在页眉中将自动添加章序号，然后从键盘上输入一个空格。

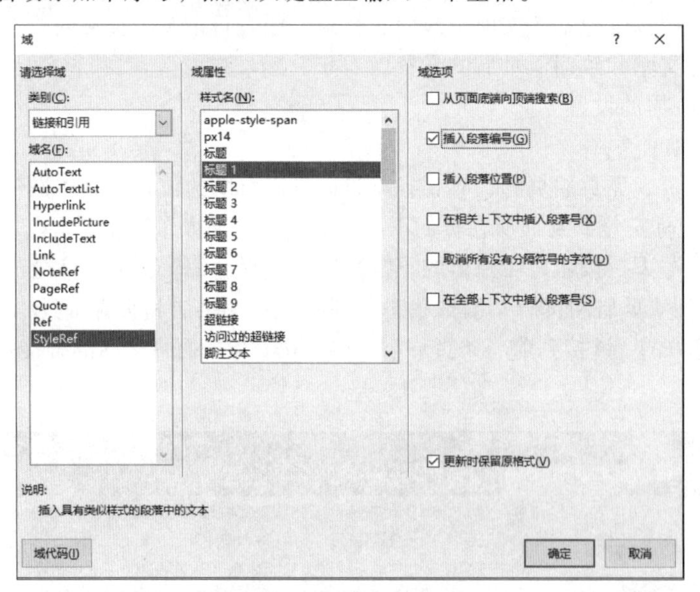
图 1-111 “域”对话框

Step 05：用同样的方法打开“域”对话框。在“域名”列表框中选择“StyleRef”域，并在“样式名”列表框中选择“标题 1”样式，选择“插入段落位置”复选框，单击“确定”按钮，在页眉中将自动添加章名，效果如图 1-112 所示。

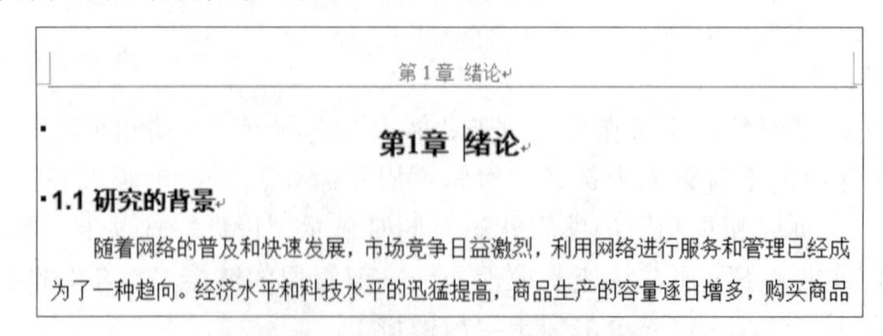
图 1-112 添加章名的页眉效果图

Step 06：选择页眉中的文字，单击“开始”→“段落”→“居中”按钮设置居中对齐。

Step 07：按照同样的方法设置正文中其他章的页眉。

（3）参考文献、致谢的页眉设置

Step 01： 将光标定位到参考文献所在页的页眉，单击“设计”选项卡“导航”选项组中的“链接到前一条页眉”按钮，取消与前一节页眉的链接关系，然后删除页眉中的内容。

Step 02： 选择“插入”选项卡，在“文本”选项组中单击“文档部件”下拉按钮，在弹出的下拉列表中选择“域”命令，弹出“域”对话框。

Step 03： 在该对话框中，在“域名”列表框中选择“StyleRef”域，并在“样式名”列表框中选择“标题 1”样式，选择“插入段落位置”复选框，单击“确定”按钮，在页眉中将自动添加章名，效果如图 1–113 所示。

参考文献

参考文献

[1] 张奇等.Visual C#数据库项目案例导航[M].北京:出版社,2005.80-124.

[2] 赵松涛等.Visual Studio2005+SQL Server 2005 数据库应用系统开发[M].北京:电子工业出版社,2007.148-368.

[3] 刘勇等.SQL Server 2000 基础教程[M].北京:清华大学出版社,2005.9-54.

[4] Jason Beres 等.21 天学通 Visual Studio .NET 2003[M].北京:人民邮电出版社,2003.207-237

图 1–113　参考文献的页眉效果

Step 04： 致谢部分的页眉内容会自动添加。

11．插入论文页码

页码一般位于论文页脚，毕业论文的页码设置包括正文前的页码和正文的页码两部分。

（1）摘要至正文前页码的生成

Step 01： 由于封面不需要页码，所以直接将光标定位在第 2 节的页脚处，单击“页眉和页脚工具/设计”选项卡“导航”选项组中的“链接到前一节”按钮，取消与第 1 节（封面）页脚之间的链接关系。单击“页眉和页脚工具/设计”选项卡“页眉和页脚”选项组中的“页码”下拉按钮，在弹出的下拉列表中选择“页面底端”的“普通数字 2”，页脚中将会自动插入数字“1，2，3，…”的页码格式。

Step 02： 选择插入的页码右击，在弹出的快捷菜单中选择“设置页码格式”命令，弹出“页码格式”对话框，设置编号格式为“i，ii，iii，…”，起始页码为“i”，如图 1–114 所示，单击“确定”按钮。

Step 03： 重复上述步骤，对正文前的其他节的页脚进行设置，但是注意在“页码编号”中选择“续前节”。

（2）正文页码的生成

Step 01： 将光标定位到正文第 1 章的页脚处，单击“页眉和页脚工具/设计”选项卡“导航”选项组中的“链接到前一节”按钮，取消与前一节页脚之间的链接关系。单击“设计”选项卡“页眉和页脚”选项组中的“页码”下拉按钮，在弹出的下拉列表中选择“页面底端”的“普通数字 2”，页脚中将会自动插入数字“1，2，3，…”的页码格式。

Step 02： 查看每一节的起始页码是否与前一节连续，否则将页脚的页码格式中的“页码编号”设置为“续前节”。

12．更新目录

更新目录、图表目录，具体操作步骤如下。

Step 01：右击目录中的任意位置，在弹出的快捷菜单中选择“更新域”命令，弹出“更新目录”对话框，如图 1–115 所示。在该对话框中，选择“更新整个目录”单选按钮，单击“确定”按钮完成目录的更新。

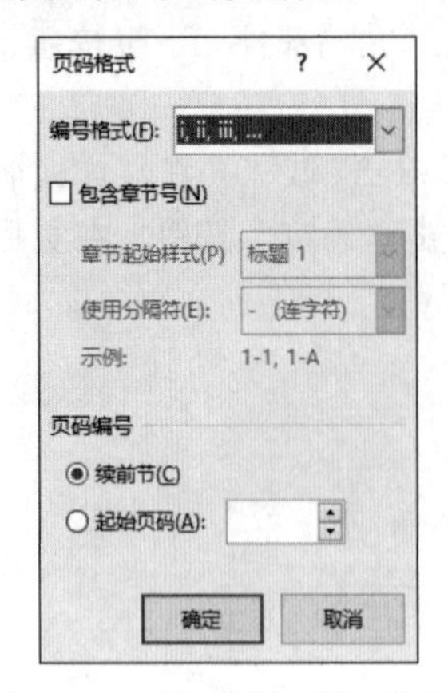

图 1–114 “页码格式”对话框

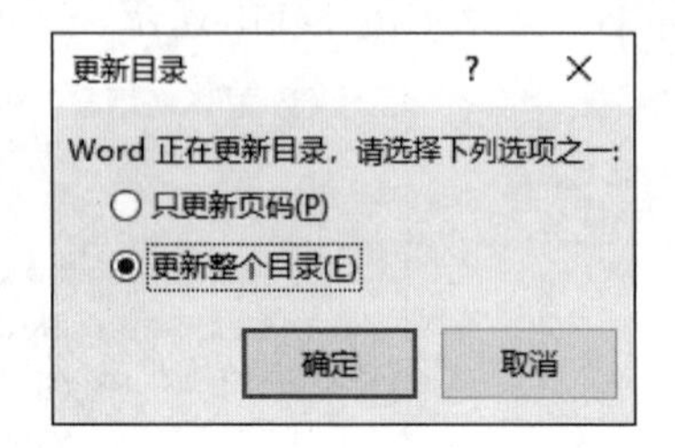

图 1–115 “更新目录”对话框

Step 02：按照同样的方法可以更新图目录和表目录。

本 章 习 题

1. 北京计算机大学组织专家对《学生成绩管理系统》的需求方案进行评审，为使参会人员对会议流程和内容有一个清晰的了解，需要会议会务组提前制作一份有关评审会的秩序手册。请根据练习 1 文件夹的文档“评审会会议秩序册. docx”和相关素材完成编排任务，具体要求如下。

（1）设置页面的纸张大小为 16 开，页边距上、下为 2.8 厘米、左、右为 3 厘米，并指定文档每页为 36 行。

（2）会议秩序册由封面、目录、正文三大块内容组成。其中，正文又分为四个部分，每部分的标题均已经以中文大写数字一、二、三、四进行编排。要求将封面、目录以及正文中包含的四个部分独立设置为 Word 文档的一节。页码编排要求为：封面无页码；目录采用罗马数字编排；正文从第一部分内容开始连续编码，起始页码为 1（如采用格式-1-），页码设置在页脚右侧位置。

（3）按照素材中“封面. jpg”所示的样例，将封面上的文字“北京计算机大学《学生成绩管理系统》需求评审会”设置为二号、华文中宋；将文字“会议秩序册”放置在一个文本框中，设置为竖排文字、华文中宋、小一；将其余文字设置为四号、仿宋，并调整到页面合适的位置。

（4）将正文中的标题“一、报到、会务组”设置为一级标题，单倍行距、悬挂缩进 2 字符、段前段后为自动，并以自动编号格式“一、二、...”，替代原来的手动编号。其他三个标题“二、会议须知”“三、会议安排”“四、专家及会议代表名单”格式，均参照第一个标题设置。

（5）将第一部分（“一、报到、会务组”）和第二部分（“二、会议须知”）中的正文内容设置为宋体五号字，行距为固定值、16 磅，左、右各缩进 2 字符，首行缩进 2 字符，对齐方式设置为左对齐。

（6）参照素材图片“表 1. jpg”中的样例完成会议安排表的制作，并插入到第三部分相应位置中，格式要求：合并单元格、序号自动排序并居中、表格标题行采用黑体。表格中的内容可从素材文档“秩序册文本素材. docx”获取。

（7）参照素材图片“表 2. jpg”中的样例完成专家及会议代表名单的制作，并插入到第四部分相应位置中。格式要求：合并单元格、序号自动排序并居中、适当调整行高（其中样例中彩色填充的行要求大于 1 厘米）、为单元格填充颜色、所有内容水平居中、表格标题行采用黑体。表格中的内容可从素材文档“秩序册文本素材. docx”中获取。

（8）根据素材中的要求自动生成文档的目录，插入到目录页中的相应位置，并将目录内容设置为四号字。

2. 某高校学生会计划举办一场“大学生网络创业交流会”的活动，拟邀请部分专家和老师给在校学生进行演讲。因此，校学生会外联部需制作一批邀请函，并分别递送给相关的专家和老师。请按如下要求完成邀请函的制作。

（1）打开文档“邀请函.docx”，调整文档版面，要求页面高度 18 厘米、宽度 30 厘米，页边距（上、下）为 2 厘米，页边距（左、右）为 3 厘米。

（2）将考生文件夹下的图片“背景图片. jpg”设置为邀请函背景。

（3）根据“Word-邀请函参考样式. docx”文件，调整邀请函中内容文字的字体、字号和颜色。

（4）调整邀请函中内容文字段落对齐方式以及段前段后距离。

（5）根据页面布局需要，调整邀请函中“大学生网络创业交流会”和“邀请函”两个段落的间距。

（6）在“尊敬的”和“(老师)”文字之间，插入拟邀请的专家和老师姓名，拟邀请的专家和老师姓名在“通讯录. xlsx”文件中。每页邀请函中只能包含 1 位专家或老师的姓名，所有的邀请函页面请另外保存在一个名为“大学生网络创业交流会邀请函. docx”文件中，完成后保存“邀请函.docx”。

3. 某出版社的编辑小刘手中有一篇有关财务软件应用的书稿“会计电算化节节高升. docx”，打开该文档，按下列要求帮助小刘对书稿进行排版操作并按原文件名进行保存。

（1）按下列要求进行页面设置：纸张大小 A4，对称页边距，上边距 2.5 厘米、下边距 2 厘米，内侧边距 2.5 厘米、外侧边距 2 厘米，装订线 1 厘米，页脚距边界 1.0 厘米。

（2）书稿中包含三个级别的标题，分别用“(一级标题)”、“(二级标题)”、“(三级标题)”字样标出。按下表要求对书稿应用样式、多级列表并对样式格式进行相应修改。

内　容	样　式	格　式	多级列表
所有用“一级标题”标识标题 1 的段落	标题 1	小二、黑体、不加粗、段前 1.5 行、段后 1 行，行距最小值 12 磅，居中	第 1 章、第 2 章…第 n 章
所有用“二级标题”标识标题 2 的段落	标题 2	小三、黑体、不加粗、段前 1 行、段后 0.5 行，行距最小值 12 磅	1-1、1-2、2-1. 2- 2、n-1… 文本缩进 0 厘米
所有用“三级标题”标识标题 3 的段落	标题 3	小四、宋体、加粗，段前 12 磅、段后 6 磅，行距最小值 12 磅	1-1-1、1-1-2、n-1-1、n-1-2… 文本缩进 0 厘米
除上述三个级别标题外的所有正文（不含图表及题注）	正文	首行缩进 2 字符、1. 25 倍行距、段后 6 磅、两端对齐	

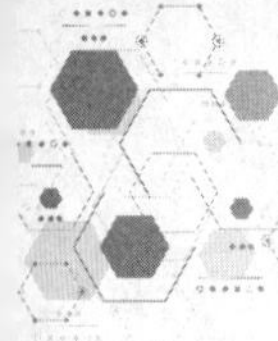

（3）样式应用结束后，将书稿中各级标题文字后面括号中的提示文字及括号“(一级标题)”“(二级标题)”“(三级标题)”全部删除。

（4）书稿中有若干表格及图片，分别在表格上方和图片下方的说明文字左侧添加形如“表1-1”“表2-1”“图1-1”“图2-1”的题注，其中连字符“-”前面的数字代表章号、“-”后面的数字代表图表的序号，各章节图和表分别连续编号。添加完毕，将样式“题注”的格式修改为仿宋、小五、居中。

（5）在书稿中用红色标示的文字的适当位置，为前两个表格和前三个图片设置自动引用其题注号。为第2张表格“表1-2 好朋友财务软件版本及功能简表”套用一个合适的表格样式、保证表格第1行在跨页时能够自动重复，且表格上方的题注与表格总在同一页上。

（6）在书稿的最前面插入目录，要求包含标题第1～3级及对应页号。目录、书稿的每一章均为独立的一节，每一节的页码均以奇数页为起始页码。

（7）目录与书稿的页码分别独立编排，目录页码使用大写罗马数字（I、II…），书稿页码使用阿拉伯数字（1、2，…且各章节间连续编码）。除目录首页和每章首页不显示页码外，其余页面要求奇数页页码显示在页脚右侧，偶数页页码显示在页脚左侧。

（8）将考生文件夹下的图片“Tu1ips.jpg”设置为本文稿的水印，水印处于书稿页面的中间位置、图片增加“冲蚀”效果。

第 2 章 Excel 2016 高级应用

学习目标

- 掌握获取外部数据、高效录入数据、输入特殊数据的方法。
- 掌握数据格式，突显异常数据，按条件突显单元格、文本，单元格数值图形化，按条件突显整行，迷你图表等数据显示的方法。
- 掌握排序、分类汇总、筛选、数据透视表（数据透视图）等分析数据方法。
- 掌握 Excel 函数对简单数据的计算，以及使用函数对数据进行分析的方法。
- 通过本章节的学习，引导学生做一个有条理的人，懂得制订计划，并按计划和顺序来做事。在 Excel 中运用公式或函数时，特别强调注意语法和运算符的正确性。通过运用公式，培养学生一丝不苟的生活态度和精益求精的工作态度。

章节导学

本章以 Excel 多个综合性的应用任务设计为线索，介绍了公式与函数的应用、数据的分类汇总与筛选、外部数据的导入与导出、数据透视图表的设计与应用和图表的创建与使用等内容。同时，安排了考勤表典型任务，进一步加强学生 Excel 综合应用的能力。

2.1 获取数据

在 Excel 表格中，创建好 Excel 文件之后，首先要解决的问题是如何输入数据，掌握一些输入数据的技巧有利于提高工作效率。下面将从几个方面介绍数据的录入。

2.1.1 获取外部数据

Excel 允许将文本文件、Access 等类型文件中的数据导入到 Excel 表格中，以实现与外部数据共享，提高办公数据的使用效率。下面以从文本文档中导入数据到 Excel 表格中为例进行讲解，操作步骤如下。

Step 01：启动 Excel，打开空白工作簿。选择“数据”选项卡，在“获取外部数据”选项组中单击“自文本”按钮。

Step 02：选择自文本后，系统弹出“文本导入向导”对话框，如图 2-1 所示。

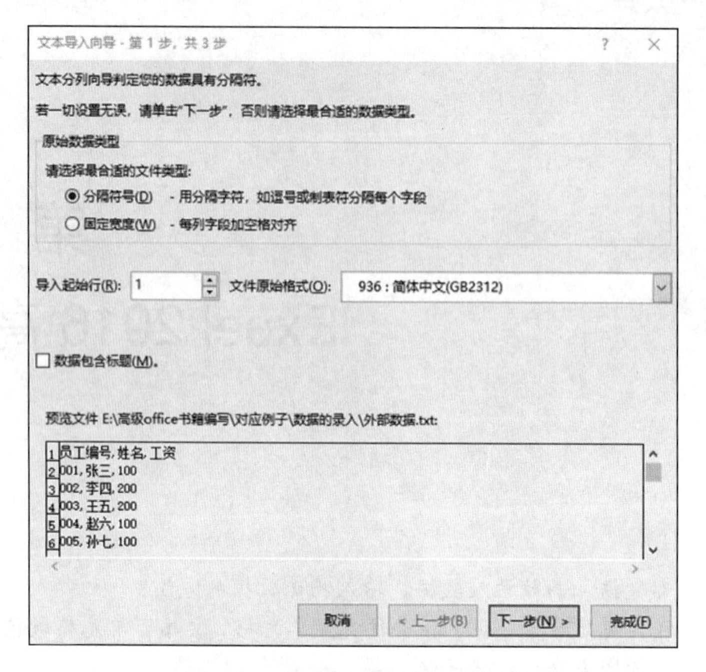

图 2-1 “文本导入向导”对话框

Step 03：选择“分隔符号”单选按钮，单击“下一步”按钮。

Step 04：挑选放置数据的单元格，并单击“完成”按钮。源数据和导入数据后的效果如图 2-2 所示。

外部数据.txt - 记事本

文件(F) 编辑(E) 格式(O) 查看(V) 帮助(H)

员工编号,姓名,工资
1,张三,100
2,李四,200
3,王五,200
4,赵六,100
5,孙七,100
6,何八,100

F12

	A	B	C	D
1	员工编号	姓名	工资	
2	1	张三	100	
3	2	李四	200	
4	3	王五	200	
5	4	赵六	100	
6	5	孙七	100	
7	6	何八	100	
8				
9				
10				

图 2-2 源数据和数据导入后的效果

2.1.2 高效录入数据

1. 相同数据的快速填充

在单元格中输入第一个数据，然后将指针定位到所在单元格的右下角，当指针变成十字状，向下拖动填充，可以完成相同数据的输入。若填充的内容为数字，希望按顺序递增，可以在完成数据的填充之后，单击“填充”按钮，选择“序列”命令，在弹出对话框中进行设置。

2. 非连续单元格相同数据的填充

当需要在多个非连续单元格中输入相同的数据时，并不需要逐个输入，Excel 2016 提供了一个快捷高效的方法：先按住【Ctrl】键选择需要输入数据的单元格，在选择的最后一个单元格中输入数据后，按【Ctrl+Enter】组合键，完成数据的输入。下面以在 A1、B2、C3、D4 单元格中输入“广州”为例，效果如图 2-3 所示。

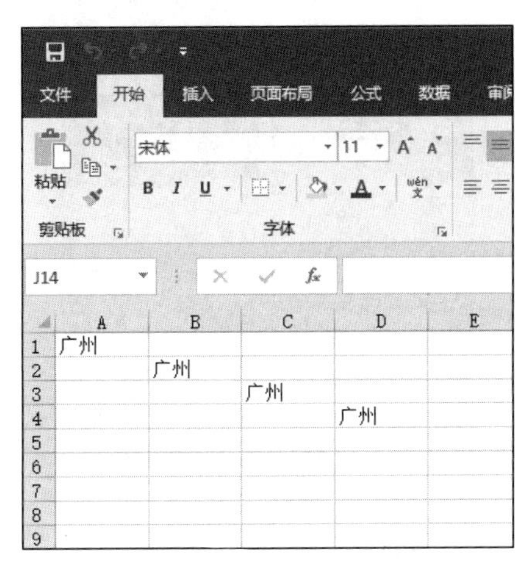

图 2-3　非连续单元格输入相同数据

2.1.3　特殊数据输入方法

1. 提取数字和字符串

在图 2-4 所示的数据表中，在 B2、B3 单元格中输入“10”“23”。然后选取输入数据的两个单元格及要填充的单元格，即选择 B2:B17 单元格区域，按【Ctrl+E】组合键快速填充。这个功能并不局限于数字，汉字同样可用。

C2　24322

	A	B	C	D
1	原数据	规格	长度	数量
2	规格：10号，长度24322米，数量1件	10	24322	
3	规格：23号，长度32米，数量2件	23	32	
4	规格：1号，长度242米，数量3件	1		
5	规格：101号，长度1132米，数量4件	101		
6	规格：110号，长度23232米，数量5件	110		
7	规格：150号，长度5432米，数量6件	150		
8	规格：160号，长度2米，数量7件	160		
9	规格：60号，长度232米，数量8件	60		
10	规格：80号，长度345米，数量9件	80		
11	规格：30号，长度328米，数量10件	30		
12	规格：510号，长度24324米，数量11	510		
13	规格：10号，长度329米，数量12件	10		
14	规格：120号，长度232米，数量13件	120		
15	规格：105号，长度665米，数量14件	105		
16	规格：160号，长度2米，数量15件	160		
17	规格：180号，长度24米，数量16件	180		
18				

图 2-4　提取数字和字符串

提示

如果填写两个单元格的数据，Excel 表格则不能准确提取出数据，此时应该再多填写一个数据。比如图 2-4 中的数量列，如果在 D2、D3 单元格输入数据“1”“2”，此时 Excel 表格会误以为提取的是“规格:”后面数据的第一个数，显然不是我们要的数据，应该在 D4 单元格输入数据 3，再通过以上方法快速输入数据。

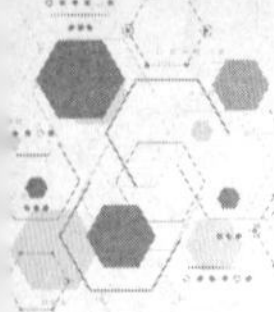

2．提取并合并数据

在图 2-5 所示的数据表中，根据职员姓氏及职位内容，在 C2、C3 单元格中输入“刘副总经理”“张经理”，然后选择 C2:C7 单元格，按【Ctrl+E】组合键快速填充。

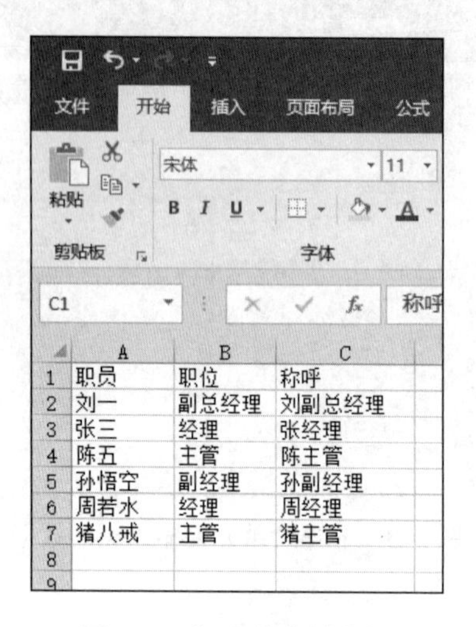

	A	B	C
1	职员	职位	称呼
2	刘一	副总经理	刘副总经理
3	张三	经理	张经理
4	陈五	主管	陈主管
5	孙悟空	副经理	孙副经理
6	周若水	经理	周经理
7	猪八戒	主管	猪主管
8			

图 2-5　提取并合并数据

3．调整字符串的顺序

在图 2-6 所示数据表中，A2:A7 单元格区域数据为中文和英文的组合，此时如果想调整英文和中文的组合顺序，那么在 B2 结果单元格中按照操作目的进行调整，选择 B2:B7 单元格，按【Ctrl+E】组合键快速填充。

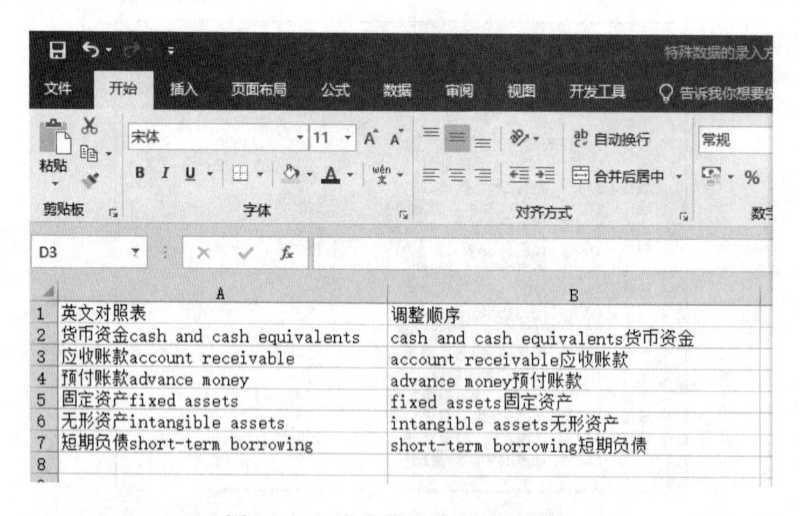

	A	B
1	英文对照表	调整顺序
2	货币资金cash and cash equivalents	cash and cash equivalents货币资金
3	应收账款account receivable	account receivable应收账款
4	预付账款advance money	advance money预付账款
5	固定资产fixed assets	fixed assets固定资产
6	无形资产intangible assets	intangible assets无形资产
7	短期负债short-term borrowing	short-term borrowing短期负债
8		

图 2-6　调整字符串中内容的顺序

4．从身份证提取出生日期

在图 2-7 所示的数据表中，在目标单元格 B2 中手工输入 A1 身份证号中对应的出生日期 19821109，选定 B2:B13 单元格区域，按【Ctrl+E】组合键快速填充内容，结果如图 2-7 所示。

5. 自动添加字符串分隔符

在 B2 单元格中，输入添加分隔符后的数据，然后按【Ctrl+E】组合键快速填充，效果如图 2-8 所示。

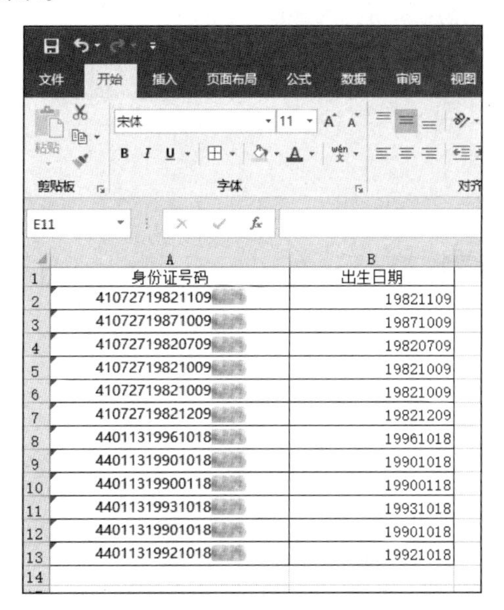

	A	B
1	身份证号码	出生日期
2	41072719821109	19821109
3	41072719871009	19871009
4	41072719820709	19820709
5	41072719821009	19821009
6	41072719821009	19821009
7	41072719821209	19821209
8	44011319961018	19961018
9	44011319901018	19901018
10	44011319900118	19900118
11	44011319931018	19931018
12	44011319901018	19901018
13	44011319921018	19921018

图 2-7　身份证号码快速提取出生日期

	A	B
1	原数据	调整后数据
2	苹果apple	苹果-apple
3	花生peanut	花生-peanut
4	梨子pear	梨子-pear
5	桃子peach	桃子-peach

图 2-8　快速添加分隔符

2.1.4　数据格式

Excel 工作表中包含大量的数据，数据类型有数值、文本、货币、日期、百分比等。不同类型的数据在输入时会有不同的方法，为了使相同类型格式的数据有相同的显示形式，应该对单元格数据进行格式化。

1. 利用菜单设置数据格式

对于常见的数据类型，可以直接使用 Excel 提供的数据格式供用户选择使用。选择“开始”选项卡，“数字”组中的各个按钮可用于对单元格数据的格式进行设置。对于常见的数据类型，如时间、百分数和货币等，可直接使用该组中的按钮设置格式。下面以图 2-9 中的数据表为例，将单价列中的数据设置为货币数据，并减少小数位数为 1 位。

	A	B	C
1	产品	数量	单价
2	电冰箱	4	2000.48
3	电视机	7	3200.67
4	洗衣机	1	1280.88
5	微波炉	5	345.89
6	电风扇	1	200.78
7	空调	2	1680.83

图 2-9　设置数据格式原始数据

操作步骤如下。

Step 01：选择要设置数据格式的单元格，这里选择 C2:C7 单元格区域。

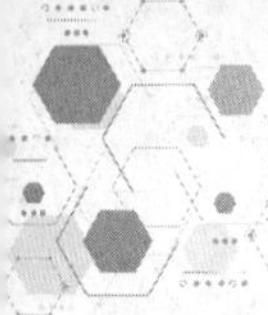

Step 02：右击，在弹出的快捷菜单中选择“设置单元格格式”命令，在弹出的“设置单元格格式”对话框中，选择数值，将小数位数设置为 1，如图 2-10 所示。

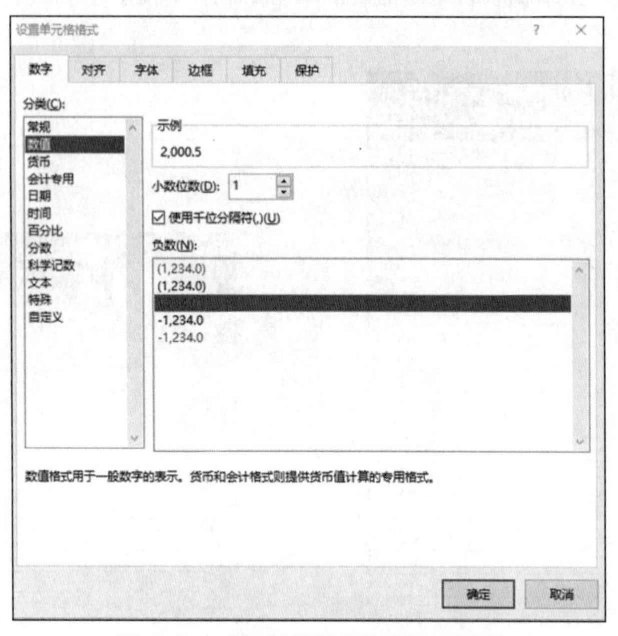

图 2-10 “设置单元格格式”对话框

Step 03：选择“货币”选项，并在“货币符号（国家/地区）”中选择人民币符号，如图 2-11 所示。结果如图 2-12 所示。

图 2-11 设置货币格式为人民币符号

G19

	A	B	C	D
1	产品	数量	单价	
2	电冰箱	4	¥2,000.5	
3	电视机	7	¥3,200.7	
4	洗衣机	1	¥1,280.9	
5	微波炉	5	¥345.9	
6	电风扇	1	¥200.8	
7	空调	2	¥1,680.8	
8				
9				

图 2-12 设置数据格式后的结果

2. 自定义数据格式

Excel 表格中预先设置了大量的数据格式供用户使用，但对于一些特殊情况的使用场合，则需要用户对数据格式进行自定义。在 Excel 中，可以通过内置组成的规则实现任意格式的数字。

操作步骤如下。

Step 01：在图 2-9 所示的数据表中，单击工作表的列号选择需要设置数据格式的列，这里选择 C2:C7 单元格区域，在“开始”选项卡的“数字”选项组中单击“会计数字格式”下拉按钮，在弹出的下拉列表中选择“其他会计格式”命令。或直接右击，在弹出的快捷菜单中选择“设置单元格格式”命令。

Step 02：弹出“设置单元格格式”对话框，在“分类”列表框中选择“自定义”选项，在右侧的“类型”文本框中的格式代码后面添加单位“美元”，在前面添加美元符号“$”和颜色代码“[红色]”，如图 2-13 所示，设置完成后单击“确定”按钮，可以看到数据变成红色，且在数据前面添加了$符号，在数据后面添加了“美元”单位。

图 2-13 设置自定义的数据格式

2.2 显示数据

2.2.1 突显异常数据

有时需要对某个数据区域中的数据进行判断，以突出显示不符合要求的数据。这里以学生最低分 60 分为标准值、误差不超过 0.1 为例进行操作。

操作步骤如下：

Step 01：在图 2-14 所示的数据表中，选择需要进行判断的数据区域，这里选择 B2:D9 单元格区域。

Step 02：选择“数据”选项卡，单击“数据工具”选项组中的“数据验证”下拉列表中的“数据验证”按钮。

Step 03：在弹出的“数据验证”对话框中选择“设置”选项卡，在“允许”下拉列表中选择“自定义”，输入“=B2-60>=0”，单击“确定”按钮。

Step 04：在“数据验证”下拉列表中选择“圈选无效数据”命令。

Step 05：分数低于 60 分的数据会被专门用红色的椭圆圈点出来，如图 2-15 所示。

	A	B	C	D	E
1	姓名	语文	数学	英语	
2	林小明	95	95	60	
3	黄永	89	42	90	
4	张光兵	55	92	71	
5	陈龙	85	77	81	
6	王自力	90	38	94	
7	成响	84	79	77	
8	牛三折	92	100	99	
9	秦永千	44	98	82	

图 2-14　待处理的原始数据

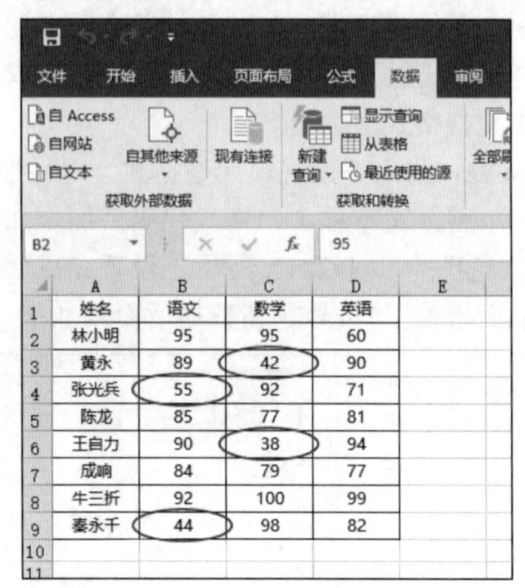

图 2-15　成绩 60 分以下的标识结果

2.2.2　按条件突显单元格和文本

在实际操作 Excel 表格中，经常会遇到这样的一种情况，就是需要在工作表中将满足条件的内容突出显示，如教师想查看班级成绩优秀或成绩高于或低于某个分数的学生情况。下面以查看图 2-14 中学生成绩高于 85 分为例，介绍按条件突出显示单元格的操作方法。

操作步骤如下：

Step 01：选择需要进行数据突出显示的单元格区域，这里选择 B2:D9 单元格区域。如想查看语文成绩高于 85 分的学生情况，那么先选择语文列数据。选择“开始”选项卡，从“样式”选项组中单击“条件格式”下拉按钮，在弹出的下拉列表中选择“突出显示单元格规则”→“大于”命令。

Step 02：弹出“大于”对话框，在“为大于以下值的单元格设置格式”文本框中输入“85”，然后单击“设置为”右侧的按钮，从弹出的下拉列表中选择一种格式，这里选择“浅红填充色深红色文本”命令，如图 2-16 所示。

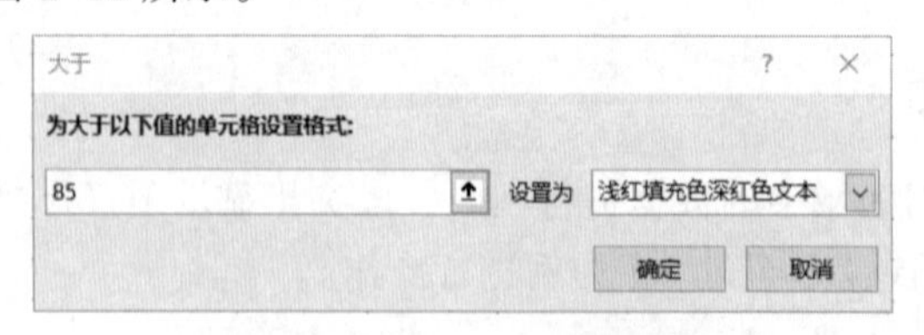

图 2-16　“大于”对话框

Step 03：如果没有想用的格式，则从弹出的下拉列表中选择“自定义”命令，弹出“设置单元格格式”对话框，对各项进行设置，设置完成后单击“确定”按钮即可。设置完成后，结果如图 2-17 所示。

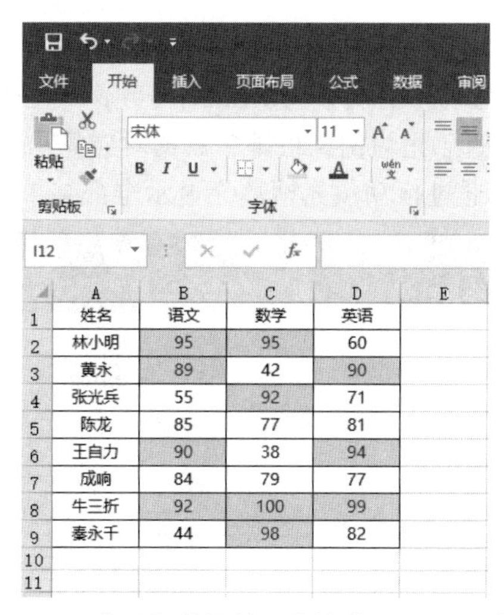

	A	B	C	D
1	姓名	语文	数学	英语
2	林小明	95	95	60
3	黄永	89	42	90
4	张光兵	55	92	71
5	陈龙	85	77	81
6	王自力	90	38	94
7	成响	84	79	77
8	牛三折	92	100	99
9	秦永千	44	98	82

图 2–17　满足条件的单元格格式设置后的效果

2.2.3　单元格数值图形化

有时在做数据分析时，往往希望能够通过图形来直观表达数据，使数据之间的大小关系一目了然，在 Excel 2016 中，可以通过数值的图形化实现。实现方法一般有两种：一种是通过条件格式实现，另一种是使用函数实现。下面通过两种方法，介绍数据的图形化操作。

方法 1：使用条件格式实现数据图形化。

操作步骤如下。

Step 01：选择需要显示图形化数据的单元格区域，这里选择 G2:G9 单元格区域。

Step 02：选择“开始”选项卡，单击“样式”选项组中的“条件格式”下拉按钮，从弹出的下拉列表中选择“数据条”的一种条形格式。

Step 03：在 G2 单元格中输入数据，这里直接使用公式“=F2”。引用 F2 单元格中的数据，将鼠标指针放在 G2 单元格右下角的填充柄上，鼠标指针变成十字形，向下拖动快速填充。此时，发现 G2:G9 单元格中除了数据条还有数据，可以再单击“条件格式”下拉按钮，从弹出的下拉列表中选择“数据条”→“其他规则”命令，在弹出的对话框中，选择“仅显示数据条”复选框。最后效果如图 2–18 所示。

	A	B	C	D	E	F	G
1	姓名	语文	数学	英语	总分	排名	排名图形化结果
2	林小明	95	95	60	250	2	
3	黄永	89	42	90	221	7	
4	张光兵	55	92	71	218	8	
5	陈龙	85	77	81	243	3	
6	王自力	90	38	94	222	6	
7	成响	84	79	77	240	4	
8	牛三折	92	100	99	291	1	
9	秦永千	44	98	82	224	5	

图 2–18　排名数据图形化后的效果

方法 2：使用函数实现数据图形化。

在 Excel 表格中，有一个可视化的函数为 REPT()函数，对于函数的参数说明，可以查看帮助进行了解。下面还是以排名图形化为例，将排名数据对应显示成“★”。在 G2 单元格中输入公式“=REPT("★",F2)”，然后通过拖动填充柄填充显示全部结果，效果如图 2-19 所示。

姓名	语文	数学	英语	总分	排名	排名图形化结果
林小明	95	95	60	250	2	★★
黄永	89	42	90	221	7	★★★★★★★
张光兵	55	92	71	218	8	★★★★★★★★
陈龙	85	77	81	243	3	★★★
王自力	90	38	94	222	6	★★★★★★
成响	84	79	77	240	4	★★★★
牛三折	92	100	99	291	1	★
秦永千	44	98	82	224	5	★★★★★

图 2-19　函数方法实现排名数据图形化后的效果

2.2.4　按条件突显整行

在 Excel 表格数据中，若数据繁多，看起来就比较吃力，这里把“群众”的行突出显示出来。操作步骤如下。

Step 01：在“开始”选项卡中，单击“样式”选项组中的“条件格式”下拉按钮，在弹出的下拉列表中选择“新建规则”命令。

Step 02：在弹出的对话框中，选择“使用公式确定要设置格式的单元格”选项，然后在规则中填写“=OR（$B2="群众"）”，然后设置格式为自己喜欢的格式，这里将字体颜色设置为标准色深蓝；填充色设置为“橙色，个性色 6，淡色 60%”。

Step 03：单击“确定”按钮，先将光标定位在数据表中任一单元格，在“开始”选项卡中，单击“样式”选项组中的“条件格式”下拉按钮，在弹出的下拉列表中选择“管理规则”命令，弹出图 2-20 所示的“条件格式规则管理器”对话框。设置应用范围为表格数据，这里应用的表格范围为 A2:E9 单元格区域。单击“应用”按钮，B 列中只要政治面貌为“群众”对应的行，都突出显示为设置的格式，效果如图 2-21 所示。

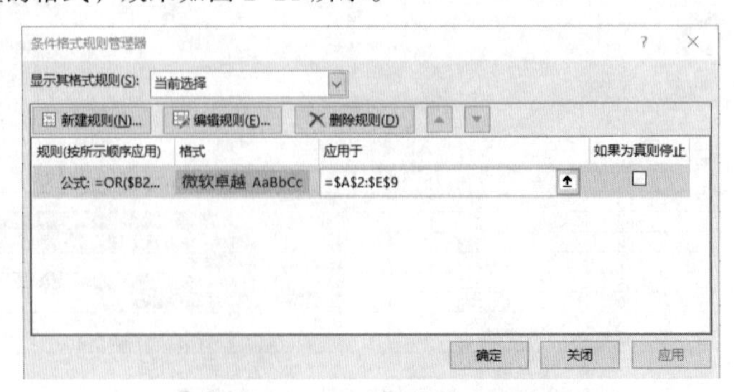

图 2-20　“条件规则管理器”对话框

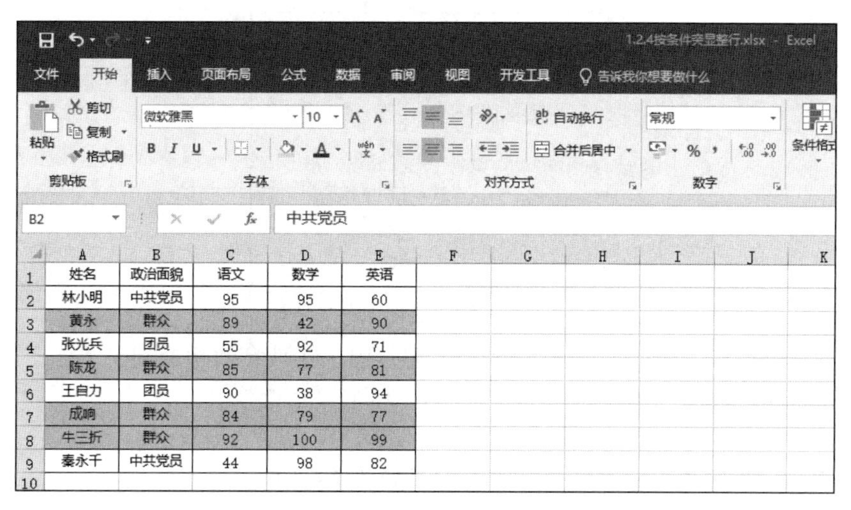

	A	B	C	D	E
1	姓名	政治面貌	语文	数学	英语
2	林小明	中共党员	95	95	60
3	黄永	群众	89	42	90
4	张光兵	团员	55	92	71
5	陈龙	群众	85	77	81
6	王自力	团员	90	38	94
7	成响	群众	84	79	77
8	牛三折	群众	92	100	99
9	秦永千	中共党员	44	98	82

图 2-21　突出显示行的效果图

提示

=OR($B2="群众")这个规则的意思就是每行 B 列中的数据如果为“群众”，就返回 1，否则返回 0。若返回 1，就按照设定的单元格格式显示；若返回 0，则不处理。

2.2.5　迷你图表

Excel 2016 中，如果在工作表中有多组数据需要展示，则可以使用迷你图表，下面以 4 种商品各个月份的销售情况为例，介绍迷你图表的创建。

操作步骤如下。

Step 01： 打开需要处理的数据表，如图 2-22 所示。因为需要做的就是在 H 列中创建出前面各个月份的数据迷你图，可以先选择需要处理的单元格数据，打开“插入”选项卡，单击“迷你图”选项组中的“折线图”按钮。

	A	B	C	D	E	F	G	H
1	商品	1月	2月	3月	4月	5月	6月	迷你折线图
2	方便面	8	7	10	9	6	4	
3	糖果	10	1	10	7	9	4	
4	牛奶	5	5	9	3	7	1	
5	饼干	1	7	9	2	6	1	

图 2-22　需要添加迷你图表的数据表

Step 02： 弹出“创建迷你图”对话框，如图 2-23 所示，在本例中，数据范围填写 B2:G2 单元格区域。“位置范围”中选择 H2 单元格，在“位置范围”文本框中就会自动输入“$H$2”，单击“确定”按钮。

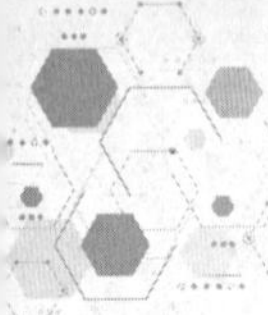

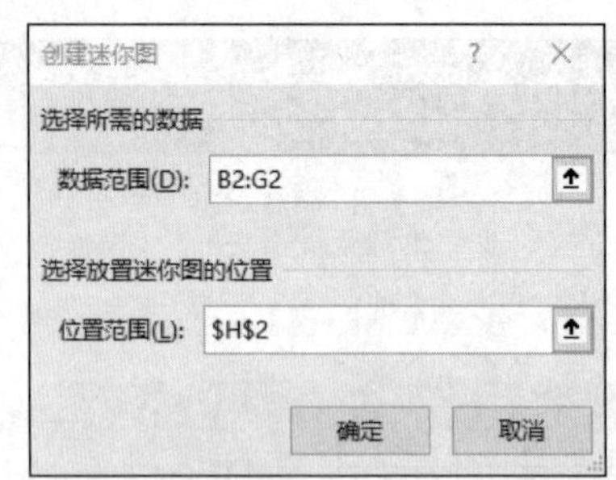

图 2-23 “创建迷你图”对话框

Step 03：在 H2 单元格中已经插入了一个迷你图，并且自动切换到“迷你图工具/设计”选项卡，在“显示”组中选择“首点”“尾点”“标记”复选框。

Step 04：将指针放到 H2 单元格右下方的填充柄上，指针变成十字形时，通过拖动填充，将迷你图自动填充到其他单元格区域即可。效果如图 2-24 所示。

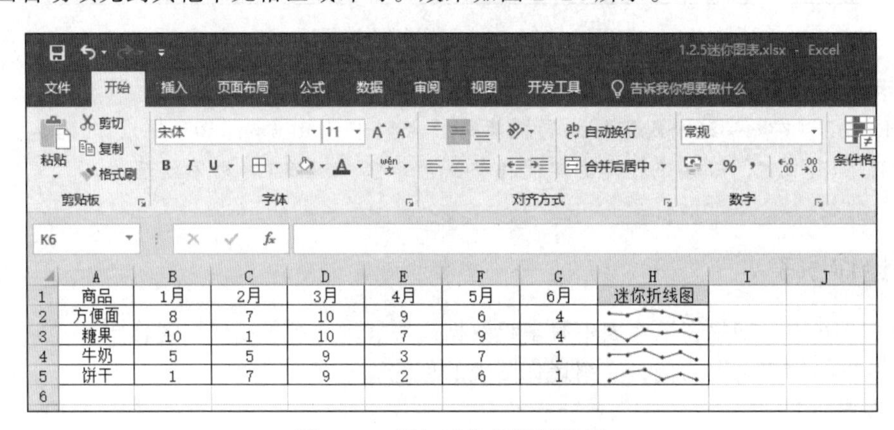

	A	B	C	D	E	F	G	H
1	商品	1月	2月	3月	4月	5月	6月	迷你折线图
2	方便面	8	7	10	9	6	4	
3	糖果	10	1	10	7	9	4	
4	牛奶	5	5	9	3	7	1	
5	饼干	1	7	9	2	6	1	

图 2-24 添加迷你折线图效果

2.3 分析管理数据

2.3.1 复杂排序

排序是 Excel 表格数据处理中常见的操作。有时由于创建的数据表单是根据数据录入的先后顺序排列的，没有什么规律可循，而 Excel 表格中提供了排序功能，能够轻松地对数据进行分析管理，将数据记录单中的无序数据按某种特征重新进行排序。下面介绍几种常用的数据排序方法。

1. 笔画排序

在图 2-25 数据表中，需要根据姓氏笔画进行排序，这类排序称为文本排序。操作步骤如下：

Step 01：选择排序关键字所在列（或行）的某一单元格。

Step 02：单击“数据”选项卡“排序和筛选”选项组中的“排序”按钮，弹出“排序”对话框。

Step 03：单击“选项”按钮，弹出“排序选项”对话框。

Step 04： 在“方法”列表框中选择“笔画排序”单选按钮，然后根据数据排列方向选择“按行排序”或“按列排序”，这里选择按列排序。

Step 05： 单击“确定”按钮，返回“排序”对话框。如果数据带有标题行，则应选择“数据包含标题”复选框。

Step 06： 单击“主要关键字”下拉按钮，从弹出的下拉列表中选择一项，这里选择“姓名”；单击“排序依据”下拉按钮，在弹出的下拉列表中选择一项；单击“次序”下拉按钮，在弹出的下拉列表中选择想要排列的顺序，有升序、降序、自定义排序 3 种选项。这里选择“升序”，单击“确定”按钮。

排序结果如图 2-26 所示。

姓名	性别	职称	基本工资	奖金	房租费
张一	女	讲师	750	604	90
王二	男	教授	568	748	80
李三	女	讲师	595	728	90
赵四	男	副教授	720	586	101
刘五	女	讲师	700	568	90
胡六	男	助教	670	802	57
孙七	男	讲师	655	694	90
于八	男	教授	650	600	68
陈九	男	教授	625	712	101
徐十	男	助教	678	550	79

图 2-25　排序前的数据

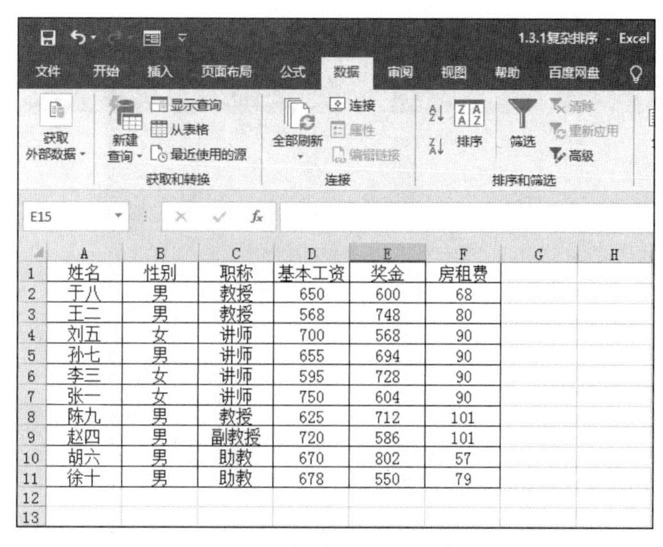

姓名	性别	职称	基本工资	奖金	房租费
于八	男	教授	650	600	68
王二	男	教授	568	748	80
刘五	女	讲师	700	568	90
孙七	男	讲师	655	694	90
李三	女	讲师	595	728	90
张一	女	讲师	750	604	90
陈九	男	教授	625	712	101
赵四	男	副教授	720	586	101
胡六	男	助教	670	802	57
徐十	男	助教	678	550	79

图 2-26　排序后的数据效果

2. 自定义排序

有时根据排序的需要，需要按照一定规则自定义排序顺序。自定义排序方法与笔画排序方

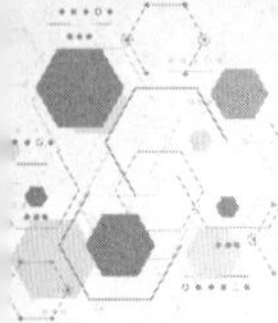

法类似，这里以图 2-25 所示的数据表为例，在“职称”列，按“教授,副教授,讲师,助教”顺序排序数据。操作步骤如下：

Step 01：选择排序关键字所在列或者行的某个单元格。

Step 02：单击“数据”选项卡“排序和筛选”选项组中的“排序”按钮，弹出“排序”对话框。

Step 03：单击“次序”下拉按钮，从弹出的下拉列表中选择“自定义序列”选项。

Step 04：在弹出的对话框中选择一种序列或添加一种序列，这里添加一种序列，按“教授,副教授,讲师,助教”顺序输入，单击“添加”按钮，如图 2-27 所示。

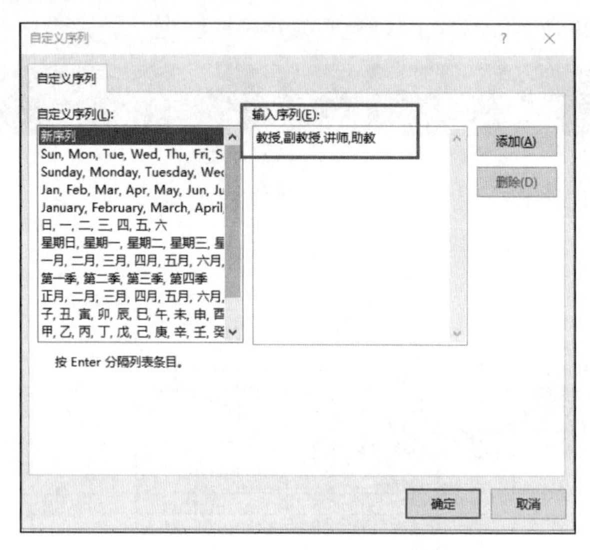

图 2-27　在输入序列中输入排序顺序

Step 05：单击“确定”按钮，返回“排序”对话框，在“主要关键字”下拉列表中选择“职称”，单击“确定”按钮。排序结果如图 2-28 所示。

姓名	性别	职称	基本工资	奖金	房租费
王二	男	教授	568	748	80
于八	男	教授	650	600	68
陈九	男	教授	625	712	101
赵四	男	副教授	720	586	101
张一	女	讲师	750	604	90
李三	女	讲师	595	728	90
刘五	女	讲师	700	568	90
孙七	男	讲师	655	694	90
胡六	男	助教	670	802	57
徐十	男	助教	678	550	79

图 2-28　职称按自定义排序结果

3. 关键字排序

对于大部分 Excel 表格用户而言，单行单列的数据排序已经能够满足要求，但是很多用户也经常会碰到这样的场景，就是工作中需要对多列数据进行排序，或者某列数据在根据某种规则排序后出现数据重复的情况（如根据工资排序，出现多个员工工资都为 500 的情况），要对前面的排序中重复的数据，再根据另一关键字进行排序。Excel 2016 中最多可以对 64 个关键字进行排序，大大满足了用户的需求。

下面以图 2–25 所示数据表为例，先对数据中的主要关键字“性别”进行排序，男在前女在后，再按次要关键字“基本工资”升序排序。操作步骤如下。

Step 01：选择数据区域的任一单元格。

Step 02：单击“数据”选项卡“排序和筛选”选项组中的“排序”按钮，弹出“排序”对话框。在对话框中右上角选择“数据包含标题”复选框。

Step 03：在“主要关键字”下拉列表中选择“性别”选项，“次序”设置为“升序”。

Step 04：单击对话框左上角的“添加条件”按钮，会在“主要关键字”下方新增“次要关键字”选项。

Step 05：在“次要关键字”下拉列表中选择“基本工资”选项。单击“选项”按钮，从弹出的对话框中选中“升序”单选按钮，单击“确定”按钮返回。若还需要再加关键字，则单击“添加条件”按钮，再加入“次要关键字”选项。对于需要更多关键字排序的数据表格，将按照上面步骤自行添加次要关键字，并根据要求选择排序项和排序顺序即可。对多个关键字排序后的结果如图 2–29 所示。

姓名	性别	职称	基本工资	奖金	房租费
王二	男	教授	568	748	80
陈九	男	教授	625	712	101
于八	男	教授	650	600	68
孙七	男	讲师	655	694	90
胡六	男	助教	670	802	57
徐十	男	助教	678	550	79
赵四	男	副教授	720	586	101
李三	女	讲师	595	728	90
刘五	女	讲师	700	568	90
张一	女	讲师	750	604	90

图 2–29　多个关键字排序后的结果

2.3.2　分类汇总

在日常事务中，有时需要对大量的数据根据某一字段进行分类，并根据分好的类别实现求和、求平均值、最大值和最小值等的汇总运算，最后还希望可以将计算的结果分级显示出来。下面从分类汇总的创建和删除进行介绍，以图 2–30 所示的数据表为例，按类别汇总进货量最大值及进货总量。

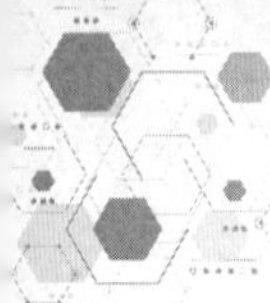

类别	品种	品牌	产地	进价	进货量	售价	销售量	销售额
家电类	电视机	利达	进口	2600	12	5096	9	45864
家电类	电视机	康华	国产	2280	10	4468.8	7	31281.6
家电类	电视机	彩虹	国产	2150	12	4214	8	33712
家电类	电冰箱	利达	进口	1330	12	2606.8	8	20854.4
家电类	电冰箱	海洋	国产	1180	10	2312.8	6	13876.8
家电类	电冰箱	星星	国产	1050	12	2058	7	14406
家电类	洗衣机	利达	进口	825	18	1617	15	24255
家电类	洗衣机	星星	国产	780	16	1528.8	16	24460.8
家电类	洗衣机	海洋	国产	668	18	1309.28	15	19639.2
日用品类	纸巾	柔白	国产	1.2	800	2.352	94	221.088
日用品类	洗发水	好利	国产	16.4	300	32.144	94	3021.536
日用品类	香皂	好利	国产	3.6	450	7.056	94	663.264
日用品类	洗发水	多多	国产	17.5	300	34.3	94	3224.2
日用品类	洗发水	清爽	国产	15.6	300	30.576	94	2874.144
日用品类	香皂	多多	国产	3.8	450	7.448	94	700.112
日用品类	香皂	清爽	国产	3.6	450	7.056	94	663.264
日用品类	牙膏	好利	国产	3.5	500	6.86	94	644.84
日用品类	牙膏	清爽	国产	2.3	500	4.508	94	423.752
日用品类	纸巾	香香	国产	1.7	800	3.332	94	313.208
食品类	糖果	爱神	国产	2.5	120	4.9	94	460.6
食品类	薯片	品味	进口	8	50	15.68	47	736.96

图 2-30　分类汇总原始数据

创建分类汇总的操作步骤如下。

Step 01：确认数据区域中要对其进行分类汇总计算的每个列的第一行都具有一个字段，每个列中都有相似的数据，并且该区域中不包含任何空白行或者空白列。这是前期的数据准备。由于是按类别进行汇总，所以需要先对“类别”进行分类，可以单击“类别”列中任一单元格，然后单击“升序”或“降序”按钮，先将“类别”列中相同的内容归为一类。

Step 02：在数据区域中选择任意一个单元格。

Step 03：单击“数据”选项卡“分级显示”选项组中的“分类汇总”按钮，弹出“分类汇总”对话框。在对话框中单击“分类字段”下拉按钮，从弹出的下拉列表中选择一种分类字段，这里选择“类别”，从“汇总方式”下拉列表中选择一种方式，如“最大值”。在“选定汇总项”列表框中选择一项，这里选择“进货量”。

Step 04：如果用户先按每个分类汇总自动分页，则可以选择“每组数据分页”复选框。

Step 05：如果指定汇总行位于明细行的上面，则可以取消选择“汇总结果显示在数据下方”复选框。

Step 06：单击“确定”按钮，完成进货量最大值的汇总。

Step 07：按照前面的操作，再次进入“分类汇总”对话框，从“分类”下拉列表中选择一种分类字段，依然选择“类别”；从“汇总方式”下拉列表中选择一种方式，如“求和”，因为要汇总进货总量。在“选定汇总项”列表框中选择“进货量”。取消选择“替换当前分类汇总”复选框。单击“确定”按钮，创建的汇总结果如图 2-31 所示。

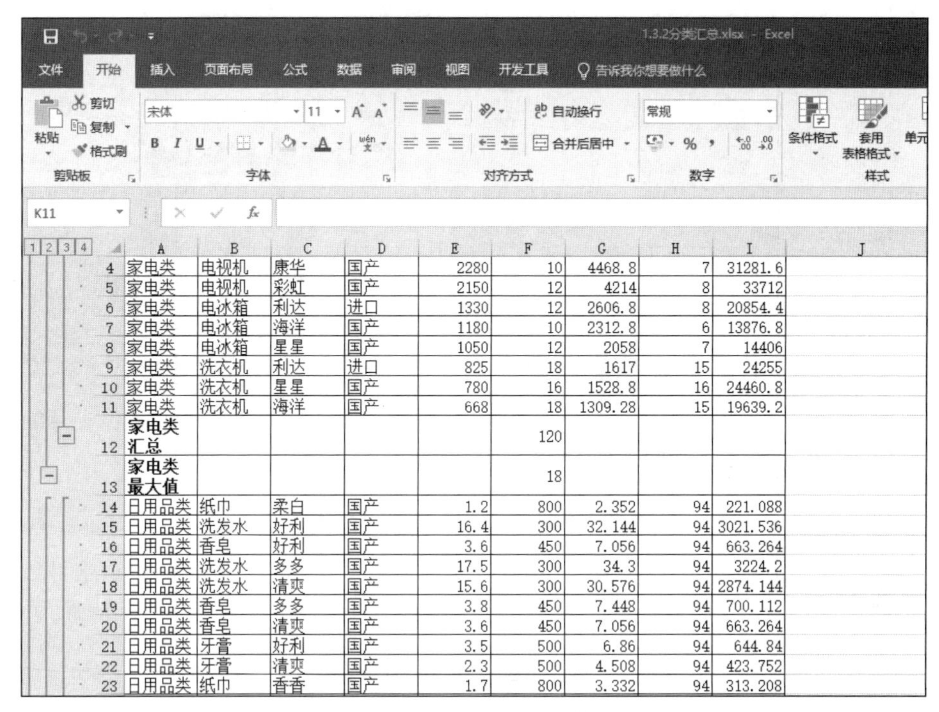

	A	B	C	D	E	F	G	H	I	J
4	家电类	电视机	康华	国产	2280	10	4468.8	7	31281.6	
5	家电类	电视机	彩虹	国产	2150	12	4214	8	33712	
6	家电类	电冰箱	利达	进口	1330	12	2606.8	8	20854.4	
7	家电类	电冰箱	海洋	国产	1180	10	2312.8	6	13876.8	
8	家电类	电冰箱	星星	国产	1050	12	2058	7	14406	
9	家电类	洗衣机	利达	进口	825	18	1617	15	24255	
10	家电类	洗衣机	星星	国产	780	16	1528.8	16	24460.8	
11	家电类	洗衣机	海洋	国产	668	18	1309.28	15	19639.2	
12	家电类汇总					120				
13	家电类最大值					18				
14	日用品类	纸巾	柔白	国产	1.2	800	2.352	94	221.088	
15	日用品类	洗发水	好利	国产	16.4	300	32.144	94	3021.536	
16	日用品类	香皂	好利	国产	3.6	450	7.056	94	663.264	
17	日用品类	洗发水	多多	国产	17.5	300	34.3	94	3224.2	
18	日用品类	洗发水	清爽	国产	15.6	300	30.576	94	2874.144	
19	日用品类	香皂	多多	国产	3.8	450	7.448	94	700.112	
20	日用品类	香皂	清爽	国产	3.6	450	7.056	94	663.264	
21	日用品类	牙膏	好利	国产	3.5	500	6.86	94	644.84	
22	日用品类	牙膏	清爽	国产	2.3	500	4.508	94	423.752	
23	日用品类	纸巾	香香	国产	1.7	800	3.332	94	313.208	

图 2-31　分类汇总后的结果

如果想删除分类汇总，则可以这样操作：

Step 01：选择包含分类汇总的任意区域。

Step 02：单击“数据”选项卡“分级显示”选项组中的“分类汇总”按钮，弹出“分类汇总”对话框。

Step 03：在对话框中单击“全部删除”按钮即可。

2.3.3　筛选

在实际生活中，有时搜集到的数据非常繁多，如何在大量的数据中快速筛选出符合要求的数据，对提高工作效率至关重要，下面从自动筛选和高级筛选两方面进行学习。

1. 自动筛选符合条件的数据

使用 Excel 表格自动筛选功能，可以轻松地将符合条件的数据挑选出来。

（1）按数据条件进行筛选

如图 2-32 所示的员工薪水表，先将分公司为“南京”的员工挑选出来，操作步骤如下：

Step 01：选择数据区域中的任意单元格。

Step 02：单击“开始”选项卡“编辑”选项组中的“排序和筛选”下拉按钮，从弹出的下拉列表中选择“筛选”命令，单击“分公司”右侧的筛选按钮，从弹出的列表框中取消选择“东京”“西京”“北京”复选框。

Step 03：单击“确定”按钮，此时工作表如图 2-33 所示。筛选结果只显示南京分公司的员工。

员工薪水表

序号	姓 名	部 门	分公司	工作时间	工作时数	小时报酬	薪 水
23	庞明	软件部	东京	81/3/8	160	26	4160
42	宿元	软件部	南京	82/1/12	160	44	7040
8	赵小云	软件部	南京	83/4/15	160	42	6720
38	吴有荣	软件部	西京	83/6/17	160	30	4800
5	孙梦	软件部	北京	83/7/12	140	31	4340
28	刘原	培训部	东京	83/9/18	140	20	2800
22	周娟	销售部	东京	84/2/2	140	23	3220
21	马迟叶	培训部	东京	84/2/17	140	28	3920
24	姜冲	培训部	北京	84/4/8	140	27	3780
11	吕知己	销售部	西京	84/8/8	140	23	3220
29	曹佳	销售部	北京	84/8/17	140	25	3500
30	蒋书来	软件部	北京	84/8/23	160	29	4640
13	许月月	软件部	南京	85/1/25	160	45	7200
17	夏辉	培训部	东京	85/5/7	140	21	2940
2	王小勇	销售部	西京	85/7/5	140	28	3920
27	鲁为为	软件部	南京	85/11/8	160	49	7840
41	田原	软件部	东京	86/5/19	160	28	4480
36	严晓文	培训部	南京	86/5/31	140	30	4200
20	陈冬冬	软件部	北京	86/7/21	160	33	5280
16	夏萧	销售部	南京	86/10/11	140	41	5740
1	吴宇华	软件部	南京	86/12/24	160	36	5760
6	关武杰	销售部	西京	87/6/5	140	23	3220

图 2-32 自动筛选员工信息数据

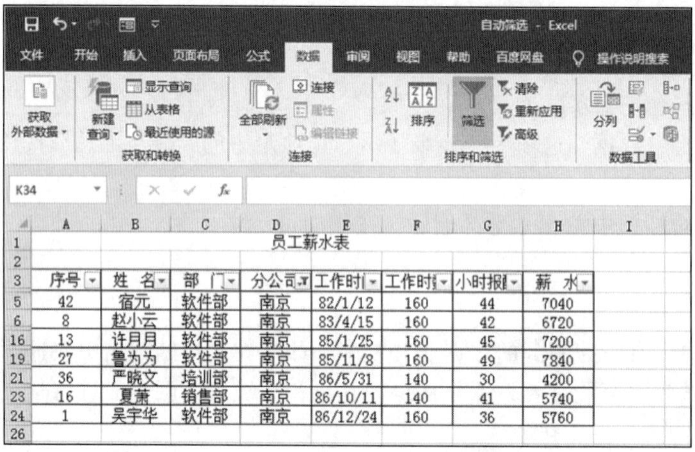

员工薪水表

序号	姓 名	部 门	分公司	工作时间	工作时数	小时报酬	薪 水
42	宿元	软件部	南京	82/1/12	160	44	7040
8	赵小云	软件部	南京	83/4/15	160	42	6720
13	许月月	软件部	南京	85/1/25	160	45	7200
27	鲁为为	软件部	南京	85/11/8	160	49	7840
36	严晓文	培训部	南京	86/5/31	140	30	4200
16	夏萧	销售部	南京	86/10/11	140	41	5740
1	吴宇华	软件部	南京	86/12/24	160	36	5760

图 2-33 筛选后的南京分公司员工信息结果

（2）按颜色进行筛选

在 Excel 2016 中，不仅可以通过关键字进行筛选，还可以通过颜色进行筛选，如图 2-34 所示工作表，以下通过案例演示如何通过颜色进行筛选操作。

操作步骤如下。

Step 01：在数据区域中选择任意单元格。

Step 02：单击“开始”选项卡“编辑”选项组中的“排序和筛选”下拉按钮，从弹出的下拉列表中选择“筛选”命令，此时在第 3 行单元格的右侧都会出现一个下拉箭头按钮。

Step 03：单击 G3 右侧的筛选按钮，弹出筛选列表。

Step 04：如果是要按颜色进行筛选，则将鼠标指针移动到“按颜色筛选”命令上，在弹出的子菜单中选择一种颜色，这里选择“黄色”，按颜色筛选后的工作表如图 2-35 所示。

员工薪水表

序号	姓 名	部 门	分公司	工作时间	工作时数	小时报酬	薪 水
23	庞明	软件部	东京	81/3/8	160	26	4160
42	宿元	软件部	南京	82/1/12	160	44	7040
8	赵小云	软件部	南京	83/4/15	160	42	6720
38	吴有荣	软件部	西京	83/6/17	160	30	4800
5	孙梦	软件部	北京	83/7/12	140	31	4340
28	刘原	培训部	东京	83/9/18	140	20	2800
22	周娟	销售部	东京	84/2/2	140	23	3220
21	马迟叶	培训部	东京	84/2/17	140	28	3920
24	姜冲	培训部	北京	84/4/8	140	27	3780
11	吕知己	销售部	西京	84/8/8	140	23	3220
29	曹佳	销售部	北京	84/8/17	140	25	3500
30	蒋书来	软件部	北京	84/8/23	160	29	4640
13	许月月	软件部	南京	85/1/25	160	45	7200
17	夏辉	培训部	东京	85/5/7	140	21	2940
2	王小勇	销售部	西京	85/7/5	140	28	3920
27	鲁为为	软件部	南京	85/11/8	160	49	7840
41	田原	软件部	东京	86/5/19	160	28	4480
36	严晓文	培训部	南京	86/5/31	140	30	4200
20	陈冬冬	软件部	北京	86/7/21	160	33	5280
16	夏菁	销售部	南京	86/10/11	140	41	5740
1	吴宇华	软件部	南京	86/12/24	160	36	5760
6	关武杰	销售部	西京	87/6/5	140	23	3220

图 2-34 筛选前的数据

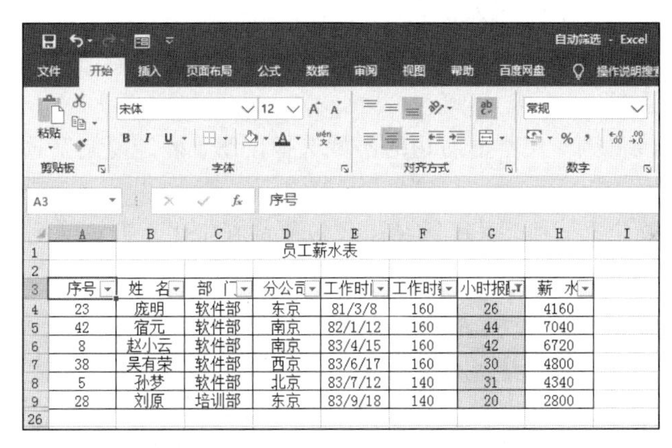

员工薪水表

序号	姓 名	部 门	分公司	工作时间	工作时数	小时报酬	薪 水
23	庞明	软件部	东京	81/3/8	160	26	4160
42	宿元	软件部	南京	82/1/12	160	44	7040
8	赵小云	软件部	南京	83/4/15	160	42	6720
38	吴有荣	软件部	西京	83/6/17	160	30	4800
5	孙梦	软件部	北京	83/7/12	140	31	4340
28	刘原	培训部	东京	83/9/18	140	20	2800

图 2-35 按“黄色”筛选后的结果

2. 高级筛选

有时在筛选数据时，筛选条件非常苛刻复杂，或者是需要将筛选的结果放在工作表的其他区域或其他工作表中，此时自动筛选将不能满足我们的需要，就要使用高级筛选的功能。使用高级筛选时，需要先在工作表中远离数据记录单的位置设置条件区域。

条件区域至少为两行，第一行为字段名，第二行以下为筛选的条件。条件包括关系运算、逻辑运算等。在逻辑运算中，表示“与”运算时，条件表达式应输入在同一行，比如条件为男同学语文成绩大于 60 分，创建的条件区域如图 2-36 所示；表示“或”运算时，条件表达式应输入在不同行，比如条件为软件部门、职称为高级技师或中级技师的人员，创建的条件区域如图 2-37 所示。

性别	语文
男	>60

图 2-36 “与”条件

部门	职称
软件	高级技师
软件	中级技师

图 2-37 “或”条件

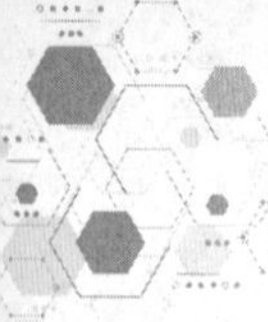

下面以员工薪水表中的数据为例，将统计表中软件部门南京分公司的员工记录复制到以J10开始的单元格区域中进行介绍。

题目要求统计数据表中软件部门南京分公司的员工记录，所以在部门中，只要出现“软件部”且同时满足分公司为“南京”，就应该将数据筛选出来。因此在使用高级筛选之前，应该先创建筛选的条件区域，条件区域中的条件关系应该为“与”条件，即部门为“软件部”且分公司为“南京”，可以在不与数据表单接触的位置创建条件区域。

操作步骤如下。

Step 01：将条件中涉及的字段名“部门”和“分公司”复制到数据表单右边空白的单元格区域J3中，然后不同字段隔列输入条件表达式。

Step 02：单击记录表单中的任一单元格，单击“数据”选项卡“排序和筛选”选项组中的“高级”按钮，弹出“高级筛选”对话框。

Step 03：如果只须将筛选结果显示在源数据区域内，则选中“在原有区域显示筛选结果”单选按钮；若要将筛选结果复制到其他位置而不扰乱原来的数据，则选中“将筛选结果复制到其他位置”单选按钮，并在“复制到”文本框中指定筛选后复制的起始单元格，这里放置在J10起始单元格中。

Step 04：在“列表区域”文本框中已经指出数据记录单的范围。单击文本框右边的区域选择按钮，可以修改或重新选择数据区域。

Step 05：单击“条件区域”文本框右边的区域选择按钮，选择已经定义好条件的区域，这里选择J3:K4单元格区域。

Step 06：单击“复制到”文本框右边的区域选择按钮，确定复制筛选结果到J10起始单元格区域中。

Step 07：单击“确定”按钮，其筛选结果便被复制到J10开头的单元格区域中，如图2-38所示。

员工薪水表

姓 名	部 门	分公司	工作时间	工作时数	小时报酬	薪 水
吴宇华	软件部	南京	86/12/24	160	36	5760
王小勇	销售部	西京	85/7/5	140	28	3920
曹以	培训部	西京	90/7/26	140	21	2940
刘一一	软件部	南京	88/6/7	160	34	5440
孙梦	软件部	北京	83/7/12	140	31	4340
关武杰	销售部	西京	87/6/5	140	23	3220
张军	培训部	南京	89/2/26	140	28	3920
赵小云	软件部	南京	83/4/15	160	42	6720
黄忠	销售部	北京	90/2/1	140	28	3920
马超	培训部	西京	90/12/30	140	21	2940
吕知己	销售部	西京	84/8/8	140	23	3220
唐宁	软件部	西京	90/4/5	160	25	4000
许月月	软件部	南京	85/1/25	160	45	7200
丁文琪	软件部	北京	88/5/12	160	30	4800
张辽	软件部	西京	87/6/10	160	28	4480
夏萧	销售部	南京	86/10/11	140	41	5740

部 门	分公司
软件部	南京

条件区域

序号	姓 名	部 门	分公司	工作时间	工作时数	小时报酬	薪 水
1	吴宇华	软件部	南京	86/12/24	160	36	5760
4	刘一一	软件部	南京	88/6/7	160	34	5440
8	赵小云	软件部	南京	83/4/15	160	42	6720
13	许月月	软件部	南京	85/1/25	160	45	7200
19	徐盛	软件部	南京	87/6/23	160	39	6240
26	郭嘉	软件部	南京	91/8/4	160	41	6560
27	鲁为为	软件部	南京	85/11/8	160	49	7840
39	王天明	软件部	南京	89/4/15	160	39	6240
42	宿元	软件部	南京	82/1/12	160	44	7040

图2-38　高级筛选后的结果

2.3.4　数据透视表

1. 数据透视表特点

数据透视表是一种对大量数据快速汇总和建立交叉列表的交互式表格，其不仅可以转换行和列以查看源数据的不同汇总结果、显示不同页面以筛选数据，还可以根据需要显示区域中的明细数据。使用数据透视表可以深入分析数值数据并且可以回答一些预料不到的问题。如果要分析数据的汇总值，尤其是要合计较大的数字列表并对每个数字进行多种比较时，通常使用数据透视表。

2. 创建数据透视表

可以通过单击“插入”选项卡中的“数据透视表”按钮创建数据透视表，如果需要创建数据透视图，同理操作即可。这里以创建数据透视表为例，使用“计算机等级考试成绩统计表”作为数据记录单，统计各个考试等级中不同课程\不同档次的人数情况。操作步骤如下。

Step 01： 单击用来创建数据透视表的数据记录单。

Step 02： 单击“插入”选项卡“数据透视表”下拉按钮，在弹出的下拉列表中选择“数据透视表”命令，弹出“创建数据透视表”对话框。若要创建基于数据透视表的数据透视图，则在下拉列表中选择“数据透视图”命令。

Step 03： Excel 2016 会自动确定数据透视表的区域（即光标所在的数据区域），也可以输入不同的区域或用该区域定义的名称来替换。

Step 04： 若要将数据透视表放置在新工作表中，并以单元格 A1 为起始位置，选中“新建工作表”单选按钮。若要将数据透视表放在现有的工作表中的特定位置，选中“现有工作表”单选按钮，然后在“位置”文本框中指定放置数据透视表的单元格区域的第一个单元格，这里放在“现有工作表”中 Sheet2 的 A1 单元格区域，如图 2-39 所示。

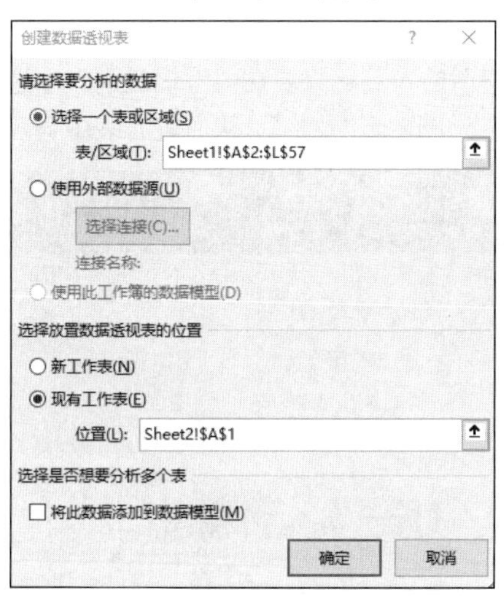

图 2-39　“创建数据透视表”对话框

Step 05： 单击“确定”按钮。Excel 会将空的数据透视表添加到指定位置并显示数据透视表字段列表，以便添加字段、创建布局以及自定义数据透视表，如图 2-40 所示。

Step 06： 按要求将“选择要添加到报表的字段”列表中的字段分别拖到对应的“列”标签、“行”标签、“数值”框中。在这里因为统计的是不同考试等级，所以在字段中选择考试级别，拖动到“筛选”下方区域，释放鼠标。同理将“考试课程”字段放到“行”下方区域，“档次”字段放到“列”下方区域。因为统计的是不同档次的人数，所以再次将“档次”拖动到“值”下方区域。具体如图 2-41 所示。

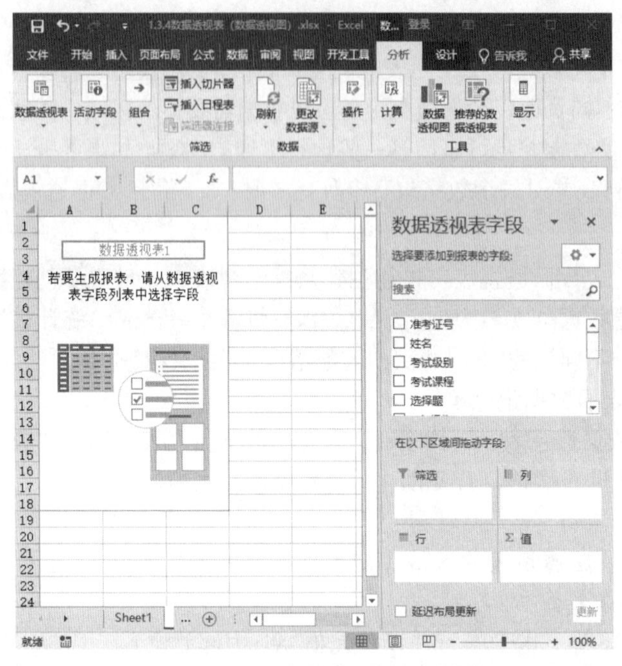

图 2-40　空的数据透视表效果图

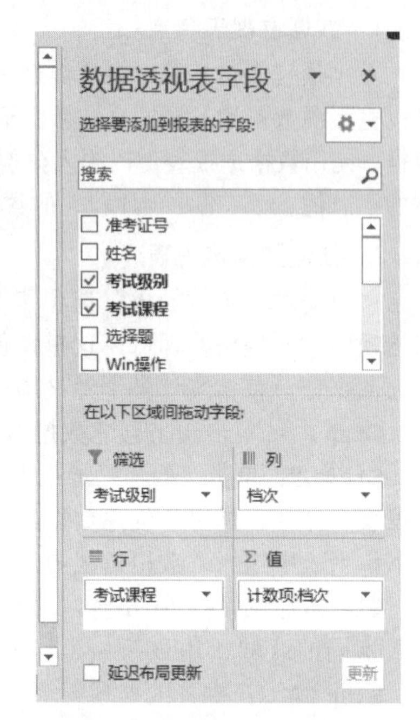

图 2-41　放置数据透视表字段

Step 07：数据透视表字段放置完成后，在空的数据透视表中将根据放置的字段显示表格内容，如图 2-42 所示，至此数据透视表创建完成。可以在创建好的数据透视表中，通过下拉菜单选择需要显示的表格内容，从而实现与表格的交互。这里可以查看考试级别“二级”，考试课程“办公软件高级应用”中“及格”的人数，只要在“考试级别”中选择“二级”，“行标签”中选择“办公软件高级应用”，“列标签”中选择“及格”，从而查看表中显示的人数。结果如图 2-43 所示。

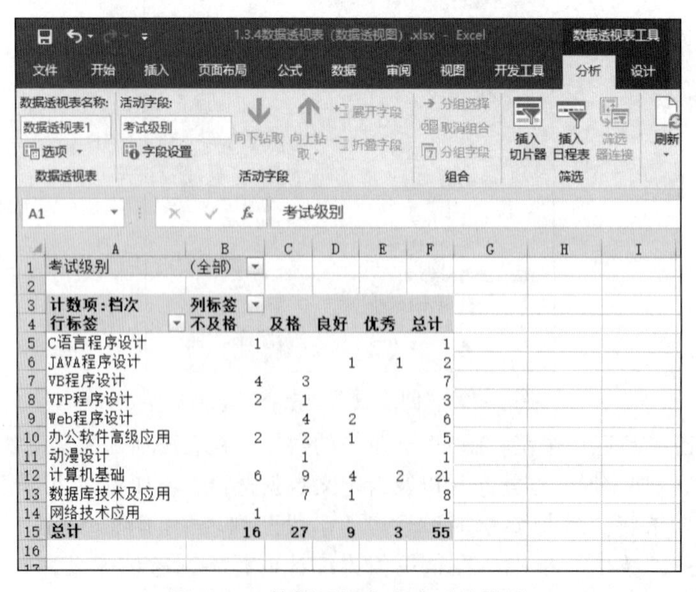

考试级别　(全部)

计数项:档次 行标签	列标签 不及格	及格	良好	优秀	总计
C语言程序设计	1				1
JAVA程序设计			1	1	2
VB程序设计	4	3			7
VFP程序设计	2	1			3
Web程序设计		4	2		6
办公软件高级应用	2	2	1		5
动漫设计		1			1
计算机基础	6	9	4	2	21
数据库技术及应用		7	1		8
网络技术应用	1				1
总计	16	27	9	3	55

图 2-42　数据透视表完成后的结果

图 2-43　查看二级办公软件高级应用及格人数

3. 数据透视表字段的添加与删除

将字段添加到数据透视表中，可执行以下操作之一。

① 在数据透视表字段列表的字段部分选择要添加的字段旁边的复选框。此时字段会放置在布局部分的默认区域中，也可以在需要时重新排列字段。

② 在数据透视表字段列表的字段部分单击并按住某个字段名，然后将其拖放到布局部分中的某个区域。如果要多次添加某个字段，则重复此操作。

将字段从数据透视表中删除，可以执行以下操作之一。

① 在布局区域中单击字段名称，然后从弹出的下拉列表中选择“删除字段”命令。

② 清除字段部分中各个字段名称旁边的复选框选择。

4. 设置透视表选项

创建数据透视表之后，可以像设置单元格格式一样设置数据透视表的选项，如果要打开“数据透视表选项”对话框，可以按照以下步骤进行操作。

Step 01：打开数据透视表，右击数据透视表中的任一单元格。

Step 02：在弹出的快捷菜单中选择“数据透视表选项”命令，弹出“数据透视表选项”对话框，如图 2-44 所示。

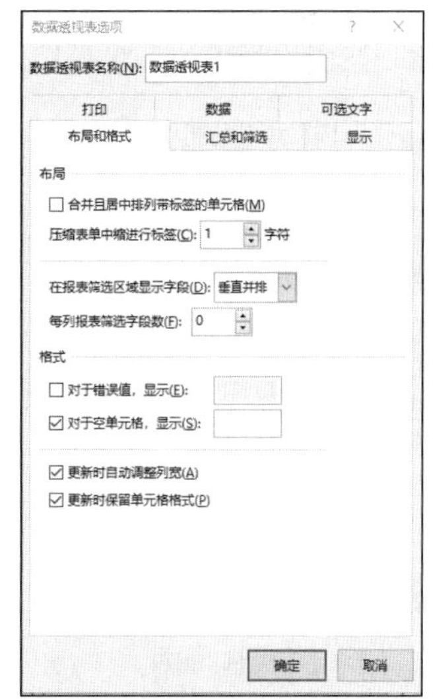

图 2-44 “数据透视表选项”对话框

打开“数据透视表选项”对话框后，即可根据需要设置数据透视表的布局和格式、汇总和筛选、显示、打印、数据等选项。

（1）字段设置

打开需要进行字段设置的数据透视表，然后在数据透视表字段列表中单击要进行设置的字段，然后选择“字段设置”命令；或者右击数据透视表中要进行设置的字段名称，在弹出的快捷菜单中选择“字段设置”命令。

在“字段设置”对话框中选择不同的选项卡，并设置相关选项，如图 2-45 所示。

（2）值字段设置

在数据透视表中，如果要将数据统一为相同样式，或者需要使用不同的计算类型（平均值、求和等），此时可以通过值字段设置来实现。在数据透视表中，在包含数值数据的任一单元格区域中右击，在弹出的快捷菜单中选择“值字段设置”命令，在弹出的对话框中进行相关设置即可，如图 2-46 所示。

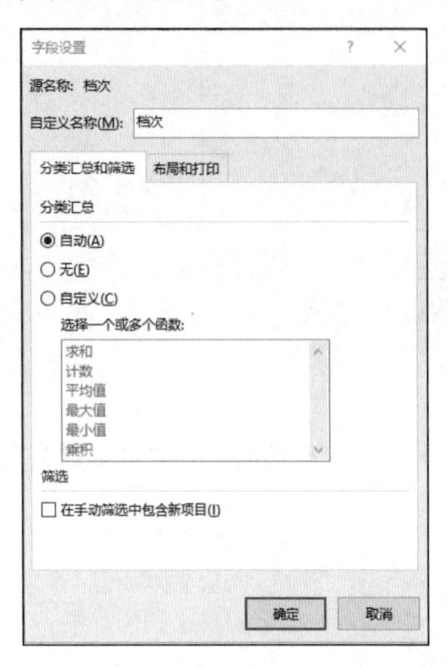

图 2-45 “字段设置”对话框

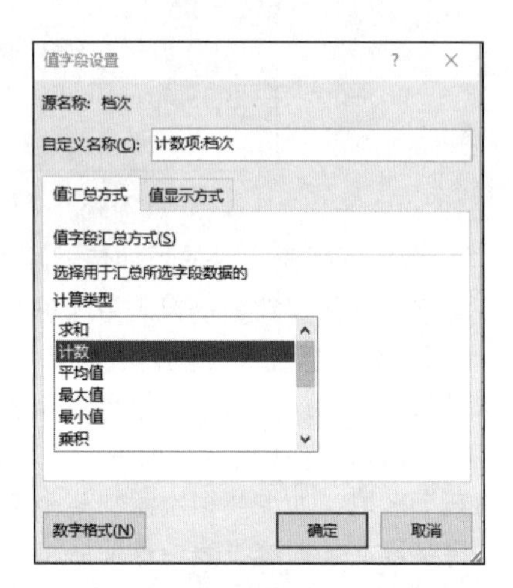

图 2-46 “值字段设置”对话框

2.4 图　　表

图表具有能直观反映数据的能力，在日常生活与工作中经常看到在分析某些数据时，常会展示一些图表来说明，可见图表在日常工作中具有重要的作用。

2.4.1 图表类型及选择

对于初学者，如何挑选合适的图表类型来表达数据是一个难点。不同的图表类型其表达的重点不同，因此要了解各类型图表的应用范围，学会根据当前数据源以及分析的目的选用最合适的图表类型来直观的表达。

Excel 中的图表类型非常丰富，如柱形图、折线图、饼图、条形图、面积图、XY 散点图、曲面图等，每种标准图表类型都有几种子类型。

1. 柱形图

柱形图显示一段时间内数据的变化，或者显示不同项目之间的对比。柱形图具有以下几种子图表类型。

（1）簇状柱形图

簇状柱形图用于比较类别间的值，水平方向表示类别，垂直方向表示各分类的值。

（2）堆积柱形图

堆积柱形图显示各个项目与整体之间的关系，从而比较各类别的值在总和中的分布情况。如图 2-47 所示的数据表，可以清晰地看出在每一个月份中各产品的销售额与该月总销售之间的比例关系，同时也可以看到哪个月份销售额最多。

一季度产品销售额				
产品	1月	2月	3月	4月
水杯	36	5	29	47
雨伞	19	33	29	48
笔记本	1	33	39	37
铅笔	7	26	46	42
橡皮擦	4	21	19	49
圆珠笔	24	44	46	11
毛笔	14	39	29	24
书包	27	30	40	34

图 2–47　一季度产品销售额堆积柱形图

（3）百分比堆积柱形图

这种图表类型以百分比形式比较各产品类别的销售额在总销售额中的分布情况。如图 2–48 所示的图表，垂直轴的刻度显示的为百分比而非数值，因此图表显示了各个产品销售额占总销售额的百分比。

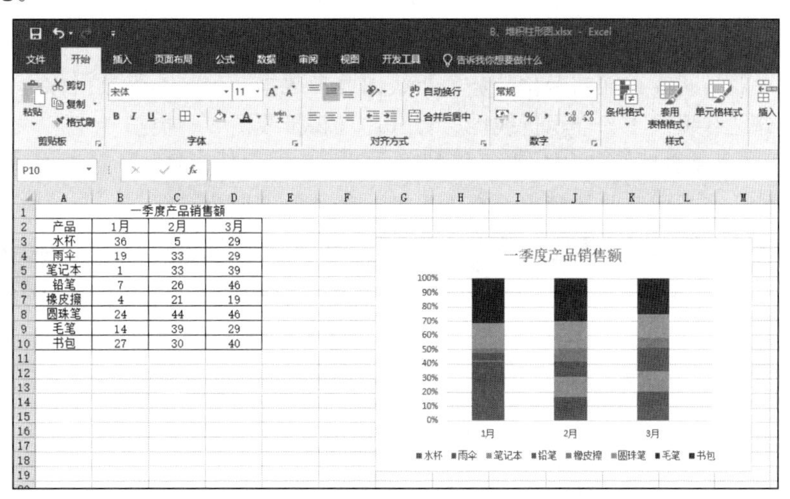

一季度产品销售额			
产品	1月	2月	3月
水杯	36	5	29
雨伞	19	33	29
笔记本	1	33	39
铅笔	7	26	46
橡皮擦	4	21	19
圆珠笔	24	44	46
毛笔	14	39	29
书包	27	30	40

图 2–48　一季度产品销售额百分比堆积柱形图

提示

簇状柱形图、堆积柱形图、百分比堆积柱形图都是二维格式，这几种图表类型都可以三维效果显示，其表达效果与二维效果一样，只是显示的柱状不同，分别有柱形、圆柱状、圆锥形、棱锥形。

2. 条形图

条形图显示各个项目之间的对比，主要用于表现各项目之间的数据差额。它可以看成是顺时针旋转 90° 的柱形图，因此条形图的子图表类型与柱形图基本一致，用法与用途也基本相同。

① 簇状条形图。图表类型比较类别间的值。垂直方向表示类别，水平方向表示各类别的值。

② 堆积条形图。图表类型显示各个项目与整体之间的关系。效果与堆积柱形图类似。

③ 百分比堆积条形图。图表类型以百分比形式比较各产品的销售额在总销售额中的分布情况，如图 2-49 所示。

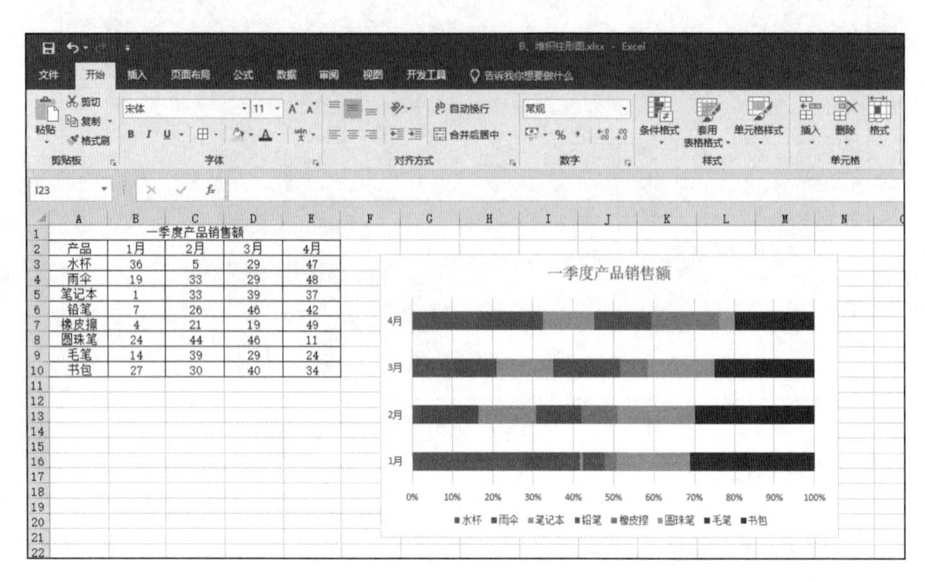

图 2-49 百分比堆积条形图效果

3. 折线图

折线图显示随时间或类别的变化趋势。折线图分带数据标记与不带数据标记两大类，这两大类的各类中分别有折线图、堆积折线图、百分比堆积折线图 3 种类型。

① 折线图。图表类型显示各个值的分布随时间或类别的变化趋势。如图 2-50 所示的图表可以直观看到各种产品所获取的销售额在一季度中随月份的变化趋势。

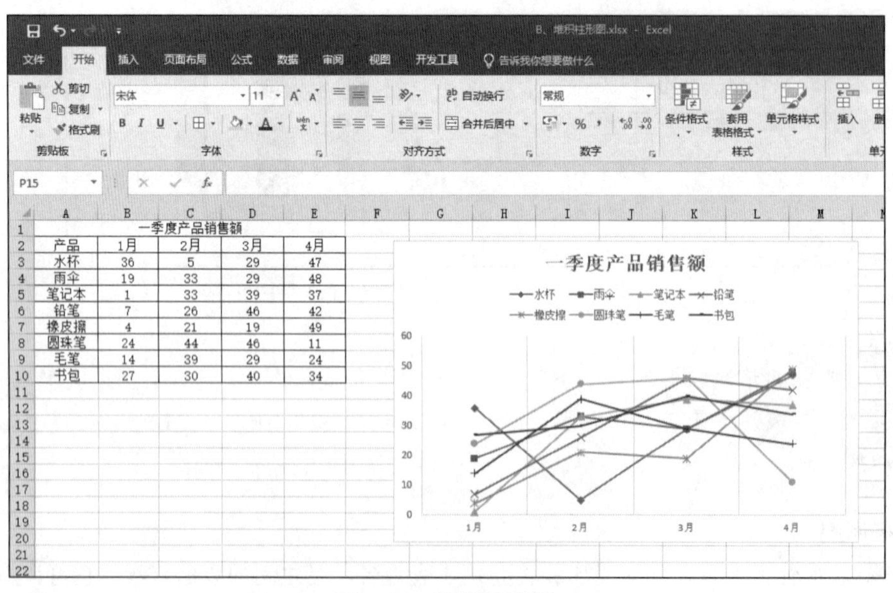

图 2-50 折线图效果

② 堆积折线图。图表类型显示各个值与整体之间的关系，从而比较各个值在总和中的分布情况。

③ 百分比堆积折线图。以百分比方式显示各个值的分布随时间或类别的变化趋势。垂直轴的刻度显示的为百分比而非数值，因此图表显示了各个产品销售额占总销售额的百分比。

4．饼图

饼图显示组成数据系列的项目在项目总和中所占的比例。希望强调数据中的某个重要元素时可以采用饼图。饼图有一般饼图和子母饼图两个类别。

（1）饼图

这种图表类型显示各个值在总和中的分布情况。饼图可分为一般饼图和三维饼图。饼图有分离型和不分离型两种，它们只是显示的方式不一样，表达的效果是一样的，根据需要进行选择即可。

（2）子母饼图

子母饼图是一种将用户定义的值提取出来并显示在另一个饼图中的饼图。例如，为了看清楚细小的扇形区域，用户可以将它们组合成一个项目，然后在主图表旁的小型饼图或条形图中将该项目的各个成员分别显示出来。例如，现在需要对各类网站的访问情况做统计，其中主流网站访问占比高，但是也想将访问比率低的网站也显示出来。下面以子母饼图为例进行讲解，操作步骤如下。

Step 01：选择需要操作的数据区域，然后选择“插入”选项卡，在“图表”选项组的“饼图”下拉列表中选择“子母饼图”选项。

Step 02：在弹出的子母饼图初始图中，右击，在弹出的快捷菜单中选择“设置数据系列格式”命令，在弹出的“设置系列格式”对话框中，左边默认选择的是系列选项，此处不需要做更改，在右边位置分割依据中选择默认位置，“第二个绘图区中的值”后面输入“6”，因为在此例子中，访问比率低的网站有 6 个。其他选项可以根据需要自行调整。

Step 03：为了使得子母图表更加美观，在“图表工具/设计”选项卡的“图表样式”选项组中选择“样式 11”，完成的子母饼图效果如图 2-51 所示。

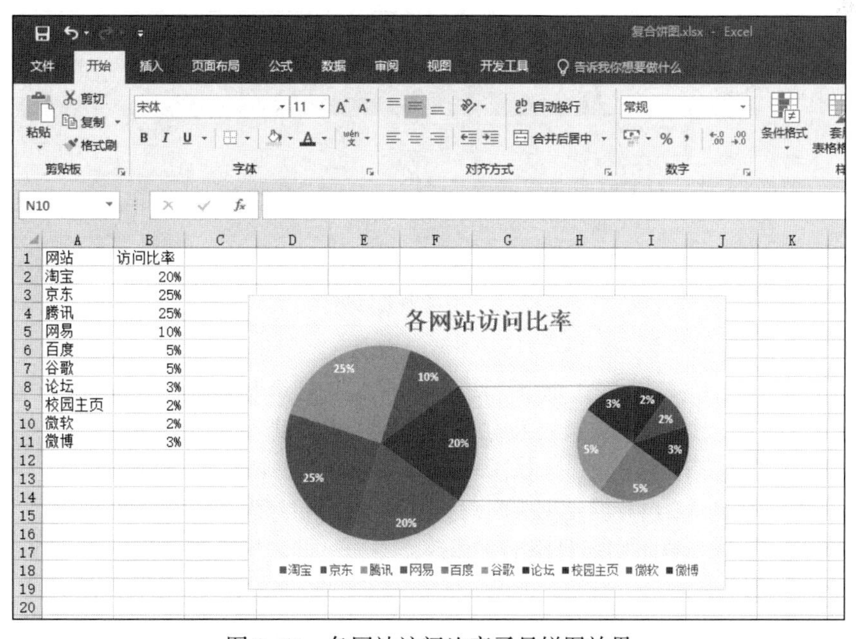

图 2-51　各网站访问比率子母饼图效果

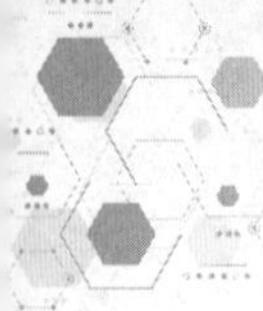

5. 散点图

XY 散点图是用于展示成对的数据之间的关系。每一对数字中的第一个数字被绘制在垂直轴上，另一个数字被绘制在水平轴上。散点图通常用于科学数据。

散点图分为“仅带数据标记的散点图”“带平滑线和数据标记的散点图”“带平滑线散点图”“带直线和数据标记的散点图”“带直线的散点图”5 种类型。几种类型图表的区别在于是否带数据标记、是否显示线条、是显示平滑线还是显示直线，XY 散点图表达内涵是一致的，只是视觉效果的区别。

6. 曲面图

曲面图是以平面来显示数据的变化情况以及数据的发展趋势。如果用户希望找到两组数据之间的最佳组合，那么可以通过曲面图来实现。就像在地图中一样，颜色和图案表示具有相同取值范围的区域。

曲面图包括“曲面图”、“曲面图（俯视框架图）”、“三维曲面图”和“三维曲面图（框架图）”4 种类型。

2.4.2 基本操作

图表创建完成后，有时需要对图表的页面版式及位置进行调整，比如可以对图表的大小、位置进行调整，甚至可以复制删除图表、改变图表的类型。

1. 调整图表大小

① 选择图表，将鼠标指针定位到上、下、左、右控制点上，当指针变成双向箭头时，按住鼠标左键并拖动即可调整图表宽度或高度，将指针定位到拐角控制点上，当指针变成双向箭头时，按住鼠标左键并拖动即可按比例调整图表大小。

② 选择图表，在“图表工具/格式”选项卡“大小”选项组中可以调整图表的高度与宽度，如图 2–52 所示。

图 2–52 “大小”选项组

2. 调整图表位置

① 在当前工作表上移动图表。选择图表，将指针定位到上下左右边框上（注意非控制点上），当指针变成双向十字型箭头时，按住鼠标左键并拖动即可移动图表。

② 在不同工作表间移动图表。选择图表，单击“图表工具/设计”选项卡“位置”选项组中的“移动图表”按钮，弹出“移动图表”对话框，“对象位于”下拉列表中显示了当前工作簿包含的所有工作表，选择要将图标移至的工作表，单击“确定”按钮即可。

3. 复制删除图表

① 复制图表到 Excel 表格中。选择目标图表，按【Ctrl+C】组合键进行复制，按【Ctrl+V】

组合键将图表粘贴在工作表中，也可将图表粘贴在其他工作表上，在粘贴的目标工作标签上单击，切换到要粘贴的工作表即可。

② 删除图表时，可选择图表，按【Delete】键可删除图表。

4. 改变图表类型

图表创建完成后，如果想再换一个图表类型，可以直接在已经建立的图表上进行更改，而不必重新创建图表。但是在更改图表类型时，要根据当前数据选择合适的图表类型。选择需要更改类型的图表，在“图表工具/设计”选项卡中，单击“类型”组中的“更改图表类型”按钮，在弹出的“更改图表类型”对话框中选择要更改的图表类型，单击“确定”按钮即可。

5. 添加图表标题

图表标题用于表达图表反映的主题。有些图表默认不包含标题框，此时需要添加标题框并在标题框中输入图表标题，有些图表类型虽然默认包含标题框，也需要重新输入标题文字才能表达图表主题。

6. 图表中对象边框、填充效果设置

图表中的边框线条、颜色、填充效果都可以进行相关的设置，对于选择的对象设置不同的边框颜色、不同的填充效果，其操作都是类似的。

① 对图表文字格式的设置。图表文字一般包括图表标题、图例文字、水平或垂直方向的轴标签。对文字格式的修改，直接使用“开始”选项卡中的“字体”选项组修改即可。也可以使用艺术字进行设置。

② 对图表边框格式的设置。选择图表，在“图表工具/格式”选项卡“形状样式”选项组中，单击“形状轮廓”下拉按钮，弹出下拉列表，在“主题颜色”栏中可以设置边框线条颜色；在“粗细”子菜单中可以选择线条粗细值，在“虚线”子菜单中可以选择线条样式。

③ 对图表区填充效果的设置。选择图表区，在“图表工具/格式”选项卡“形状样式”选项组中，单击“形状填充”下拉按钮，弹出下拉列表，在“主题颜色”栏中可以选择填充颜色。除了可以选择颜色填充，也可以使用“渐变填充”，或者使用“图片或纹理填充”。

2.4.3 美化图表

Excel 2016 内置了很多图表样式，可以快速美化图表，选择图表，选择“图表工具/设计”选项卡，在“图表样式”选项组中选择某种样式后，单击即实现样式的应用。

提示

图表样式的使用，将会取消之前对图表设置的颜色、文字格式等。因此，想要美化图表，可以先快速使用图表样式，再对图表进行局部调整。

2.4.4 复合图表

复合图表指的是由不同图表类型的系列组成的图表，比如，可以让一个图表同时显示折线图和柱形图。创建一个复合图表只需简单地将一个或一个以上的数据系列转变成其他图表类型。具体方法是：选择某个数据系列，在“插入”选项卡“图表”选项组中选择所要应用到数据系列上的图表类型。

以 A 商店 12 个月份方便面和矿泉水的销售情况复合折线图为例进行讲解，操作步骤如下。

Step 01：打开需要制作图表的 Excel 数据，然后单击“插入”选项卡“图表”选项组“散点图”下拉列表中的“带直线的散点图”按钮，插入一个空白图表。

Step 02：为了使图表更加直观，可以适当修改图表背景色，也就是对“图表样式”进行设置。

Step 03：单击“图表工具/设计”选项卡“数据”选项组中的“选择数据”按钮，进行数据的添加。

Step 04：在弹出的“选择数据源”对话框中，单击“添加”按钮，选择需要添加的 X、Y 轴的数据值。

Step 05：在弹出的“编辑数据系列”对话框中，首先对曲线的名称进行编辑，然后选择 X 轴的数据源，单击选择区域按钮，对数据源进行选择。再以同样的方法对 Y 轴数据源进行选择。选择完毕后，单击“确定”按钮，返回“编辑系列数据源”对话框。

Step 06：添加第二条曲线，同添加第一条曲线一样，单击“添加”按钮，在“编辑系列名称”对话框中选择 X、Y 轴的数据源，单击“确定”按钮。

Step 07：添加图例，说明各条曲线代表的意义。单击“添加图表元素”下拉列表中的“图例”→“右侧”，进行图例的添加。到此，一个完整的复合图表制作完成。数据源及效果如图 2-53 和图 2-54 所示。

	A	B	C	D
1		A商店		
2		方便面	矿泉水	
3	1月份	30	9	
4	2月份	60	60	
5	3月份	45	20	
6	4月份	78	30	
7	5月份	31	45	
8	6月份	20	120	
9	7月份	32	70	
10	8月份	90	89	
11	9月份	16	80	
12	10月份	67	18	
13	11月份	86	26	
14	12月份	75	15	
15				
16				

图 2-53　数据源

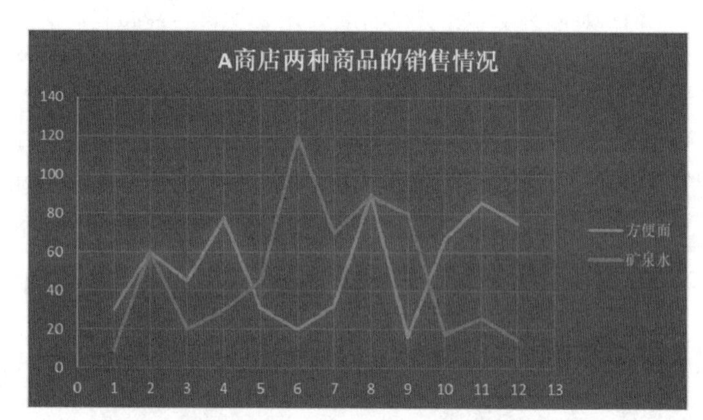

图 2-54　A 商店两种商品的销售情况复合图表结果

2.4.5　动态图表

在 Excel 2016 表格中，有时要根据不同的条件查看表格中的数据，为了查看方便，希望能够跟表格有相应的交互，此时可以制作成动态图表。下面以 6 位学生不同科目的成绩为例，介绍动态图表的制作方法。

操作步骤如下。

Step 01：制作之前，选择“文件”选项卡中的“选项”命令，在“自定义功能区”区中选择“开发工具”复选框。

Step 02：在原始数据下方创建辅助表格，在 A10:A16 单元格区域复制原始数据内容，在 B10 单元格输入数据 1，B11 单元格输入公式“=INDEX(B2:F2,B$10)”，按【Enter】键。然后拖动填充柄向下填充数据，此时将在 B11:B16 单元格区域生成每个同学对应的语文成绩。同时在工作表中，选择 H2:H6 区域，依次输入语文、数学、英语、物理、化学等数据。数据的顺序应与原数据区域 B1:F1 数据顺序一致。

Step 03：选择 A11:B16 单元格区域，单击“插入”选项卡“图表”选项组中“插入柱形图或条形图”下拉列表中的“二维柱形图”。

Step 04：选择“开发工具”选项卡，在“控件”选项组中单击“插入”下拉列表中“组合框”按钮，然后在工作表中绘制组合框并右击，在弹出的快捷菜单中选择“设置控件格式”命令，在弹出的对话框数据源区域选择 H2:H6 区域的数据，“单元格链接”选择 B10，选择“三维阴影”复选框，完成动态图表。数据及效果如图 2-55 所示。

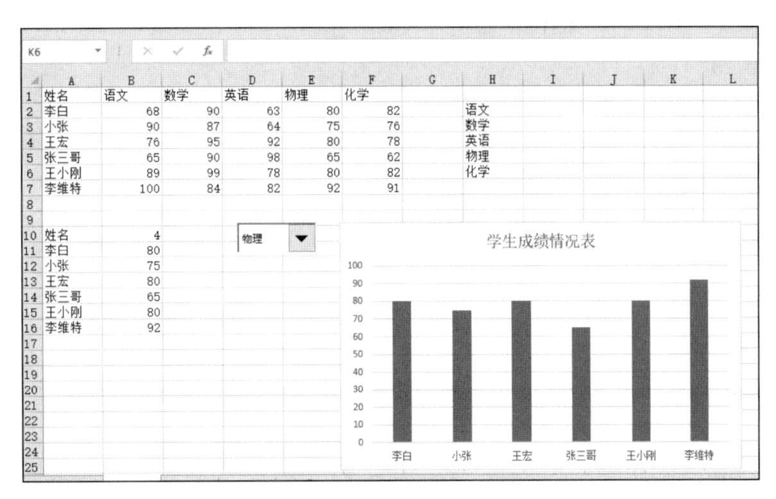

	A	B	C	D	E	F	G	H
1	姓名	语文	数学	英语	物理	化学		
2	李白	68	90	63	80	82		语文
3	小张	90	87	64	75	76		数学
4	王宏	76	95	92	80	78		英语
5	张三哥	65	90	98	65	62		物理
6	王小刚	89	99	78	80	82		化学
7	李维特	100	84	82	92	91		
10	姓名	4						
11	李白	80						
12	小张	75						
13	王宏	80						
14	张三哥	65						
15	王小刚	80						
16	李维特	92						

图 2-55　学生成绩动态图表

2.5　公式与函数

Excel 2016 具有丰富的函数和强大的运算功能，要能熟练地掌握和应用这些功能，需要对公式和函数的概念作深入的了解，本节主要介绍与公式和函数相关的概念。

1. 公式

公式是 Excel 中对数据进行运算和判断的表达式。输入公式时，必须以等号（“=”）开头，其语法表示为“=表达式”。

其中，表达式由运算数和运算符组成，运算数可以是常量、单元格，或者是区域、名称或函数等。运算符包括算术运算符、比较运算符和文本运算符。运算符对公式中的元素进行特定类型的运算。如果在输入表达式时需要加入函数，可以在编辑框左端的“函数”下拉列表中进行选择。

2. 运算符

（1）算术运算符

算术运算符用来完成基本的数学运算，如加法、减法、乘法、乘方、百分比等。

算术运算符有负号“-”、百分数“%”、乘幂“^”、乘“*”、除“/”等，其运算的顺序与数学中的相同。如在单元格 A1 中输入公式“=2^2”，结果为 4。

（2）比较运算符

Excel 中的比较运算符有等于（“=”）、小于（“<”）、大于（“>”）、小于或等于（“<=”）、大

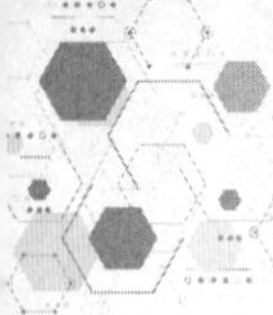

于或等于（“>=”）、不等于（“<>”）。比较运算符是用来判断条件是否成立的，若条件成立，则结果为 true（真）；若条件不成立，则结果为 false（假）。

例如，在单元格 A1 中输入公式“=6>1”，返回结果为 true。A2 单元格中输入公式“=1>5”，返回结果为 false。

（3）字符运算符

字符运算符只有一个，就是“&”。字符运算符主要是用来连接两个或更多个字符串，结果为一新的字符串。比如在 A1 单元格中内容为“我爱”，A2 单元格中内容为“广州”，在 A3 单元格中输入公式“=A1&A2”，输出结果为“我爱广州”。

3. 单元格引用

（1）相对引用

相对引用的形式就是在公式中直接将单元格的地址写出来，例如公式“=E1+F1+G1+H1”就是一个相对引用，表示在公式中引用了单元格 E1、F1、G1 和 H1；又如公式“=SUM(A1:D5)”也是相对引用，表示引用 A1:D5 区域的数据。

（2）绝对引用

如果在复制公式时不希望公式中的单元格地址随公式变化，那么可以使用绝对引用。

绝对引用的方法是：在列标和行号前各加上一个美元符号（“$”），如 C5 单元格可以表示成$C$5，这样在复制包含 C5 单元格的公式时，单元格 C5 的引用将保持不变。

提示

在公式或函数中引用单元格之后，可以利用【F4】键进行引用方式的切换。

（3）混合引用

如果只对“列”或只对“行”进行绝对引用，如$A5 或 B$3，则称这种引用为混合引用。例如$A5 表示固定了列，B$3 固定了行。下面以 99 乘法表为例，介绍混合引用的内容。

在新的工作表中，A2:A10 单元格区域输入数据序列 1～9，B1:J1 单元格区域输入数据序列 1～9，然后在单元格 B2 中输入公式“=$A2*B$1”，确定之后 B2 单元格中结果为 1，之后将鼠标指针放在单元格右下角，向右拖动填充，再向下拖动填充，将运算数据结果填充 B2:J10 单元格区域，结果如图 2-56 所示。

	A	B	C	D	E	F	G	H	I	J
1		1	2	3	4	5	6	7	8	9
2	1	1	2	3	4	5	6	7	8	9
3	2	2	4	6	8	10	12	14	16	18
4	3	3	6	9	12	15	18	21	24	27
5	4	4	8	12	16	20	24	28	32	36
6	5	5	10	15	20	25	30	35	40	45
7	6	6	12	18	24	30	36	42	48	54
8	7	7	14	21	28	35	42	49	56	63
9	8	8	16	24	32	40	48	56	64	72
10	9	9	18	27	36	45	54	63	72	81
11										
12										

图 2-56　混合引用在 99 乘法表中的使用

（4）引用运算符

使用引用运算符可以将单元格的数据区域合并进行计算，引用运算符有冒号（“:”）、逗号（“,”）、空格和感叹号（“!”）。

其中，冒号“:”是区域运算符，对左右两个引用之间，包括两个引用单元格在内的矩形区域内所有单元格进行引用。例如，A1:C3 单元格区域表示共包含 A1,B1,C1,A2,B2,C2,A3,B3,C3 一共 9 个单元格区域。

逗号“,”是联合引用运算符，联合引用是将多个引用区域合并为一个区域进行引用，如公式“=SUM(A1:C3,B5:C7)”，表示对 A1:C3 单元格区域的 9 个单元格和 B5:C7 区域的 6 个单元格共 15 个单元格的数值进行求和。

空格是交叉引用运算符，它取几个引用区域相交的公共部分。

在图 2-57 所示的工作表中，在 E9 单元格中输入公式“=SUM(A1:C3 B2:D4)”，运算结果为 14。表示的是 A1:C3 与 B2:D4 交叉部分的单元格 B2:C3 中的数据进行求和运算。

图 2-57　交叉引用运算符-空格的使用

感叹号“!”是三维引用运算符，利用它可以引用另一张工作表中的数据，其表示形式为“工作表名!单元格引用区域”。

2.6　函　　数

函数是 Excel 中系统预定义的公式，如 SUM()、AVERAGE()等。通常，函数通过引用参数接收数据，并返回计算结果。函数由函数名和参数构成。

函数的格式为：函数名(参数 1,参数 2,…)。

其中，函数名用英文字母表示，函数名后的括号是不可少的，参数在函数名后的括号内，参数可以是常量、单元格引用、公式或其他函数，参数的个数和类别由该函数的性质决定。

输入函数的方法有多种，最方便的是单击编辑框中的“插入函数”按钮，如图 2-58 所示，弹出“插入函数”对话框，如图 2-59 所示。选择需要的函数，此时会弹出函数参数对话框，利用它可以确定函数的参数、函数运算的数据区域等。

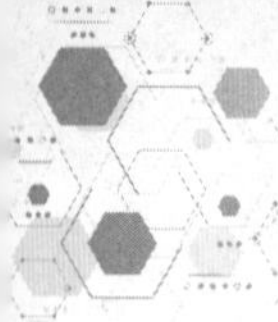

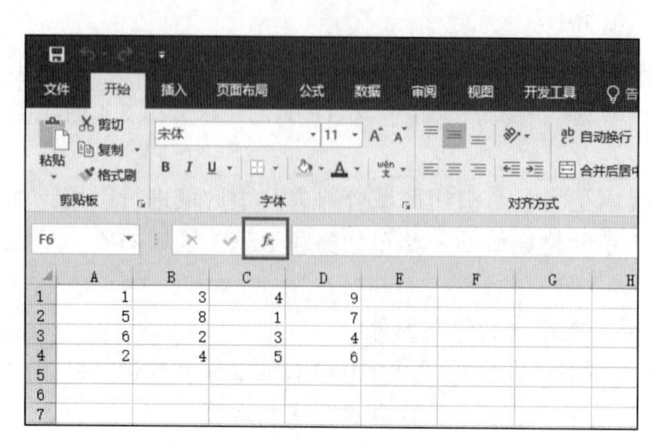
图 2–58　单击“插入函数”按钮

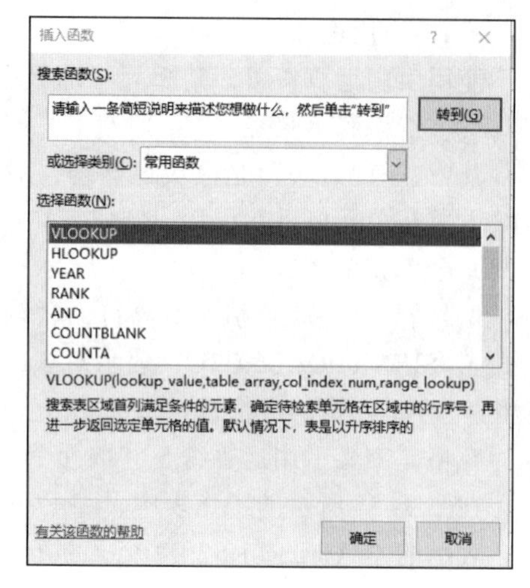
图 2–59　“插入函数”对话框

也可以在单元格或编辑栏中直接输入函数或公式“=函数名(参数)”，函数中的参数可以根据函数提醒进行填写，函数对单元格的引用可以通过拖动鼠标在工作表中进行选取。

也可以使用“公式”选项卡，单击“函数库”选项组中的“插入函数”按钮，或者直接在后面的函数类型中挑选使用的函数进行输入。

2.6.1　日期与时间函数

通过日期与时间函数，可以在公式中分析和处理日期值和时间值。

主要的日期函数和时间函数如表 2–1 和表 2–2 所示。

表 2–1　日期函数

函 数 名	函 数 说 明	语　法
DATE	返回代表特定日期的系列数	DATE(year,month,day)
DATEDIF	计算两个日期之间的天数、月数或年数	DATEDIF(start_date,end_date,unit)
DATEVALUE	将以文字表示的日期转换成一个系列数	DATEVALUE(date_text)
DAY	返回以系列数表示的某日期的天数，用整数 1 ~ 31 表示	DAY(serial_number)
DAYS360	按照一年 360 天的算法（每个月以 30 天计，一年共计 12 个月），返回两日期间相差的天数	DAYS360(start_date,end_date,method)
EDATE	返回指定日期 (start_date) 之前或之后指定月份数的日期系列数。使用函数 EDATE 可以计算与发行日处于一月中同一天的到期日的日期	EDATE(start_date,months)
EOMONTH	返回 start–date 之前或之后指定月份中最后一天的系列数。用函数 EOMONTH 可计算特定月份中最后一天的时间系列数，用于证券的到期日等计算	EOMONTH(start_date,months)
MONTH	返回以系列数表示的日期中的月份。月份是介于 1(一月）和 12（十二月）之间的整数	MONTH(serial_number)
NETWORKDAYS	返回参数 start–data 和 end–data 之间完整的工作日数值。工作日不包括周末和专门指定的假期	NETWORKDAYS(start_date,end_date,holidays)
NOW	返回当前日期和时间所对应的系列数	NOW()

续表

函 数 名	函 数 说 明	语　法
TODAY	返回当前日期的系列数，系列数是 Excel 用于日期和时间计算的日期-时间代码	TODAY()
WEEKDAY	返回某日期为星期几。默认情况下，其值为 1（星期天）~7（星期六）之间的整数	WEEKDAY(serial_number,return_type)
WEEKNUM	返回一个数字，该数字代表一年中的第几周	WEEKNUM(serial_num,return_type)
WORKDAY	返回某日期（起始日期）之前或之后相隔指定工作日的某一日期的日期值。工作日不包括周末和专门指定的假日	WORKDAY(start_date,days,holidays)
YEAR	返回某日期的年份。返回值为 1900~9999 之间的整数	YEAR(serial_number)
YEARFRAC	返回 start_date 和 end_date 之间的天数占全年天数的百分比	

表 2-2　时间函数

函 数 名	函 数 说 明	语　法
HOUR	返回时间值的小时数，即一个介于 0 (12:00 A.M.) ~ 23 (11:00 P.M.) 之间的整数	HOUR(serial_number)
MINUTE	返回时间值中的分钟，即一个介于 0~59 之间的整数	MINUTE(serial_number)
SECOND	返回时间值的秒数，返回的秒数为 0~59 之间的整数	SECOND(serial_number)
TIME	返回某一特定时间的小数值，函数 TIME 返回的小数值为从 0 ~ 0.99999999 之间的数值，代表从 0:00:00 (12:00:00 A.M) ~ 23:59:59 (11:59:59 P.M) 之间的时间	TIME(hour,minute,second)
TIMEVALUE	返回由文本串所代表的时间的小数值。该小数值为从 0 ~ 0.999999999 的数值，代表从 0:00:00 (12:00:00 AM) ~ 23:59:59 (11:59:59 PM) 之间的时间	TIMEVALUE(time_text)

日期与时间函数很多，其功能主要用于对日期和时间进行运算和处理，常用的有 TODAY()、NOW()、YEAR()和 HOUR()等。下面将重点介绍常用的几个函数。

1. Today()函数

功能：返回当前系统的日期。

格式：TODAY()

例如，在单元格 A1 中输入公式“=TODAY()”即可获得当前系统的日期。

2. NOW()函数

功能：返回当前系统的日期和时间。

格式：NOW()

例如，在单元格 A1 中输入公式“=NOW()”即可获得当前系统的日期和时间。

3. year()函数

功能：返回指定日期所对应的四位的年份。返回值为 1900～9999 之间的整数。

格式：YEAR(serial_number)

参数说明：serial_number 为一个日期值，其中包含要查找的年份。

例如，在单元格 A1 中存放日期 2021/06/30，在 A2 单元格中输入公式“=YEAR(A1)”，即可得到结果为 2021。如果在 A1 单元格中存放了员工的开始工作时间为“1999/07/15”，想算出员工的工龄，在 A2 单元格中输入公式“=YEAR(now())-year(A1)”即可得到结果。

与 YEAR()函数用法相似的还有月函数 MONTH()和日函数 DAY()，它们分别返回指定日期中的两位月和两位日。

2.6.2 数值计算函数

数值计算函数主要用于数值的计算和处理，在 Excel 中应用范围最广，出现的形式最多，但对每一个函数，只要掌握它的格式和使用方法，并可以融会贯通。下面介绍常用的数值函数。

1. 求和函数 SUM()

格式：SUM(参数 1,参数 2,....)。

功能：求参数所对应数值的和。参数可以是常数或单元格引用。

2. 条件求平均值函数 AVERAGEIF()

格式：AVERAGEIF(range,criteria,[average_range])。

功能：根据指定条件对指定数值单元格求平均值。

参数说明：

range：代表条件区域或者计算平均值的数据区域。

criteria：为指定的条件表达式。

average_range：为实际求平均值的数据区域；若忽略，则 range 既为条件区域又为计算平均值的数据区域。

例如，在图 2-60 所示的学生成绩数据表中，求男生的语文成绩平均分，将结果放在 I2 单元格区域。在 I2 单元格中输入公式“=AVERAGEIF(C2:C18, "男",E2:E18)”，结果为 68.28571。

公式中 C2:C18 为条件所在区域列，“男”为条件。E2:E18 单元格区域为满足条件需要求平均值的数据列。

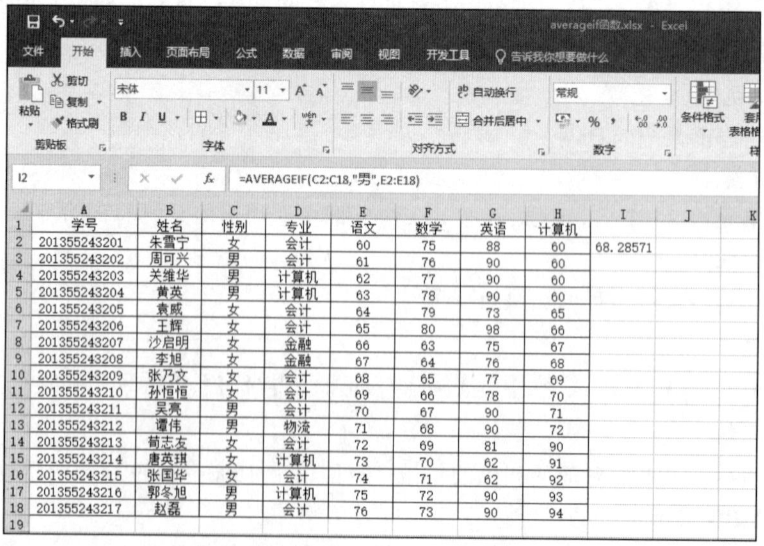

I2 =AVERAGEIF(C2:C18,"男",E2:E18)

	A	B	C	D	E	F	G	H	I
1	学号	姓名	性别	专业	语文	数学	英语	计算机	
2	201355243201	朱雪宁	女	会计	60	75	88	60	68.28571
3	201355243202	周可兴	男	会计	61	76	90	60	
4	201355243203	关维华	男	计算机	62	77	90	60	
5	201355243204	黄英	男	计算机	63	78	90	60	
6	201355243205	袁威	女	会计	64	79	73	65	
7	201355243206	王辉	女	会计	65	80	98	66	
8	201355243207	沙启明	女	金融	66	63	75	67	
9	201355243208	李旭	女	金融	67	64	76	68	
10	201355243209	张乃文	女	会计	68	65	77	69	
11	201355243210	孙恒恒	女	会计	69	66	78	70	
12	201355243211	吴亮	男	会计	70	67	90	71	
13	201355243212	谭伟	男	物流	71	68	90	72	
14	201355243213	荀志友	女	会计	72	69	81	90	
15	201355243214	唐英琪	女	计算机	73	70	62	91	
16	201355243215	张国华	女	会计	74	71	62	92	
17	201355243216	郭冬旭	男	计算机	75	72	90	93	
18	201355243217	赵磊	男	会计	76	73	90	94	
19									

图 2-60 AVERAGEIF()函数运算结果

3. 条件求和函数 SUMIF()

格式：SUMIF(range,criteria,[sum_range])。

功能：根据指定条件对指定数值单元格求和。

参数说明：

range：代表条件区域或求和的数值区域。

criteria：为指定的条件表达式。

sum_range：为可选项，为需要求和的实际单元格区域，如果选择该项，则 range 为条件所在的区域，sum_range 为实际求和的数据区域；如果忽略，则 range 既为条件区域又为求和的数据区域。

例如，在图 2-60 所示的学生成绩数据中，求计算机专业的英语总分，结果放在 I3 单元格中。在 I3 单元格中输入公式“=sumif(D2:D18,"计算机",G2:G18)”，结果为 332。D2:D18 单元格区域为条件所在区域，“计算机”为条件，G2:G18 单元格区域为实际求和区域。

4. 多条件求和函数 SUMIFS()

格式：SUMIFS(sum_range,criteria_range1,criteria1,[criteria_range2,criteria2],...)。

功能：对指定求和区域中满足多个条件的单元格求和。

参数说明：

sum_range 必选项，为求和的实际单元格区域，包括数字或包含数字的名称、区域或单元格引用。

criteria_range1：必选项，为关联条件的第 1 个条件区域。

criteria1：必选项，为求和的第 1 个条件，形式为数字、表达式、单元格引用或文本，可用来定义对哪些单元格进行计数。

criteria_range2,criteria2,...：可选项，为附加条件区域及其关联的条件。最多允许 127 个区域/条件对。

例如，在图 2-60 所示的学生成绩数据中，求计算机专业男同学的英语总分，结果放在 I4 单元格区域中。在 I4 单元格中输入公式“=SUMIFS(G2:G18,C2:C18,"男",D2:D18,"计算机")”，公式中 G2:G18 单元格区域为实际求和区域，C2:C18 为第 1 个条件所在区域列，“男”为第 1 个条件，D2:D18 为第 2 个条件所在区域列，“计算机”为第 2 个条件。结果为 270，如图 2-61 所示。

I4　=SUMIFS(G2:G18,C2:C18,"男",D2:D18,"计算机")

	A	B	C	D	E	F	G	H	I
1	学号	姓名	性别	专业	语文	数学	英语	计算机	
2	201355243201	朱雪宁	女	会计	60	75	88	60	
3	201355243202	周可兴	男	会计	61	76	90	60	
4	201355243203	关维华	男	计算机	62	77	90	60	270
5	201355243204	黄英	男	计算机	63	78	90	60	
6	201355243205	袁威	女	会计	64	79	73	65	
7	201355243206	王辉	女	会计	65	80	98	66	
8	201355243207	沙启明	女	金融	66	63	75	67	
9	201355243208	李旭	女	金融	67	64	76	68	
10	201355243209	张乃文	女	会计	68	65	77	69	
11	201355243210	孙恒恒	女	会计	69	66	78	70	
12	201355243211	吴亮	男	会计	70	67	90	71	
13	201355243212	谭伟	男	物流	71	68	90	72	
14	201355243213	荀志友	女	会计	72	69	81	90	
15	201355243214	唐英琪	女	计算机	73	70	62	91	
16	201355243215	张国华	女	会计	74	71	62	92	
17	201355243216	郭冬旭	男	计算机	75	72	90	93	
18	201355243217	赵磊	男	会计	76	73	90	94	

图 2-61　SUMIFS()函数运算结果

对于条件求和运算或者多条件求和运算，其中的条件是非常明确的，但在日常事务处理过程中，经常会碰到一些模糊条件的运算，此时可以结合通配符对条件进行描述，常用的通配符有“?”和“*”。

5. 取整函数 INT()

格式：INT(number)。

功能：求 number 的最大整数部分。

参数说明：number 为需要取整的数据。

例如，在单元格 A1 中存放数据 16.7，在 A2 单元格中输入公式“=INT(A1)”，输出结果为 16。

6. 四舍五入函数 ROUND()

格式：ROUND(number,num_digits)。

功能：根据指定位数对数值进行四舍五入。

参数说明：

number：要四舍五入的数值。

num_digits：为执行四舍五入时采用的位数。如果此参数为负数，则取整到小数点的左边；如果此参数为 0，则取整到最接近的整数，如果为正数，对应保留到小数点后多少位。

例如，在单元格 A1 中存放数据 16.3745，在 A2 单元格中输入公式“=ROUND（A1,-1）”结果为 20。在 A3 单元格中输入公式“=ROUND（A1,0）”，结果为 16。在 A4 单元格中输入公式“=ROUND（A1,2）”，结果为 16.37。

7. 求余数函数 MOD()

格式：MOD(number,divisor)。

功能：返回两数相除的余数。

参数说明：

number：被除数。

divisor：除数

例如，在 A1 单元格中输入公式“=MOD(5,2)”，结果为 1。

2.6.3 统计函数

统计函数主要用于各种统计计算，在统计领域中有着极其广泛的应用，这里仅介绍常用的统计函数。

1. 统计计数函数 COUNT()

格式：COUNT(value1,value2,...)。

功能：统计给定数据区域中所包含的数值型数据的单元格个数。

与 COUNT()函数功能类似的还有：

- COUNTA(value1,value2,...)函数：计算参数列表(value1,value2,...)中所包含的非空值的单元格个数。
- COUNTBLANK(range)函数：主要用于计算单元格区域（range）中空白单元格的个数。

例如，在学生成绩数据表中，统计学生的人数。

由于 COUNT()函数统计的是数值型单元格个数，那么只要对学生某个科目的分数个数进行统计，结果也就是对应的学生人数。在图 2-62 所示的工作表中，在 I18 单元格中输入公式

“=COUNT(H2:H18)”，统计学生人数结果为 17。

I18　　=COUNT(H2:H18)

	A	B	C	D	E	F	G	H	I
1	学号	姓名	性别	专业	语文	数学	英语	计算机	
2	201355243201	朱雪宁	女	会计	60	75	88	60	
3	201355243202	周可兴	男	会计	61	76	90	60	
4	201355243203	关维华	男	计算机	62	77	90	60	
5	201355243204	黄英	男	计算机	63	78	90	60	
6	201355243205	袁威	女	会计	64	79	73	65	
7	201355243206	王辉	女	会计	65	80	98	66	
8	201355243207	沙启明	女	金融	66	63	75	67	
9	201355243208	李旭	女	金融	67	64	76	68	
10	201355243209	张乃文	女	会计	68	65	77	69	
11	201355243210	孙恒恒	女	会计	69	66	78	70	
12	201355243211	吴亮	男	会计	70	67	90	71	
13	201355243212	谭伟	男	物流	71	68	90	72	
14	201355243213	荀志友	女	会计	72	69	81	90	
15	201355243214	唐英琪	女	计算机	73	70	62	91	
16	201355243215	张国华	女	会计	74	71	62	92	
17	201355243216	郭冬旭	男	计算机	75	72	90	93	
18	201355243217	赵磊	男	会计	76	73	90	94	17
19									

图 2-62　学生成绩表

2．条件统计函数 COUNTIF()

格式：COUNTIF(range,criteria)。

功能：在给定数据区域内统计满足条件的单元格的个数。

其中：range 为需要统计的单元格数据区域；criteria 为条件，其形式可以为常数值、表达式或者文本。条件可以表示为 10、"100"、">90"、"语文"等。

例如，在学生成绩数据表中，统计男同学的人数。

在图 2-63 所示的工作表中，若要统计男同学的人数，可以在指定的单元格 I2 中输入公式“=COUNTIF(C2:C18,"男")”，可得到数据表中男生人数的结果为 7。

I3　　=COUNTIF(C2:C18,"男")

	A	B	C	D	E	F	G	H	I
1	学号	姓名	性别	专业	语文	数学	英语	计算机	
2	201355243201	朱雪宁	女	会计	60	75	88	60	统计男生人数：
3	201355243202	周可兴	男	会计	61	76	90	60	7
4	201355243203	关维华	男	计算机	62	77	90	60	
5	201355243204	黄英	男	计算机	63	78	90	60	
6	201355243205	袁威	女	会计	64	79	73	65	
7	201355243206	王辉	女	会计	65	80	98	66	
8	201355243207	沙启明	女	金融	66	63	75	67	
9	201355243208	李旭	女	金融	67	64	76	68	
10	201355243209	张乃文	女	会计	68	65	77	69	
11	201355243210	孙恒恒	女	会计	69	66	78	70	
12	201355243211	吴亮	男	会计	70	67	90	71	
13	201355243212	谭伟	男	物流	71	68	90	72	
14	201355243213	荀志友	女	会计	72	69	81	90	
15	201355243214	唐英琪	女	计算机	73	70	62	91	
16	201355243215	张国华	女	会计	74	71	62	92	
17	201355243216	郭冬旭	男	计算机	75	72	90	93	
18	201355243217	赵磊	男	会计	76	73	90	94	

图 2-63　统计男生人数结果

3．多条件统计函数 COUNTIFS()

格式：COUNTIFS(criteria_range1,criteria1,[criteria_range2,criteria2],...)。

功能：在给定数据区域内统计所有满足条件的单元格个数。

参数说明：

criteria_range1：必选项，为满足第 1 个关联条件要统计的数据区域。

criteria1：必选项，为第 1 个统计条件，形式为数字、表达式、单元格引用或文本，可以用来定义将对哪些单元格进行计数。

[criteria_range2,criteria2],...：可选项，为第 2 个要统计的数据区域及其关联条件。

例如，在学生成绩数据表中，统计男同学英语成绩大于 80 分的人数。

题目要求统计的人数，满足两个条件，第 1 个条件为性别“男”，第 2 个条件为英语成绩“>80”分，所以需要用到多条件统计函数 COUNTIFS()函数。可以在指定的单元格 I2 中输入公式“=COUNTIFS(C2:C18,"男",G2:G18,">80")”，可得到满足条件的人数结果为 6。函数参数设置如图 2-64 所示，结果如图 2-65 所示。

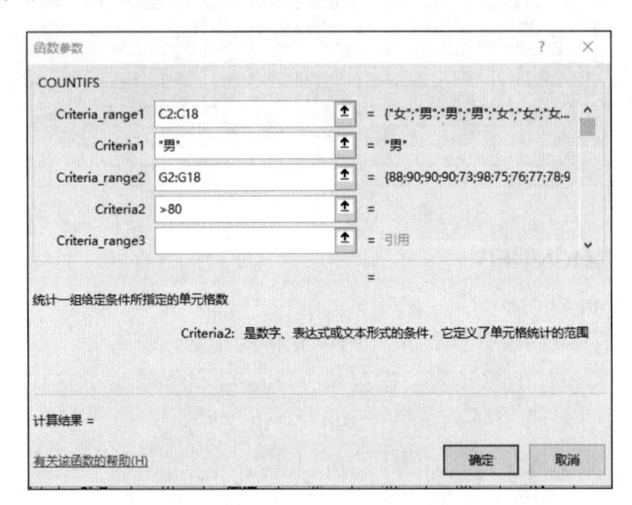

图 2-64　COUNTIFS()函数参数设置

I2　=COUNTIFS(C2:C18,"男",G2:G18,">80")

	A	B	C	D	E	F	G	H	I
1	学号	姓名	性别	专业	语文	数学	英语	计算机	男生英语成绩大于80分的人数：
2	201355243201	朱雪宁	女	会计	60	75	88	60	6
3	201355243202	周可兴	男	会计	61	76	90	60	
4	201355243203	关维华	男	计算机	62	77	66	60	
5	201355243204	黄英	男	计算机	63	78	90	60	
6	201355243205	袁威	女	会计	64	79	73	65	
7	201355243206	王辉	女	会计	65	80	98	66	
8	201355243207	沙启明	女	金融	66	63	75	67	
9	201355243208	李旭	女	金融	67	64	76	68	
10	201355243209	张乃文	女	会计	68	65	77	69	
11	201355243210	孙恒恒	女	会计	69	66	78	70	
12	201355243211	吴亮	男	会计	70	67	90	71	
13	201355243212	谭伟	男	物流	71	68	90	72	
14	201355243213	荀志友	女	会计	72	69	81	90	
15	201355243214	唐英琪	女	计算机	73	70	62	91	
16	201355243215	张国华	女	会计	74	71	62	92	
17	201355243216	郭冬旭	男	计算机	75	72	90	93	
18	201355243217	赵磊	男	会计	76	73	90	94	

图 2-65　COUNTIFS()函数运算结果

4. 排名函数 RANK()

格式：RANK(number,ref,[order])。

功能：返回一个数值在指定数据区域中的排位。

参数说明：

number：为需要进行排位的数据

ref：是排位数据所在的数据列表的单元格引用。

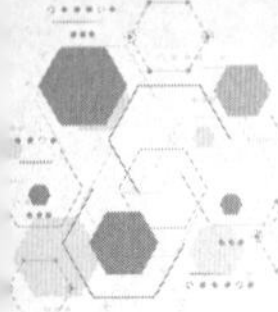

[order]：可选项，为一数字，指明排位的方式（0 或省略，降序排位；非 0，升序排位）。

例如，根据销售人员销售金额情况，对销售金额按降序进行排名，结果放在 G2:G12 单元格区域。

在图 2-66 所示的工作表中，由于每个销售人员的销售金额应该在所有销售人员的销售金额列表中进行相应排名，所以 RANK 函数第 2 个参数位置，对数据列表的引用应该做绝对引用。在 G2 单元格中输入公式“=RANK(F2,$F$2: $F$12,0)”，将鼠标指针放在 G2 单元格右下角的填充柄上，双击快速填充排名结果。结果如图 2-66 所示。

G2　=RANK(F2,$F$2:$F$12,0)

	A	B	C	D	E	F	G
1	销售人员	产品代码	品名	数量	单价￥	销售金额￥	名次
2	苏珊	T-3017E	液晶电视	1	5,000	5000	7
3	丽萨	H-4637M	按摩椅	13	800	10400	4
4	白露	F-2917K	微波炉	27	500	13500	1
5	毕春艳	F-2917K	微波炉	22	500	11000	3
6	高伟	F-2917K	微波炉	19	500	9500	5
7	何庆	M-7569H	跑步机	2	2,200	4400	9
8	李兵	F-2917K	微波炉	5	500	2500	10
9	高伟	H-4637M	按摩椅	3	800	2400	11
10	林茂	F-2917K	微波炉	24	500	12000	2
11	林茂	T-3017E	液晶电视	1	5,000	5000	7
12	高伟	F-2917K	微波炉	19	500	9500	5
13							

图 2-66　RANK()函数排名结果

2.6.4　逻辑函数

逻辑函数主要是对给定条件进行逻辑判断，并根据判断结果返回给定的值。逻辑函数通常会配合关系运算式进行运算，产生的结果为逻辑值 true 或 false。下面介绍几个常用的逻辑函数。

1. AND()函数

格式：AND(logical1,logical2,...)。

功能：返回逻辑值。如果所有参数都为逻辑真 true，则返回真 true；否则，返回假 false。

参数说明：

logical1,logical2...：表示待测试的条件值或表达式，最多可以有 30 个。

例如，在图 2-67（a）所示的工作表中，若在单元格 A3 中输入公式“=AND(A1>70,B1>70,C1>70,D1>70)”，返回结果为 false。AND()函数中参数为 4 个比较运算，B2 单元格中数据为“68,68>70”，为 false，AND()函数的使用规则是只要有一假，结果就为假。所以可以看到最后公式运算结果为 false。也可以在图 2-67（b）中看到每个比较关系式的运算结果。

与 AND 函数类似的还有 OR()函数、NOT()函数。

OR(logical1,logical2,...)函数：返回逻辑值。仅当所有参数值均为逻辑假 false 时，返回逻辑值 false；否则，返回逻辑值 true，即一真为真。

NOT(logical)函数：对参数值求反。若参数值为 true，则返回结果为 false；同理，参数值为 false，返回结果 true。

A3 =AND(A1>70,B1>70,C1>70,D1>70)

	A	B	C	D	E	F	G
1	90	68	75	89			
2							
3	FALSE						
4							
5							

（a）

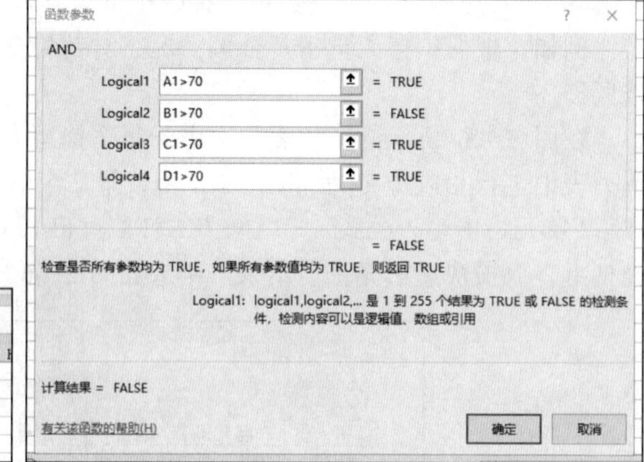

（b）

图 2-67　AND()函数参数设置

2. IF()函数

格式：IF(logical_test,value_if_true,value_if_false)。

功能：根据条件判断的结果决定返回相应的输出结果。

参数说明：

logical_test：为判断的逻辑表达式

value_if_true：表示当条件判断为逻辑真时要输出的内容，如果忽略则返回 true。

value_if_false：表示当条件判断为逻辑假时要输出的内容，如果忽略则返回 false。

在 IF()函数中，logical 参数值一般为逻辑表达式，也可以是其他函数或者公式的输出数值结果，若数值为 0，则表示 false；若为非 0 值，则为 true。

例如，对图 2-68 所示的学生的高数成绩数据进行评定，分数小于 60 分为不及格，大于或等于 60 分小于 80 分为及格，大于或等于 80 分为优秀。在单元格 D3 中输入公式“=IF(C3<60,"不及格",IF(C3<80,"及格","优秀"))”，输出结果之后通过拖动填充句柄自动填充结果。函数参数设置如图 2-69 所示，结果如图 2-68 所示。

D3 =IF(C3<60,"不及格",IF(C3<80,"及格","优秀"))

	A	B	C	D
1	高数成绩表			
2	学号	姓名	高数	成绩评定
3	002007101	赵永恒	88	优秀
4	002007102	王志刚	85	优秀
5	002007103	孙红	89	优秀
6	002007104	钟秀	90	优秀
7	002007105	林小林	73	及格
8	002007106	黄河	81	优秀
9	002007107	宁中一	86	优秀
10	002007108	陶同明	57	不及格
11	002007109	曹文华	85	优秀
12	002007110	杨青	95	优秀
13	002007111	李立扬	55	不及格
14	002007112	孟晓霜	74	及格

图 2-68　IF()函数运算结果

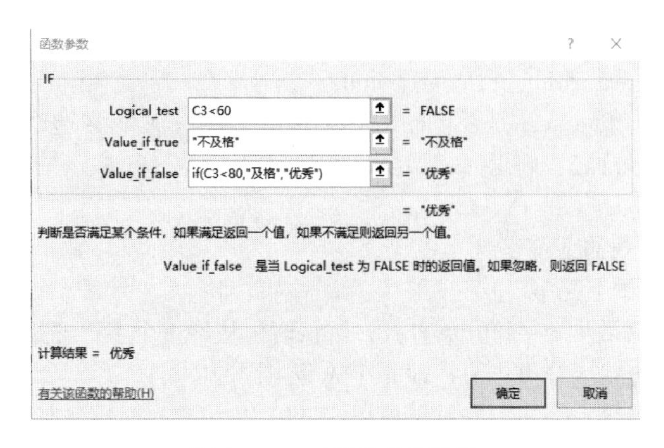

图 2-69　IF()函数参数设置

2.6.5　文本函数

文本函数是以公式的方式对文本进行处理的一种函数。文本函数主要处理文本中的字符串，也可以对数据表中的单元格直接引用。下面介绍关于文本函数使用频率较高的几个函数。

1. LEN()函数与 LENB()函数

LEN()函数用于返回字符串中字符的长度，而 LENB()函数返回的是字符串中字节的长度。这两个函数的区别主要在于汉字，对于汉字来讲，1 个汉字占用 1 个字符长度，但是占用 2 个字节长度。数字和字母，对于 LEN()函数和 LENB()函数来讲没有差别，因为数字和字母都是占 1 个字节长度。

LEN()函数和 LENB()函数的语法格式为 LEN(text)、lenb(text)。

例如，在 A1 单元格中输入公式“=LEN(123)”，输出结果为 3。在 A2 单元格中输入公式“=LENB("中国")”，输出结果为 4。

例如，在图 2-70 所示的数据表中，使用 LEN()函数和 LENB()函数对工作表中的客户信息姓名进行提取。

在单元格 C2 中，输入公式“=LEFT(A2,LENB(A2)-LEN(A2))”，然后按【Enter】键，即可在用户数据中提取用户姓名。由于用户数据中，人物姓名长度是可变的，所以通过公式 LENB(A2)-LEN(A2)来计算出姓名的长度，然后再通过 LEFT()函数进行截取。LEFT()函数将在后续内容进行学习，在这里先不展开介绍。

图 2-70　提取用户姓名结果

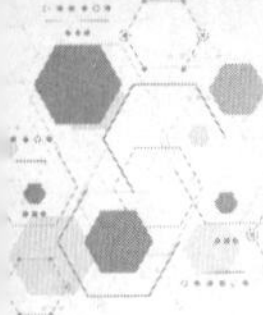

2. FIND()函数

格式：FIND(find_text,within_text,start_num)。

功能：判断字符串 find_text 是否包含在字符串 within_text 中，若包含，则返回该字符串在原字符串的起始位置；反之，则返回错误信息#value！#。

参数说明：

find_text：为要查找的字符串。

within_text：为原始字符串。

start_num：表示从第几个字符开始查找，默认时则从第 1 个字符开始查找。

注意：该函数的查找区分大小写，即 a 与 A 是不同的。

查找时若是不想区分大小写，则可以使用 SEARCH()函数，其用法与 FIND()函数相同。

例如，在 A1 单元格中存放数据“helloworld”，在 A2 单元格中输入公式“=FIND("o",A1,1)”，返回 A1 单元格中数据找到第一个“o”的位置为 5。

3. 截取子字符串函数

有时需要在一个字符串中截取一个子字符串出来，根据截取的位置，可以将截取的函数分为左截函数、右截函数、截取任意位置的子字符串函数，下面分别看这 3 个函数的用法。

（1）左截函数 LEFT()

格式：LEFT(text,num_chars)。

功能：将字符串 text 从左边第 1 个字符开始截取，向右截取 num_chars 个字符。

例如，在 A1 单元格区域中存放数据“helloworld”，在 A2 单元格中输入公式“=LEFT(A1,5)”，返回结果为“hello”。

（2）右截函数 RIGHT()

格式：RIGHT(text,num_chars)。

功能：将字符串 text 从右边第 1 个字符开始截取，向左截取 num_chars 个字符。

例如，在 A1 单元格区域中存放数据“helloworld”，在 A2 单元格中输入公式“=RIGHT(A1,5)”，返回结果为“world”。

（3）任意截取子字符串函数 MID()

格式：mid(text,start_number,num_chars)。

功能：将字符串 text 从第 start_num 个字符开始，向右截取 num_chars 个字符。

参数说明：

text：是原字符串。

start_number：为截取的位置。

num_chars：是原字符串中从起始位置开始需要替换的字符个数。

例如，在 A1 单元格中存放身份证号码数据“445212190009125678”，想要截取身份证号中的出生年月，将结果放在 A2 单元格中。可以在 A2 单元格中输入公式“=mid(A1,7,8)”，即在 A1 单元格数据中，从第 7 为开始截取，共截取 8 位数据，返回结果为 19000912。

4. TRIM()函数

格式：TRIM(text)。

功能：TRIM 函数用于删除字符串中多余的空格，但在英文字符中，词与词之间会保留一个分隔的空格。

参数说明：text 是需要删除空格的文本字符串。

5. REPLACE()函数

格式：REPLACE(old_text,start_num,num_chars,new_text)。

功能：实现将字符串中的部分字符用另一个新的字符串来替换的功能，也可通过将参数 num_chars 设置为 0 实现插入的功能，或者将 new_text 设置为空字符串实现删除功能。

参数说明：

old_text：需要替换的原字符串。

start_num：开始替换的位置。

num_chars：替换的个数。

new_text：用来替换的新字符串。

例如，在 A1 单元格中存放数据“大学计算机文化基础”，想要将“文化”两字替换成“应用”，结果放在 A2 单元格区域中，可在 A2 单元格中输入公式“=REPLACE(A1,6,2,"应用")”，结果为“大学计算机应用基础”。

REPLACE()函数除了字符替换的功能外，还有插入字符的功能，比如在图 2-71 所示的工作表中，对原数据中的内容，希望能够在中文和英文之间添加连接符“-”，可以使用 REPLACE()函数来完成。由于插入的“-”连接符在汉字的后面，所以要先找出插入的位置，插入位置即为汉字的后面一个位置，所以可以先找出汉字的个数，为 LENB(A2)-LEN(A2)，汉字后面的一个位置，即为汉字个数加 1。

操作步骤如下：

Step 01：将光标定位在 C2 单元格中，输入公式“=REPLACE(A2,(LENB(A2)-LEN(A2))+1, "-")”，公式中，第 1 个参数为要替换的原数据，第 2 个参数为要插入“-”连接符的位置，第 3 个参数位置填入“-”，即为要插入的符号；公式中，(LENB(A2)-LEN(A2))+1 为找出汉字个数，加 1 的目的是找出汉字后面一个位置，作为插入的位置。

Step 02：按【Enter】键，返回结果“苹果-apple”。

Step 03：将指针放在 C2 单元格右下角的填充柄上，当指针变成十字形状时，拖动鼠标向下填充，结果如图 2-71 所示。

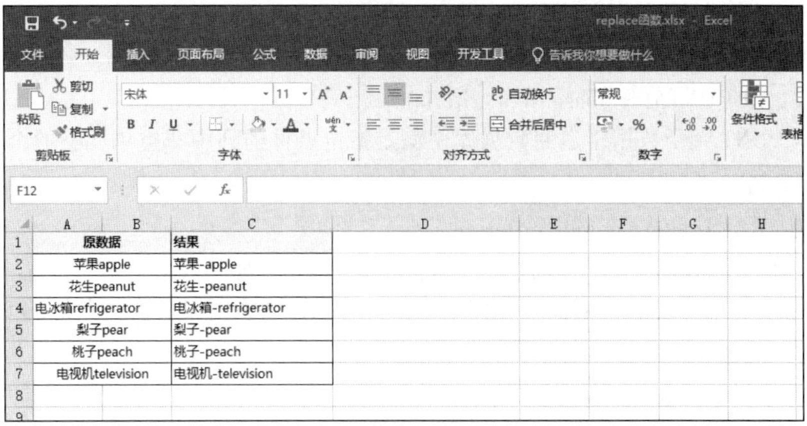
replace函数.xlsx - Excel
文件
开始
插入
页面布局
公式
数据
审阅
视图
开发工具
告诉我你想要做什么
剪切
复制
格式刷
粘贴
宋体
11
自动换行
合并后居中
常规
条件格式
剪贴板
字体
对齐方式
数字
F12
原数据
结果
苹果apple
苹果-apple
花生peanut
花生-peanut
电冰箱refrigerator
电冰箱-refrigerator
梨子pear
梨子-pear
桃子peach
桃子-peach
电视机television
电视机-television

图 2-71　REPLACE()函数的插入功能

2.6.6 数据库函数

在 Excel 中，包含了一些工作表函数，用于对存储在数据清单或数据库中的数据进行分析，目的是分析数据库中的数据是否符合条件或者从数据库中将满足条件的数据挑选出来。

数据库函数的特点是每个函数都有 3 个参数：database、field 和 criteria。这些参数指向函数所使用的工作表区域。

语法形式：函数名称(database,field,criteria)。

参数说明：

database：是构成数据清单或数据库的单元格区域。

field：为指定函数所使用的数据列。参数 field 可以是文本，如“姓名”“年龄”等，即带引号的标志项；也可以是代表数据清单中数据列位置的数字：1 表示第 1 列，2 表示第 2 列，等等。

criteria：为一组包含给定条件的单元格区域。

提示

每一个数据库函数都应该有条件区域，条件是指用于限定查询或筛选的结果集中包含哪些记录的条件。

通常可以将数据库函数分为数据库信息函数和数据库分析函数。数据库信息函数主要是为了获得数据库中信息的函数，而数据库分析函数则是用于分析数据库的数据信息。

下面将对常用的数据库函数进行介绍。

1．DAVERAGE()函数

语法形式：DAVERAGE(database,field,criteria)。

功能：DAVERAGE()函数用于返回数据库中满足指定条件的列中数值的平均值。

2．DCOUNT()函数

语法形式：DCOUNT(database,field,criteria)。

功能：DCOUNT()函数用于返回数据库中满足指定条件的列中包含数值型单元格的个数。常用于统计满足一定条件的人数。

3．DCOUNTA()函数

语法形式：DCOUNTA(database,field,criteria)。

功能：DCOUNTA()函数用于返回数据库中满足指定条件的列中非空单元格的个数。

4．DGET()函数

语法形式：DGET(database,field,criteria)。

功能：DGET()函数用于获取数据库中满足指定条件的列中的单个数值，若返回结果为#num!，则说明满足条件有多个值。若返回结果为#value!，则说明没有满足条件的值。

5．DMAX()函数

语法形式：DMAX(database,field,criteria)。

功能：DMAX()函数用于返回数据库中满足指定条件的列中数值的最大值。与此类似的获取最小值的函数是 DMIN()函数。

6. DSUM()函数

语法形式：DSUM(database,field,criteria)。

功能：DSUM()函数用于返回数据库中满足指定条件的列中数值的和。

下面以一个综合案例介绍数据库函数的使用，例如在图 2-72 所示的学生成绩数据表中，完成以下操作：

学号	姓名	性别	专业	语文	数学	英语	计算机	总分
201355243201	朱雪宁	女	会计	60	75	88	60	283
201355243202	周可兴	男	会计	61	76	90	60	287
201355243203	关维华	男	会计	62	77	90	60	289
201355243204	黄英	男	会计	63	78	90	60	291
201355243205	袁威	女	会计	64	79	73	65	281
201355243206	王辉	女	会计	65	80	74	66	285
201355243207	沙启明	女	会计	66	63	70	67	266
201355243208	李旭	女	会计	67	64	76	68	275
201355243209	张乃文	女	会计	68	65	77	69	279
201355243210	孙恒恒	女	会计	69	66	78	70	283
201355243211	吴亮	男	物流	70	67	90	71	298
201355243212	谭伟	男	物流	71	68	90	72	301
201355243213	荀志友	女	会计	72	69	81	90	312
201355243214	唐英琪	女	会计	73	70	62	91	296
201355243215	张国华	女	物流	74	71	62	92	299
201355243216	郭冬旭	男	物流	75	72	90	93	330
201355243217	赵磊	男	物流	76	73	96	98	343

情况	结果
计算会计专业男生语文的平均分：	62
找出计算机成绩>95，英语成绩>95的学生姓名：	赵磊
找出总分<270的学生姓名：	沙启明

情况	结果
会计专业学生数学成绩大于等于70分的人数：	7

数学	专业
>=70	会计

情况	结果
找出物流专业男生语文的最高分：	76
找出物流专业男生语文的最低分：	70

专业	性别
物流	男

图 2-72 数据库函数的应用

① 统计会计专业学生数学成绩大于或等于 70 分的人数，结果放在 P6 单元格中。

在 K8:L9 单元格区域中放置条件，在 P6 单元格中输入公式“=DCOUNT(A1:I18,6,K8:L9)”，结果为 7。

② 找出物流专业男生语文的最高分，结果放在 O12 单元格中。

在 K16:L17 单元格区域放置条件，在 O12 单元格中输入公式“=DMAX(A1:I18,5,K16:L17)”，结果为 76。

③ 计算会计专业男生语文的平均分，结果放在 E21 单元格中。

在 A26:B27 单元格区域中放置条件，在 E21 单元格中输入公式“=DAVERAGE(A1:I18,5,A26:B27)”，结果为 62。

④ 找出“计算机成绩>95”“英语成绩>95”的学生姓名，结果放在 E22 单元格中。

在 A29:B30 单元格区域中放置条件，在 E22 单元格中输入公式为“=DGET(A1:I18,2,A29:B30)”，结果为赵磊。

2.6.7 查找函数

查找函数主要用在数据表中查找与指定数值相匹配的值，并将指定的行或列对应的值填入当前位置中。下面重点介绍查找函数中使用频率较高的两个函数：VLOOKUP()函数与 HLOOKUP()函数。

1. VLOOKUP()函数

格式：VLOOKUP(lookup_value,table_array,col_index_num,range_lookup)。

参数说明：

lookup_value：需要在数据表首列进行搜索的值，可以是数值、引用或字符串。

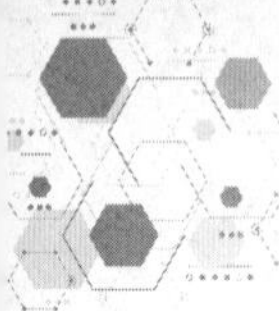

table_array：要在其中搜索数据的文字、数字或逻辑值表。table_array 可以是对区域或区域名称的引用。

col_index_num：应返回其中匹配值的 table_array 中的列序号。表中首个值列的序号为 1。

range_lookup：若要在第 1 列中查找大致匹配，请使用 true 或省略，若要查找精确匹配，请使用 false。

下面以 VLOOKUP()函数为例，介绍查找函数的使用。

根据图 2-73 所示的工作表，根据 A2:A5 单元格区域给出的学号，在 E1:G15 单元格区域的数据中进行匹配，将对应的姓名、部门信息结果放在 B2:B5 及 C2:C5 单元格区域。参数设置如图 2-74 所示。在 B2 单元格区域中输入公式"=VLOOKUP(A2,$E$2:$G$15,2,FALSE)"，通过拖动填充柄，填充 B 列其他单元格数据。在 C2 单元格中输入公式"=VLOOKUP(A2,$E$2:$G$15,3,FALSE)"，通过拖动填充柄，填充 C 列其他单元格数据。结果如图 2-73 所示。

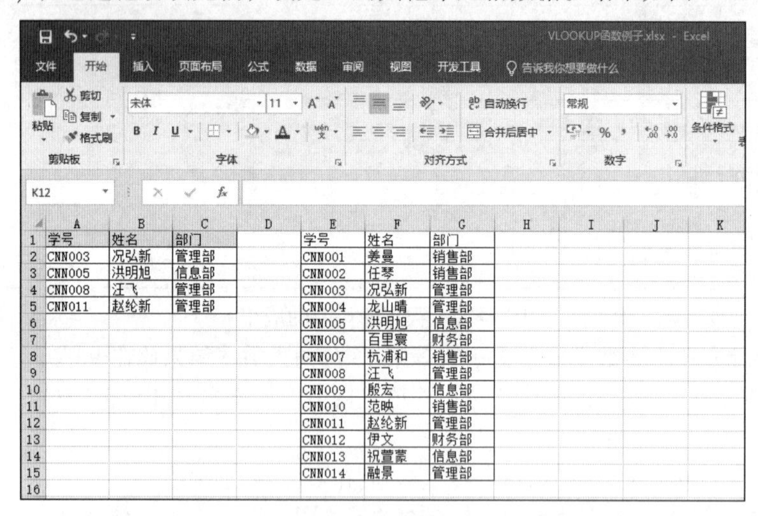

	A	B	C	D	E	F	G
1	学号	姓名	部门		学号	姓名	部门
2	CNN003	况弘新	管理部		CNN001	姜曼	销售部
3	CNN005	洪明旭	信息部		CNN002	任琴	销售部
4	CNN008	汪飞	管理部		CNN003	况弘新	管理部
5	CNN011	赵纶新	管理部		CNN004	龙山晴	管理部
6					CNN005	洪明旭	信息部
7					CNN006	百里寰	财务部
8					CNN007	杭浦和	销售部
9					CNN008	汪飞	管理部
10					CNN009	殷宏	信息部
11					CNN010	范映	销售部
12					CNN011	赵纶新	管理部
13					CNN012	伊文	财务部
14					CNN013	祝萱寨	信息部
15					CNN014	融景	管理部

图 2-73　VLOOKUP()函数的匹配结果

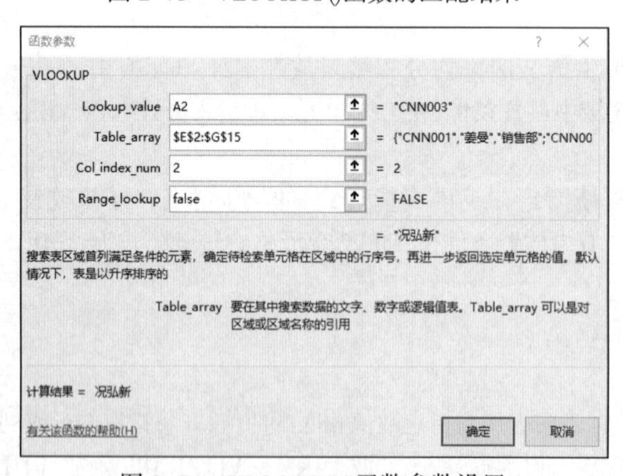

图 2-74　VLOOKUP()函数参数设置

2. HLOOKUP()函数

格式：HLOOKUP(lookup_value,table_array,row_index_num,range_lookup)。

参数说明：

lookup_value：需要在数据表首行进行搜索的值，可以是数值、引用单元格或字符串。

table_array：需要的其中搜索数据的文本、数据或逻辑值表。table_array 可以是区域或区域名的引用

row_index_num：满足条件的单元格在数组区域 table_array 中的行序号。表中第一行序号为 1。

range_lookup：逻辑值：如果为 true 或忽略，在第一行中查找最近似的值进行匹配；如果为 false，查找时精确匹配。

根据图 2-75 工作表中的数据，根据员工值班工资标准的数据，在员工信息表中，根据日期类别，匹配工资标准。具体操作如下：

打开素材，在 F7 单元格中，输入公式“=HLOOKUP(E7,$A$3:$F$4,2,FALSE)”，函数参数对话框参数设置如图 2-76 所示，注意，第二个参数对表格区域的引用需要使用绝对引用。

将鼠标指针放在 F7 单元格的右下方，拖动填充结果。结果如图 2-75 所示。

	A	B	C	D	E	F
1	员工值班工资标准					
2	值班日期	2018/1/1	2018-1-2~2018-1-3	2018-5-1~2018-5-2	2018-5-3~2018-5-7	双休日
3	日期类别	长假初	长假后期	长假初	长假后期	双休日
4	每日工资	300	220	300	220	180
5						
6	员工编号	姓名	值班日期	值班天数	日期类别	工资标准
7	CN-001	小明	2018/1/2	1	长假后期	220
8	CN-002	张三	2018/1/3	1	长假后期	220
9	CN-003	李白三	2018-5-1~2018-5-2	2	长假初	300
10	CN-004	小黄	2018-5-4~2018-5-7	3	长假后期	220
11	CN-005	小王	2018/5/12	1	双休日	180
12	CN-006	朱天二	2018/5/1	1	长假初	300
13	CN-007	蒙小军	2018/5/5	1	长假后期	220
14	CN-008	燕燕	2018/5/6	1	长假后期	220
15						

图 2-75　HLOOKUP()函数的应用结果

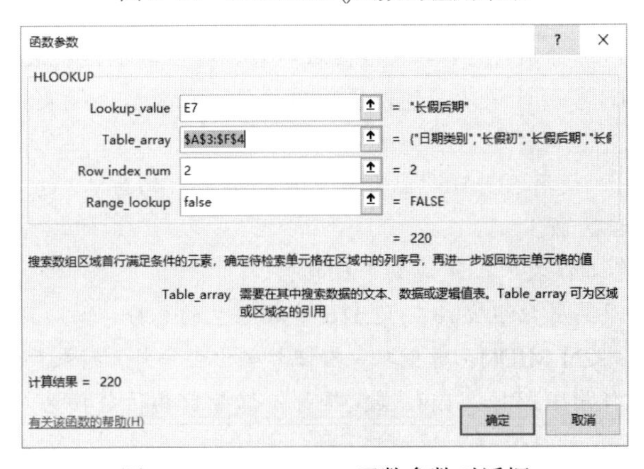

图 2-76　HLOOKUP()函数参数对话框

提示

在使用 VLOOKUP()函数时，由于数据结果通常是拖动填充，所以第 2 个参数位置对数据表区域的引用必须使用绝对引用，其次，第 1 个参数对应的列，一定要在第 2 个参数所选数据表区域的第 1 列。HLOOKUP()使用过程与 VLOOKUP()函数类似。

本 章 习 题

1. 在学生成绩数据工作表中，完成以下操作：

（1）在 Sheet1 中，利用 SUM()函数在 L2:L19 中求学生的总分。

（2）在 Sheet1 中，使用 REPLACE()函数将所有学生的学号前 2 位数替换成 17。结果存放在 B2:B19 中。

（3）在 Sheet1 中，新学号第 3,4 位代表学生所在班级，例如，“170305”代表 17 级 3 班 5 号。请通过 IF()函数和 MID()函数提取每个学生所在的班级，并按下列对应关系填写在“班级”列中。

学号的第 3, 4 位	对应班级
01	1 班
02	2 班
03	3 班

（4）在 Sheet1 中，用 COUNTIF()函数统计语文成绩大于等于 90 分的人数。将结果放在 O1 单元格中。

（5）在 Sheet1 中，用 ROUND()函数，将政治成绩保留到整数部分，结果存放在 M2:M19 区域。

（6）在 Sheet1 中，用数据库函数 DGET()函数获取英语成绩大于 120 分且历史成绩大于 90 分的学生姓名。条件区域放在 O3 开始的区域，结果存放在 O6 单元格。

（7）在 Sheet1 中，用高级筛选，筛选出数学成绩大于等于 100 分的学生记录，条件区域放在 A21 开始单元格，筛选结果放在 A24 开始单元格。

（8）在 Sheet2 中，根据产品型号，在 G1:H21 表区域中使用 VLOOKUP()函数匹配单价，将结果放在 D2:D21 中，并自选公式计算出销售额，放在 E2:E21 区域中。

（9）在 Sheet2 中，选择 A1:E21 单元格区域内容，建立数据透视表，行标签为产品型号，列标签为产品类别代码，求和计算二季度销售额的总计，将数据透视表放在 Sheet2 中，A23 为起点的单元格区域内。

（10）在 Sheet2 中，使用 SUMIF()函数计算产品类别代码为 A2 的二季度销售总额。结果放在 Sheet2 中 J2 单元格区域。

2. 在学生个人信息工作表中，完成如下操作：

（1）在 Sheet1 中，利用数组公式在 J2:J16 中求学生的总分。

（2）在 Sheet1 中，使用 MID()函数截取身份证号码出生年月，结果存放在 C2:C16 单元格中。

（3）在 Sheet1 中，使用 REPLACE()函数，将身份证号前两位替换为“45”，结果放在 D2:D16 单元格区域中。

（4）在 Sheet1 中，用 COUNTIFS()函数统计计算机专业大学语文成绩大于 90 分的人数，将结果放在 A18 单元格中。

（5）在 Sheet1 中，使用 DGET()函数，获取大学语文成绩大于 95 分且计算机分数小于 60 分的同学姓名，条件区域放在 B19 单元格起始区域，结果存放在 E22 单元格内。

（6）在 Sheet1 中，选取合适函数，根据学生家庭地址把学生家庭地址所在城市名称提取出来，结果存放在 K2:K16 单元格内。

（7）在 Sheet1 中，使用逻辑函数（AND()函数和 IF()函数）判断学生成绩是否为优秀，判断标准：大学语文>90,高数>90，计算机>90。若为优秀，输出“是”；否则，输出“否”。结果放在 L2:L16 中。

（8）在 Sheet2 中，使用 VLOOKUP()函数，根据 I2:J10 单元格区域的图书名称-图书编号表格数据，将图书编号结果匹配到 E3:E18 单元格区域。

（9）在 Sheet2 中，将 A21:G37 单元格区域中的数据，按书店名称分类汇总销量总值。

（10）在 Sheet2 中，根据 A2:G18 数据，创建数据透视表，查看不同书店不同图书的销售总量。行标签为书店名称，列标签为图书名称。创建的数据透视表放在 Sheet3 中，A1 起始的单元格区域。

3. 在课时费情况表中完成以下操作。

小林是北京某师范大学财务处的会计，计算机系计算机基础教研室提交了 2018 年的课程授课情况，希望财务处尽快核算并发放他们室的课时费。请根据“案例 3.xlsx”中的各种情况，帮助小林核算出计算机基础室 2018 年度每个教员的课时费情况。具体要求如下：

（1）将“课时费统计表”标签颜色更改为红色，将第 1 行根据表格情况合并为 1 个单元格，并设置合适的字体、字号，使其成为该工作表的标题。对 A2:I22 区域套用合适的中等深浅的、带标题行的表格格式。前 6 列对齐方式设为居中；其余与数值和金额有关的列，标题为居中，值为右对齐，学时数为整数，金额为货币样式并保留 2 位小数。

（2）“课时费统计表”中的 F 至 I 列中的空白内容必须采用公式的方式计算结果。根据“教师基本信息”工作表和“课时费标准”工作表计算“职称”和“课时标准”列内容，根据“授课信息表”和“课程基本信息”工作表计算“学时数”列内容，最后完成“课时费”列的计算。（提示：建议对“授课信息表”中的数据按姓名排序后增加“学时数”列，并通过 VLOOKUP()查询“课程基本信息”表获得相应的值。）

（3）为“课时费统计表”创建一个数据透视表，保存在新的工作表中。其中报表筛选条件为“年度”，列标签为“教研室”，行标签为“职称”，求和项为“课时费”。并在该透视表下方的 A12:F24 区域内插入一个饼图，显示计算机基础室课时费对职称的分布情况。并将该工作表命名为“数据透视图”，表标签颜色为蓝色。

（4）保存“案例 3.xlsx”文件。

4. 制作公司考勤表，效果如下图所示。

选择年月　2017　年　7　月　　今天是：2018年4月30日【星期一】　　现在时间为：壹拾壹时贰拾陆分壹拾叁秒

某某公司二〇一七年七月份考勤表

部门：　　考勤员：　　主管领导签字：

姓名	星期 日	日 1	一 2	二 3	三 4	四 5	五 6	六 7	日 8	一 9	二 10	三 11	四 12	五 13	六 14	日 15	一 16	二 17	三 18	四 19	五 20	六 21	日 22	一 23	二 24	三 25	四 26	五 27	六 28	日 29	一 30	二 31	正常出勤天数	外地出差天数	市内出差天数	休假天数	事假天数	病假天数	旷工天数	迟到次数	早退次数	中途脱岗次数
	上午																																0									
	下午																																									
	上午																																0									
	下午																																									
	上午																																0									
	下午																																									
	上午																																0									
	下午																																									
	上午																																0									
	下午																																									
	上午																																0									
	下午																																									
	上午																																0									
	下午																																									
	上午																																0									
	下午																																									
	上午																																0									
	下午																																									

√正常出勤，△外地出差，▼市内出差，●休假，○事假，☆病假，◇旷工，※迟到，□早退
◎中途脱岗

某某公司考勤表效果

（1）在 A1 单元格中输入“请选择年月”，在 F1 单元格中输入“年”，在 I1 单元格中输入“月”，并设置合适的字体格式。

（2）选择 B 列到 AG 列，调整至合适宽度；选择 AH 列到 AQ 列，调整至合适宽度。

（3）合并 B1 至 E1 单元格，选择“数据-数据验证”命令，在弹出的“数据验证”对话框的“允许”选项中选择“序列”，在来源中输入“2015,2016,2017,2018”，单击“确定”按钮。合并 G1 至 H1 单元格，单击“数据”选项卡“数据验证”命令，在弹出的“数据验证”对话框中“允许”选项中选择“序列”，在来源中输入“1,2,3,4,5,6,7,8,9,10,11,12”，单击“确定”按钮。

（4）合并 M1 至 Y1 单元格，设置 M1 单元格的格式，并在 M1 单元格中输入“="今天是:"&TEXT(TODAY(),"e 年 m 月 d 日")&"["&TEXT(TODAY(),"aaaa")&"]"”。

（5）合并 AB1 至 AL1 单元格，设置 AB1 单元格的格式，并在 AB1 单元格中输入“="现在时间为: "&TEXT(NOW(),"[dbnum2][$-804]"&"H 时 m 分 s 秒")”。

（6）合并 A3 至 AQ3 单元格，设置 A3 单元格的格式，并在 A3 单元格中输入“="某某公司"&TEXT(DATE($B$1,$G$1,1),"e 年 M 月[DBNUM1]份考勤表")”。注意此时 A3 单元格显示 #NUM!，在 B1 单元格中选择年份，G1 单元格中选择月份，才显示想要的格式。

（7）合并 A5、B5 单元格，并在 A5 单元格中输入“部门: "；合并 O5 至 Q5 单元格，并在 O5 单元格中输入"考勤员:"；合并 AF5 至 AI5 单元格，并在 AF5 单元格中输入“主管领导签字:”，合并 C5 至 I5 单元格，并设置 C5 单元格下边框线；合并 R5 至 Z5 单元格，并设置 R5 单元格下边框线；合并 AJ5 至 AQ5 单元格，并设置 AJ5 单元格下边框线。

（8）合并 A7、A8 单元格，并在 A7 单元格中输入“姓名”。在 B7 单元格中输入“星期”，在 B8 单元格中输入“日”。

（9）在 C8 单元格中输入“=IF(MONTH(DATE($B$1,$G$1,COLUMN(A1)))=$G$1,DATE($B$1,$G$1,COLUMN(A1)),“”)”，并复制到 AG8 单元格。选择并右击 C8:AG8 单元格区域，在弹出的快捷菜单中选择“设置单元格格式”命令，在弹出的对话框中选择“自定义”选项，在“类型”下拉列表中输入“d”。

（10）在 C7 中输入“=TEXT(C8,“AAA”)”，并复制到 AG7 单元格。

（11）选择 C7:AG7 单元格，选择“条件格式”下拉列表中“案例规则”命令，在弹出的“新建格式规则”对话框中选择“使用公式确定要设置格式的单元格”选项，在“为符合此公式的值设置格式”栏中输入“=C$7="六"”，再单击“格式”按钮设置字体格式，单击“确定”按钮。用同样的方式设置“日”字格式。选择 C8:AG8 单元格，同样在“新建格式规则”对话框中选择“使用公式确定要设置格式的单元格”选项，在“为符合此公式的值设置格式”栏中输入“=C$7="六"”，再单击“格式”按钮设置字体格式，单击“确定”按钮。同样的方式设置“日”的字体格式。

（12）在 AS9:AS18 单元格中分别输入“√，△，▼，●，○，☆，◇，※，□，◎”符号。选择 C9:AG26 单元格，单击“数据”选项卡中的“数据验证”命令，在弹出的“数据验证”对话框中允许选项中选择“序列”，在来源中输入选择 AS9:AS18 单元格，在输入信息中输入“√正常出勤，△外地出差，▼市内出差，●休假，○事假，☆病假，◇旷工，※迟到，□早退，◎中途脱岗”，单击“确定”按钮。最后把 AS 列隐藏。

（13）合并 AH9:AH10 单元格，在 AH9 中输入“=(COUNTIF(C9:AG9,"√")+COUNTIF(C10:AG10,"√"))/2”，并复制到 AH25 单元格。其他出勤的统计同理。

（14）美化工作表，完成考勤表的制作。

第 3 章 PowerPoint 2016 高级应用

学习目标

- 以有关马克思主义理论的 PPT 为素材，让学生在学习 PowerPoint 操作的同时，领会马克思主义理论的内涵。
- 以“垃圾分类”主题制作自定义模板，培养学生分析问题的水平和环保意识。
- 了解 PPT 的整体结构和制作步骤。
- 了解 PPT 中文字与图片的类型。
- 掌握 PPT 中文字的选择原则、图片的处理方法。
- 掌握 PPT 中形状的编辑方法，包括编辑顶点、合并形状。
- 了解 PPT 中文字、图片、图文混排的排版原则。
- 熟练掌握 PPT 中文字、图片、图文混排的排版技巧。
- 熟练掌握 PPT 中复杂动画的创建技巧。
- 熟练掌握 PPT 中放映方式的设置。

章节导学

PowerPoint 简称 PPT，是一种用于制作和演示幻灯片的工具软件，也是 Microsoft Office 系列软件的重要成员之一。利用 PowerPoint 做出来的作品叫演示文稿，演示文稿中的每一页叫幻灯片，每张幻灯片都是演示文稿中既相互独立又相互联系的内容。

PowerPoint 作为目前流行的演示文稿制作与播放软件，在教育领域和商业领域都有着广泛的应用，如在公司会议、产品介绍、业务培训、教学课件制作等场合经常可以看到 PPT 的影子。

当然，要做出一个专业的 PPT，并不是一件很容易的事情。本章将重点介绍 PPT 的制作步骤，演示文稿中文字和图片的处理，PowerPoint 中的形状编辑，演示文稿的排版，动画的应用，媒体、放映和输出等内容。

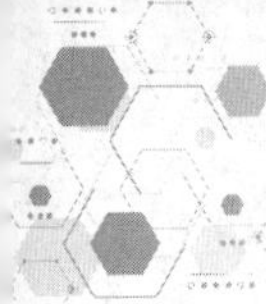

3.1 PPT 制作步骤

3.1.1 整体结构

一般的 PPT 都有封面页、目录页、内容页、最后的结束页，如图 3-1 所示。

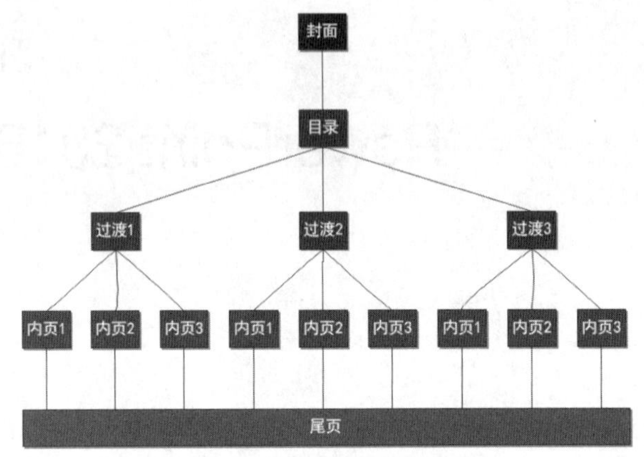

图 3-1 PPT 的整体结构图

① 在封面页有标题，即主题，也就是这个 PPT 讲的什么。

② 目录页主要是起一个提纲挈领的作用，让别人可清晰地知道整个 PPT 的结构内容。

③ 过渡页的作用类似于目录页，它是两个章节的分隔，也可以提醒听众，上一部分结束，开始讲下一部分，这样结构也比较清晰。

④ 内容页就是讲的具体的内容。

⑤ 尾页一般就是表达一下谢意。

图 3-2 为一个 PPT 整体结构具体实例，是一个具体实例的 PPT 所有幻灯片。

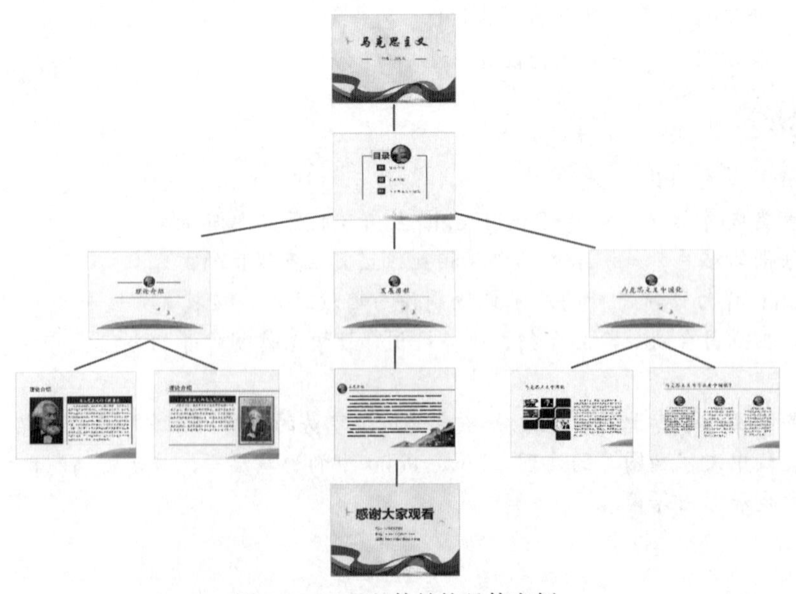

图 3-2 PPT 整体结构具体实例

3.1.2　页面构成

1. 封面

封面是 PPT 给人的第一印象，也是 PPT 制作的重中之重。一般要包括以下几个信息：Logo、主标题、副标题、作者信息，如图 3-3 所示。

图 3-3　封面信息

封面的设计要求简约、大方，突出主标题，弱化副标题和作者。使用的图片内容要尽可能和主题相关，或者接近，避免毫无关联的引用；颜色也尽量和 PPT 整体风格的颜色保持一致。常见的封面类型有全图型、半图型和文字型，如图 3-4 所示。

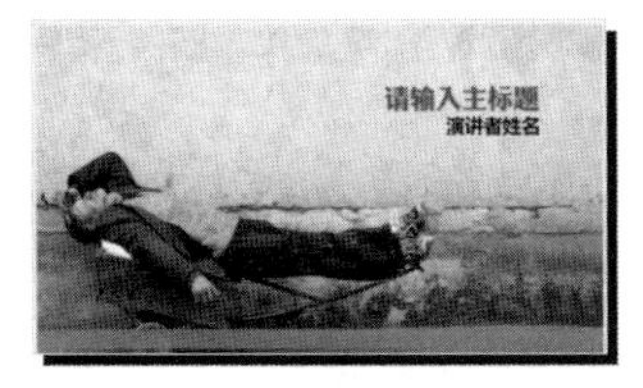

全图型

半图型

文字型

图 3-4　常见封面类型

2. 目录页

目录即课题纲要，其作用是让观众对整个演示文稿的内容有一个全面的了解，所以简洁明了、突出重点即可。一般包括页面标识、目录、页码三部分内容，如图 3-5 所示。

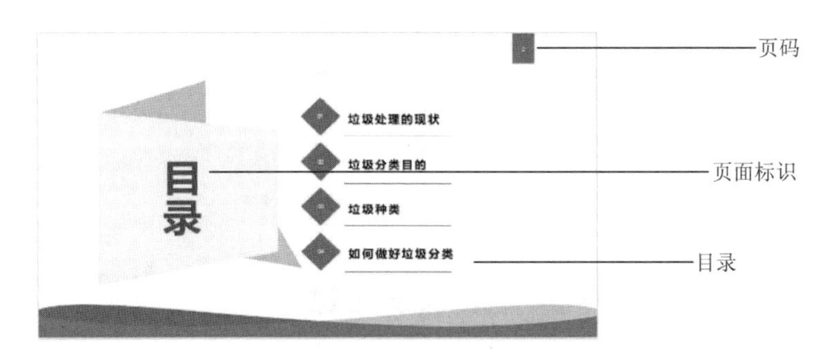

图 3-5　目录页构成图

目录页不太适合夸张的表现手法，要想出彩就必须从细节着手，使用形状是非常不错的选择，如图 3-6 所示。

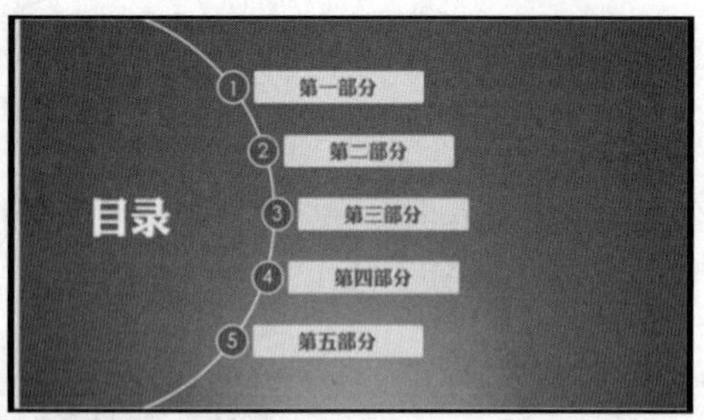

图 3-6 形状目录

目录也可以借助图片一起呈现。但要注意，图片必须与内容契合得当、颜色协调。图片运用得当的目录页更容易让人眼前一亮，如图 3-7 所示。

图 3-7 图片型目录

3．过渡页

PPT 各部分之间可以利用过渡页进行衔接。过渡页的设计有两类：一是直接利用目录页；二是重新设计页面。

直接利用目录页比较简单，也能使观众快速获知演示到了哪里。方法就是利用对比原则，比如放大某个部分、改变对应模块等。如图 3-8 所示，就是在原有目录页的基础上，给对应模块加上背景颜色。

图 3-8 过渡页 1

重新设计的过渡页视觉冲击力更强，有时也可以添加更多的内容。如图 3-9 所示是一个重新设计的过渡页，在章标题的下面添加了该章节包括的内容。

图 3-9　过渡页 2

4. 内容页

一般的内容页包括以下几个部分：章标题、本页标题、本页内容，如图 3-10 所示。当然，有时候可以省略章标题。

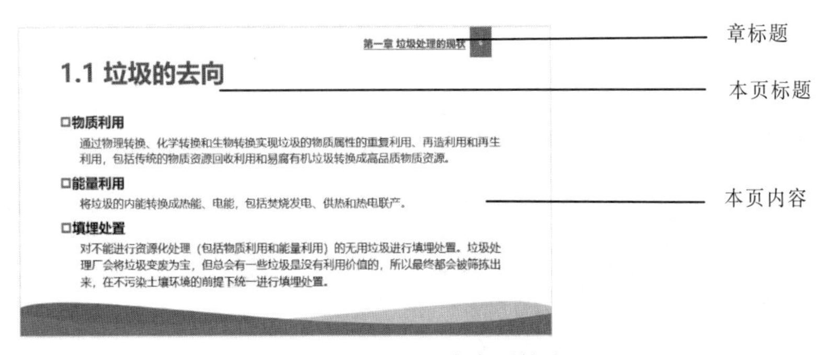

图 3-10　内容页构成

内容页的设计可谓是百花齐放。可以是全图形，或者是全文字，也可以图形结合。具体的排版设计在本章的第 4 节 PPT 的排版中有详细介绍。但是，有一个原则是内容页必须遵守的，即不同的内容页应做到风格和布局上的统一，如图 3-11 所示。

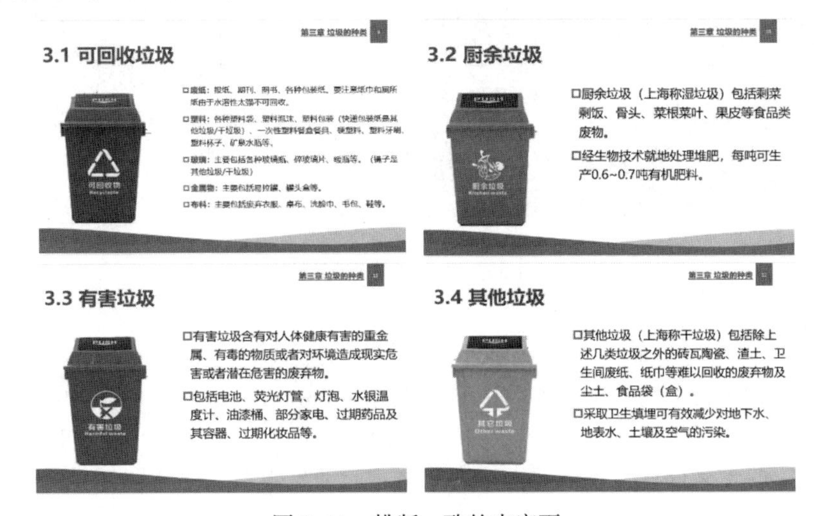

图 3-11　排版一致的内容页

5．尾页

尾页一般都是简单感谢观众，有时候可以加上一些企业信息或者重新提示一下此演讲的主题，或者加上演讲者的姓名等信息。制作时注意与 PPT 的整体风格相呼应，在颜色、字体、布局等方面要和封面保持一致，如图 3–12 所示。更多尾页举例如图 3–13 所示。

图 3–12　尾页

图 3–13　更多尾页举例

3.1.3　制作步骤

在接手一个 PPT 任务时，很多人第一步就是打开 PowerPoint 新建一个 PPT 文件，然后边收集资料边填充内容。这样做往往既烦琐又没有效率。其实，如果能够遵循 PPT 制作的内在规律，按照特定的步骤进行，可以大大提高效率，起到事半功倍的效果。下面对制作步骤进行讲解。

1. 分析用途和受众

分析用途也就是明确目的，要思考“为什么要做这个 PPT”、“这个 PPT 是给别人阅读的，还是给人讲的”。演讲型的 PPT 作用是辅助演讲者进行表达的，所以幻灯片上的字相对来说会比较少，甚至没有。而阅读型的 PPT 作用则是向阅读这份 PPT 的人清晰完整地呈现制作者的想法，由于没有人讲述，所以做这样的 PPT 要求表达完整，也就是说使用的字数比较多。

分析受众要思考“受众是谁”“受众想听（看）什么”“受众怎样才能更多更好地记住 PPT 展示的内容”。制作者应该带着这些问题，去确定要展示的内容、形式、风格等。比如一个公司职员去制作 PPT，如果受众是上司、领导，他们是比较看重结果的，在语言上要尽可能地使用数据来表达自己的能力；如果受众是消费者，他们消费是比较感性的，那么在语言上就要有感染力，给他们讲故事，而不是给他们看一堆数据。

2. 构思框架

在这一步中，可以先把所有内容存到一个文档中，然后在文档上做以下操作：

① 将要放入 PPT 的内容标注。

② 适当总结段落大意。

③ 标明层次关系。

针对以上操作提取的内容，在纸上或者利用思维导图软件画出这些内容的逻辑图，掌握全局框架。有力的框架结构图，可以帮助我们理清讲稿的思路，梳理清楚整个 PPT 的逻辑主线，让受众对展示内容的理解更清晰。

3. 制作模板

一个基本的 PPT 模板需要解决三个问题：

① 文字内容，包括字体、字号、行距、缩进。

② 配色方案。

③ 版式设计。

4. 制作导航页

导航页包括目录页和过渡页，它可以快速将 PPT 模块化。其实在第 2 步构思框架中，基本的导航结构已经确定了。这里要做的就是确定内容呈现的先后顺序以及导航页的表现形式。

5. 制作基本内容页

将大概的内容“放”入 PPT，不强求设计，不丑就行。这就像理发，理发师通常先剪出大致轮廓，然后再一点点微调。如果一开始就精修，则既耗时，又效果不佳。

6. 制作封面和尾页

刚开始学做 PPT 时，很多人容易陷入一个误区：对封面的方案总是不满意，不断地修改，时间耗费很多，最后还是没有一个满意的方案。之后因为时间被耗费在开头，其余内容的质量就大受影响。所以，把封面和尾页的制作放在最后，在行动上就更容易一鼓作气。

7. 精细加工

经过以上几个步骤，一个及格版的 PPT 就已经成形。下面就是进行精细加工。

① 数据图表化。所谓数据图表化，就是将文稿中的有关数据的表述转换为数据图表。因为相比于纯文字的叙述，从数据图表上，可以更直观地看到这些数据的关联、整体变化的趋势。

② 信息可视化。所谓信息可视化，就是将原本枯燥的文字转化成图片或者图标的形式，使内容的表达更加生动和形象。

③ 重点突出化。重点突出化是指重点的内容要在排版上利用技巧表现出来，让受众能在第一时间接收到你所要传达的重点。

④ 展示动态化。展示动态化就是添加动画，让内容呈现更有层次。

8. 检查修改

PPT 完成后要注意以下几点。

① 内容审查：有无错别字，逻辑是否清晰。

② 字体嵌入：保证字体在其他计算机上能正常显示。

③ 兼容性检查：该 PPT 是哪个版本，能否在其他计算机上播放。

④ 备份：将 PPT 文件另存一份保存到云盘或邮箱，以免 U 盘中毒、文件出现问题影响汇报。

3.2 文字与图片

3.2.1 字体类型

按照西方国家的字母体系，字体分为两大类：serif 和 sans serif。serif 是衬线字体，意思是在字的笔画开始和结束的地方有额外的装饰，而且笔画的粗细会有所不同。相反的，sans serif 是非衬线字体，没有额外的修饰，而且笔画的粗细差不多，如图 3-14 所示。

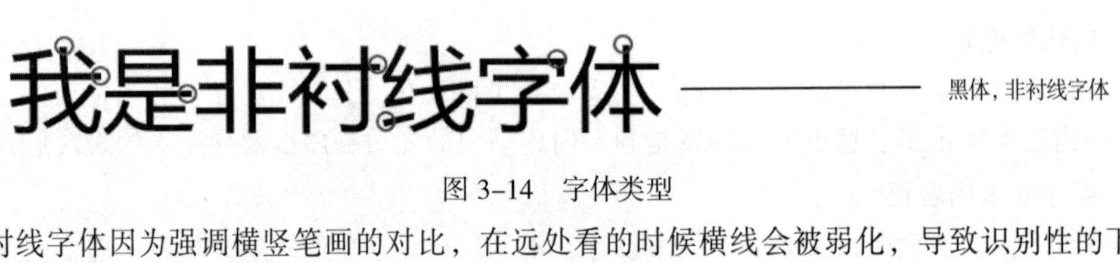

我是衬线字体 —— 宋体，衬线字体

我是非衬线字体 —— 黑体，非衬线字体

图 3-14 字体类型

衬线字体因为强调横竖笔画的对比，在远处看的时候横线会被弱化，导致识别性的下降。非衬线字体因为笔画的粗细差不多，故而不会出现这样的弱化效果。不同字体类型视觉效果如图 3-15 所示。

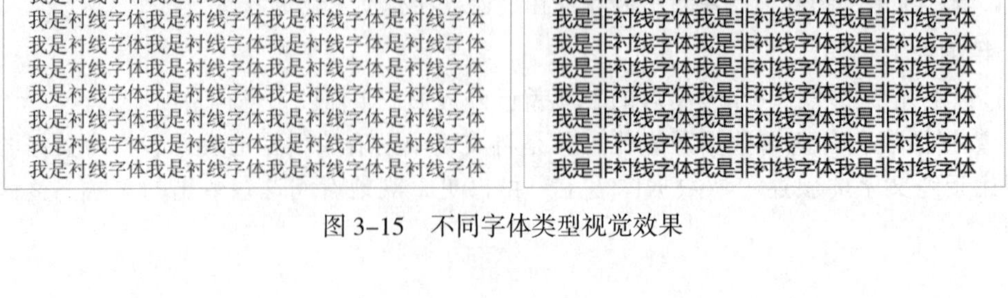

我是衬线字体我是衬线字体我是衬线字体是衬线字体	我是非衬线字体我是非衬线字体我是非衬线字体
我是衬线字体我是衬线字体我是衬线字体是衬线字体	我是非衬线字体我是非衬线字体我是非衬线字体
我是衬线字体我是衬线字体我是衬线字体是衬线字体	我是非衬线字体我是非衬线字体我是非衬线字体
我是衬线字体我是衬线字体我是衬线字体是衬线字体	我是非衬线字体我是非衬线字体我是非衬线字体
我是衬线字体我是衬线字体我是衬线字体是衬线字体	我是非衬线字体我是非衬线字体我是非衬线字体
我是衬线字体我是衬线字体我是衬线字体是衬线字体	我是非衬线字体我是非衬线字体我是非衬线字体
我是衬线字体我是衬线字体我是衬线字体是衬线字体	我是非衬线字体我是非衬线字体我是非衬线字体
我是衬线字体我是衬线字体我是衬线字体是衬线字体	我是非衬线字体我是非衬线字体我是非衬线字体
我是衬线字体我是衬线字体我是衬线字体是衬线字体	我是非衬线字体我是非衬线字体我是非衬线字体
我是衬线字体我是衬线字体我是衬线字体是衬线字体	我是非衬线字体我是非衬线字体我是非衬线字体
我是衬线字体我是衬线字体我是衬线字体是衬线字体	我是非衬线字体我是非衬线字体我是非衬线字体

图 3-15 不同字体类型视觉效果

同一字号下，衬线字体看起来比非衬线字体更小，没有非衬线字体那么有视觉冲击力。所以，在 PPT 中，大量使用的是非衬线字体。图 3–16 所示为不同字体类型同一字号大小比较。

18　我是衬线字体　我是非衬线字体
20　我是衬线字体　我是非衬线字体
24　我是衬线字体　我是非衬线字体
28　我是衬线字体　我是非衬线字体
32　我是衬线字体　我是非衬线字体
36　我是衬线字体　我是非衬线字体

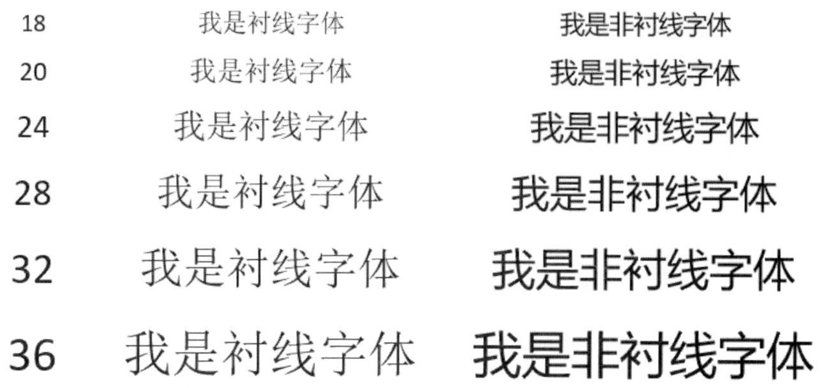

图 3–16　不同字体类型同一字号大小比较

3.2.2　字体选择

基于不同字体类型的特点，可以得出结论：在 PPT 中正文一般使用非衬线字体，而标题可以选择衬线字体，也可以选择非衬线字体。那么，实际情况中，标题和正文到底该选择何种字体比较好呢？其实，在实际应用中，要根据使用情境，针对具体情况选择合适的字体进行搭配。

1．PPT 中文字体的选择

字体搭配要分场合。一般来说场合有严肃和轻松之分。下面分场合推荐几种具体的字体搭配方案。

严肃场合的特点是严肃、严谨，比如政府会议、学术研讨、论文答辩等，这种场合的字体不能太花哨。正式场合中文字体方案如表 3–1 所示。图 3–17 所示为正式场合字体搭配举例。

表 3-1　正式场合中文字体方案

字体方案（标题+正文）	特　点
微软雅黑+微软雅黑	严肃场合首推微软雅黑 易读性：每台计算机都有 实用性：简洁大方，加粗后仍然好看
黑体+微软雅黑	黑体做标题，简单大方，配上微软雅黑可以给观众的视觉上带来变化
方正粗宋简体+微软雅黑	方正粗宋简体比宋体更圆润，做标题既有宋体的严肃，又能起到醒目强调作用
方正综艺简体+微软雅黑	方正综艺简体属于无衬线字体，比微软雅黑更粗，更富于变化，比较适合现代化场合
华康俪金黑+微软雅黑	华康俪金黑比较饱满、华丽，适合庄重大气的场合

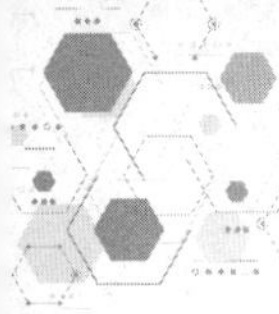

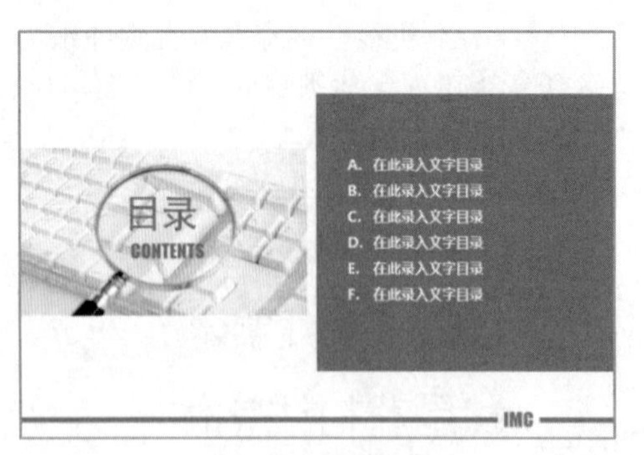

黑体+微软雅黑

方正粗宋简体+微软雅黑

方正综艺简体+微软雅黑

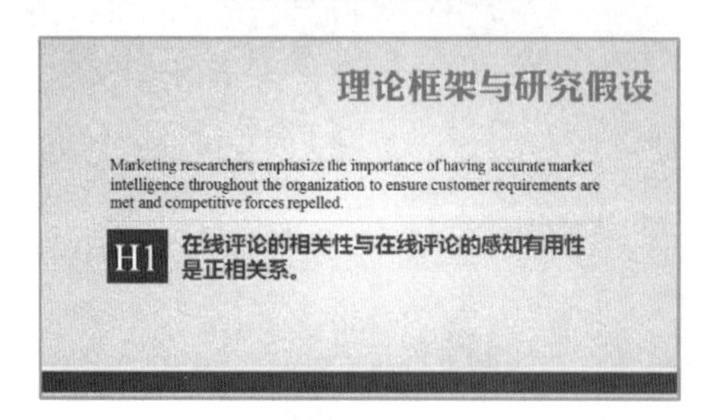

华康俪金黑+微软雅黑

图 3-17　正式场合字体搭配举例

轻松场合的特点是灵活，比如班级活动、课程游戏、招新串场等，这种场合的字体可以花哨一点，形式可以多样化。非正式场合中文字体方案如表 3-2 所示。图 3-18 所示为轻松场合字体举例。

表 3-2　非正式场合中文字体方案

字 体 方 案	特　点
方正北魏楷书简体	该字体有衬线，但识别度也高 方正、稳重，棱角分明 也可用于严肃场合
方正静蕾简体	清冽，优雅 适合回顾性的 PPT
康熙字典体	庄重典雅，可辨识度高 适合中国风的 PPT
叶根友疾风草书	狂放奔逸，洒脱，辨识度不高 不易过多使用，可用于封面或封底
文鼎习字体	自动生成田字格，有古风 不适合大面积使用
方正稚艺简体	童真可爱 适合给小朋友看的 PPT

方正北魏楷书简体[1]

文鼎习字体[2]

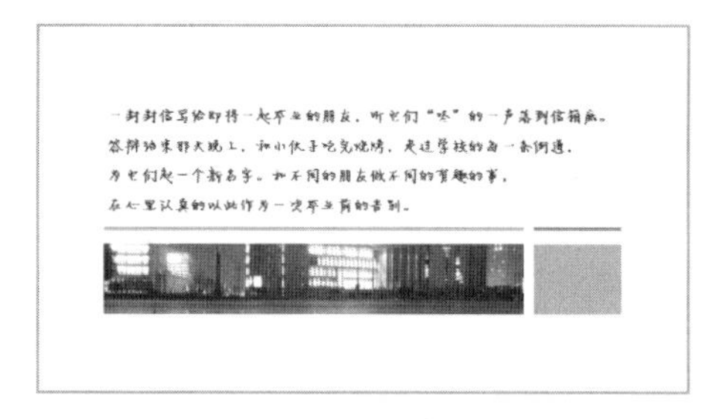

方正静蕾简体

叶根友疾风草书

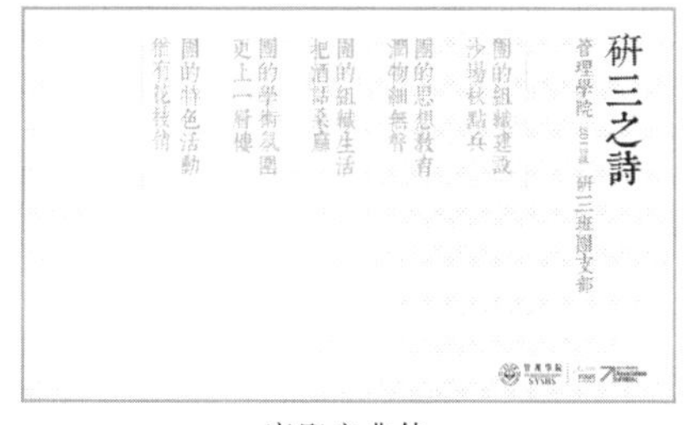

康熙字典体

方正稚艺简体

图 3-18　轻松场合字体举例

2. PPT 英文字体的选择

很多 PPT 也要用到英文字母，中文字体往往对英文字母的支持并不好，而很多人为了图方便，直接用中文字体来表达英文字母，效果就很差。表 3-3 所示为对英文字体的特点，说明及举例。

表 3-3　英文字体方案

字　体	特　点	举　　例
宋体	无论是否加粗，宋体显示英文都很难看	PowerPoint　**PowerPoint**
黑体	跟宋体一样，难看	PowerPoint　PowerPoint
微软雅黑	不管中文还是英文，都合适	PowerPoint　**PowerPoint**
Times New Roman	大段英文，小字号适合用	Microsoft PowerPoint Viewer lets you view full-featured presentations created in PowerPoint 97 and later versions.

①② 图片引自《PPT 炼成记高效能 PPT 达人的 10 堂必修课》

续表

字　体	特　点	举　例
Arial	大段英文适合	Microsoft PowerPoint Viewer lets you view full-featured presentations created in PowerPoint 97 and later versions.
Arial Black	与 Arial 结合，形成鲜明又不冲突的对比，常用来强调重点	**Microsoft PowerPoint** Viewer lets you view full-featured presentations created in PowerPoint 97 and later versions.
Tahoma	圆润，让人感觉亲切，可以调和现场气氛	Microsoft PowerPoint Viewer lets you view full-featured presentations created in PowerPoint 97 and later versions.
Segoe UI Light	纤细，清新自然，设计感强	Microsoft PowerPoint Viewer lets you view full-featured presentations created in PowerPoint 97 and later versions.
Stencil	适合修饰大标题	**MICROSOFT POWERPOINT**
Impact	适合修饰大标题	**Microsoft PowerPoint**

3．PPT 数字字体的选择

PPT 的正文、表格或图表中会大量用到数字，这些数字的特点是字体显小。希望数字被清晰阅读的话，推荐优先使用英文 Arial 字体。在同等字号情况下，Arial 字体可以兼顾清晰度和美观度，而且能被不同系统的计算机兼容。数字字体对比如表 3-4 所示。

如果没有太特别的要求，为了简便，统一使用“微软雅黑”字体也是可行的选择。

表 3-4　数字字体对比

指　标	公司 A	公司 B	公司 C	公司 D	公司 E
指标 1	85．3	57.6	80.7	60.3	70.6
指标 2	55.2	39.4	55.5	40.5	35.2
指标 3	43.1	51.2	42.9	50.8	43.8
各列所用字体	宋体	黑体	Times New Roman	Arial	微软雅黑

在 PPT 中，数字的另外一种作用是强调和美化。需要注意，数字字体往往要刻意加大字号、加粗，配合内外阴影效果才能出彩。

4．防止字体丢失

（1）安装字体

防止字体丢失最好的方法就是在要使用的计算机上安装字体。一般情况下，只需要双击字体文件，然后单击“安装”按钮就可以完成字体的安装。重新启动 PowerPoint，就可以看到新安装的字体了。在有些系统则只需要将字体复制到 C:\Windows\Fonts 中即可。

（2）嵌入字体

有些字体在他人计算机上没有安装，如果不嵌入到 PPT 中，那么很可能在他人计算机上显示出错。所以 PPT 完成后，嵌入字体很重要。方法是：打开“文件”选项卡中的“选项”命令，弹出“PowerPoint 选项”对话框，然后选择“保存”选项，再勾选“将字体嵌入文件”复选框。

（3）转存图片

不是所有的字体都可以打包进 PPT，有时候会发现系统提示某些字体无法保存。这是因为许多字体制作商对自己的字体进行了许可限制。这时候，可以将相应的文字选中，直接复制后

“粘贴为图片”，然后删除原来的文字即可。

该方法的缺点就是文字保存为图片后就无法编辑了，所以只适合最终版本的 PPT 文档。

3.2.3　图片类型

在一个 PPT 中，图片比文字能够产生更大的视觉冲击力，也能够使页面更加简洁美观。不同图片形式的介绍如表 3-5 所示。图 3-19 所示为各种图片形式举例。

表 3-5　不同图片形式的介绍

图片形式	简介	优点	缺点
照片	通过摄影而获得，记录最原始的生活画面	易获取，冲击力强，内容丰富	易喧宾夺主
剪影	将人脸、人体或其他物体的轮廓表现出来的图片形式	衬托效果好，又不会过分吸引观众注意	多次使用显得单调 资源不多，很难找到合适的配图
图标	具有指代意义的图形符号	高度浓缩，快捷传递信息，便于记忆	比较小，视觉冲击力不强，只能起辅助作用
简笔画	通过提取客观形象最典型、最突出的主要特点，以平面化、程式化的形式和简洁大方的笔法表现出事物特征	简单清晰 轻松活泼 创作简单	不大气 正式场合不适用
3D 小人	将人物 3D 化、简洁化而形成的一种图片形式，多表现团队合作、绩效提升等商务主题	资源丰富 即拿即用	大都限于商务主题 小人面无表情，看多了略显呆板
2D 小人	通过将人物扁平化而形成的一种图片格式	简单清爽 制作方法简单	面无表情，看多了显得呆板
剪贴画	Office 自带的 WMF 矢量图形	获取容易	大部分比较“土”

图 3-19　各种图片形式举例

3.2.4 图片处理

在幻灯片的制作过程中，图片的处理不一定要依靠 Photoshop 等专门的图像处理软件，PowerPoint 2016 为设计者提供了一些图像处理技术。

1. 图片裁剪

在 PPT 制作中，经常根据需要，要求把图片裁剪成不一样的尺寸大小和形状。选中 PPT 中的任意一张图片，即可发现功能区中多了一个“图片工具/格式”选项卡。

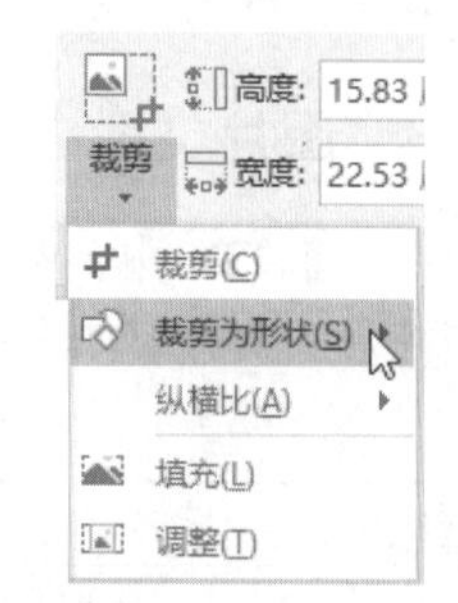

图 3-20 “裁剪”下拉列表

选中图 3-20 所示的“裁剪”下拉列表中的“裁剪”，通过拖动裁剪柄裁剪出想要的内容。如图 3-21 所示，通过裁剪功能去除了图片中多余的内容，并在裁剪过程中通过拖动图片四周的圆形控制点调整了图片大小，使得图片主体得以突出。

提示

在“裁剪”状态，拖动黑色粗线即裁剪柄可以改变裁剪大小，拖动圆形控制点可以改变图片大小，当指针变成十字箭头时，可以改变图片位置。

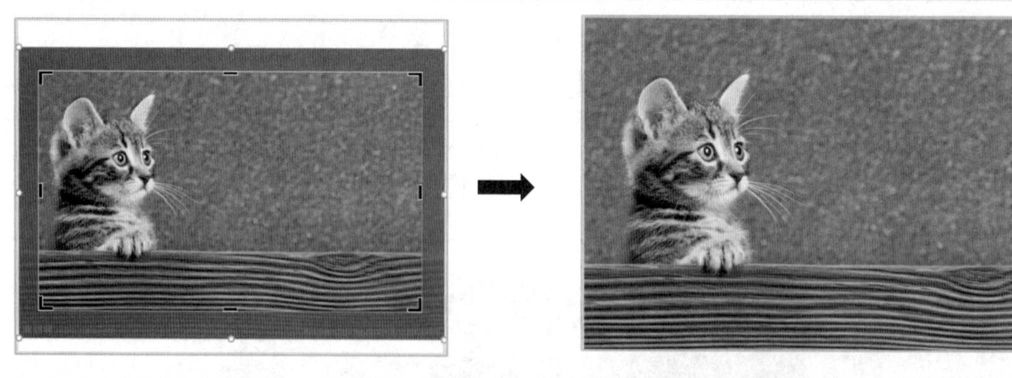

图 3-21 裁剪效果

选择图 3-20 中的“裁剪为形状”选项，然后根据需要选择相应的形状，可以把图片裁剪成指定的形状。如图 3-22 所示，选择心形把图片裁剪成了心形的样子。

图 3-22 裁剪为形状效果图

右击图片，选择“设置图片格式”→“裁剪”命令，可以对图片位置和裁剪位置进行微调，如图 3-23 所示。

2. 图片压缩

在使用 PowerPoint 过程中，如果插入了很多图片，导致 PPT 整体文件很大，这时就可以使用图片压缩功能。

选中图片，单击“图片工具/格式”→“调整”→“压缩图片”命令，就可对图片进行压缩设置。如图 3-24 所示，在弹出的“压缩图片”对话框中，如果勾选了“仅应用于此图片”，则只压缩选中的图片，否则，压缩整个文件中的所有图片。还可以在“分辨率”中，对图片压缩后的分辨率进行设置。

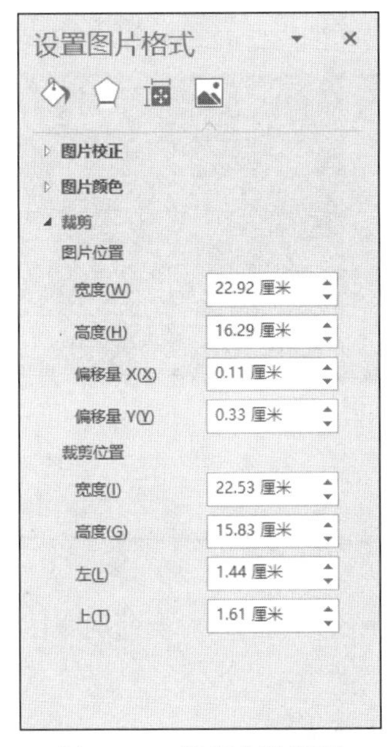

图 3-23　裁剪参数设置

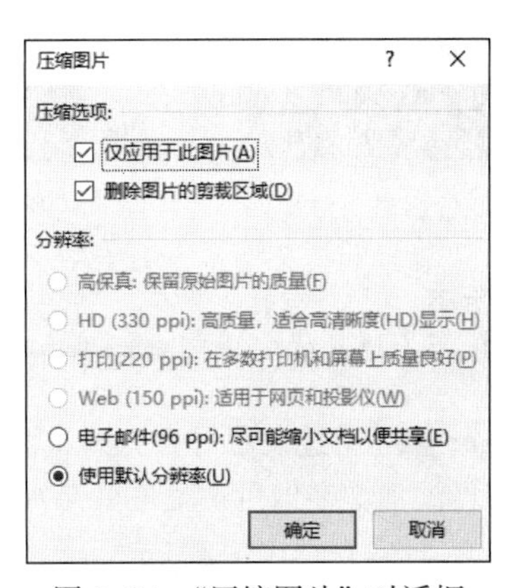

图 3-24　“压缩图片”对话框

提示

PowerPoint 对图片的压缩是不可逆的，即损坏了图片原有的分辨率。

3. 图片校正

利用 PowerPoint 可以对图片的亮度、对比度、清晰度等基本参数进行修正，如图 3-25 所示。只要知道图片是哪个参数出了问题，就可以将其调节回正常状态。

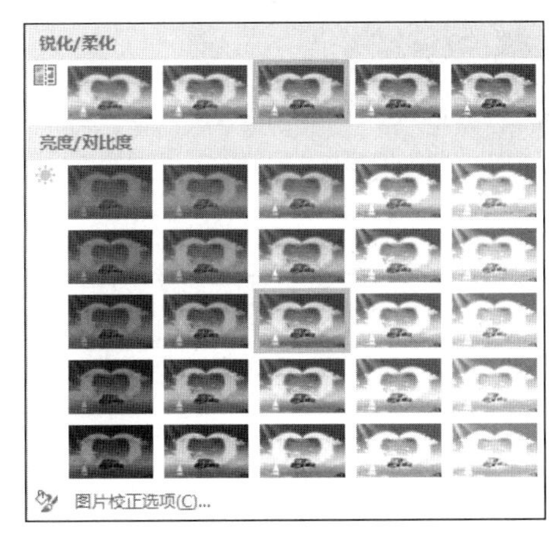

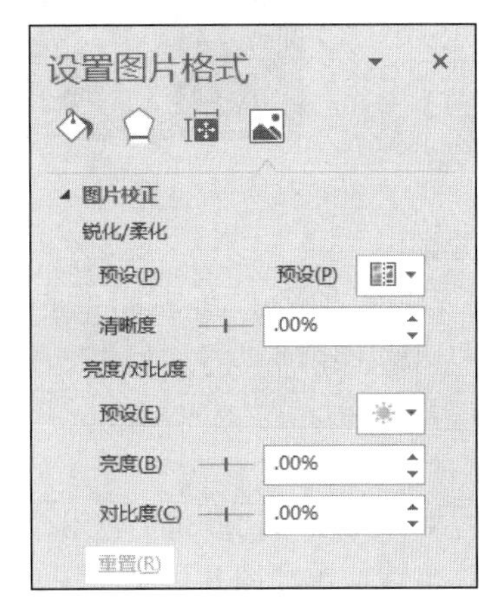

图 3-25　图片校正设置

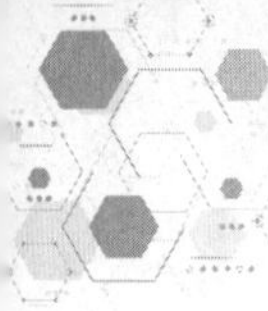

4. 调整颜色

选中图片，选择“图片工具/格式”→“调整”→“颜色”就可对图片进行重新着色。重新着色可以让图片呈现单一颜色（或原色减弱），这可以很好地减弱艳丽图片的视觉冲击力，从而有利于文字的表现。

下面通过重新着色，让一张照片呈现3种颜色。

Step 01：打开素材“重新着色.pptx”，复制3张图片，并分别重新着色，如图3–26所示。

图3–26　重新着成3种颜色

提示

在“其他变体”中可以对图片的着色进行更多颜色选择。

Step 02：通过设置对齐方式，将重新着色后的三张图片重叠在一起。对上面两张图片进行裁剪，再添加文字即可。最终效果如图3–27所示。

图3–27　“三色图片”最终效果

5. 艺术效果

“艺术效果”有点类似Photoshop的滤镜，可以实现图像的各种特殊效果。单击“图片工具/格式”→“调整”中的“艺术效果”，即可看到预览效果，如图3–28所示。

Step 01：打开素材“艺术效果.pptx”，复制一张图片，并与原图对齐重叠在一起。然后裁剪出需要突出的部分。

Step 02：对原图使用“虚化”艺术效果。

Step 03：将裁剪出的图片应用“图片样式”中的“简单框架白色”，最终效果如图3–29所示。

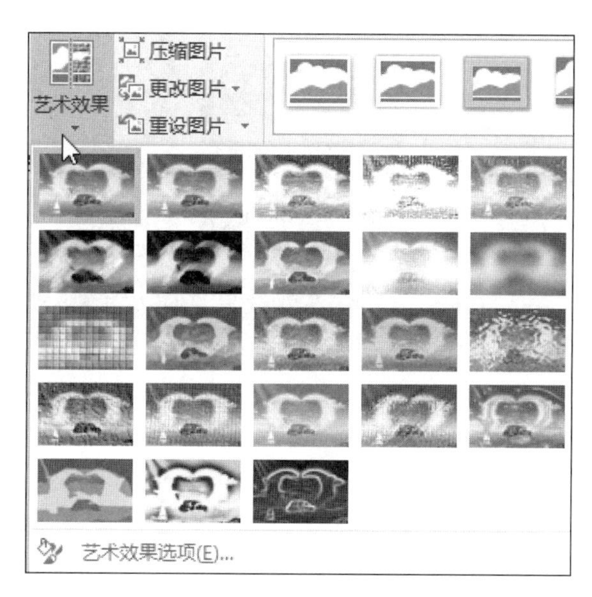

图 3-28　艺术效果

6. 删除背景

利用删除背景工具可以快速而精确地删除背景，无须在对象上进行精确描绘就可以智能地识别出需要删除的背景。

打开素材“删除背景.pptx”，单击“图片工具/格式”→“调整”→“删除背景”，会出现图 3-30 所示的“背景消除”选项卡。

图 3-29　“画中画”效果

图 3-30　“背景消除”选项卡

这时删除背景工具已自动进行了选择，如图 3-31（b）所示。洋红色部分为要删除的部分，原色部分为要保留的部分。通过拖动控制柄可以改变要保留部分的选择范围，如图 3-31（c）所示。

通过单击“背景消除”选项卡“优化”选项组中的“标记要保留的区域”（或“标记要删除的区域”）按钮，添加保留（或删除）标记（带圆圈的加号或减号）可以增加（或删除）保留区域，如图 3-31（d）所示。

最后单击“背景消除”选项卡“关闭”选项组中的“保留更改”按钮完成背景删除。最终效果如图 3-31（e）所示。

图 3-31　删除背景过程

3.3 形　　状

3.3.1 插入形状

单击“插入”选项卡“插图”选项组中的“形状”按钮，单击所需形状，接着单击工作区的任意位置并拖动，就可以绘制出所选择的形状。若要创建规范的正方形或圆形（或限制其他形状的尺寸），在拖动的同时要按住【Shift】键。利用任意多边形或者自由曲线可以绘制不规则的任意形状。

Step 01：单击“插入”选项卡“图像”选项组中的“图片”按钮，将素材“头像.jpg”插入到幻灯片中。

Step 02：选择“插入”选项卡“插图”选项组中的“形状”按钮，单击“任意多边形：自由曲线”，沿着图片中人物头像的轮廓描绘出一个闭合的空间，可以得到图 3-32 所示的形状。

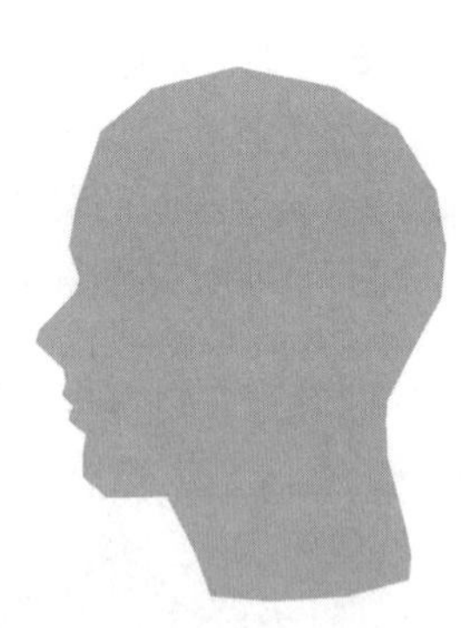

图 3-32　任意形状

3.3.2 编辑形状

1. 顶点类型

选中形状，单击“绘图工具/格式”选项卡“编辑形状”→“编辑顶点”，或者右击后选择快捷菜单中的“编辑顶点”，可以看到对象四周会出现一个红色的线，这个即为路径。在编辑顶点状态，单击某个点，可以看到如图 3-33 所示，顶点由三部分构成：A 为顶点，B 为顶点方向线，C 为方向控制点。

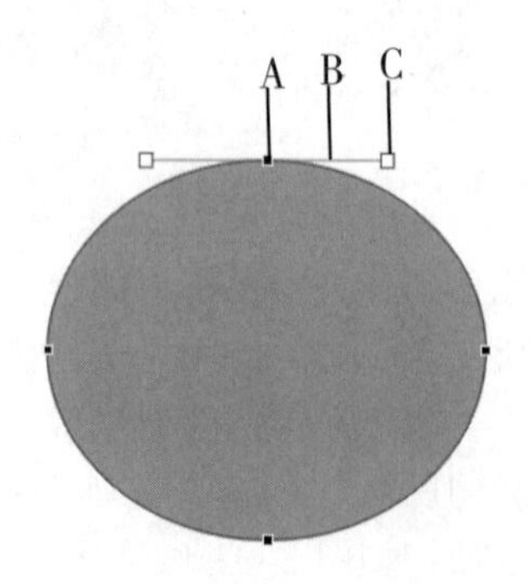

图 3-33　顶点构成

形状的顶点有 3 种类型：平滑顶点、直线点和角部顶点。如图 3-34 所示，A 为平滑顶点，顶点方向线水平、必须等长；B 为直线点，顶点方向线水平，可以不等长；C 为角部顶点，顶点方向线可以不水平、不等长。

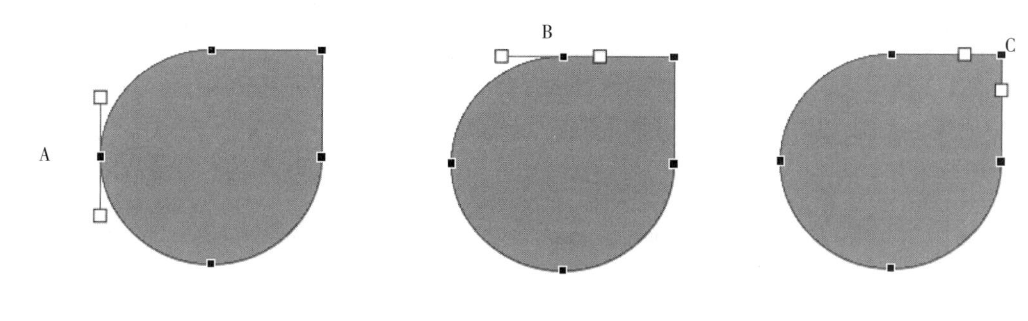

图 3-34　顶点类型

平滑顶点、直线点和角部顶点之间可以互相转换。选中顶点，右击，在弹出的快捷菜单中可以选择将顶点变为其他类型。

提示

按住【Shift】的同时，拖动方向控制点，顶点转变为平滑顶点；按住【Ctrl】键的同时，拖动方向控制点，顶点变为直线点；按住【Alt】键的同时，拖动方向控制点，顶点变为角部顶点。

2. 添加、删除顶点

将指针移动到路径要添加顶点的位置，这个时候指针会变成图 3-35 所示的形状，这个时候按住鼠标左键不动向外拖动时，会自动生成一个顶点，如图 3-36 所示。

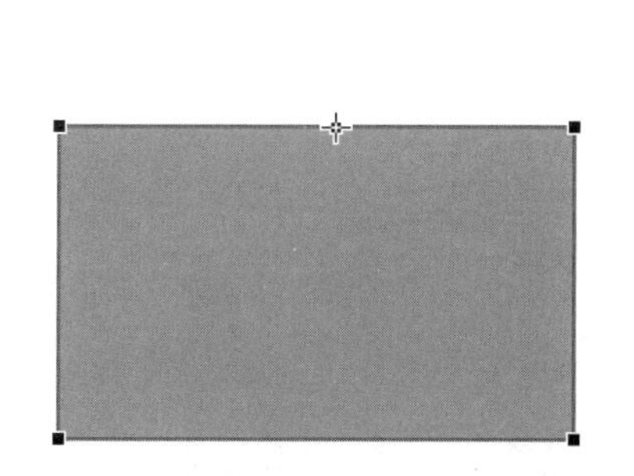

图 3-35　添加顶点指针样式

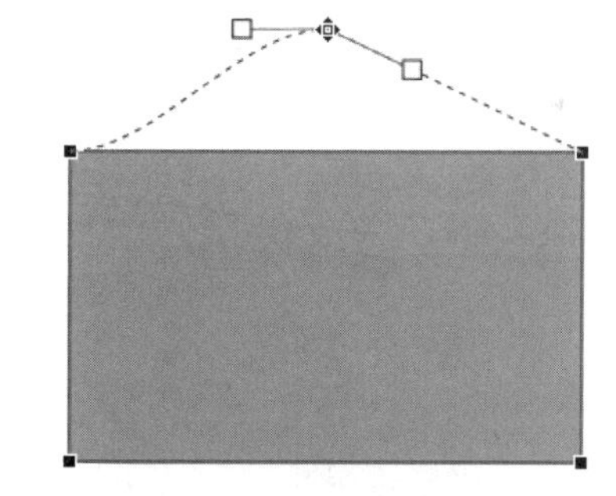

图 3-36　拖动添加顶点

也可以将指针移动到要添加顶点的位置，右击，在弹出的快捷菜单中选择“添加顶点”。

如果要删除顶点，可以将指针移到顶点的位置，右击，在弹出的快捷菜单中选择“删除顶点”。

提示

按住【Ctrl】键的同时单击要添加顶点的位置可以添加顶点；而将指针移动到顶点后，按住【Ctrl】键不动，这个时候指针会变成一个叉的形状，单击就可以删除这个顶点了。

3. 调整顶点

把指针移到顶点的方向点位置，并按住鼠标左键移动，通过转动顶点方向线，可以改变线条的弯曲方向，如图 3-37 所示。

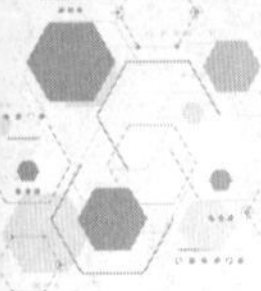

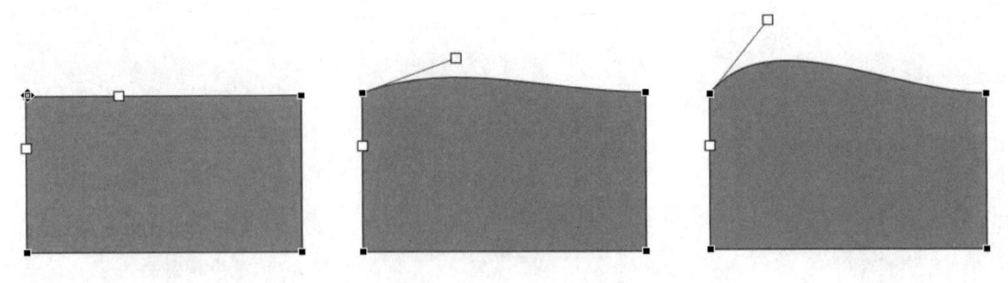

图 3-37　改变弯曲方向

把指针移到顶点的方向点位置，并按住鼠标左键移动，通过改变顶点方向线的长度，可以改变线条在该方向的弯曲度，如图 3-38 所示。

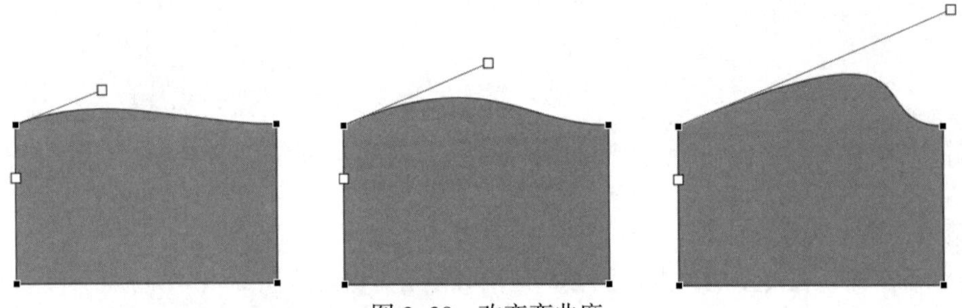

图 3-38　改变弯曲度

当控制该曲线段的两个方向线在同一侧时，得到的是一条 C 型的曲线，如图 3-39 所示；当控制该曲线段的两个方向线在不同的两侧时，得到的是一条 S 型的曲线，如图 3-40 所示。

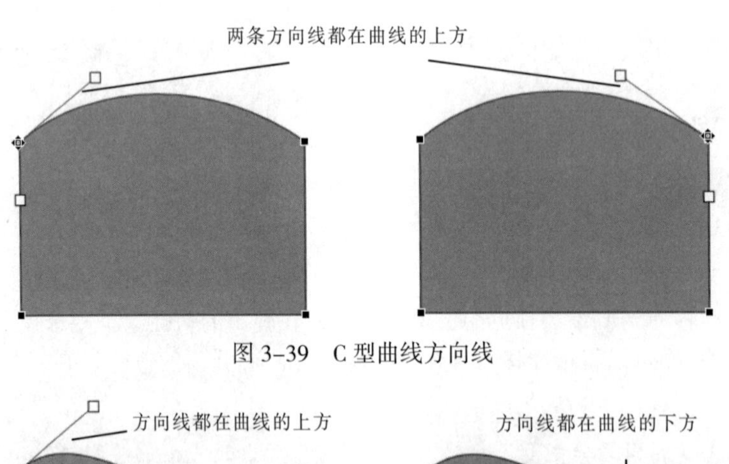

图 3-39　C 型曲线方向线

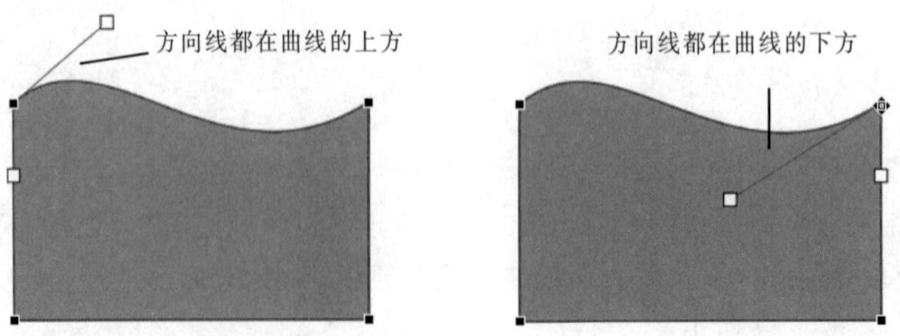

图 3-40　S 型曲线方向线

3.3.3　合并形状

单击“绘图工具/格式”→“插入形状”→“合并形状”，其下拉列表如图 3-41 所示，可以将现有形状进行布尔运算，从而得到新的形状。

图 3-41　合并形状按钮

1. 联合

联合是将多个形状合并成一个新的形状。如图 3-42 所示，先插入几个圆形，然后选择所有圆形并单击“联合”，可以得到一个花朵形状。

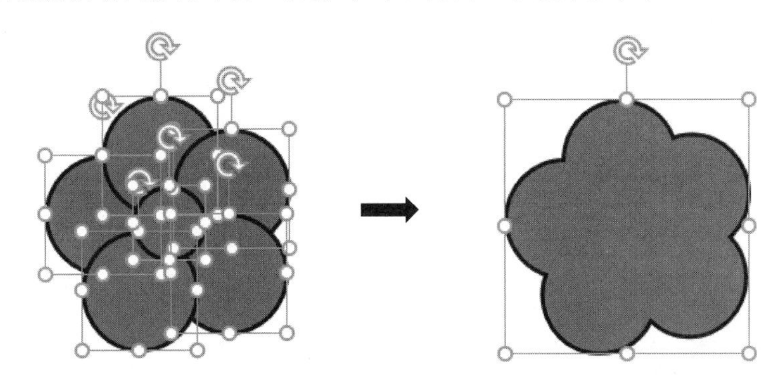

图 3-42　联合形状

2. 组合

形状组合和形状联合类似，不同的是形状重合部分会被镂空，如图 3-43 所示。

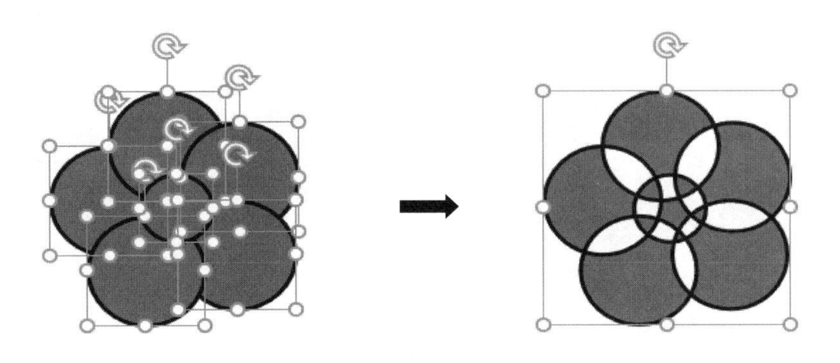

图 3-43　组合形状

3. 拆分

拆分是将多个形状进行拆分，重合部分会变为独立的形状。

Step 01：插入一个心形，并设置心形形状的填充颜色为红色，轮廓为无，如图 3-44（a）所示。

Step 02：插入任意多边形，如图 3-44（b）所示。

Step 03：同时选中心形与任意多边形（可以按住【Ctrl】键，进行多选，注意要先选心形再选多边形），单击“绘图工具/格式”→“插入形状”→“合并形状”→“拆分”，将形状拆分。

Step 04：拆分完后，将多余部分选中，按【Delete】键删掉，然后将心形挪动位置，得到

图 3-44（c）所示的心碎形状。

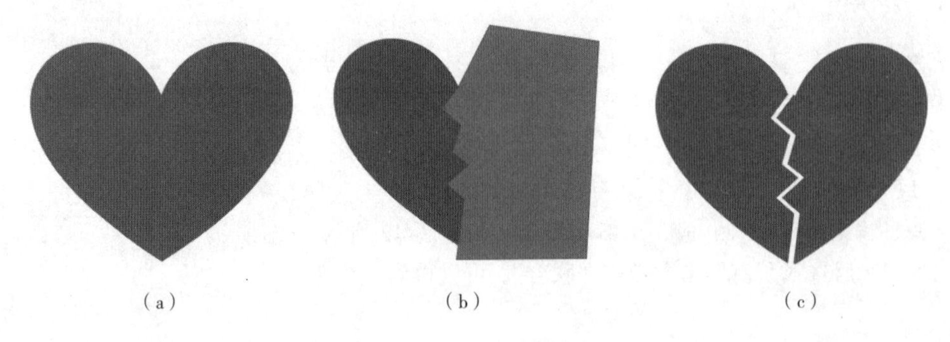

（a）　　（b）　　（c）

图 3-44　心碎形状绘制过程

4. 相交

相交只会保留形状之间重合的部分。

Step 01：插入一个 16 角星形，并设置形状的填充颜色为红色，轮廓为无，如图 3-45（a）所示。

Step 02：插入一个圆形，注意圆形大小不能超过 16 角星尖处，如图 3-45（b）所示。

Step 03：同时选中 16 角星与圆形（可以按住【Ctrl】键进行多选，注意要先选 16 角星再选圆形），单击"绘图工具/格式"→"插入形状"→"合并形状"→"相交"，得到图 3-45（c）所示的形状。

Step 04：添加一个白色的圆形，并设置与前一步骤所得到的形状水平和垂直方向都居中对齐，最终得到图 3-45（d）所示的齿轮图形。

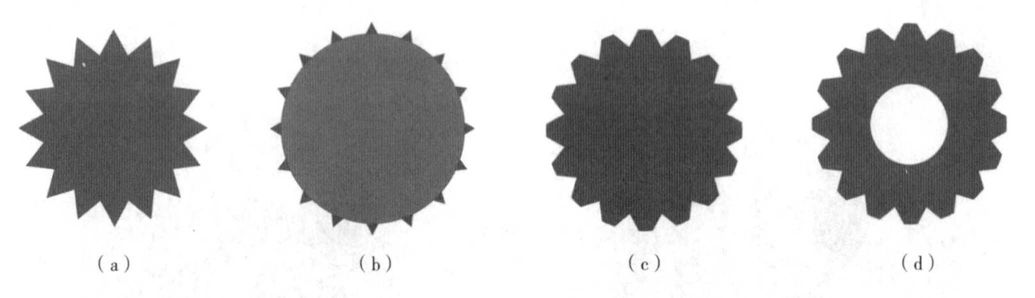

（a）　　（b）　　（c）　　（d）

图 3-45　齿轮绘制过程

5. 剪除

用第一个选中的形状减去与其他选中形状的重合部分，通常用来做镂空图形。下面我们通过剪除来制作"禁烟标志"。

Step 01：插入一个黑色矩形，再插入两个其他颜色的小矩形，如图 3-46（a）所示。

Step 02：选中黑色矩形，按住【Shift】键，同时选中左边的蓝色小矩形，单击"绘图工具/格式"→"插入形状"→"合并形状"→"剪除"，得到图 3-46（b）所示结果。再次选中黑色矩形后，按住【Shift】键，同时选中右边的蓝色小矩形，单击"绘图工具/格式"→"合并形状"→"剪除"，得到图 3-46（c）所示的结果。

Step 03：插入一个红色圆形、蓝色圆形、绿色矩形。适当调整 3 个形状的大小、位置，使得三者水平和垂直方向都居中对齐，得到如图 3-47 所示的结果。

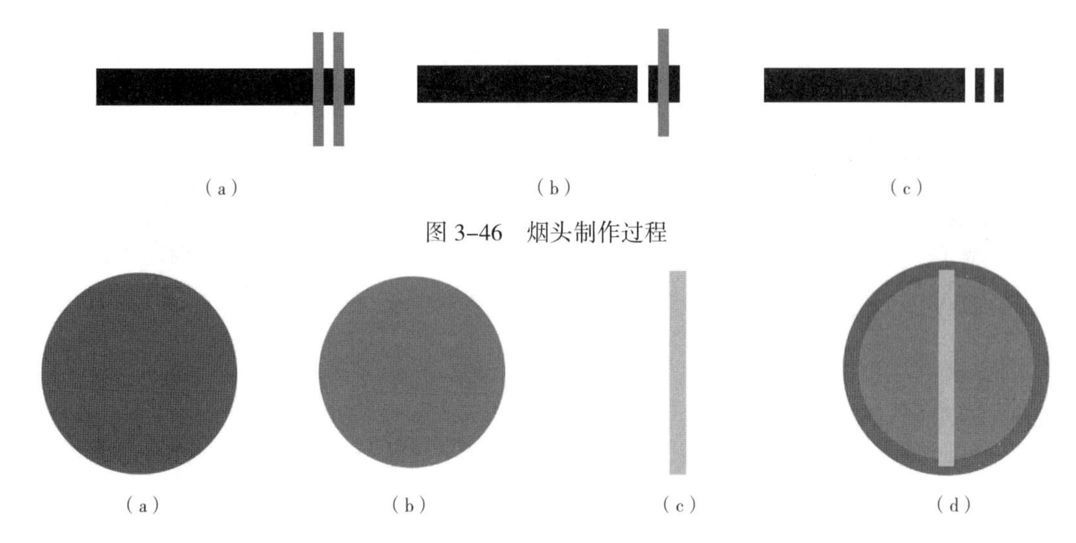

图 3-46　烟头制作过程

图 3-47　禁止符号制作过程—插入形状

Step 04：选中蓝色小圆，按住【Shift】键，同时选中绿色矩形，单击“绘图工具/格式”→“插入形状”→“合并形状”→“剪除”，得到图 3-48（a）所示结果。选中红色圆形，按住【Shift】键，同时选中两个蓝色半圆形，单击“绘图工具/格式”→“插入形状”→“合并形状”→“剪除”，得到如图 3-48（b）所示结果。

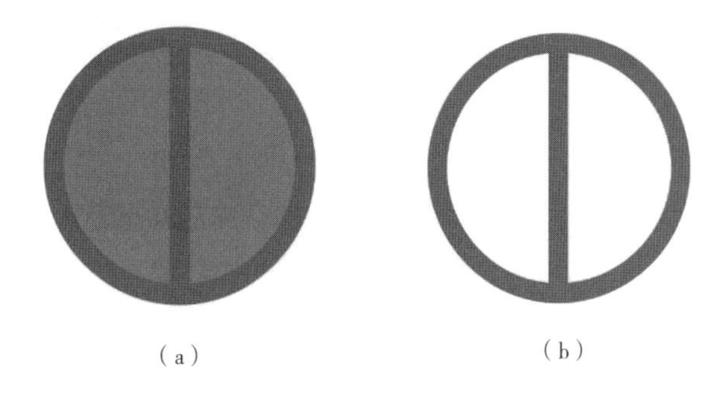

图 3-48　禁止符号制作过程_裁剪结果

Step 05：改变烟头和禁止符号的大小和位置，并插入两条黑色曲线，得到图 3-49 所示的禁止吸烟的标志效果。

图 3-49　“禁止吸烟”标志效果

合并形状的功能同样可以适用于文字和图片。例如，利用绘制“心碎”形状的方法，可以制作图 3-50 所示的文字效果；将文字和图片进行“相交”可以制作图 3-51 所示的文字图片效果。

图 3-50　文字拆分效果

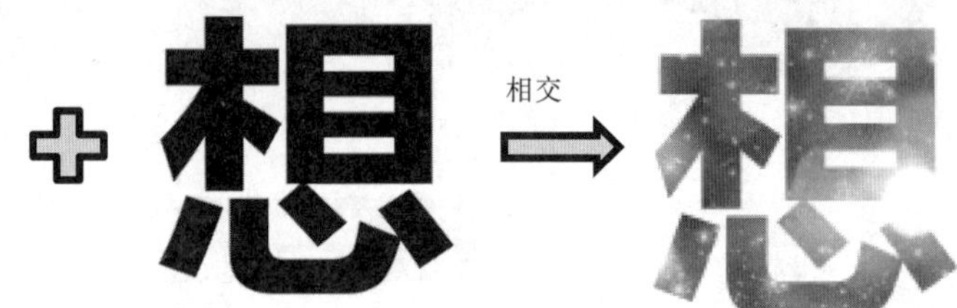

图 3-51　文字图片

3.3.4　实例：绘制 2D 小人

Step 01：插入一个圆，填充颜色（R：250，G：244，B：220），轮廓为无，如图 3-52 所示。

图 3-52　脸部

Step 02：复制圆，并粘贴，改变圆的颜色为浅蓝色。选中该圆，右击，在弹出的快捷菜单中选择“编辑顶点”。再选中圆下方的顶点，改变该点的位置。然后右击，在弹出的快捷菜单中将其改成角部顶点后，调整其方向线，并适当调整其他顶点的方向线，得到头发部分形状，如图 3-53 所示。

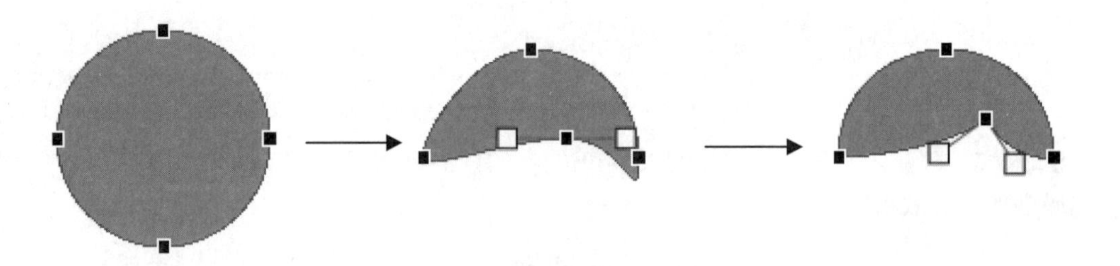

图 3-53　头发

Step 03：将头发移到脸部形状上面，并适当调整大小，得到图 3-54 所示的头部形状。

图 3-54　头部

Step 04：插入一个圆角矩形，填充为浅蓝色，右击，在弹出的快捷菜单中选择“编辑顶点”，删除下面直线边的两个顶点，然后调整下方两个顶点的方向线，得到图 3-55 所示的形状。复制并粘贴该形状，改变其颜色为浅灰色，并将其置于底层。

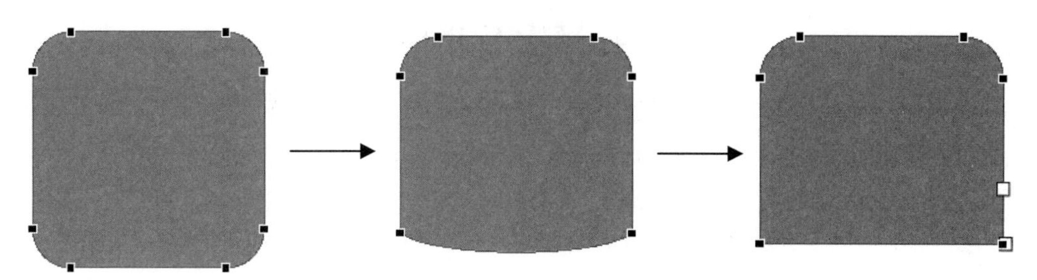

图 3-55　身体

Step 05：在上一步得到的浅蓝色形状的上面直线边的中央添加一个顶点，并将该顶点往下拖动一定的距离，得到图 3-56 所示的形状。

图 3-56　修改后的身体

Step 06：插入一个八边形，填充橙色，轮廓为无。调整各顶点的位置，得到领带的形状，如图 3-57 所示。

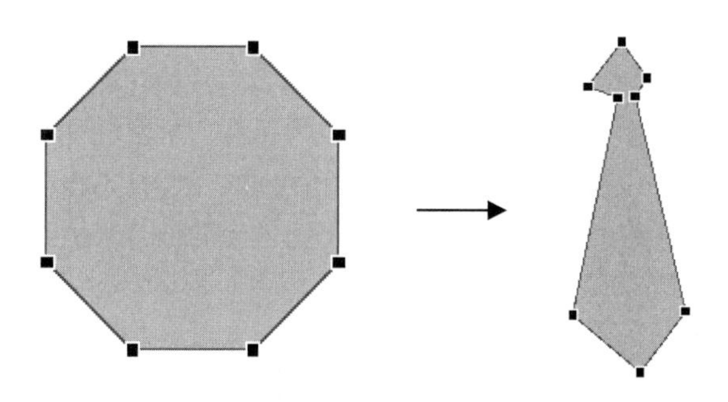

图 3-57　领带

Step 07：将前面步骤中得到的形状进行位置及大小的调整，并添加一个黄色矩形作为口袋，最终效果如图 3-58 所示。

图 3-58　2D 小人最终效果

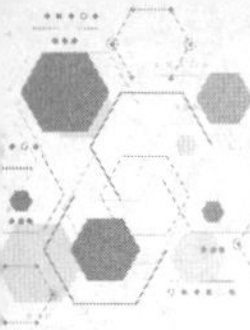

3.4 PPT 排版

PPT 从功能上分，大致可以分为演讲型、文字型和全图型。

演讲型 PPT 的功能是向观众传递内容要点，同时为演讲者提供提示。这种 PPT 的文字一般是比较精简的，因为演讲者才是信息传递的关键。

文字型 PPT 一般是由观众自己阅读，而没有演讲者的存在。所以，这种 PPT 一般文字较多，需要注重排版整齐。

全图型 PPT 一般用于作宣传。这种 PPT 以图片或图形为主，文字很少，常常会伴有音乐或声音，并设置成自动播放。

3.4.1 文字排版

1. 段落原则

（1）精简文字

PPT 是形象化、可视化、生动化的演示工具，把文字转化为图表、图片和动画，也是 PPT 制作的基本功。这个基本功的前提，是对文字进行有效的删减。以下是在 PPT 中可以删减的文字。

原因性文字：在 Word 中常常使用“因为”“由于”“基于”等词语表述原因，但实际上，强调的却是结果，也即“所以”“于是”后面的文字。所以，原因性的文字一般都是删除，只保留结果性文字。

解释性文字：在 Word 中常常在一些关键词后面加上冒号、括号等，用以描述备注、补充、展开介绍等解释性文字，而在 PPT 中，这些话往往由演示者口头表达即可，不必占用 PPT 的篇幅。

重复性文字：在 Word 中为了文章的连贯性和严谨性，常常使用一些重复性文字。如在第一段会讲“上海锐普广告有限公司……”，第二段还会讲“上海锐普广告有限公司……”，第三段可能还会以“上海锐普广告有限公司……”开头。这类相同的文字如果全部放在 PPT 里就变成了累赘。

辅助性文字：在 Word 中还经常使用“截至目前”“已经”“终于”“经过”“但是”“所以”等词语，这些都是辅助性文字，主要是为了让文章显得完整和严谨。而 PPT 需要展现的是关键词、关键句，不是整段的文字，当然就不需要这些辅助性的文字了。

铺垫性文字：在 Word 中经常见到“在上级机关的正确领导下”“经过 2020 年全体员工的团结努力”“根据 2019 年年度规划”等语句，这些只是为了说明结论而进行的铺垫性说明，在 PPT 中，这些只要演示者口头介绍就行了。

如图 3-59 所示，根据以上精简文字的方法，整个 PPT 的文字减少了不少，使得整个页面简洁很多。

此外，还可以通过提取上位概念，对文字段落进行总结归纳，使得页面简洁，如图 3-60 所示。如果文字无法精简，则可以将内容拆分到多张幻灯片上呈现。

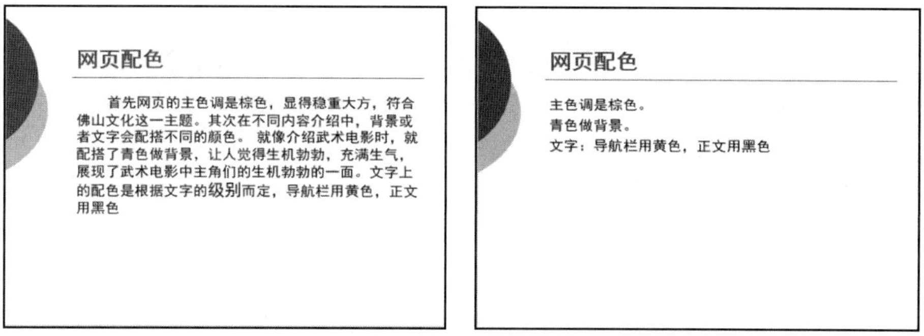

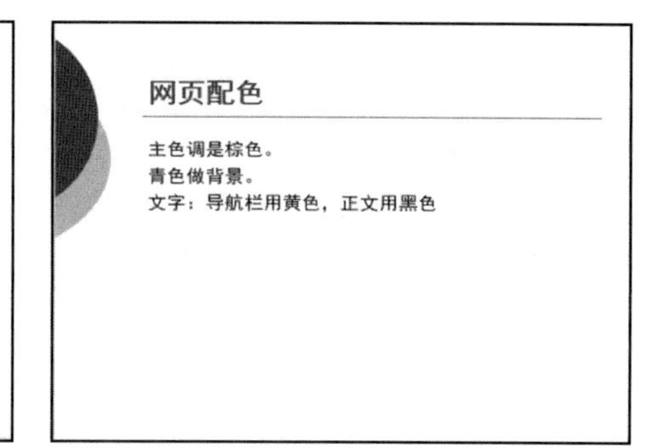

图 3-59　精简文字实例

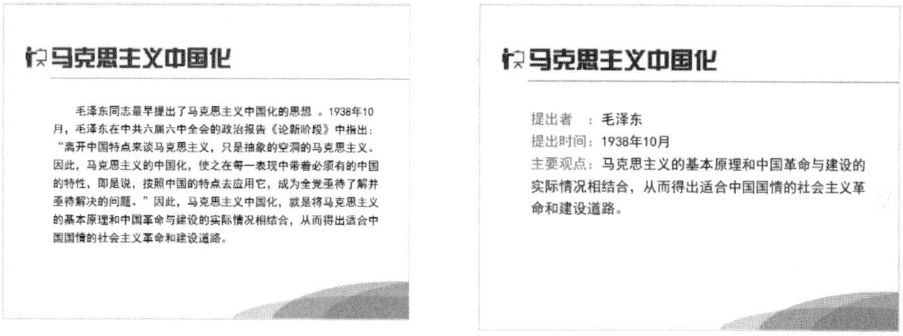

图 3-60　精简文字实例 2

（2）行距

在 PowerPoint 中，“段落”选项组中行距调节的默认间隔是 0.5。但在实际制作中，我们会发现文字间行距为 1 太窄，行距为 1.5 又太宽，此时需要自定义调节。可以单击“开始”→“段落”→“行距”→“行距选项”→“缩进和间距”设置“行距”为“多倍行距”，并改变“设置”的数值。一般来说，设置成 1.2 或 1.3 比较合适。图 3-61 所示为不同行距效果。

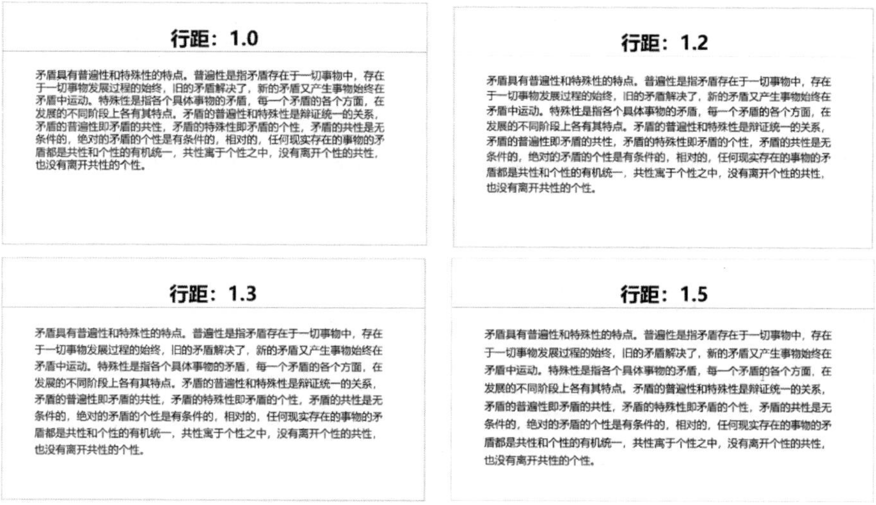

图 3-61　不同行距效果

（3）层次化

一个段落的文字会涉及并列或先后关系，借助于“段落”中的“项目符号和编号”功能，可以轻松地将这两个关系表现出来。结合“降低/提高列表级别”功能，可以表现段落内不同层次文字的关系。

Step 01：打开素材“段落层次化.pptx”，如图 3-62 所示。

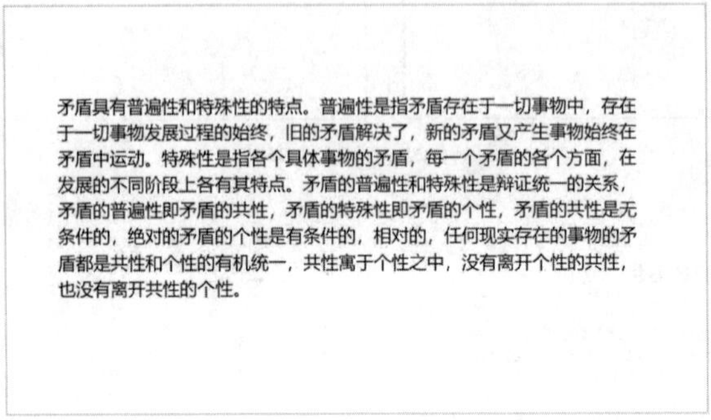

矛盾具有普遍性和特殊性的特点。普遍性是指矛盾存在于一切事物中，存在于一切事物发展过程的始终，旧的矛盾解决了，新的矛盾又产生事物始终在矛盾中运动。特殊性是指各个具体事物的矛盾，每一个矛盾的各个方面，在发展的不同阶段上各有其特点。矛盾的普遍性和特殊性是辩证统一的关系，矛盾的普遍性即矛盾的共性，矛盾的特殊性即矛盾的个性，矛盾的共性是无条件的，绝对的矛盾的个性是有条件的，相对的，任何现实存在的事物的矛盾都是共性和个性的有机统一，共性寓于个性之中，没有离开个性的共性，也没有离开共性的个性。

图 3-62　“段落层次化”素材

Step 02：提取标题，对内容分段，添加项目符号，并根据内容改变段落的级别，如图 3-63 所示。

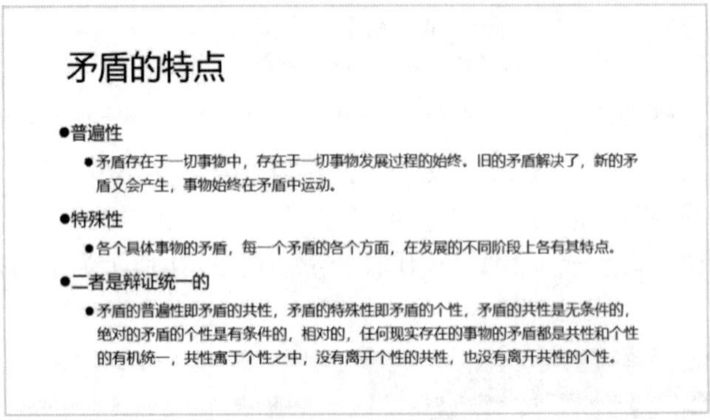

矛盾的特点

- 普遍性
  - 矛盾存在于一切事物中，存在于一切事物发展过程的始终。旧的矛盾解决了，新的矛盾又会产生，事物始终在矛盾中运动。
- 特殊性
  - 各个具体事物的矛盾，每一个矛盾的各个方面，在发展的不同阶段上各有其特点。
- 二者是辩证统一的
  - 矛盾的普遍性即矛盾的共性，矛盾的特殊性即矛盾的个性，矛盾的共性是无条件的，绝对的矛盾的个性是有条件的，相对的，任何现实存在的事物的矛盾都是共性和个性的有机统一，共性寓于个性之中，没有离开个性的共性，也没有离开共性的个性。

图 3-63　段落添加项目符号

Step 03：对高层次的段落（如标题）改变颜色并加粗，使得层次更明显，如图 3-64 所示。

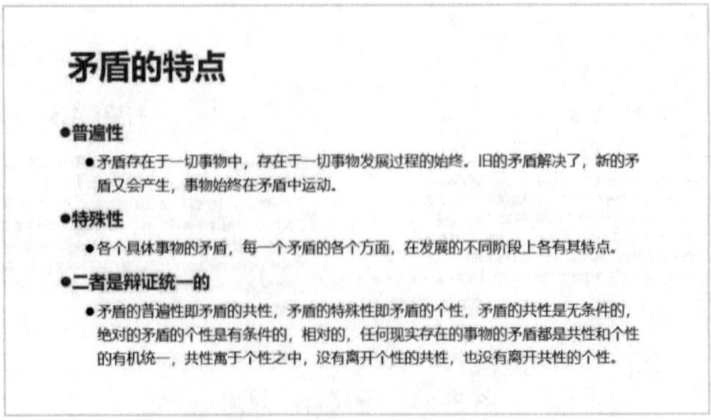

矛盾的特点

- **普遍性**
  - 矛盾存在于一切事物中，存在于一切事物发展过程的始终。旧的矛盾解决了，新的矛盾又会产生，事物始终在矛盾中运动。
- **特殊性**
  - 各个具体事物的矛盾，每一个矛盾的各个方面，在发展的不同阶段上各有其特点。
- **二者是辩证统一的**
  - 矛盾的普遍性即矛盾的共性，矛盾的特殊性即矛盾的个性，矛盾的共性是无条件的，绝对的矛盾的个性是有条件的，相对的，任何现实存在的事物的矛盾都是共性和个性的有机统一，共性寓于个性之中，没有离开个性的共性，也没有离开共性的个性。

图 3-64　改变颜色

Step 04：加色块，让整体展示效果更加美观，如图 3-65 所示。

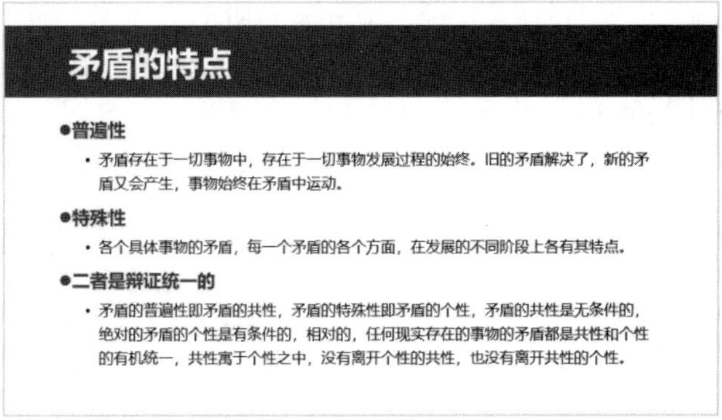

图 3-65　添加色块

（4）亲近与对齐

亲近就是关系亲则靠近、关系疏则远离，并且要注意统一各视觉单元之间的距离。

例如，当我们看到图 3-66 所示的文字段落，会觉得杂乱无章，没有任何条理。但是，对齐内容进行分析，不难发现，有些话是介绍面积，有些是介绍地理位置。这样通过提取上位概念，对其进行分类，把相关的语句放在一起，不相关的分开，得到如图 3-67 的（a）所示的效果。如果加以色块辅助，则看起来更美观，如图 3-67（b）所示。

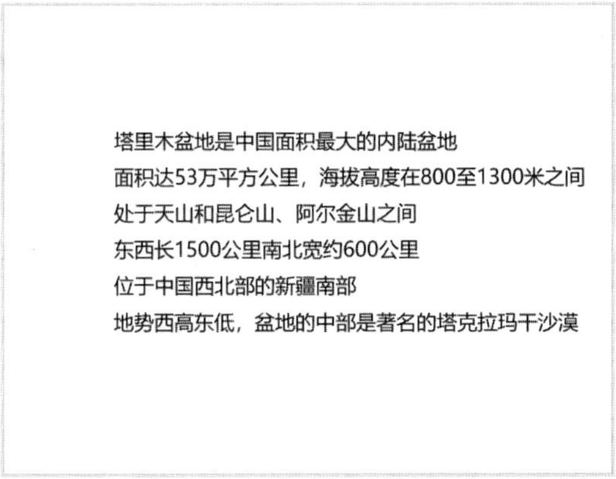

图 3-66　盆地介绍原效果

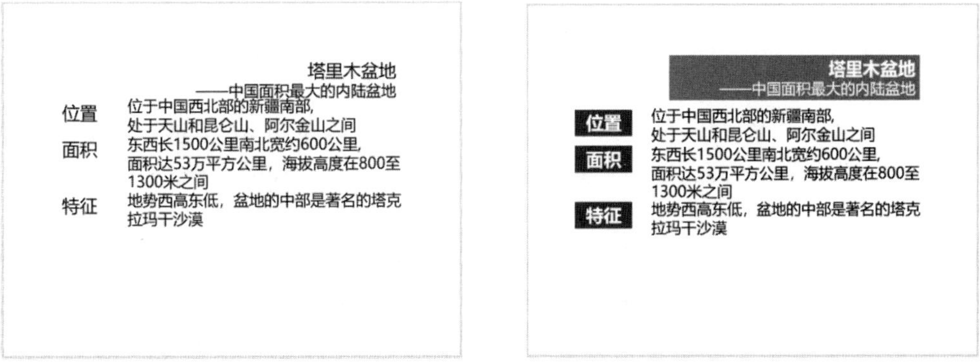

（a）　（b）

图 3-67　“亲近”效果

适当地拉大关系疏的元素的距离，内容更显得清新明了。但要注意尽量保持各元素之间的距离相等。如图 3-68（a）所示，虽然关系疏的元素距离拉大了，但由于没有保持距离相等，页面视觉凌乱，不如图 3-68（b）整齐。

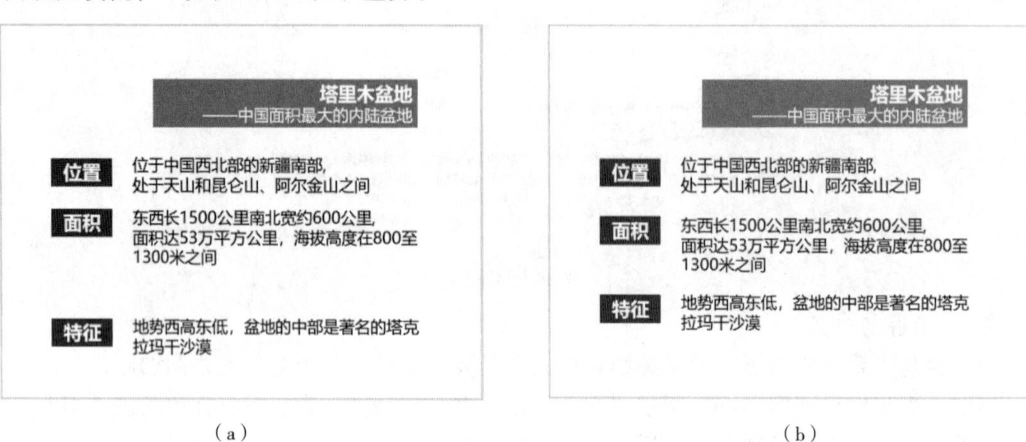

图 3-68 “等距”效果对比

对齐是指对页面上的元素进行整理，保持各层次元素之间的对齐方式一致，从而使得页面看起来层次分明、结构清晰。如图 3-69（a）所示，各层次元素的对齐方式不一致，页面凌乱不堪；如图 3-69（b）所示，各层次元素的对齐方式一致，页面整洁清晰。

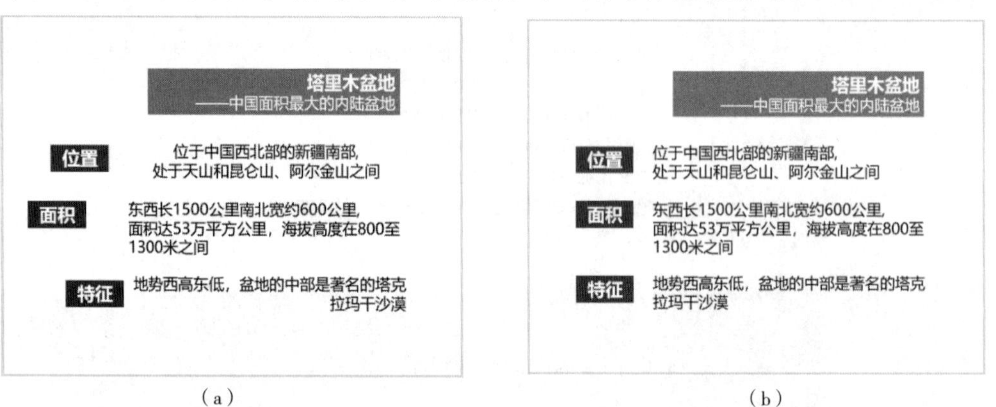

图 3-69 “对齐”效果对比

（5）转换为 SmartArt

对于层次结构分明的段落，可以根据其逻辑关系用相应的 SmartArt 来进行排版。只需先通过“项目符号和编号”设置好文字，再选中文字，单击“开始”→“段落”→“转换为 SmartArt”，然后选择相应的 SmartArt 即可，如图 3-70 所示。

2. 突出重点文字方法

面对一行行整齐排列的文字，观众就像进入了迷宫，很难找到出路。PPT 制作者的责任就是为大家指明方向，方法就是让重点突出。常规的强调重点文字的方法有：加大字号、加粗、颜色辅助、反衬对比、下画线和改变字体，如图 3-71 所示。

（a）

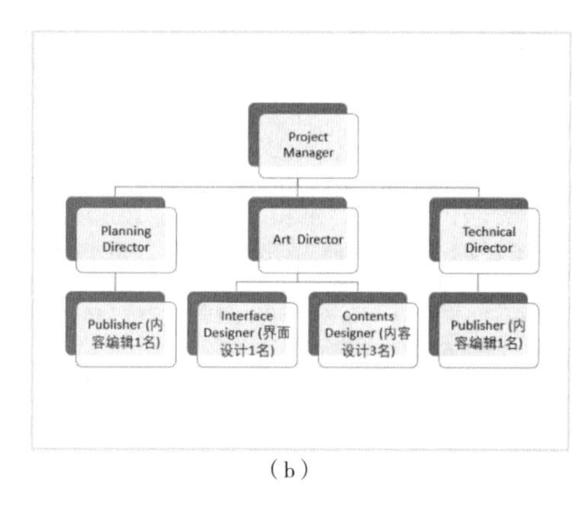

（b）

图 3-70　转换为 SmartArt 效果

加大字号

例：我们是有**梦想**的人

加粗

例：我只是出来**打酱油**的

颜色辅助

例：我朋友在他女友手机里的名字是“他”，后来他们分手了，就变成了“它”

（a）

反衬对比

例：我不是一个随便的人 我随便起来不是人

使用下划线

例：<u>知识管理(KM, Knowledge Management)</u>:未来人力资源管理的核心,是建设学习型组织的最重要的手段之一

改变字体

例：**知识管理(KM, Knowledge Management)**:未来人力资源管理的核心,是建设学习型组织的最重要的手段之一

（b）

图 3-71　常规强调重点文字方法

但更多的时候可以对这些基本方法进行组合，这比单独使用更能突出重点。如图 3-72 所示，结合使用“加大字号”和“改变颜色”等多种方法，使得数字突出效果显著，更能吸引观众的注意力。

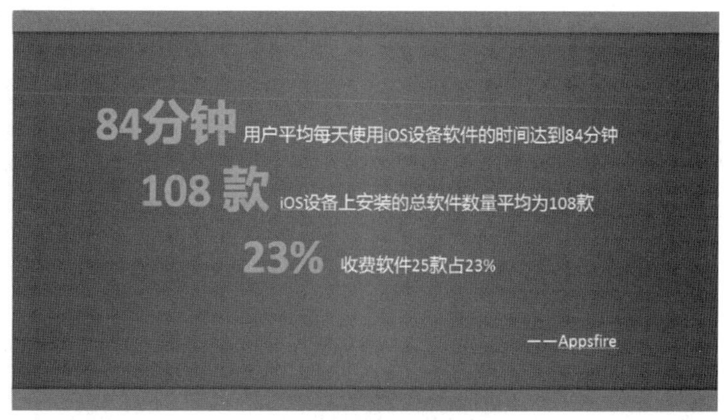

图 3-72　常规方法组合使用

有时候，页面文字较多，虽然使用了一定的方法强调重点文字，但页面依然显得拥挤。这时候，我们可以通过降低次要文字的地位使页面看起来更简洁。最常用的方法就是使相对不重要的文字更浅，如图 3-73 所示，利用灰色降低次要文字的地位，让原本文字较多的页面看起来文字减少了。

马克思主义中国化

毛泽东同志最早提出了马克思主义中国化的思想 。1938年10月，毛泽东在中共六届六中全会的政治报告《论新阶段》中指出：“离开中国特点来谈马克思主义，只是抽象的空洞的马克思主义。因此，马克思主义的中国化，使之在每一表现中带着必须有的中国的特性，即是说，按照中国的特点去应用它，成为全党亟待了解并亟待解决的问题。”因此，马克思主义中国化，就是将马克思主义的基本原理和中国革命与建设的实际情况相结合，从而得出适合中国国情的社会主义革命和建设道路。

次要文字颜色为黑色，页面看起来文字很多

马克思主义中国化

毛泽东同志最早提出了马克思主义中国化的思想 。1938年10月，毛泽东在中共六届六中全会的政治报告《论新阶段》中指出：”离开中国特点来谈马克思主义，只是抽象的空洞的马克思主义。因此，马克思主义的中国化，使之在每一表现中带着必须有的中国的特性，即是说，按照中国的特点去应用它，成为全党亟待了解并亟待解决的问题。”因此，马克思主义中国化，**就是将马克思主义的基本原理和中国革命与建设的实际情况相结合，从而得出适合中国国情的社会主义革命和建设道路。**

次要文字变浅，页面更简洁

图 3–73　淡化次要文字

3．文字形状化

文字可以组成文字，也可以组成形状，如图 3–74 所示。方法是先绘制一个形状，然后再添加文本框列出文案并调成不同大小，最后一个一个摆放填充在形状上，形成文字墙。有需要的话，可以删掉底层的形状。

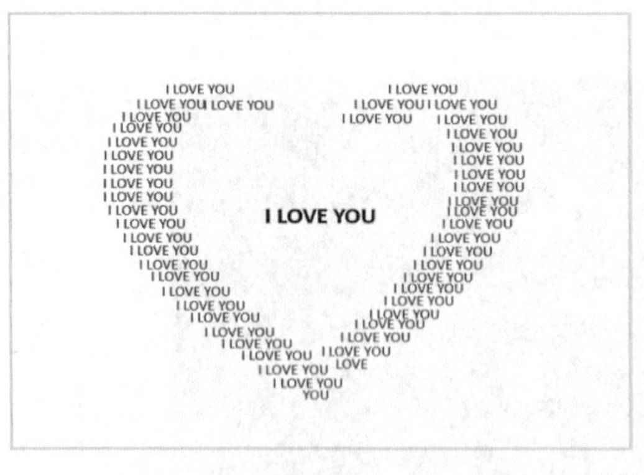

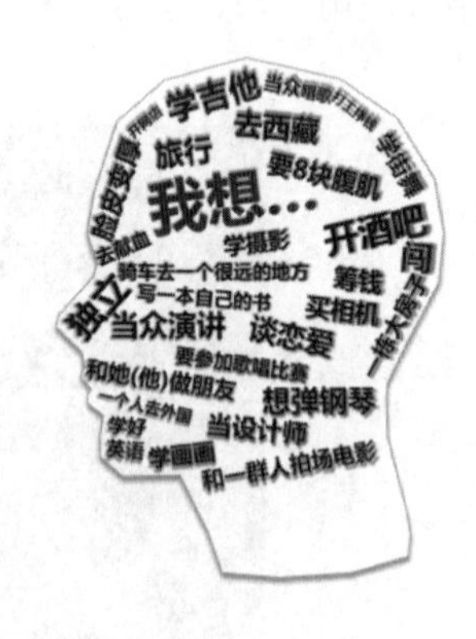

图 3–74　文字形状化

3.4.2　图片排版

1．上下位置关系

（1）人物与人物——高级别在上，低级别在下

一般在多个人物列举时，要注意将级别高的人置于上面，而将级别低的置于下面。类似的情况还有长辈居上，晚辈靠下；老师居上，学生靠下等。人物关系图示例如图 3–75 所示。

图 3-75　人物关系图

（2）人物与物品——人在上，物在下

当有人物和物品时，切忌将食物放在人物的上方，这样是不礼貌的。人物与物品关系图如图 3-76 所示。

图 3-76　人物与物品关系图

（3）风景类图片——上天下地

风景类图片的摆放最好遵循上天下地的原则，这符合我们平时的视觉习惯，否则看起来十分别扭。风景图排版如图 3-77 所示。

图 3-77　风景图排版

2．人物朝向

在页面中有人物时，一般而言，人物的朝向应该是朝向页面内部或中心位置，如图 3-78 所示，左图中人物朝向页面的外侧，这是不妥当的。

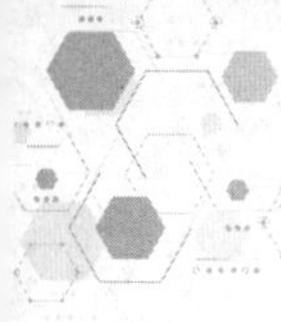

图 3-78　单个人物朝向

当页面中放置两个人物时，如图 3-79 左图所示，则是不妥当的。因为这样页面没有给人以谈话的氛围，将左右人物交换，如图 3-79 右图所示，就要合适很多。

图 3-79　两个人物朝向

当然这也不是说一定要这个样子，通常表现人物谈话时，适宜将人物对向放置。而人物背向，也有自己的表现之处，例如表现人物观点相悖时，则背向放置可以恰当地表现出观点相左的情形。

3. 内部对齐

图片对齐时不仅要考虑到图片整体的对齐，还要考虑到图内部内容的对齐。如图 3-80 所示，上图中两张图片虽然外部是对齐的，但两图中天花板与人物的分界线是错位的，这在视觉上就差一些。利用裁剪，改成图 3-80 的下图所示，视觉效果就好很多。

图 3-80　内部对齐

图 3-80　内部对齐（续）

类似的，在多个图片放置的时候，要注意内部的对齐，例如平地与草原图片并列时，注意沿地平线对齐；在多个人物头像并排时，注意以人面部的眼睛为基准线对齐；有水面的风景图片，注意海岸线的对齐，当然这时往往需要对图片进行适当的缩放裁减。

4. 多图排版

（1）制作 n×m 拼图

对于多张图片，可以采用 n×m 的排列方式整齐排列。图片的大小要根据页面的大小和每行或列图片的数量来调整。

Step 01：将文件夹“拼图图片素材”中的图片插入到幻灯片中。

Step 02：选中图片，如图 3-81 所示，将图片按 3:2 的比例裁剪。裁剪的同时若想放大某个局部，可以通过拖动图片某个角的控制点实现。

Step 03：选中所有图片，设置宽为 6 厘米、高为 4 厘米，并设置边框为 3 磅、深红色。

Step 04：拖动图片，将图片排列成 n×m 的布局，对比效果如图 3-82 所示。注意：在拖动图片时，要根据提示线保证各图片之间对齐及等距分布；摆放图片位置时，同行图片内部的水平线要对齐，必要时对个别图片进行进一步裁剪。

图 3-81　按比例裁剪图片

图 3-82　n×m 图片效果

图 3-82　n×m 图片效果（续）

这种排列图片的方式尤其适合当图片的像素比较低的情况下。如果图片数量不够，可以用形状来代替图片，如图 3-83 所示。

图 3-83　结合形状进行 n×m 图片排列

（2）SmartArt

利用 SmartArt，可以快速对图片进行排版。

Step 01：打开素材“图片排版_SmartArt.pptx”，将文件夹“SmartArt 图片排版素材”中的图片插入到幻灯片中，如图 3-84 所示。

图 3-84　插入图片

Step 02：选中所有图片，单击“图片工具/格式”选项卡→“图片样式”选项组中的“图片版式”→“六边形群集”，得到图 3-85 所示效果。

图 3-85　转换为 SmartArt

Step 03：在要输入文本的地方输入文字，改变字体格式，并调整各六边形的填充和边框颜色，最终效果如图 3-86 所示。

图 3-86　调整 SmartArt

（3）照片墙

如果有一组照片要展示，可以把它们摆放成照片墙的形式。这种排版方式很有生活气息，能够拉近与观众的距离，如图 3-87 所示。

图 3-87　照片墙

3.4.3 图文混排

1. 半透明蒙版

想要突出文字，又不想过多舍弃背景图片信息，这时候可以利用透明形状蒙版，让它夹在图片与文字之间，间接增加图片与文字的距离。方法是插入形状以后，选中形状，右击，在弹出的快捷菜单中设置形状填充颜色和透明度。

如图 3-88 所示，相比左图，右图中给文字添加了一个半透明矩形作为蒙版，在充分展现图片的前提下，还提升了文字的辨识度。

图 3-88　半透明蒙版效果

2. 渐变蒙版

在图文排版时，经常会遇到图 3-89 的左图所示的情况：文字与图片相互独立，界线分明。若淡化它们的分割线，两者便能“无缝融合”。方法是在图片上加一个渐变色作为蒙版夹层，渐变设为白色到无色，效果如图 3-89 的右图所示。

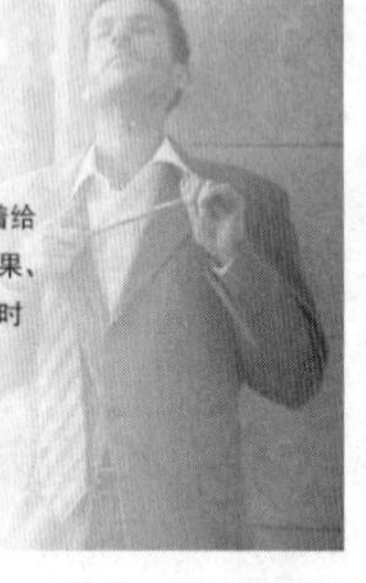

脱下
在制作PPT时，我们不要一味只想着给
它穿很多东西，比如动画、字体效果、
颜色、太多太重反而不好。更多的时
候，我们需要勇敢地做减法：
该脱掉的一定要果断脱掉！

图 3-89　渐变蒙版效果

3. 人物视线

（1）单个人物，视线向字

单个任务，有文字的时候，视线向字。这样，观众可以顺着人物的视线注意到重要的观点，这符合大家的观看习惯。如图 3-90 所示，左图人物视线方向不在字上，结果观众容易“跑偏”；右图主题字移到了人物的视线方向上，观众便能顺着人物视线注意到页面的观点。

（2）多个人物，视线相对

多个人物，视线相对。这样人物视线的焦点仍然停留在 PPT 上，不会将观众的注意力带到 PPT 外面去，如图 3-91 所示。

图 3-90　单人视线向字

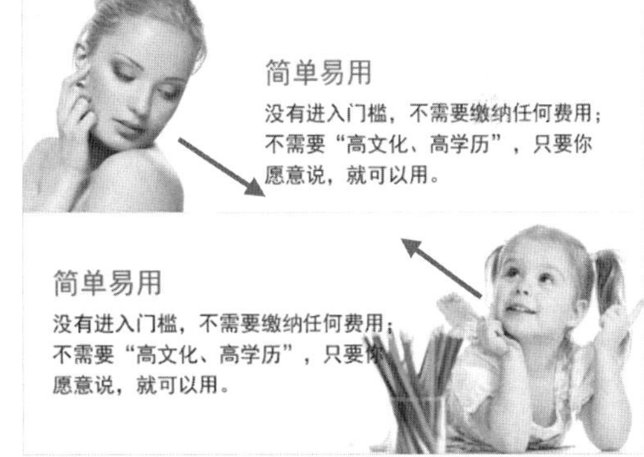

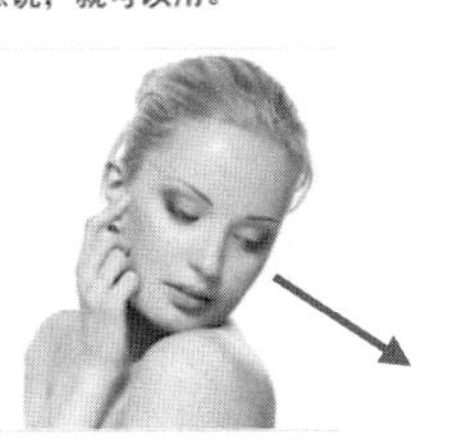

图 3-91　双人视线相对

4．SmartArt

有时候，借助 SmartArt 可以很好地实现图片与文字的排版。

Step 01：打开素材“图文混排_SmartArt.pptx”。

Step 02：选中所有图片，单击“图片工具/格式”选项卡→“图片样式”选项组中的“图片版式”→“垂直图片重点列表”，并调整图形大小和位置，得到图 3-92 所示效果。

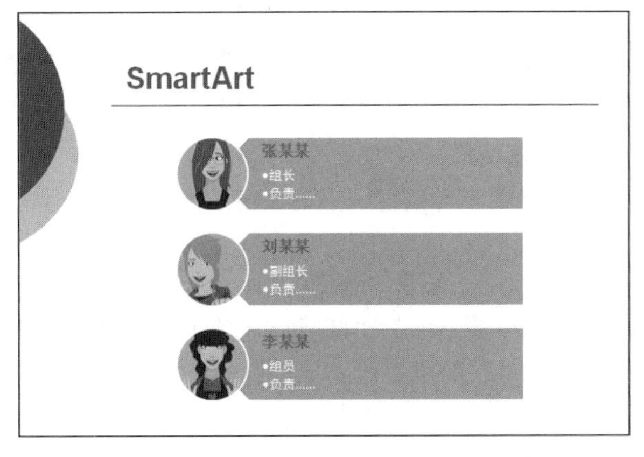

图 3-92　转换为 SmartArt（含文字）

Step 03：添加文字，注意文字的层级关系。这时候，可以看到有些人物图片的裁剪不大合适，需要调整。方法是：选中对应图片所在形状，右击，在弹出的快捷菜单中选中“设置形状格式”，在弹出的对话框中调整图片裁剪的偏移量。最终效果如图 3-93 所示。

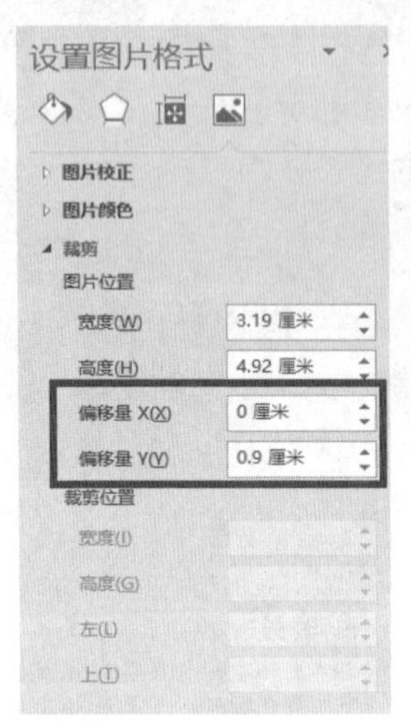

图 3-93 调整偏移量

3.4.4 母版

幻灯片母版是一种特殊的幻灯片，用以存储有关演示文稿的主题和幻灯片版式信息，包括字形、占位符大小或位置、背景设计和配色方案等。

使用幻灯片母版的目的是使幻灯片具有一致的外观，用户可以对演示文稿的每张幻灯片进行统一的样式更换。使用幻灯片母版时，由于无须在多张幻灯片上输入相同的信息，因此节省了时间。

1. 母版结构

单击“视图”→“母版视图”→“幻灯片母版”，可以进入幻灯片母版视图。打开幻灯片浏览窗口，可以看见该区域包含一个总的幻灯片和其分出来的幻灯片：总的幻灯片就叫做“母版”，其余的幻灯片叫做“版式”(见图 3-94)。“母版”能影响所有的“版式”，如有统一的内容、图片、背景和格式，可直接在“母版”中设置，“版式”会自动与之保持一致。“母版”下面的“版式”可以有多个，包括标题版式、内容版式、空白版式等。“版式”可以单独控制占位符位置、配色、文字和格式，对它进行的改变只针对应用了该版式的页面，而不会作用于其他页面。

2. 利用幻灯片母版统一更改格式

通过改变母版或者版式的格式，可以统一更改该演示文稿中应用了相同母版或版式的所有幻灯片的格式。

Step 01：打开素材“母版.pptx”，单击“视图”→“母版视图”→“幻灯片母版”，弹出“幻灯片母版”选项卡。选中该视图下最上面的“母版”，在母版中修改“标题占位符”中文字的颜色为“深红”。可以看到，基于该母版的所有版式中标题的文字颜色由原来的“黑色”变成了“深红”。关闭幻灯片母版，可以看到，所有幻灯片的标题颜色都改变了。

Step 02：在普通视图下，选择第 4 张幻灯片，单击“视图”→“母版视图”→“幻灯片母版”，这时，默认选中的就是第 4 张幻灯片所应用的“两栏内容页”版式。修改该版式中右下角的图片大小和位置，并将“标题占位符”中文字的字体改为“黑体 32 号”得到图 3–95 所示效果。

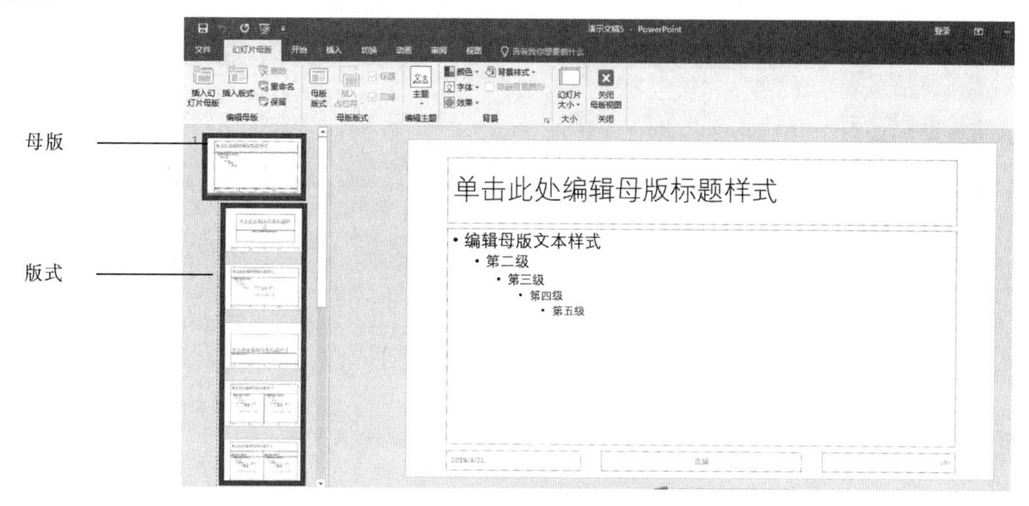

图 3–94 “幻灯片母版”视图

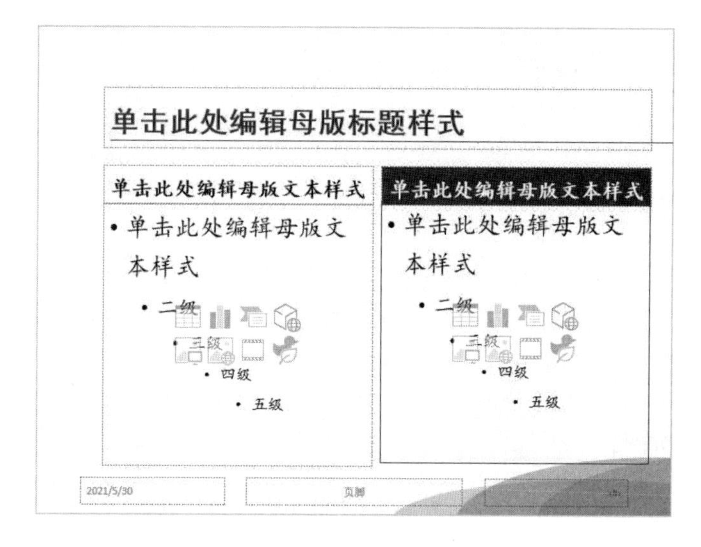

图 3–95 改变母版的版式格式

Step 03： 关闭幻灯片母版，可以看到第 4 和第 5 张幻灯片的标题和右下角图片格式发生了变化，如图 3–96 所示。同样是内容页的第 7 张和第 9 张幻灯片并没有做出相应改变。因为，这两张幻灯片所使用的版式是另一种名为“内容”的版式。要想做出同样修改，可以在母版视图下，对“内容”版式做与 Step 02 中相同的操作。

3. 利用幻灯片母版占位符制作 n×m 拼图效果

在前一节中介绍了利用“裁剪”工具制作 n×m 拼图效果。其实，利用“图片”占位符，可以更快捷地制作这样的效果。

Step 01： 新建一个空白演示文稿，打开“幻灯片母版”视图。单击“幻灯片母版”→“编辑母版”→“插入版式”，新建一张新的版式页，删除原有占位符，然后在该版式页上插入多个等大的“图片”占位符，如图 3–97 所示。

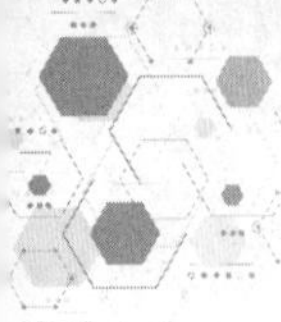

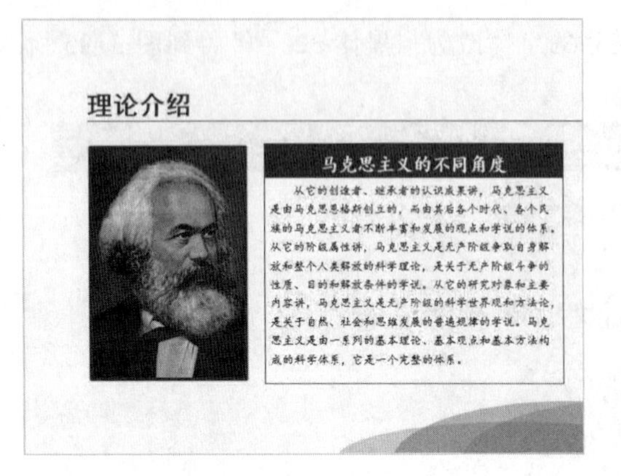

图 3-96　修改版式后效果

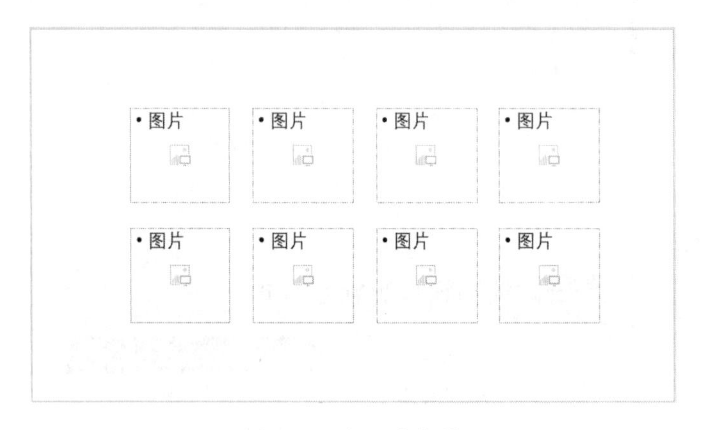

图 3-97　插入占位符

Step 02：关闭“幻灯片母版”视图，选中幻灯片，右击，在弹出的快捷菜单的“版式”子菜单中选择上一步骤所制作的版式，如图 3-98 的左图所示。

Step 03：单击各个占位符，分别添加图片即可，加入的图片会自动适应设置的大小。最终效果如图 3-98 右图所示。

图 3-98　母版制作 n × m 拼图效果

3.4.5　实例：创建自定义模板

在 PPT 制作过程中，直接应用微软提供的模板固然方便，但容易千篇一律，失去新意。一个自己设计、清新别致的模板更容易给受众留下深刻印象。其实，可以利用幻灯片母版来创建自定义模板。

Step 01：打开 PowerPoint 2016 并新建一个空白的演示文稿文档，单击“设计”选项卡“自定义”选项组中的“幻灯片大小”，选择“宽屏 16:9”。

Step 02：单击“视图”选项卡“母版视图”选项组中的“幻灯片母版”按钮，进入幻灯片母版视图。在幻灯片缩略图窗格中，选择第一张较大的幻灯片母版，插入图片“背景.jpg”，适当调整大小和位置，并设置叠放层次为最底层。然后把标题占位符的字体改为“微软雅黑、加粗”，文本占位符的字体改为“微软雅黑”，段落行距为“多倍行距 1.3 倍”。这样，该母版下所有的幻灯片都具有相同的背景和字体格式。

Step 03：右击“标题幻灯片”版式母版（幻灯片母版下的第一张），将其重命名为“封面”。插入图片“标志.png”“绿叶城市.png”，适当调整图片的位置、大小和叠放层次。再改变标题和副标题占位符的位置、字体、字体大小和颜色，标题为“微软雅黑，加粗，阴影，88 号，#385723”，副标题为“微软雅黑，20 号，浅灰色”。然后在右下角添加一个文本占位符，改变字体为“微软雅黑，18 号，白色”最终效果如图 3-99 所示。

图 3-99　模板封面

Step 04：单击“幻灯片母版”选项卡“编辑母版”选项组中的“插入版式”按钮，插入一个新的版式，并将版式名称重命名为“目录”。删除原有标题占位符，如图 3-100 所示，绘制一些矩形、菱形、三角形、梯形、直线等形状进行装饰。插入文本框，输入“目录”二字，格式为“微软雅黑，加粗，67 号，#385723”。单击“幻灯片母版”选项卡“母版版式”选项组中的“插入占位符”按钮，在弹出的下拉列表中选择“文本”，在幻灯片的右侧添加四个文本占位符，将占位符中的文字改为“添加目录项目”，字体为“微软雅黑，加粗，20 号，黑色”。移动幻灯片编号占位符到右上角绿色矩形处。

Step 05：单击“幻灯片母版”选项卡“编辑母版”选项组中的“插入版式”按钮，插入一个新的版式，并重命名为“过渡页”。插入图片“绿色装饰.png”，调整大小和位置。单击“幻灯片母版”选项卡“母版版式”选项组中的“插入占位符”按钮，在弹出的下拉列表中选择“文本”，输入“编号”，改变字体为“微软雅黑，加粗，72 号，白色”。改变标题占位符的位置，文字改成“请输入章节标题”，并将字体颜色改为“#385723”。再添加四个副标题占位符“请输入小节标题”，文字格式为“微软雅黑，20 号，#548235”。过渡页版式最终效果如图 3-101 所示。

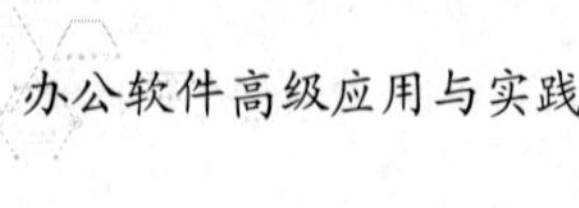

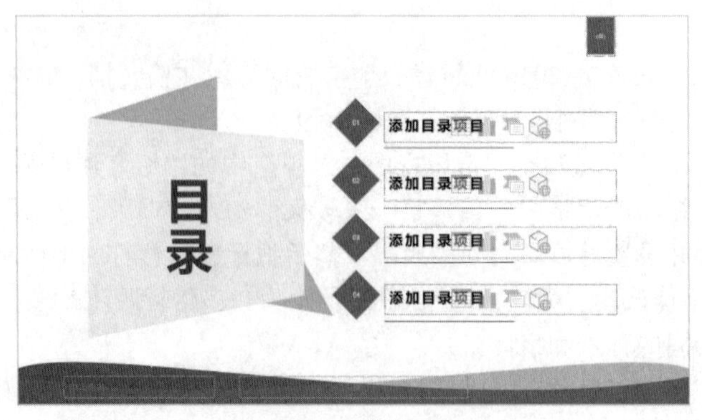

图 3-100 模板-目录

图 3-101 模板-过渡页

Step 06：选择版式“标题和内容”，将“目录”版式中的幻灯片编号复制粘贴到该版式同一位置，并删除原有的幻灯片编号占位符。修改名为“标题”占位符的字体颜色为“#385723”，内容占位符中段落的项目符号改为深绿色的方形。右上角编号占位符旁边添加一个文本占位符，输入“请输入章节标题”，设置字体为“微软雅黑，加粗，下画线，18 号，#385723”，最终效果如图 3-102 所示。

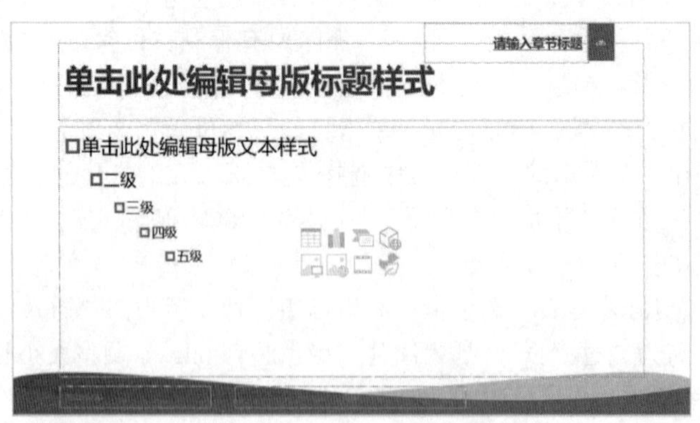

图 3-102 模板-内容页 1

Step 07：右击“标题和内容”版式，在弹出的快捷菜单中选择“复制版式”，粘贴版式后重命名为“两栏内容页”。在新的版式中，调整标题和内容占位符的位置和大小，修改内容占位符字体大小为“24 号”，并添加一个“图片”占位符，最终效果如图 3-103 所示。

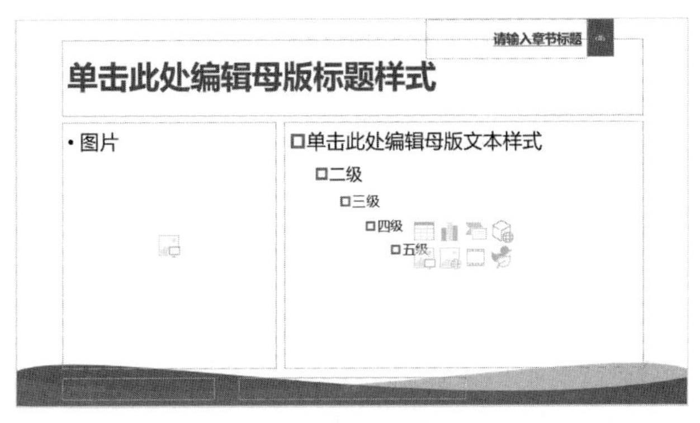

图 3-103　模板-内容页 2

Step 08：复制粘贴“封面”版式，并重命名为“尾页”。调整标志图片大小以及占位符位置，最终效果如图 3-104 所示。当然，也可以根据需要重新设计尾页样式。

图 3-104　模板-尾页

Step 09：单击“幻灯片母版”选项卡中的“关闭母版视图”按钮。单击“文件”按钮，在弹出的列表中单击“保存”按钮，弹出“另存为”对话框，在“保存类型”下拉列表中选择“PowerPoint 模版(*.potx)”，“保存位置”采用默认，在“文件名”文本框中输入一个便于记忆的名字，单击“保存”按钮。

一个自定义模板就创建好了，新模板会出现在“新建演示文稿”任务窗格的“个人” 中供用户使用。如图 3-105 所示，是应用该自定义模板的演示文稿的部分幻灯片效果。

图 3-105　自定义模板应用效果

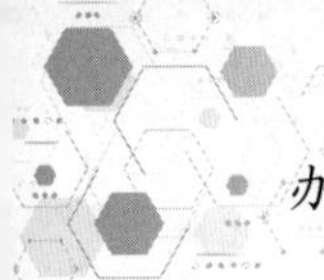

3.5 动　　画

3.5.1 动画类型和调节功能

1. 动画类型

在 PowerPoint 的动画库中，共有 4 种动画，分别是进入、强调、退出和动作路径。

进入动画用于设置对象进入幻灯片时的动画效果，强调动画用于已经在幻灯片上的对象，是为了强调而设置的动画效果，退出用于设置对象离开幻灯片的动画效果。

添加动画的方法很简单，只要在幻灯片中选中要设置动画的对象，在“动画”选项卡的“动画”选项组中选中一个动画效果即可。单击“添加动画”→“更多进入效果”(或者其他类型动画的更多选项)，可以有更多动画类型的选择。“动画”选项卡如图 3-106 所示。

图 3-106 “动画”选项卡

动画的种类很多，常用基本动画如表 3-6 所示。

表 3-6 常用基本动画

进 入 类	退 出 类	强 调 类
出现	消失	脉冲
淡出	淡出	陀螺旋
擦除	擦除	透明
缩放	缩放	
飞入	飞出	
浮入	浮出	
切入	切出	

动作路径用于设置对象按照一定路线运动的动画效果。它有几个效果选项值得注意。

(1) 锁定与解除锁定

锁定后路径即固定在页面上，即使拖动对象，路径位置也不会发生改变。

(2) 编辑顶点

可以改变路径动画的轨迹，类似于形状的“编辑顶点”功能。

2. 动画调节功能

(1) 效果选项

大多数动画效果都会涉及方向或形状的定义，这需要在“效果选项”按钮的下拉列表中设置。

(2) 动画窗格

动画窗格是一个独立的操作界面，基本上所有的动画都可以在这里完成，可以说是动画里最重要的一个功能。

（3）触发

触发是指通过怎样的方式让动画出现。PPT 默认的触发动画为出现时单击，但是有时为了实现更好的交互效果，需要自定义动画出现的操作，此时就会用到触发器。

（4）动画刷

类似格式刷，可以将某个动画的效果“刷”给另一个动画。另外，双击之后可以无限次“刷”。该功能使用得当的话，可以极大提升 PPT 中动画的制作效率。

（5）计时

设置动画时间的长短和开始方式，也可以通过它控制动画出现的顺序。

3.5.2　动画原则

1. 醒目原则

PPT 动画的初衷在于强调一些重要内容。试想，观众在平静的画面中忽然看到动画，那是什么感觉？必然特别留意，记忆犹新。

所以，对于制作动画提出了要求：不要用尽心思去做那些观众根本看不到的细微动画，也不要担心观众看你的动画太夸张，你就是要夸张，强调该强调的、突出该突出的，哪怕观众一时接受不了，但他绝对记忆深刻。

2. 自然原则

自然的基本思想就是要符合常识：由远及近的时候肯定也会由小到大；球形物体运动时往往伴随着旋转；两个物体相撞时肯定会发生抖动；场景的更换最好是无接缝效果；物体的变化往往与阴影的变化同步发生；不断重复的动画往往让人感到厌倦……

自然在视觉上的集中体现就是连贯。比如制造空间感极强或者颜色渐变的页面切换，在观众不知不觉中转换背景。

3. 适当原则

动画的幅度必须与 PPT 演示的环境相吻合。

动画有多少之分：过多动画会冲淡主题、消磨耐心；过少动画则效果平平、显得单薄。

动画有强弱之分：该强调的强调、该忽略的忽略、该缓慢的缓慢、该随意的则一带而过。

动画有场合之分：党政会议少用动画，老年人面前少用动画，呆板的人面前少用动画，否则会让人觉得你故弄玄虚、适得其反；但企业宣传则应多用动画，工作汇报多用动画，个人简介应多用动画，婚礼庆典应多用动画。

4. 简洁原则

把节奏调快一点，把数量精简一点。

初学 PPT 动画者最容易犯两个错误：

① 动作拖拉，生怕观众忽略了他精心制作的每个动作。殊不知 PPT 的观众哪个不是见多识广？缓慢的动作会快速消耗观众的耐心。提示：不用缓慢动作，慎用中速动作，多用快速动作。

② 动作烦琐，重复的动画一次次发生，有的动作每一页都要发生一次。切记：在内页背景里不要做动画！

5. 创意原则

精彩的一个根本就在于创意。

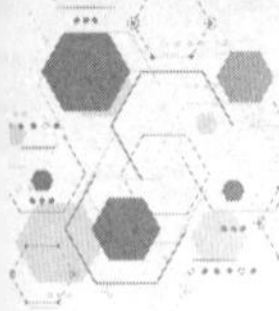

多种动画组合的创意：进入动画、退出动画、强调动画、路径动画。四种动画的不同组合就会千变万化。这是 PPT 动画的独到之处。

多种对象的组合：几个对象同时发生动画，逆向则形成矛盾、同向则壮大气势、多向则变成扩散、聚集则形成一体。

3.5.3 简单动画

简单动画是指一个对象只有一种动画效果。

灵活地运用时间轴，使不同对象的动画衔接自然，错落有致，这样，虽然每个对象只有一个动画效果，但整体看起来也不乏华丽。

Step 01：打开素材“简单动画.pptx”，选择第二张幻灯片中左边的三个对象（分别写有文字“师资强大”“语言优势”“活动丰富”），添加进入动画“飞入”，并单击“效果选项”按钮，在弹出的下拉列表中选择“自右侧”选项，并在“计时”中更改其开始方式为“上一动画同时”。这时，放映效果三个对象同时从右侧飞入至幻灯片中。

Step 02：分别选中三个对象，从上至下，依次设置其延时时间为“0.2”“0.3”“0.4”。播放时，三个对象飞入幻灯片中就有一定的时间差。这一步操作可以在动画选项卡中的“延时”中设置，也可以打开“动画窗格”，将指针放在动画窗格中的动画上，当出现↔时拖动，改变进度条的位置，从而设置动画的开始时间。

Step 03：选中幻灯片右边的三个灰色背景对象，单击“动画”选项卡“高级动画”选项组中的“添加动画”按钮，选择“更多进入效果”，在弹出的对话框中选择“切入”，设置效果选项为“自左侧”，开始方式为“上一动画之后”。

Step 04：在“动画窗格”中，分别选择“组合 38”和“组合 62”，更改其开始方式为“上一动画同时”，最终如图 3-107 所示，单击动画“动画窗格”中的“全部播放”按钮可以看到整体动画播放效果。

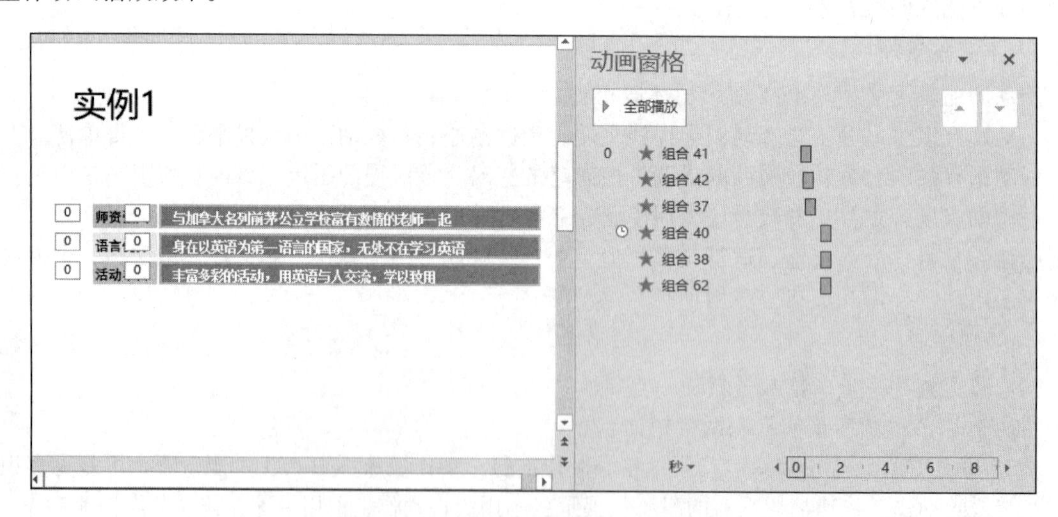

图 3-107　简单动画实例 1 效果设置

提示

这一实例中，左边三个对象的飞入动画设置相同的效果选项，并通过时间延迟，使得动画效果先后有序，同时两两间隔时间都为相同的 0.1 秒，使动画看起来错落有致。

右边三个对象使用“切入”，并设置成“自左侧”，看起来是从左边三个对象中生长出来的一样，并设置成在上一动画之后发生，使得各动画衔接自然。

如果各元素动画效果不一样，或者时间没有先后，整体动画效果就会显得凌乱无序。

运用同样的方法可以对第三和第四张幻灯片的元素添加衔接自然、错落有致的动画。但要注意相同元素选择同一动画效果，比如第三张幻灯片中左边的数字序号元素统一使用“挥鞭式”，为了使所有序号同时出现，要在“效果”选项卡中设置为“整批发送”，如图 3-108 所示；而右边的元素统一使用了“切入”动画效果，时间在序号之后。

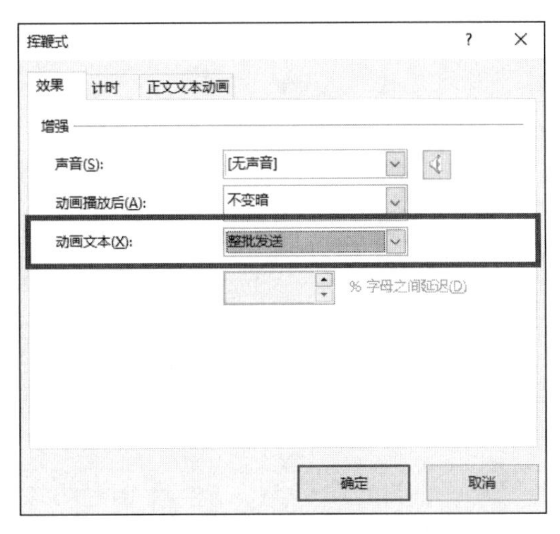

图 3-108 动画文本“效果”选项卡设置

3.5.4 组合动画

这里所说的组合动画，是指一个对象添加了多种动画效果。有时候，一个对象添加的多种动画同时出现，有时候，一个对象添加的多种动画出现有时间的先后。

1. 同一对象多种动画同时出现

一个对象如果只有一种动画效果，它的表现力会十分局限，如果此时给它添加另一种动画效果，两者同时出现，会起到“1+1>2”的效果。比较常用的叠加效果有：缩放和陀螺旋、路径和陀螺旋、淡出和脉冲，路径和淡出等。

下面以“缩放和陀螺旋”为例，介绍组合动画同时出现的设置过程。

Step 01： 打开素材“组合动画.pptx”，选中第一张幻灯片中的图片，单击“动画”选项卡“动画”选项组中的进入动画“缩放”，如图 3-109 所示。

Step 02： 选中图片，单击“动画”选项卡“高级动画”中的“添加动画”按钮，在弹出的下拉列表中，选择强调动画类型中的“陀螺旋”，如图 3-110 所示。注意：在这一步中，如果直接像上一步那样，直接在“动画”选项卡的“动画”选项组里选择“陀螺旋”强调动画，会把上一步添加的“缩放”动画给替换掉。

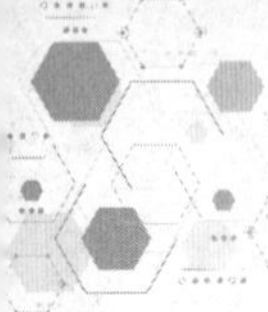

图 3–109 添加缩放进入动画

图 3–110 增加陀螺旋强调动画

Step 03：对动画进行时间设置：打开“动画窗格”，选择进入动画“缩放”，设置其开始方式为“上一动画之后”，再选择强调动画“陀螺旋”，设置其开始方式为“与上一动画同时”，效果选项为“旋转两周”，持续时间为 0.5 秒。

2．同一对象多种动画不同时出现

当 PPT 页面元素比较多时，用“出现”动画让它们按一定的时间顺序显示，用“强调”动画突出或弱化某个元素。在动画的指引下，观众能更清晰把握演说者的观点推导过程。同时，让各项内容化整为零，逐个出现，使页面看起来更简洁，观众听起来更舒适。

Step 01：打开素材“组合动画.pptx”，选中第二张幻灯片，可以看到页面下面有关“垃圾分类的意义”有三段文字内容。

Step 02：选中第一段文字（减少占地：垃圾分类……），单击“动画”选项卡中的进入动画“淡化”。

Step 03：选中第二段文字（减少环境污染：废弃……），单击“动画”选项卡中的进入动画“淡化”。

Step 04：选中第一段文字（减少占地：垃圾分类……），再单击“动画”选项卡中的“添加动画”按钮，在弹出的下拉列表中选择强调动画中的“透明”，并将开始方式设为“与上一动画同时”。从而实现演讲者讲述第二段内容时，第二段文字淡化出现的同时第一段文字变透明，从而使得观众的注意力在第二段文字。

Step 05： 选中第三段文字（变废为宝：1 吨废……），单击“动画”选项卡中的进入动画“淡化”。

Step 06： 选中第二段文字（减少环境污染：废弃……），再单击“动画”选项卡中的“添加动画”按钮，在弹出的下拉列表中选择强调动画中的“透明”，并将开始方式设为“与上一动画同时”。从而实现演讲者讲述第三段内容时，第三段文字淡化出现的同时第二段文字变透明，从而使得观众的注意力在第三段文字。

最终动画窗格中动画效果设置如图 3-111 所示。放映时，动画效果如图 3-112 所示。

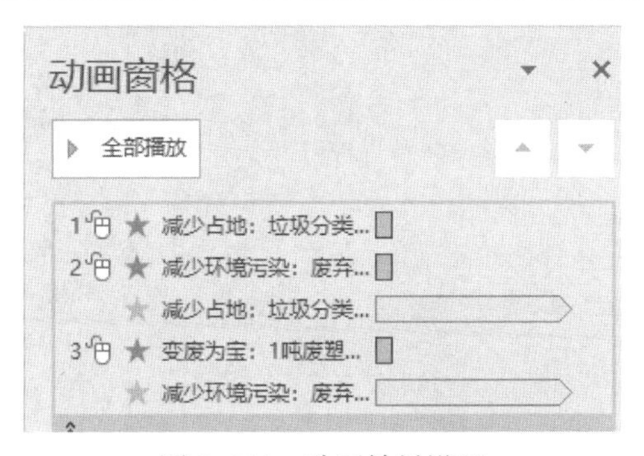

图 3-111　动画效果设置

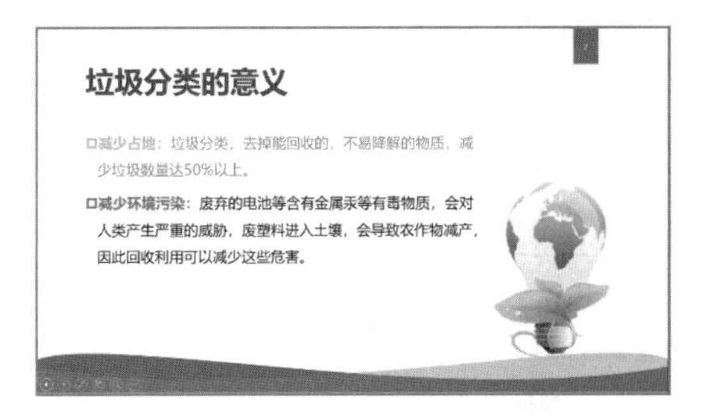

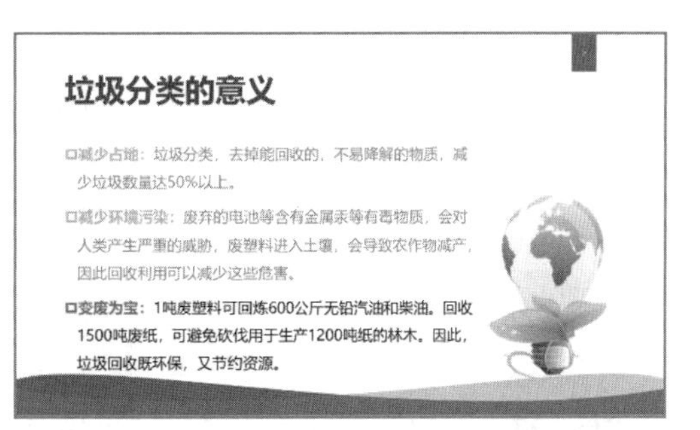

图 3-112　动画播放效果

在文件夹“PowerPoint 2016 高级应用\效果”中的“组合动画.pptx”中还有其他的动画实例，大家可以打开动画窗格，对各个动画的类型、效果选项、计时等进行分析，以掌握其制作方法。

3.5.5 交互动画

交互动画是通过设置动画触发源来增强 PPT 页面的交互效果。具体操作方法通过以下实例来说明。

Step 01：打开素材“交互动画.pptx”，单击“开始”选项卡→“编辑”选项组→“选择”→“选择窗格”，在右侧就会弹出“选择”窗格，当在幻灯片上选中某个元素时，“选择”窗格中相应对象的名称就被选中，如图 3–113 所示。这样，通过选择窗格，可以知道幻灯片中各对象的名称。

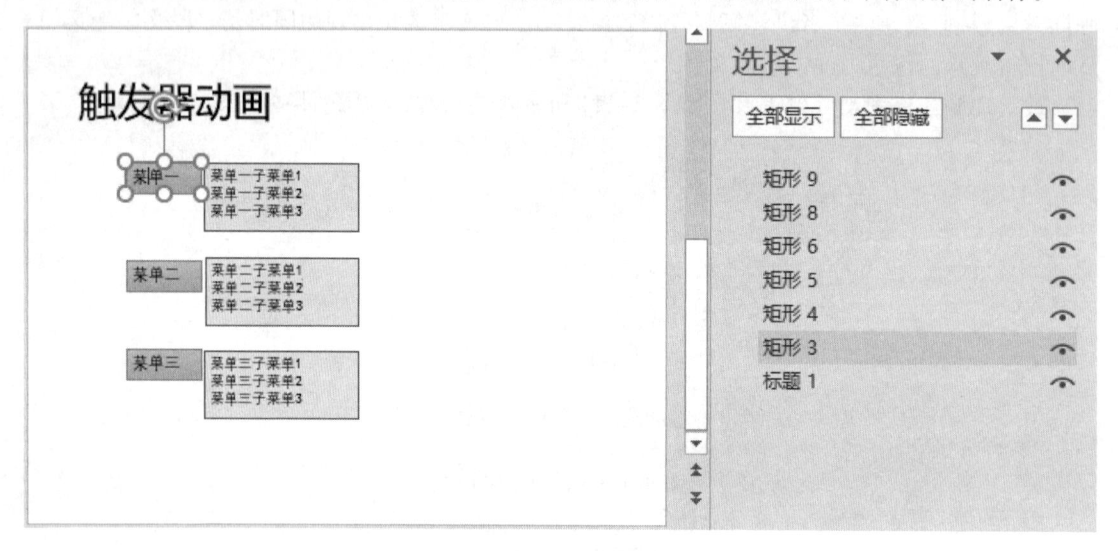

图 3–113 “选择”窗格

Step 02：选中幻灯片中的对象“矩形 6”，单击“动画”选项卡，为其添加进入动画“擦除”，并设置效果选项为“自左侧”，开始方式为“单击时”。然后单击“触发”按钮，在弹出的下拉列表中选择“矩形 3”（即文字内容为“菜单一”的矩形），如图 3–114 所示。

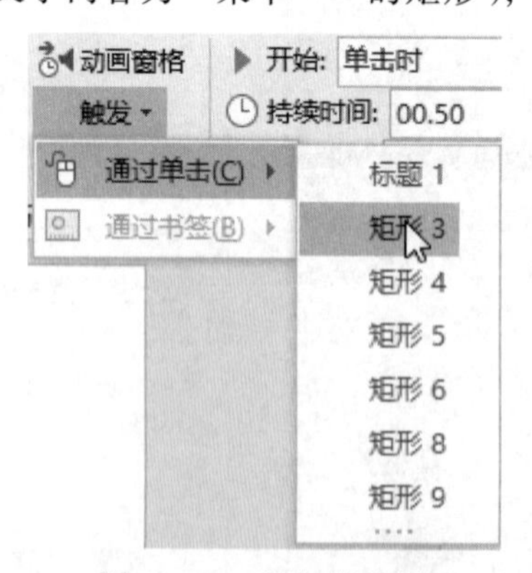

图 3–114 添加触发源

Step 03：选中幻灯片中的对象“矩形 6”，单击“动画”选项卡“高级动画”选项组中的“添加动画”按钮，在弹出的下拉列表中选择退出动画类型中的“擦除”，并设置效果选项为“自右侧”，开始方式为“单击时”。同上一步一样，设置该动画效果的触发源为“矩形 3”。

Step 04：重复前两个步骤，分别对矩形 8 和矩形 9 添加同样的动画，只是矩形 8 的触发源为矩形 4，矩形 9 的触发源为矩形 5。播放幻灯片，可以看到，单击一级菜单矩形，弹出相应子菜单，再次单击一级菜单，相应子菜单消失。

3.6　媒体、放映和输出

3.6.1　声音的使用

1. 格式转换

恰到好处地使用声音可以使幻灯片具有更出色的表现力。但有时候从网络上下载的 MP3、WMA 格式不能通过嵌入真正与 PPT“融为一体”，只有微软公司开发的一种声音文件——WAV 格式才可以。所以在 PPT 中插入音乐之前，最好利用软件将其格式统一转换为 WAV 格式。常用的软件为“格式工厂”，它不仅能转换音频格式，还可以转换视频和图片格式。

2. 连续播放声音

在某些场合，声音需要连续播放，如相册或者宣传片 PPT 中的背景音乐，在幻灯片切换时需要声音保持连续。

Step 01：打开素材“各国旅游文化介绍.pptx”（该文件已经设置好排练计时及放映方式，可以自动播放），将指针定位到第一张幻灯片，单击“插入”选项卡“媒体”选项组中的“音频”按钮，选择素材文件夹中的声音文件“背景音乐.mp3”，将声音插入到 PPT 中。

Step 02：选择插入到了幻灯片中的音频图标，在“音频工具/播放”选项卡“音频选项”选项组中，选择“跨幻灯片播放”复选框，如图 3–115 所示。

Step 03：保存并播放 PPT，音乐会随着幻灯片的切换保持连续播放。

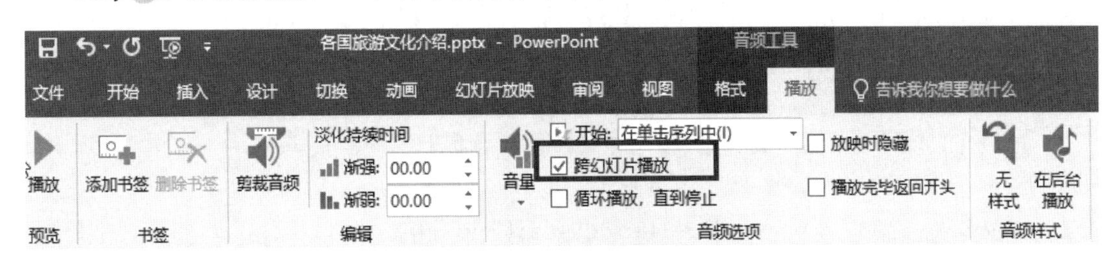

图 3–115　“音频工具/播放”选项卡

3. 在指定的几张幻灯片中播放声音

在一些特殊情况下，可能会想要声音在播放几张幻灯片之后停止。

Step 01：打开素材“各国旅游文化介绍.pptx”（该文件已经设置好排练计时及放映方式，可以自动播放），将指针定位到第一张幻灯片，单击“插入”选项卡“媒体”选项组中的“音频”按钮，选择素材文件夹中的声音文件“背景音乐.mp3”，将声音插入到 PPT 中。

Step 02：选择插入到了幻灯片中的音频图标，在“音频工具/播放”选项卡“音频选项”选项组中，在“开始”下拉列表中选择“自动”。

Step 03：单击“动画”选项卡“高级动画”选项组中的“动画窗格”按钮，打开“动画窗格”任务窗格，单击该声音对象动画上的下拉列表，选择“效果选项”，如图 3–116 所示。

Step 04：弹出“播放音频”对话框，在“停止播放”组中设置在 3 张幻灯片后停止播放，如图 3–117 所示。这样，声音会连续播放，播完 3 张幻灯片后停止。

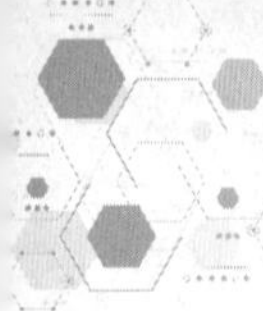

图 3-116　选择“效果选项”

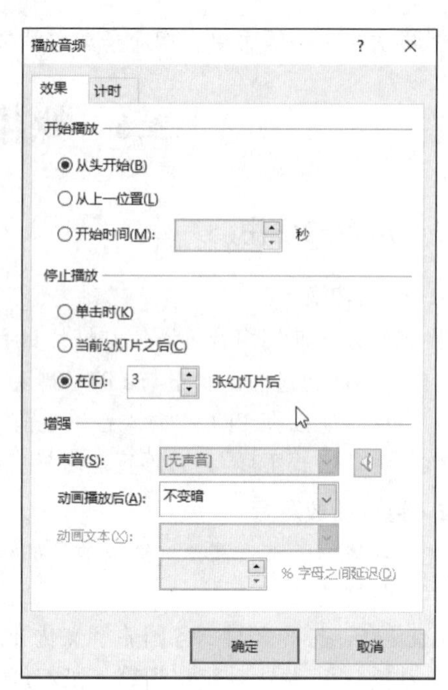

图 3-117　“播放音频”对话框

3.6.2　视频的使用

插入视频后，选中视频，出现“视频工具”中的“格式”和“播放”选项卡，如图 3-118 所示。PowerPoint 2016 提供了多种的视频处理功能，下面从以下几方面进行解释。

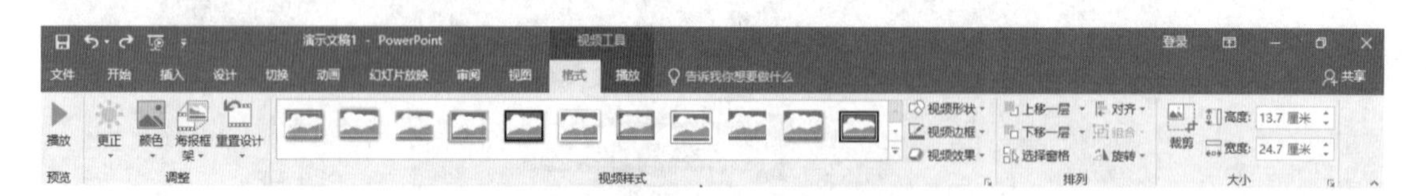

图 3-118　“视频工具”选项卡

1. 更正和颜色

通过这两个工具，可以对整个视频的亮度、饱和度和颜色进行调整。比如，在“颜色”中将视频设为“灰度”，原本彩色视频就变成黑白的了，如图 3-119 所示。

图 3-119　视频黑白化

2. 海报框架

插入视频后，一般默认显示第一帧画面。若要另外换张图片，可以单击“海报框架”按钮，在下拉列表中选择“文件中的图形”选项，并从文件夹中选择对应的图片即可。

若要把视频中某一帧的画面作为封面，可以先把视频定位到该帧画面，然后单击“海报框架”下拉列表中的“当前帧”。这时，视频封面就被定为该帧画面，并在视频底下显示“标牌框架已设定”，如图 3-120 所示。

图 3-120　改变视频封面

3. 视频样式

在“视频样式”选项组中，可以改变视频形状，也可以为它添加边框，甚至可以像对图片一样为它添加阴影等效果。图 3-121 所示是视频应用了视频样式中的“旋转 渐变”后的结果。

图 3-121　视频样式

4. 视频裁剪

在 PowerPoint 2016 中，可以对视频进行剪辑。选中视频，单击“视频工具/播放”选项卡“编辑”选项组中的“剪裁视频”按钮，弹出图 3-122 所示的“剪裁视频”对话框，设置视频的开始和结束位置，单击“确定”按钮即可完成视频的剪辑。

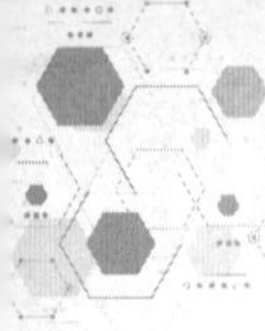

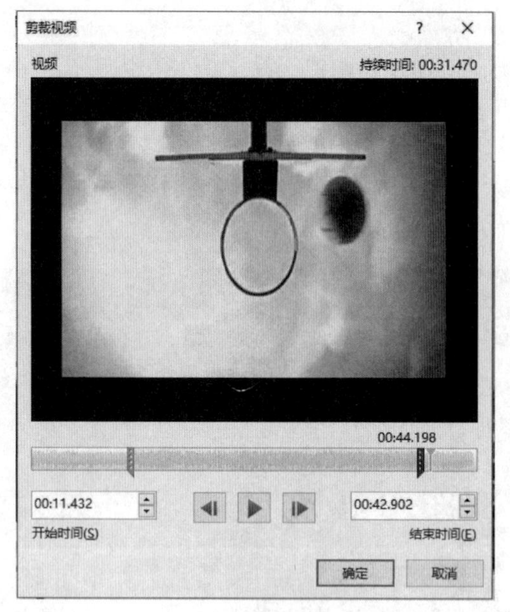

图 3-122 “剪裁视频”对话框

3.6.3 放映方式的设置

“幻灯片放映”选项卡如图 3-123 所示，在该选项卡“设置”选项组中单击“设置幻灯片放映”按钮，弹出“设置放映方式”对话框，如图 3-124 所示。在该对话框中可以对放映类型、放映选项等进行详细设置。

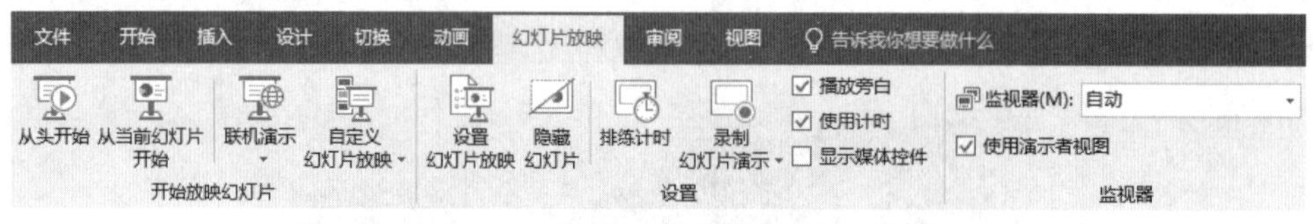

图 3-123 “幻灯片放映”选项卡

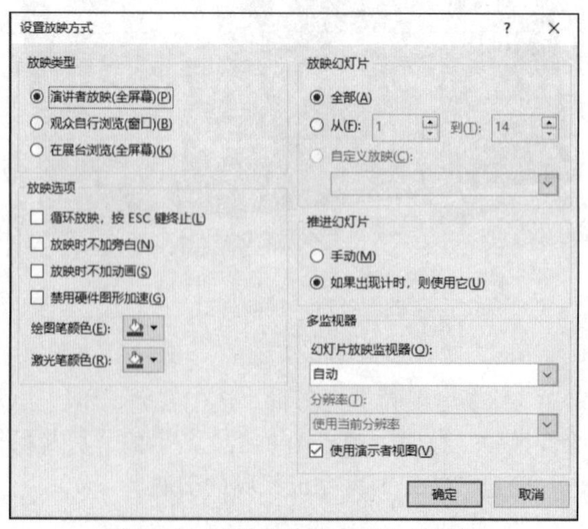

图 3-124 “设置放映方式”对话框

单击“幻灯片放映”选项卡“设置”选项组中的“排练计时”按钮，可以设置每张幻灯片的播放时间。利用这个功能，可以将 PPT 制作成类似 MTV 的效果。

Step 01：打开素材“数鸭子.pptx”，将指针定位到第一张幻灯片，单击“插入”选项卡“媒体”选项组中的“音频”按钮，选择素材文件夹中的声音文件“数鸭子.wma”，将声音插入到 PPT 中。

Step 02：选择插入到了幻灯片中的音频图标，在“音频工具/播放”选项卡“音频选项”选项组中，在“开始”下拉列表中选择“自动”和“跨幻灯片播放”复选框。

Step 03：单击“动画”选项卡“高级动画”选项组中的“动画窗格”按钮，打开“动画窗格”任务窗格，改变声音“数鸭子”的动画效果的次序为第一。

Step 04：单击“幻灯片放映”选项卡“设置”选项组中的“排练计时”按钮，PPT 开始播放，进入排练计时界面。在左上角出现图 3-125 所示的工具栏。单击该工具栏中的向左箭头按钮可以播放下一项，单击等号按钮可以暂停录制。

Step 05：根据声音的播放进度，通过单击鼠标或者单击录制工具栏中的“下一项”按钮，设置好每一张幻灯片的播放时间。

Step 06：当播放到最后一张幻灯片时，弹出图 3-126 所示的对话框，单击“是”按钮，排练计时录制结束。如果在“设置放映方式”中选中了“如果出现计时，则使用它”，那么放映演示文稿时，PPT 会按照所录制的排练计时自动播放。

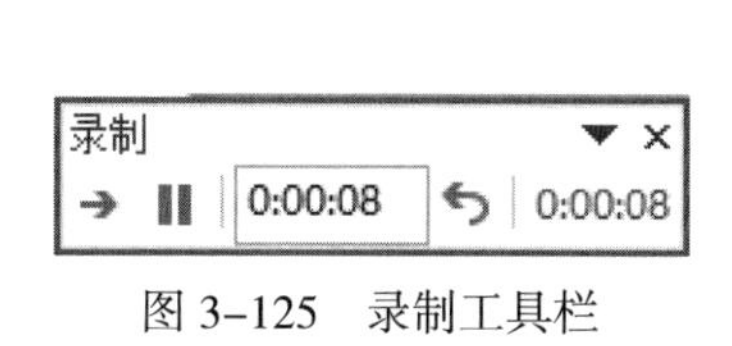

图 3-125　录制工具栏

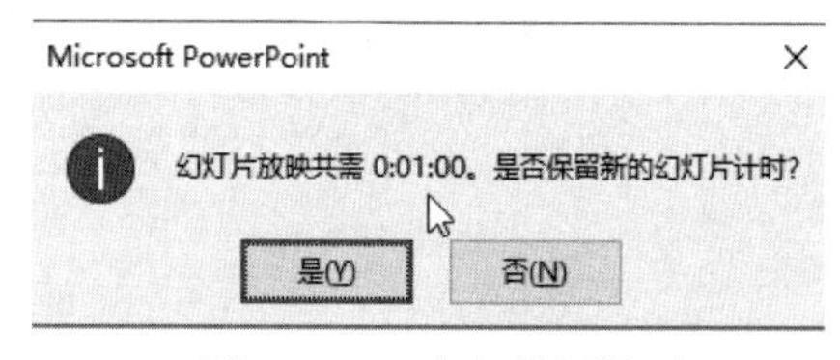

图 3-126　确定保留计时

3.6.4　打包成 CD

打包成 CD 功能可打包演示文稿、链接文件和播放支持文件等，并能从 CD 自动运行演示文稿。这样就可以避免演示文稿中链接失效的问题。

Step 01：在 PowerPoint 中打开想要打包的 PPT 演示文稿，执行“文件”→“导出”→“将演示文稿打包成 CD”→“打包成 CD”命令，如图 3-127 所示。

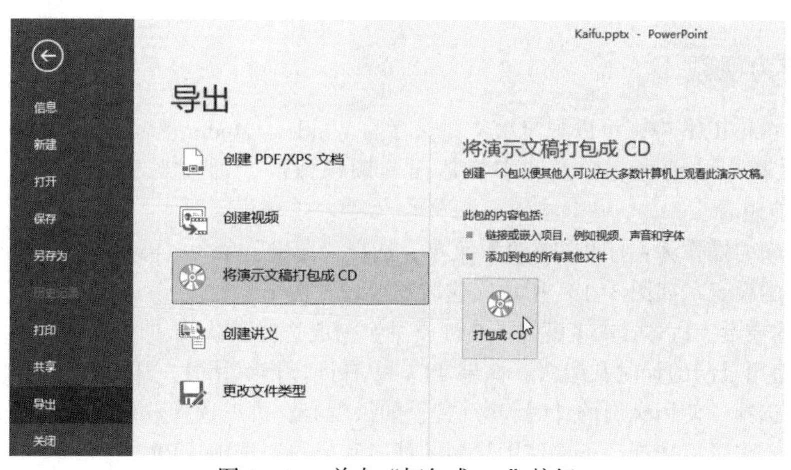

图 3-127　单击“打包成 CD”按钮

Step 02：在弹出的“打包成 CD”对话框中，选择需要添加的与该 PPT 相关的音频视频文件，也可以删除不需要打包的文件，如图 3–128 所示。

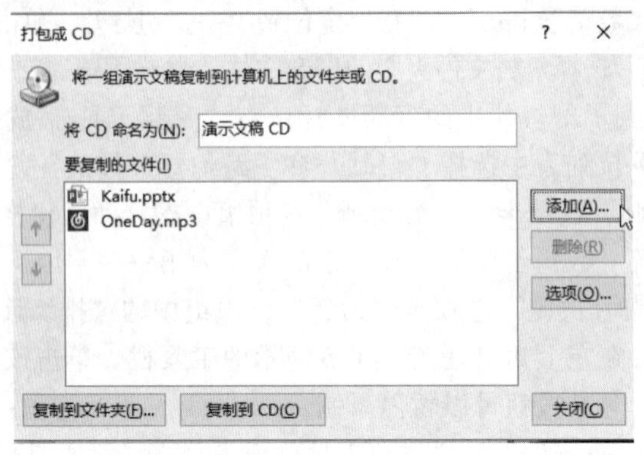

图 3–128 “打包成 CD”对话框

Step 03：单击“复制到文件夹”按钮，选定“位置”，单击“确定”按钮，如图 3–129 所示。当弹出图 3–130 所示对话框时，单击“是”按钮即可。

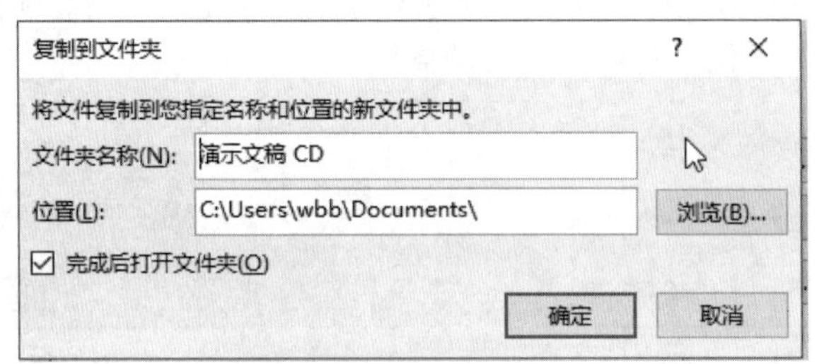

图 3–129 选择保持路径

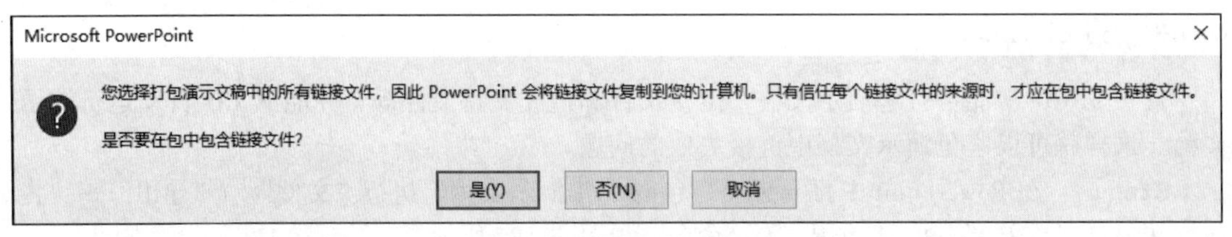

图 3–130 选择包含链接

3.6.5 另存为视频

在 PowerPoint 2016 中，可以把演示文稿保存为 Windows Media 视频（.wmv）文件。这样可以确保演示文稿中的动画、旁白和多媒体内容顺畅播放，即使观看者的计算机没有安装 PowerPoint 也能观看。

另存为视频的操作为：打开“文件”菜单，选择“导出”命令，再单击“创建视频”命令，即可进行视频的设定，如图 3–131 所示。这时需要设置两个参数。

① 视频的质量。PowerPoint 提供了 3 种质量，一般选择默认的“计算机和 HD 显示”。

② 是否使用录制的计时和旁白。如果 PPT 中有进行排练计时，那可以按照排练计时方式录制视频，即选择“使用录制的计时和旁白”；如果没有，可以选择“录制计时和旁白”选项。如果嫌太麻烦，也可以选择“不要使用录制的计时和旁白”选项，PPT 就会按默认的每页 5 秒（也可以调节改变时间）的速度进行播放。

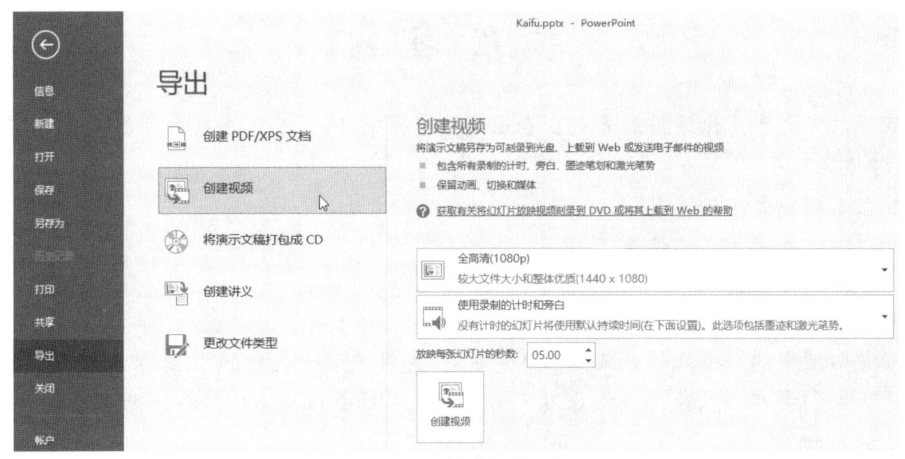

图 3-131　创建视频界面

3.6.6　转存为 EXE 格式

借助外部工具 iSpring，可以将 PPT 转换成 EXE 格式的可执行文件。iSpring 是一款 PPT 格式转换工具，能轻松地对 PPT 进行格式转换。它能让动画多媒体在各类环境下播放，又能呈现出 PPT 本来的模样。

安装了 iSpring 软件后，Powerpoint 中会多出现一个选项卡，如图 3-132 所示。

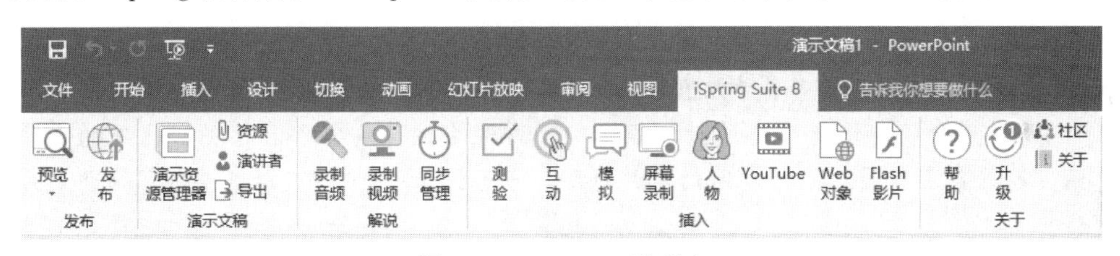

图 3-132　ISpring 选项卡

单击该选项卡“发布”选项组中的“发布”按钮，会弹出图 3-133 所示的对话框。在“Web”组中勾选“可执行文件（exe）”复选框并单击“发布”按钮，便可将 PPT 转换成 EXE 格式。转换好的文件在没有安装 PowerPoint 的计算机上也可以运行流畅。

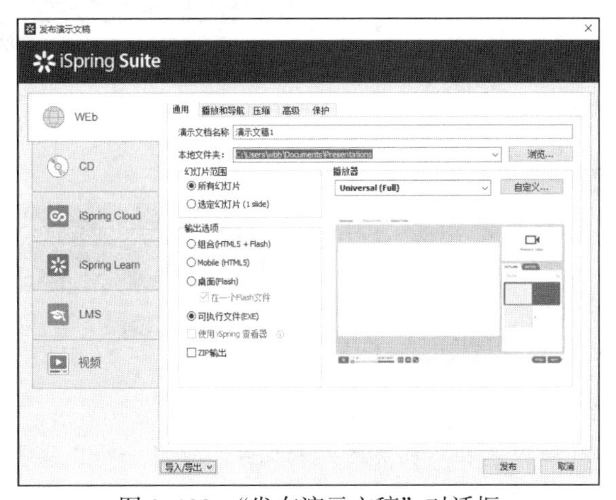

图 3-133　“发布演示文稿”对话框

本 章 习 题

1. 假设以下文字是你演讲的素材，会如何将它放在PPT里？在将文字放入PPT时，分别从以下两种情况入手。

（1）在不删减文字的情况下。

（2）在可以删减文字的情况下。

> 鸟笼效应：人类难以摆脱的十大心理之一。
> 鸟笼效应是心理学的一个理论，又称“鸟笼逻辑”，其发现者是近代杰出的心理学家詹姆斯。该理论认为人们会在偶然获得一件原本不需要的物品的基础上，继续添加更多与之相关而自己不需要的东西。
>
> 以某人拥有一个空鸟笼为例，假如一个人买了一只空鸟笼放在家里，那么一段时间后，他一般会为了用这只笼子再买一只鸟回来养，而不会把笼子丢掉，也就是这个人反而被笼子给异化掉了，成为笼子的俘虏。再比如，一个女孩子的男朋友送了她一束花，她很高兴，特意让妈妈从家里带来一只水晶花瓶，结果为了不让这个花瓶空着，她的男朋友就必须隔几天就送花给她。

2. 打开“习题2”文件夹中的“广州.pptx”文档，根据提供素材中的“广州简介.wmv”进行设计，完成保存。

涉及的操作有：母版、对齐、插入图表（含SmartArt图）、插入动画（部分动画可以参考“动画实例.pptx”）、幻灯片切换、项目符号设置、段落格式设置、字体格式设置、图片格式设置等。

3. 广商学生会将要进行年终总结，假如你是学生会主席，需要在总结会上对该学期工作进行总结。请你参考下图结果，利用幻灯片母版，自己设计一个PPT模板来制作演讲时所需的演示文稿。

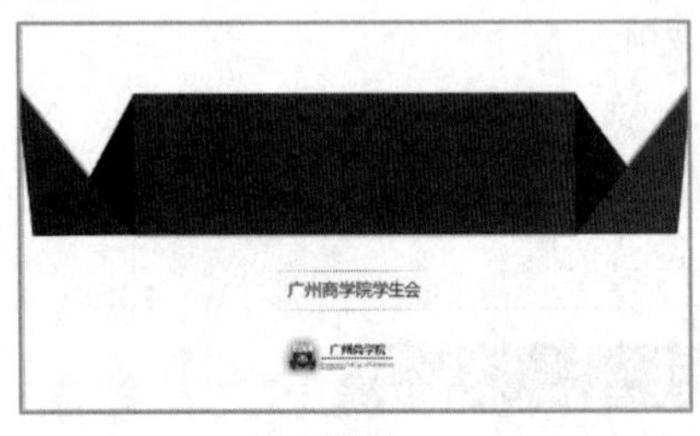

封面

目录页

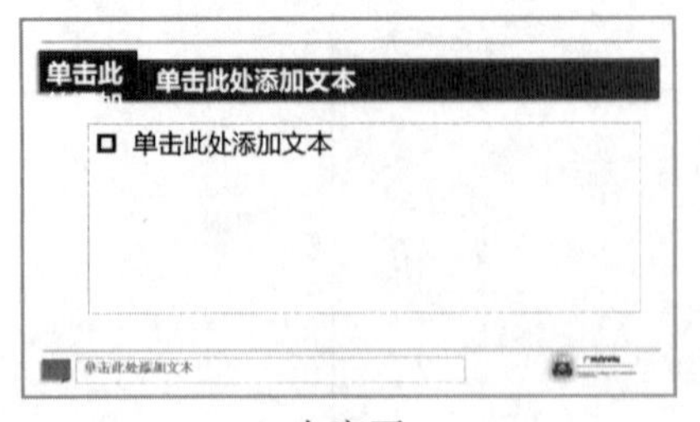

内容页

尾页

4. 自选歌曲，根据歌曲内容收集相关图片和文字，制作一个图文并茂、动画绚丽的MTV（可参考3.6.3节中的“数鸭子.pptx”效果）。

第 4 章 Visio 2016 高级应用

学习目标

- 掌握创建绘图文档、绘图页的管理和设置。
- 掌握形状的创建和编辑、文本的添加和设置。
- 掌握应用标注和应用容器的操作。
- 掌握应用 Visio 数据和共享 Visio 绘图的操作。
- 通过本章具体案例的学习，培养学生用理论指导实际、尊重科学知识、实事求是的学习态度。

章节导学

Office Visio 是一款专业的办公绘图软件，便于用户就复杂信息、系统和流程进行可视化处理、分析和交流。Office Visio 可以帮助用户创建具有专业外观的图表，以便记录和分析信息、数据、系统和过程。此外，Office Visio 还具有文本编辑功能，使文档变得更加丰富。

本章将详细地介绍利用 Visio 2016 管理绘图文档、创建形状和添加文本、应用标注和容器、应用 Visio 数据、共享 Visio 绘图五个方面的内容，并详细描述了一个实例的操作步骤。

4.1 管理绘图文档

4.1.1 创建绘图文档

在 Visio 2016 中，可以创建空白文档和模板绘图文档，还可根据搜索结果进行创建。

1. 创建空白绘图文档

启动 Visio 2016 后，系统为用户提供了很多文档模板，其中也包括空白文档。选择“空白绘图”即可创建空白文档，如图 4–1 所示。

当用户进入文档以后，可以单击“文件”选项卡中的“新建”按钮创建空白文档，如图 4–2 所示。

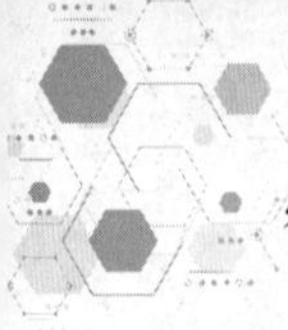

图 4-1 直接创建空白文档

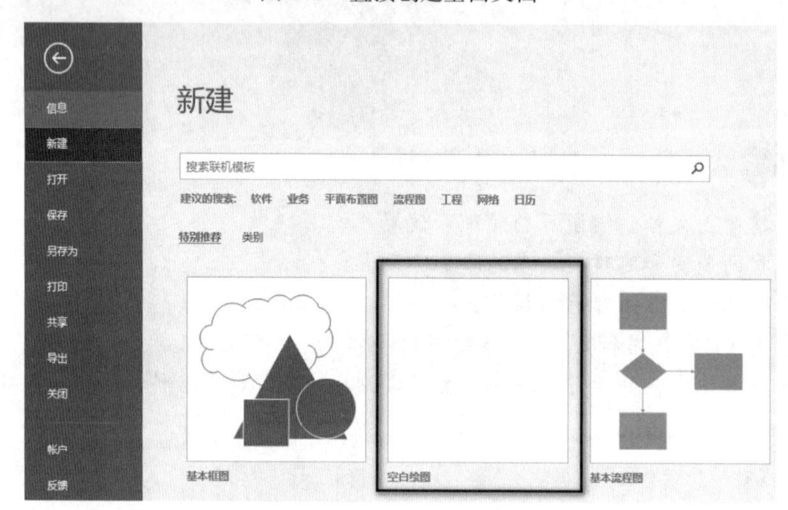

图 4-2 利用“新建”按钮创建空白文档

2. 创建模板绘图文档

（1）根据默认模板创建

启动 Visio 2016 后，系统会自动显示很多模板。选择所需创建的模板文档，然后在弹出的创建页面中单击“创建”按钮，即可创建该模板绘图文档，如图 4-3 所示。

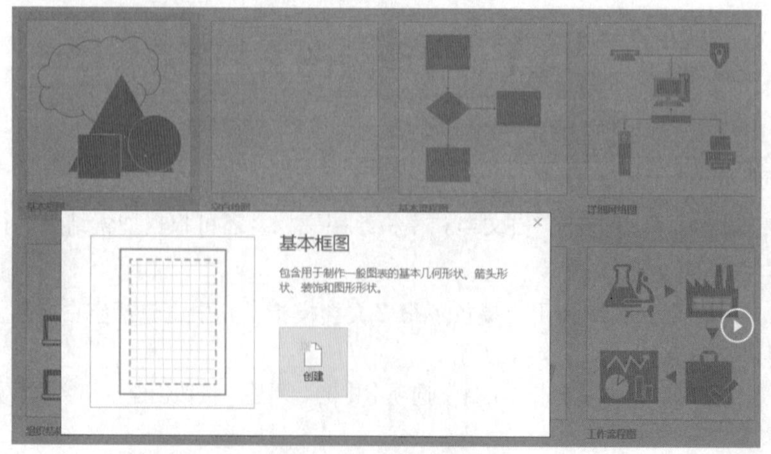

图 4-3 创建模板绘图

（2）根据模板类别创建

Visio 2016 根据图表用途将绘图模板进行分类，用户可根据类别进行选择。启动 Visio 2016 后选择“类别”选项，根据需要选择相应的类别模板绘图文档，如图 4–4 所示。

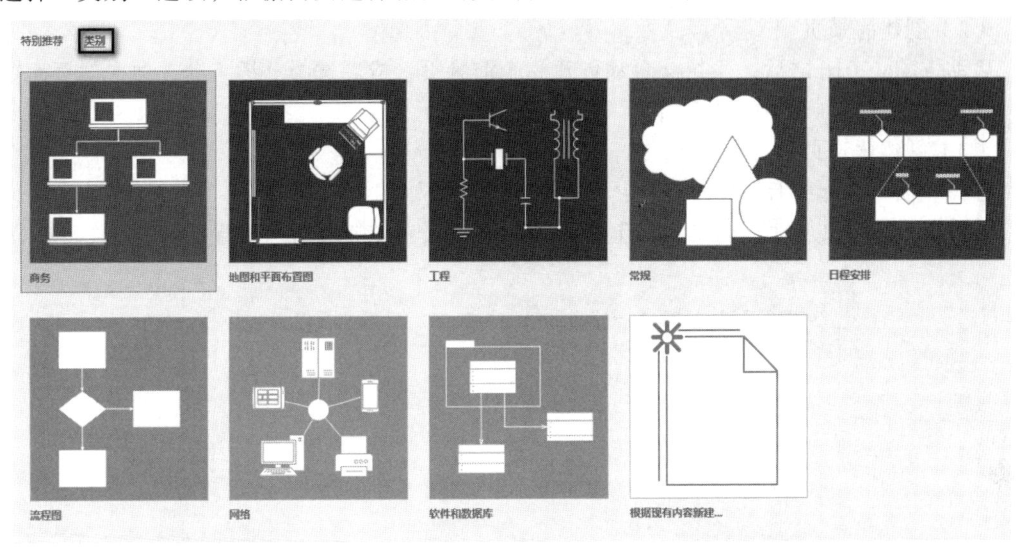

图 4–4　根据模板类别创建绘图文档

（3）根据搜索功能创建

用户也可以使用搜索功能，快速查找模板样式。启动 Visio 2016 后，在“建议的搜索”中选择相应的搜索类型，或者输入关键字，即可选择创建该类型的相关模板文档。例如，选择“日历”选项，然后在弹出的“日历”页面中，选择需要的模板样式即可创建相应的绘图文档，如图 4–5 所示。

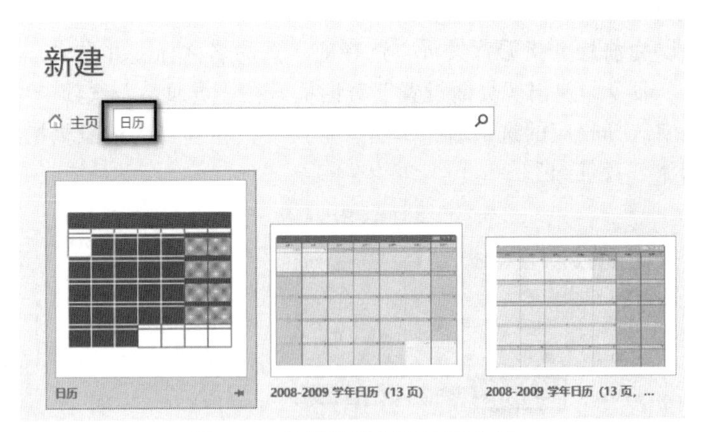

图 4–5　根据搜索创建绘图文档

4.1.2　管理绘图页

1. 创建绘图页

（1）绘图页的分类

绘图页包括前景页和背景页两种，默认情况下 Visio 2016 都是创建前景页，并且大部分操作都是在前景页中进行的。

前景页是创建绘图内容的主要页面，用来编辑和显示绘图内容，包含绘图模具和模板。

背景页主要用于设置绘图页背景和边框样式，如显示页编号、日期等常用信息。当背景页与前景页相关联时，才能显示背景页。

（2）创建前景页

启动 Visio 2016 之后，系统会自动创建一个前景页，或者选择“插入”选项卡“页面”组中“新建页”下拉列表中的“空白页”命令即可创建。

（3）创建背景页

选择“插入”选项卡“页面”组中“新建页”下拉列表中的“背景页”命令，弹出“页面设置”对话框，在“页属性”选项卡中选择“背景”，并设置图 4-6 所示的背景名称与度量单位。

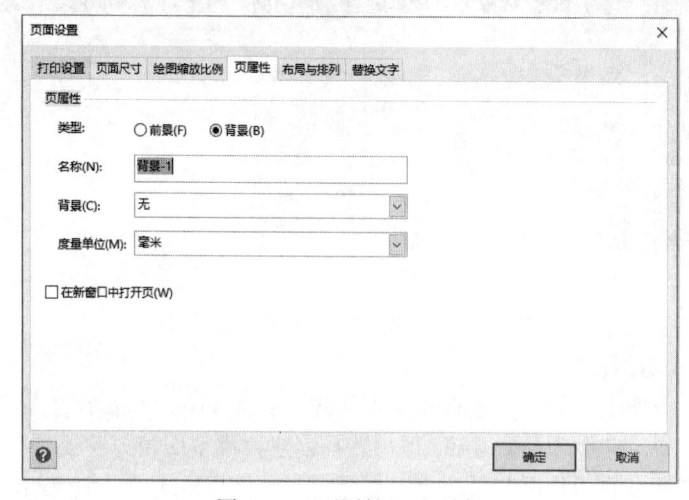

图 4-6 “页属性”选项卡

（4）指派背景页

Visio 2016 可以为前景页指派背景页，选择前景页的名称标签并右击，在弹出的快捷菜单中选择“页面设置”命令，弹出“页面设置”对话框，在“页属性”选项卡中选择“前景”，在“背景”下拉列表中选择相应的选项后，单击“应用”按钮即可为前景页指派背景页。图 4-7 所示为“页-2”指派“背景-1”。

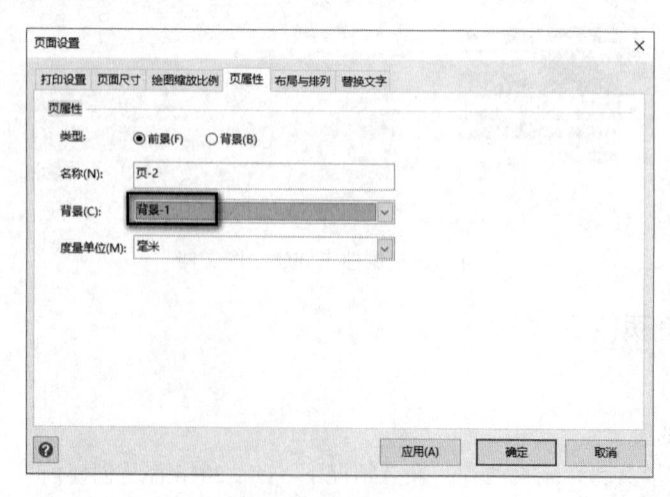

图 4-7 指派背景页

2. 编辑绘图页

（1）绘图页的切换

当绘图文档中存在多个绘图页时，可以通过以下 3 种方法切换绘图页。

① 页标签：单击“绘图”窗格下方的“绘图页标签”栏中相应的页标签，即可切换绘图页。

②“全部”按钮：单击“绘图页标签”栏中的“全部”按钮，在列表中选择页标签选项，即可切换绘图页。

③“页面”选项：选择 Visio 窗口左下角的“页面”选项，即弹出“页”对话框，在“选择页”列表中，选择页标签名称即可。

（2）绘图页的重命名

默认情况下，绘图页以“页-1”或“背景-1”显示，对于具有多个绘图页的文档来讲，可以重命名绘图页。选择绘图页，右击页标签，在弹出的快捷菜单中选择“重命名”命令，输入名称即可。

（3）绘图页的排序

选择需要排序的页标签，右击，在弹出的快捷菜单中选择“重新排序页”命令，在弹出的对话框中选择需要排序页的名称，单击“上移”或“下移”按钮即可，如图 4-8 所示。

图 4-8　“重新排序页”对话框

4.1.3　设置绘图页

1. 设置绘图页背景

（1）添加背景

单击“设计”选项卡“背景”组中的“背景”下拉按钮，在弹出的下拉列表中选择相应的背景选项即可为绘图页添加背景效果。

（2）设置背景颜色

为绘图页添加背景效果之后，还可以选择“背景”下拉列表中的“背景色”命令，选择相应的颜色更改背景效果的显示颜色。

2. 设置边框和标题

（1）添加边框和标题

边框和标题是 Visio 内置的一种效果样式，其作用是为绘图文稿添加可显示的边框以及输入标题内容。

单击“设计”选项卡“背景”组中的“边框和标题”按钮，在弹出的下拉列表中选择相应的选项即可，图 4-9 所示是应用了“凸窗”的边框和标题样式。

（2）编辑边框和标题

一般情况下，边框和标题样式是添加在背景页中的。在编辑边框和标题时，首先需要选择背景页标签，切换到背景中，然后选择标题的文本框或者边框，单击“开始”选项卡“形状样式”组中的“填充”/“线条”/“效果”下拉按钮即可设置填充颜色、线条样式或整体效果。

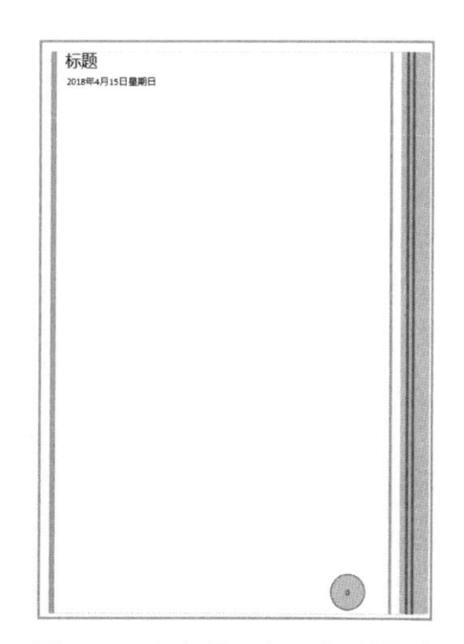

图 4-9　凸窗的边框和标题样式

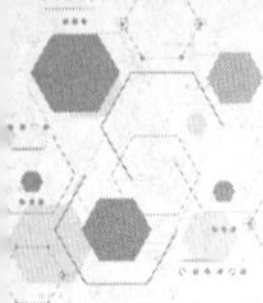

4.2 创建形状和添加文本

4.2.1 形状概述

1. 形状分类

在 Visio 2016 中，可以将形状分为一维形状和二维形状。

一维形状具有起点和终点两个端点（见图 4–10），具有以下特征。

① 起点：是空心的圆形。

② 终点：是实心的圆形。

③ 连接作用：可粘附在两个形状之间，具有连接作用。

④ 选择手柄：可以通过选择手柄调整形状的外形。

⑤ 拖动形状：当拖动形状时可以改变形状的长度或位置。

二维形状具有两个维度，选择该形状的时候没有起点和终点（见图 4–11），具有以下特征。

① 选择手柄：具有 8 个选择手柄，拐角上的选择手柄可以改变形状的长度和宽度。

② 形态：根据形状的填充效果，二维形状可以是封闭的也可以是开放的。

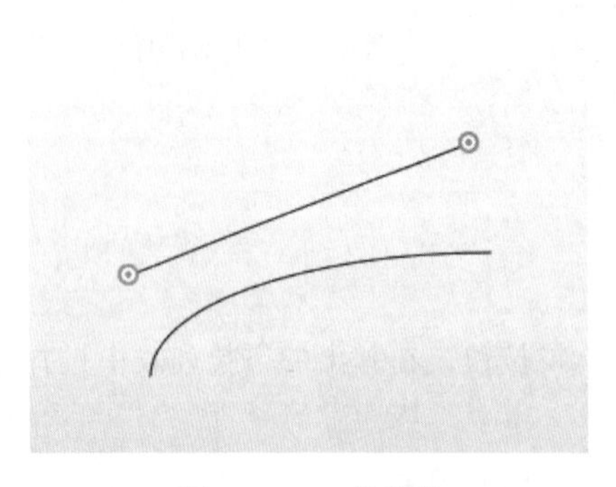

图 4–10 一维形状

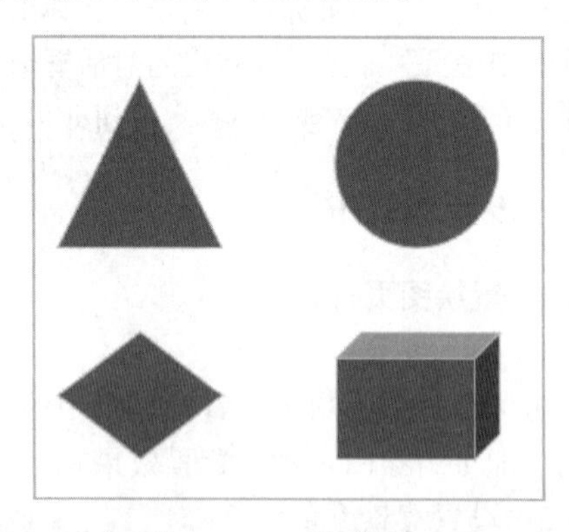

图 4–11 二维形状

2. 形状手柄

（1）选择手柄

选择手柄是最基本的手柄。选择形状时，在形状周围将显示 8 个空心的圆点，这些圆点被称作“选择手柄”。

选择手柄的作用是标识形状被选择的状态和用户可以调整形状的尺寸。拖动选择手柄上就可以改变形状的尺寸。按住【Ctrl】键后再拖动可以对形状进行等比例缩放。

（2）旋转手柄

选择形状时在形状的顶端出现的符号 ⟳ 即为旋转手柄。将鼠标指针置于旋转手柄上时就会变成旋转箭头形状时，拖动就可以旋转形状，如图 4–12 所示。

（3）控制手柄

控制手柄是一种特殊的手柄，主要用来调节形状的角度和方向。只有部分形状具有控制手柄，并且不同形状上的控制手柄具有不同的改变效果。选择形状时，形状上出现的“黄色圆点”就是控制手柄。例如，在“箭头形状”的“圆角右箭头”中有多个控制手柄，用于调节形状的外形，如图 4–13 所示。

（4）控制点

控制点存在于一些特殊曲线中，其作用是控制曲线的曲率。在使用铅笔工具绘制弧线形状时，弧线中间出现的“圆点”就是控制点。拖动控制点可以改变曲线的弯曲度或弧度的对称性。弧线上两头的“圆点”可以扩展形状，从顶点单击并拖动就可以继续绘制形状，如图 4–14 所示。

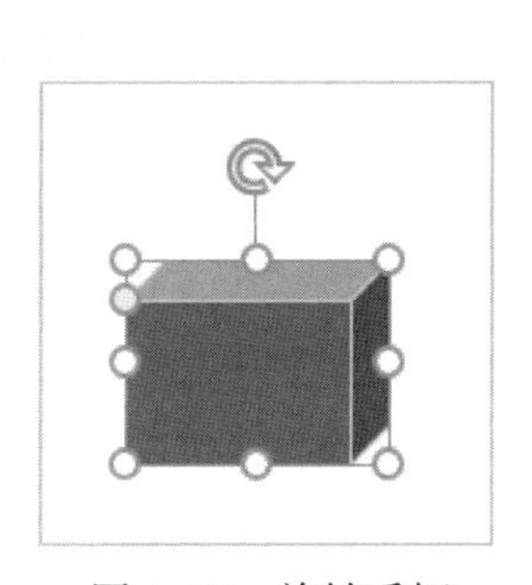

图 4–12 旋转手柄

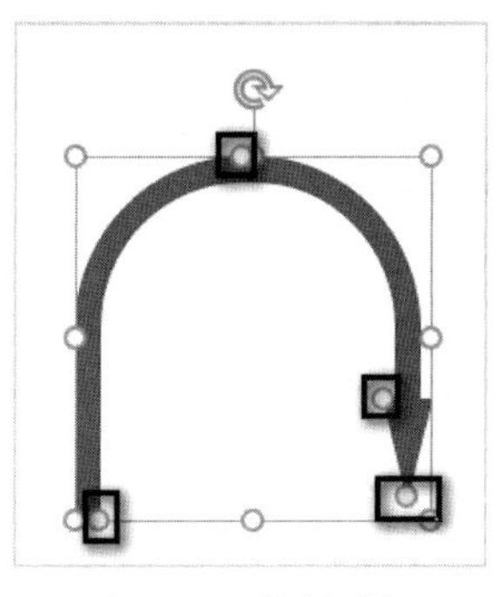

图 4–13 控制手柄

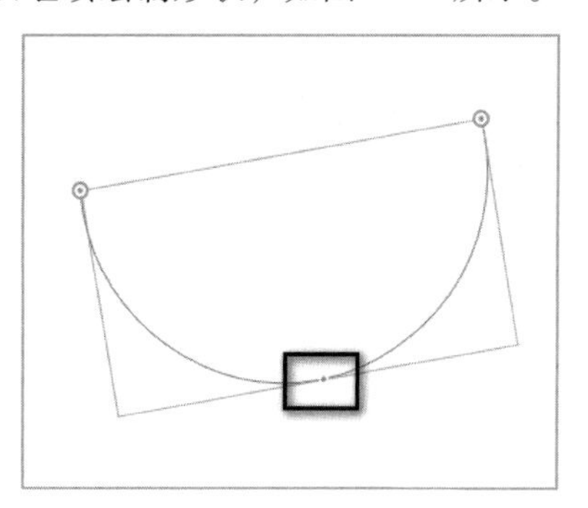

图 4–14 控制点

4.2.2 创建形状

1. 添加模具形状

（1）使用模板中的模具

启动 Visio 2016 创建基于模板的绘图文档后，Visio 2016 自动打开该模板的模具，并显示在“形状”任务窗格中。图 4–15 所示就是创建“基本流程图”以后“形状”任务窗格中的基本形状。

（2）使用其他分类模具

当创建基于模板的绘图文档后，还可以将其他模板的模具分类添加到“形状”任务窗格中。在“形状”任务窗格中单击“更多形状”下拉按钮，在其列表中选择相应类型后，形状模具就会显示在下方的模具列表中。

（3）使用搜索形状

Visio 2016 为用户提供了搜索形状的功能，用户可以从本地或网络中搜索到相应的形状。例如，在搜索形状文本框中输入需要搜索的形状名称，单击“搜索”按钮即可。

（4）使用“我的形状”模具

Visio 2016 也可以使用共享或下载的模具绘制图表。单击“形状”任务窗格中的“更多形状”下拉按钮，在弹出的下拉列表中选择“我的形状”→“组织我的形状”选项，可以选择添加的形状。

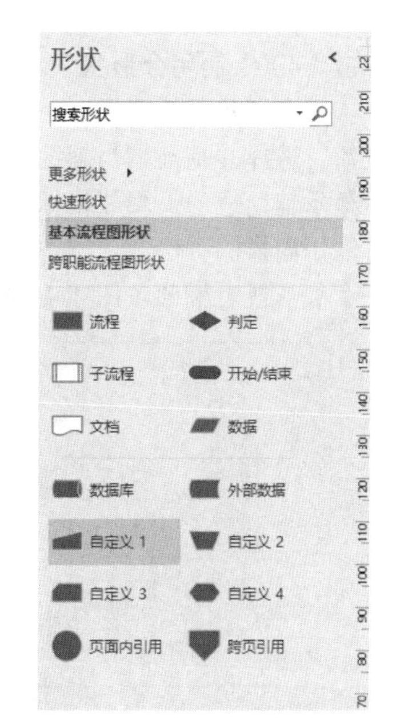

图 4–15 “基本流程图”的形状

2. 绘制形状

（1）绘制直线形状

单击“开始”选项卡“工具”组中的“线条”按钮，在绘图页中拖动绘制线段，释放鼠标即可。使用线条工具还可以绘制相互连接的线段和闭合的形状。绘制的直线如图 4–16 所示。

相互连接的线段：在绘制线段的一个终点处继续绘制直线，则可以绘制一系列相互连接的线段。

闭合的形状：单击系列线段的最后一条线段的终点，拖动至第一条线段的起点就可绘制闭合形状。

（2）绘制弧线形状

单击“开始”选项卡“工具”组中的“弧形”按钮，在绘制页中拖动一个点，释放鼠标即可绘制一条弧线。然后单击“开始”选项卡“工具”组中的“铅笔”按钮，拖动弧线控制手柄中间的控制点可以调整弧线的曲率大小和弧线形状，如图 4-17 所示。

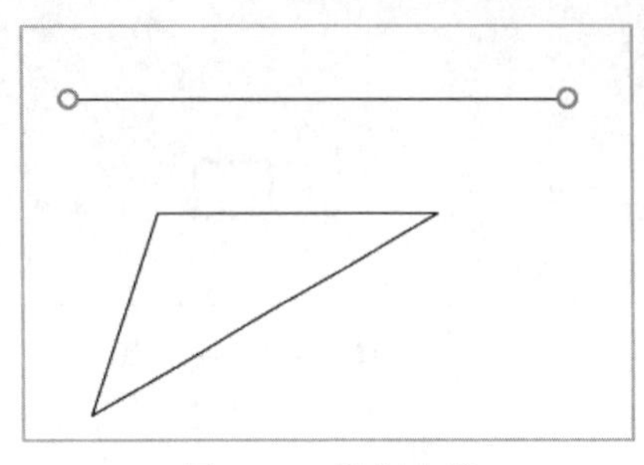

图 4-16　绘制直线

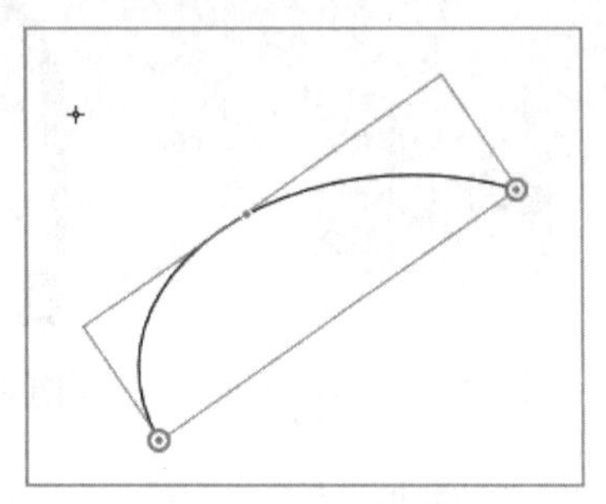

图 4-17　绘制弧线

（3）绘制曲线形状

单击“开始”选项卡“工具”组中的“任意多边形”按钮，在绘图页中随意拖动几个点，释放鼠标即可绘制一条平滑的曲线，如图 4-18 所示。

（4）绘制闭合形状

闭合形状包括矩形、正方形、椭圆和圆形，单击“开始”选项卡“工具”组中的“矩形”按钮，选择并拖动，当辅助线穿过形状对角线时，释放鼠标即可绘制一个正方形。当拖动鼠标不显示辅助线时，释放鼠标就可以绘制一个矩形。

用同样的方法，单击“开始”选项卡“工具”组中的“椭圆”按钮，选择并拖动可以绘制一个圆形或者椭圆。图 4-19 所示为绘制的闭合形状。

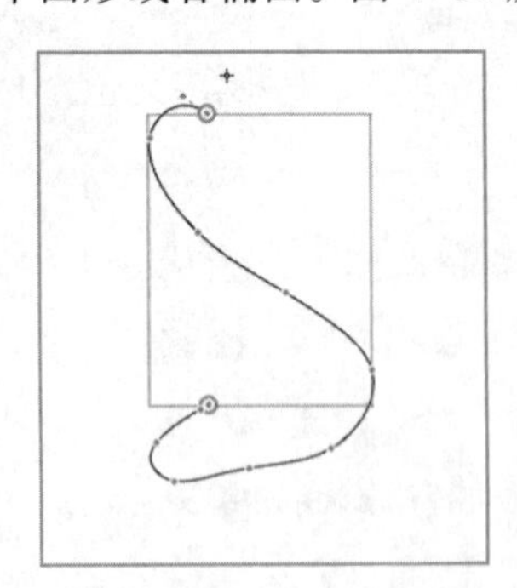

图 4-18　绘制曲线

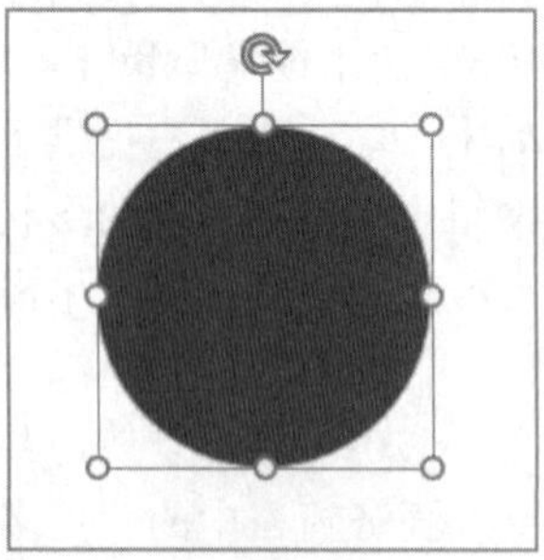

图 4-19　绘制闭合形状

（5）使用铅笔工具

使用铅笔工具可以绘制直线、弧线和多边形。单击“开始”选项卡“工具”组中的“铅笔”按钮，选择并拖动就可以在绘图页中绘制以下形状。

① 绘制直线：选择并以直线拖动即可绘制直线，直线模式下指针为右下角显示“直线”的十字准线。

② 绘制弧线：选择并以弧线拖动即可绘制弧线，弧线模式下指针为右下角显示“弧线”的十字准线。

③ 从弧线模式转换到直线模式：移动指针到起点或终点处，当十字准线下的弧线消失时，选择并以直线拖动即可转换到直线模式。

④ 从直线模式转换到弧线模式：移动指针到起点或终点处，当十字准线下的直线消失时，单击并以直线拖动即可转换到弧线模式。

图 4-20 所示为用铅笔工具绘制的直线和弧线。

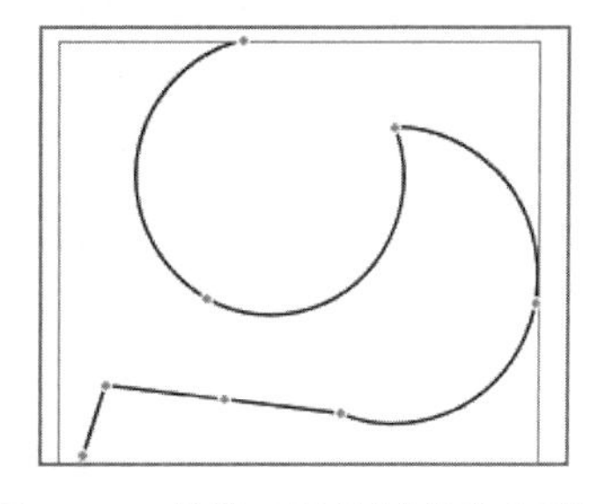

图 4-20 铅笔工具绘制直线和弧线

4.2.3 编辑形状

1. 选择形状

（1）选择多个不连续的形状

单击“开始”选项卡“编辑”组中的“选择”按钮，在弹出的下拉列表中选择“选择区域”命令，在绘图页中绘制一个矩形就可以选择矩形框内的形状；或者选择“开始”选项卡“编辑”组中“选择”下拉列表中的“套索选择”命令，绘制任意样式的选择轮廓，释放鼠标就可以选择该轮廓内的形状。

（2）按类型选择形状

单击“开始”选项卡“编辑”组中的“选择”按钮，在弹出的下拉列表中选择“按类型选择”命令，在弹出的图 4-21 所示的“按类型选择”对话框中，可以设置要选择形状的类型。

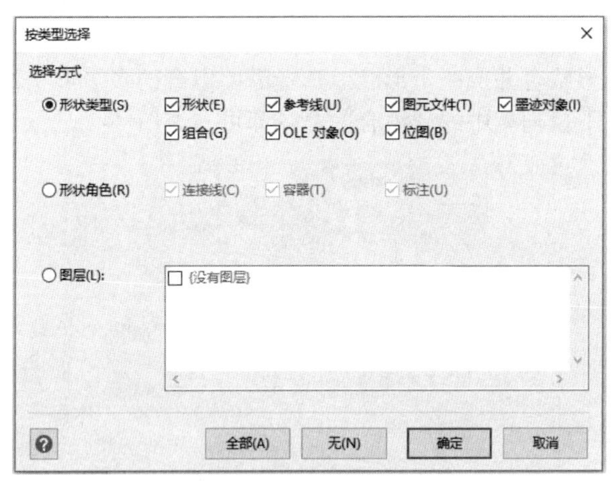

图 4-21 按类型选择形状

“按类型选择”对话框中有以下 3 种选择方式。

① 形状类型：根据形状的性质确定选择的形状。

② 形状角色：可以选择连接线、容器、标注等形状。

③ 图层：根据图层显示的形状来选择。

2. 形状的其他操作

（1）旋转形状

选择形状后将鼠标指针置于形状上方的旋转手柄上，指针会变成“选择形状”，拖动就可以任意角度地旋转形状；或者选择“开始”选项卡“排列”组中的“位置”下拉列表中的“旋转形状”命令，在级联菜单中选择相应的选项即可，如图 4-22 所示。

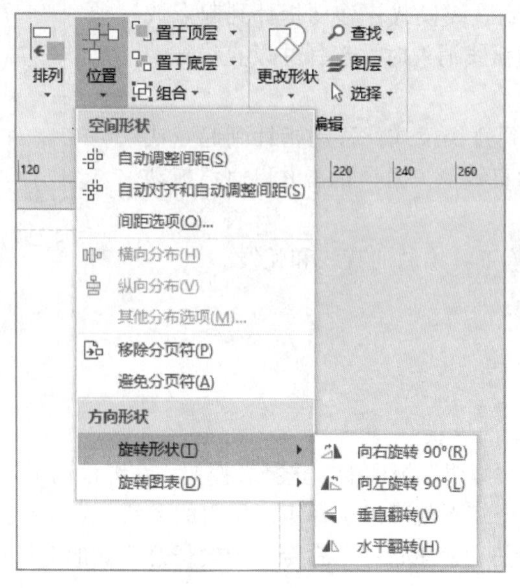

图 4-22　旋转形状

（2）翻转形状

在绘图页中选择要翻转的形状，选择“开始”选项卡“排列”组中“位置”下拉列表中的“水平翻转”/“垂直翻转”命令，可以将形状进行水平翻转或垂直翻转。

（3）组合形状

组合形状是将多个形状合并成一个形状。选择需要组合的多个形状，选择“开始”选项卡“排列”组中“组合”下拉列表中的“组合”命令即可，如图 4-23 所示。

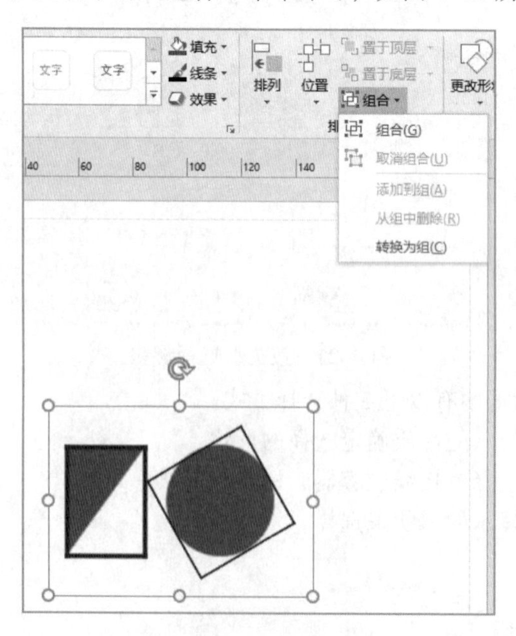

图 4-23　组合形状

（4）叠放形状

当多个形状叠放在一起时，突出图表效果需要调整形状的显示层次。选择需要调整层次的形状，选择“开始”选项卡“排列”组中“排列”下拉列表中的“置于顶层”或“置于底层”命令即可。

4.2.4 排列形状

1. 对齐形状

对齐形状是沿水平轴或纵轴对齐所选形状。选择需要对齐的多个形状，单击“开始”选项卡“排列”组中的“排列”下拉按钮，在弹出的下拉列表中选择相应的命令即可对形状进行水平对齐或垂直对齐。在“排列”下拉列表中有自动对齐、左对齐、右对齐、水平居中、顶端对齐、底端对齐、垂直居中 7 个命令。图 4-24 所示是 3 个形状底端对齐后的效果。

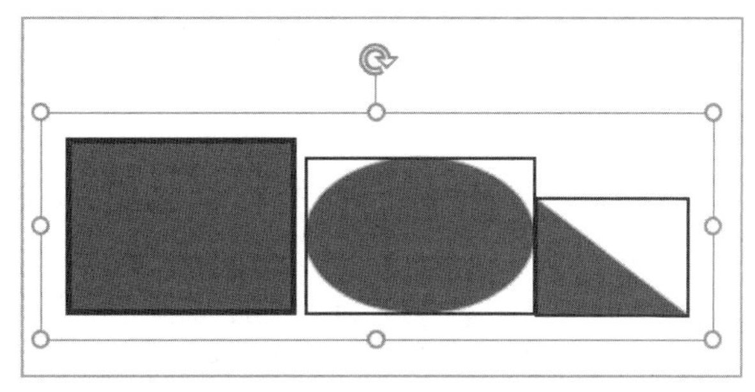

图 4-24 底端对齐效果

2. 分布形状

分布形状是在绘图页上均匀地隔开 3 个或多个选定的形状。Visio 2016 中的形状分为垂直分布和水平分布两种情况，垂直分布通过垂直移动形状，可以让所选形状的纵向间隔保持一致；而水平分布通过水平移动形状，能够使所选形状的横向间隔保持一致。

选择“开始”选项卡“排列”组中“位置”下拉列表中的“横向分布”或“纵向分布”命令，自动分布形状。另外，还可以选择“开始”选项卡“排列”组中“位置”下拉列表中的“其他分布”命令，在弹出的“分布形状”对话框中进行水平分布或垂直分布。

4.2.5 连接形状

1. 自动连接形状

Visio 2016 为用户提供了自动连接功能，可以将所连接的形状快速添加到图表中，并且每个形状在添加后都会间距一致且自动对齐。

通过选择“视图”选项卡“视觉帮助”组中的“自动连接”复选框启用自动连接功能。

然后，将鼠标指针放置在绘图页形状上方。当形状四周出现“自动连接”箭头时，指针旁边会显示一个浮动工具栏，单击工具栏中的形状，即可添加并自动连接所选的形状，如图 4-25 所示。

2. 手动连接形状

在 Visio 2016 中，除了使用自动连接符连接形状之外，还可以使用“连接线”手动连接各个形状。单击“开始”选项卡“工具”组中的“连接线”按钮，将鼠标指针置于需要进行连接的形状的连接点上，当指针变为“十字形连接线箭头”时，向相应形状的连接点拖动即可绘制一条连接线，如图 4-26 所示。

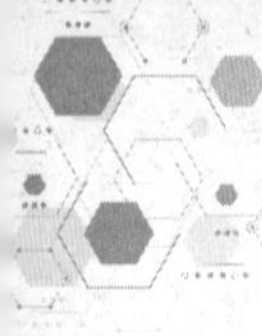

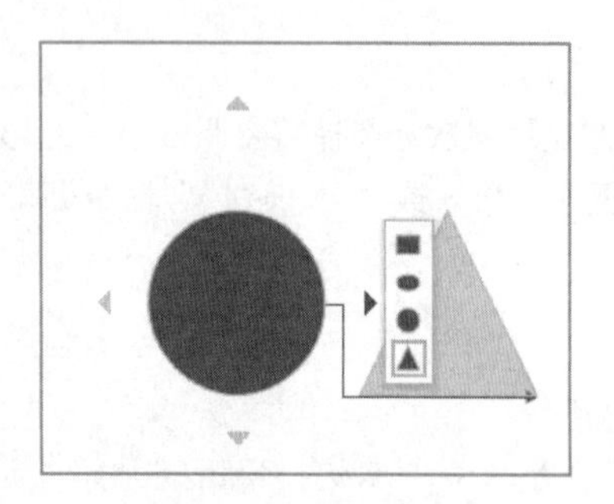

图 4-25　自动连接形状

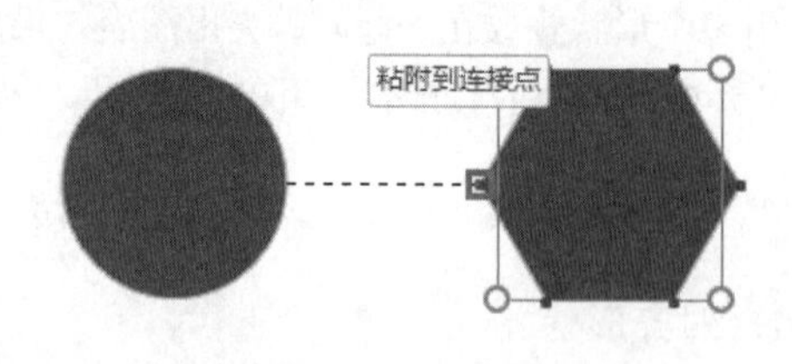

图 4-26　手动连接形状

4.2.6　添加文本

Visio 2016 中很多形状本身包含隐藏的文本框，双击形状即可编辑。当形状中没有隐藏的文本框时，也可以使用其他工具为形状添加文本。

1．输入文本

在绘图页中双击形状即可以编辑文字，也可以选择形状后右击，在弹出的快捷菜单中选择“编辑文本”命令进入文字编辑的状态。

2．使用文本框

单击“开始”选项卡“工具”组中的“文本”按钮，在形状中绘制文本框并输入文本，如图 4-27 所示。

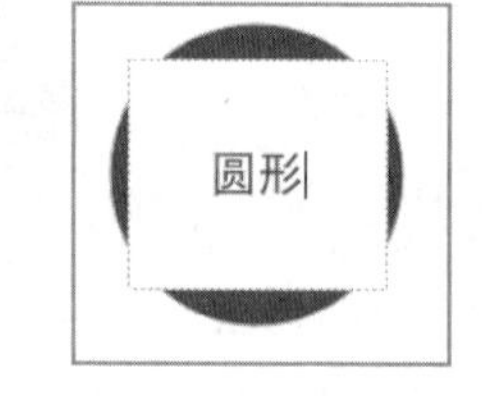

图 4-27　使用文本框添加文本

3．插入文本框

选择“插入”选项卡“文本”组中“文本框”下拉列表中的“横排文本框”或“垂直文本框”命令，拖动即可绘制一个水平或者垂直的文本框，在文本框中可以输入文字。

4．插入“域”文字

单击“插入”选项卡“文本”组中的“域”按钮，在弹出的对话框中设置显示信息，可以将字段信息插入到形状中，如图 4-28 所示。

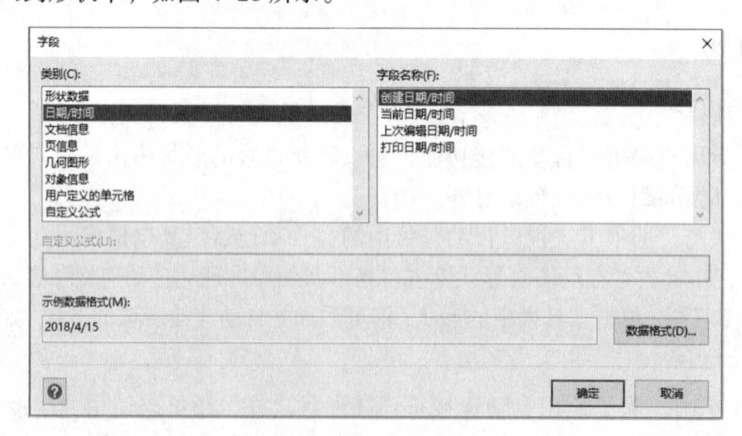

图 4-28　插入“域”文字

5．插入符号

选择“插入”选项卡“文本”组中“符号”下拉列表中的“其他符号”命令，在弹出的对话框中选择相应的符号样式，单击“插入”按钮即可插入该符号，如图 4-29 所示。

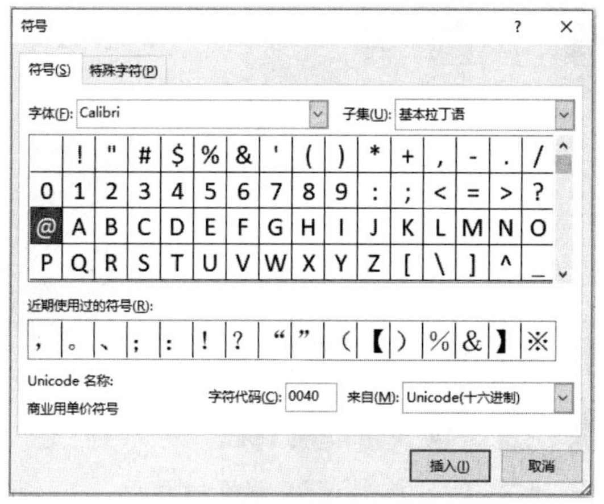

图 4-29　插入符号

4.2.7　设置文本

插入文本以后，单击“开始”选项卡“字体”组的对话框启动器按钮，弹出“文本”对话框，可以对文本进行相关设置，如图 4-30 所示。

图 4-30　设置文本

4.2.8　设置形状样式

形状创建以后，用户可以设置形状的主题样式，选择形状，单击“开始”选项卡“形状样式”组中的“主题样式”下拉按钮，可以快速设置形状样式，如图 4-31 所示。或者单击“开始”选项卡“形状样式”组中的“填充”、“线条”或“效果”下拉按钮，自定义形状的样式。

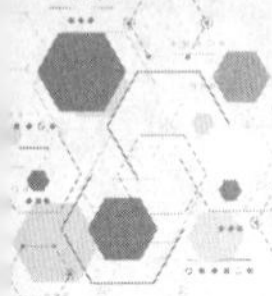

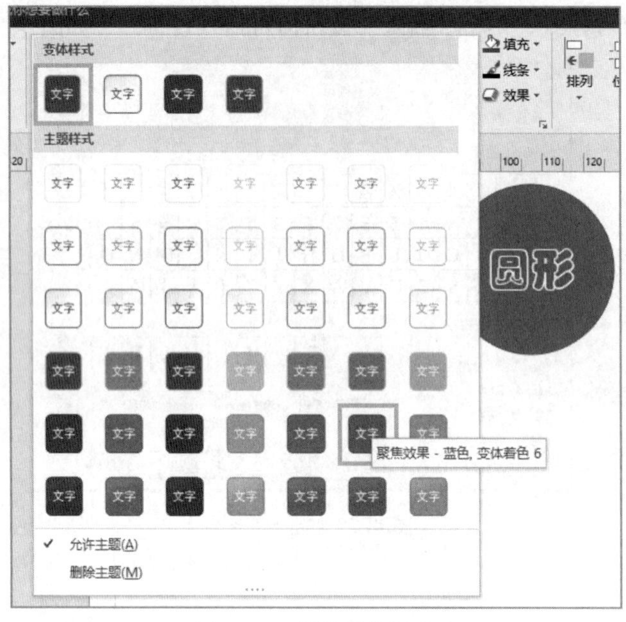

图 4-31　设置形状样式

4.3　应用标注和容器

4.3.1　使用标注

1. 插入和编辑标注

Visio 内置了 14 种标注，单击“插入”选项卡“图部件”组中的“标注”按钮，在其下拉列表中选择相应的选项即可，如图 4-32 所示。

选择标注后，可以像移动形状那样，移动标注以调整标注的显示位置。插入标注之后，可以通过双击标注，或者右击标注，在弹出的快捷菜单中选择“编辑文本”命令，来为标注添加文本。

标注可以作为单独的对象，也可以将其关联到形状中，与形状一起移动或删除，如图 4-33 所示。

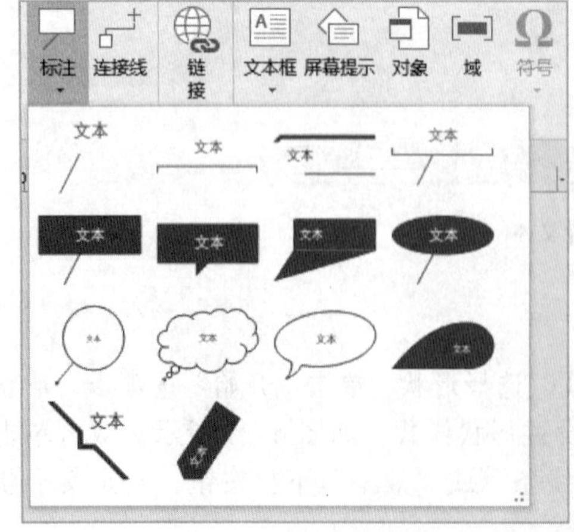

图 4-32　插入标注

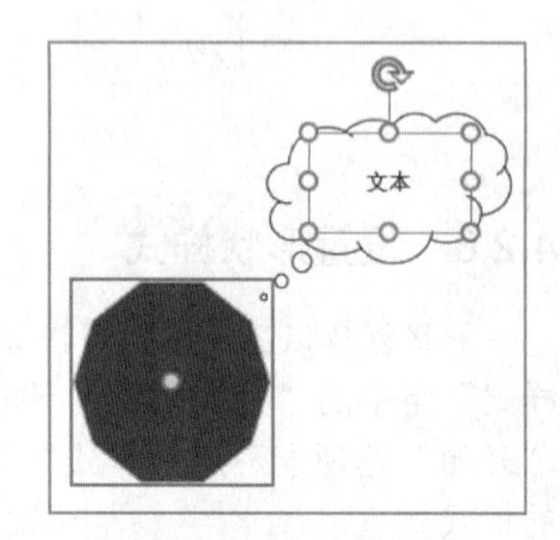

图 4-33　标注关联到形状

2. 设置标注形状

标注属于形状的一种，可以像设置形状那样设置标注的样式。选择标注，单击“开始”选项卡“形状样式”组中的“快速样式”下拉按钮，在其下拉列表中选择一种样式即可。还可以单击“开始”选项卡“形状样式”组中的“填充”、“线条”或“效果”下拉按钮，来自定义标注的样式。

4.3.2　使用容器

1. 插入和编辑容器

Visio 2016 为用户提供了 14 种容器，每种容器都包含容器的内容区域和标题区域，以帮助用户快速使用容器对象。在绘图页中单击“插入”选项卡“图部件”组中的“容器”按钮，在其下拉列表中选择一种容器就可以插入一个容器，如图 4-34 所示。

除了插入单个容器，还可以插入嵌套容器。首先在绘图页中插入一个容器对象，然后选择该容器对象，再次单击“插入”选项卡“图部件”组中的“容器”按钮，在其下拉列表中选择一种容器风格，即可创建嵌套容器，如图 4-35 所示。

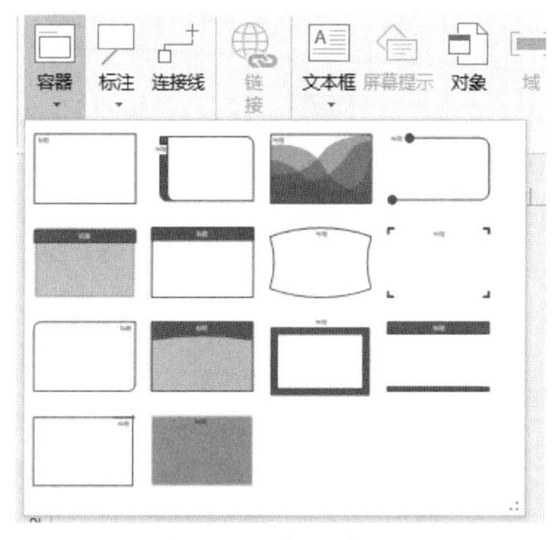

图 4-34　插入容器

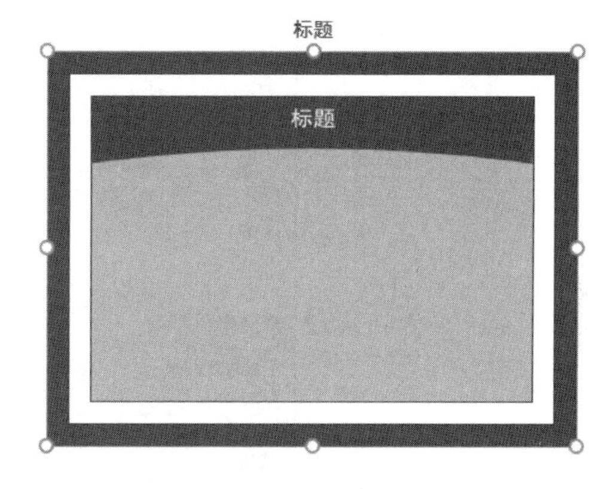

图 4-35　嵌套容器

插入容器之后，可以对容器的大小和边距进行编辑。单击“格式”选项卡“大小”组中的“自动调整大小”按钮，在其下拉列表中选择相应的选项就可以调整容器的大小。单击“格式”选项卡“大小”组中的“边距”按钮，在其下拉列表中选择相应的选项就可以调整容器的边距。

2. 设置容器样式

Visio 2016 为用户内置了 14 种容器样式以及相应的标题样式。单击“格式”选项卡“容器样式”组中的“容器样式”按钮，就可以设置容器样式。单击“格式”选项卡“容器样式”组中的“标题样式”按钮，就可以对容器的标题进行设置。

3. 定义成员资格

在 Visio 2016 中，可以使用成员资格的各种属性设置编辑容器的内容。成员资格主要包括锁定容器、解除容器与选择内容。

① 锁定容器是指禁止在容器中添加或删除形状，单击“格式”选项卡“成员资格”组中

的“锁定容器”按钮即可锁定容器。

② 解除容器是指删除容器而不删除容器中的形状。在解除容器之前，需要先禁用“锁定容器”功能，否则无法使用该功能。单击“格式”选项卡“成员资格”组中的“解除容器”按钮即可解除容器。

③ 选择内容是指选择容器中的形状，单击“格式”选项卡“成员资格”组中的“选择内容”按钮即可选择容器中的所有成员。

4.4 应用 Visio 数据

4.4.1 定义形状数据

形状数据是指与形状关联的一种数据表，主要用于展示与形状相关的属性及属性值。选择形状，单击“数据”选项卡中的“定义形状数据”按钮，弹出“定义形状数据”对话框，即可设置形状的数据，如图 4-36 所示。

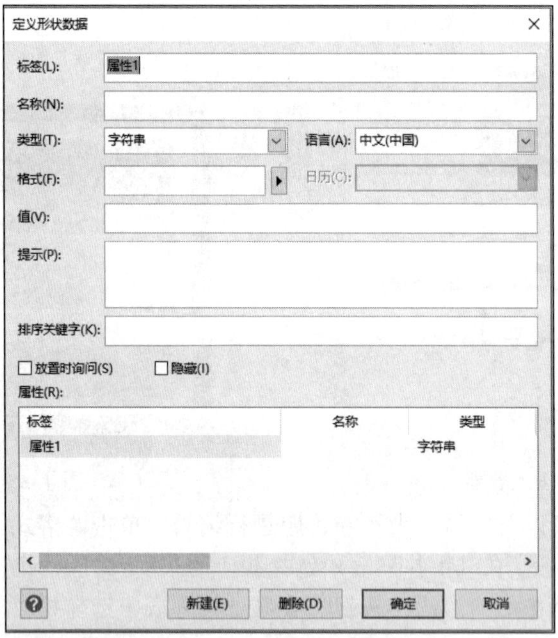

图 4-36 “定义形状数据”对话框

4.4.2 导入外部数据

如果要为绘图中的批量形状添加数据或修改数据，可以通过导入外部数据源的方式快速为形状添加数据，如果要修改形状数据，更新数据源后刷新绘图即可。

1. 导入数据

单击“数据”选项卡“外部数据”组中的“自定义导入”按钮，弹出“数据选取器”对话框。在“要使用的源”列表中选择使用的数据类型，单击“下一步”按钮可导入数据，如图 4-37 所示。

在弹出的“连接到 Microsoft Excel 工作簿”对话框中，单击“浏览”按钮，在弹出的“数据选择器”中选择“员工信息表”并单击“打开”按钮，然后单击“下一步”按钮，如图 4-38 所示。

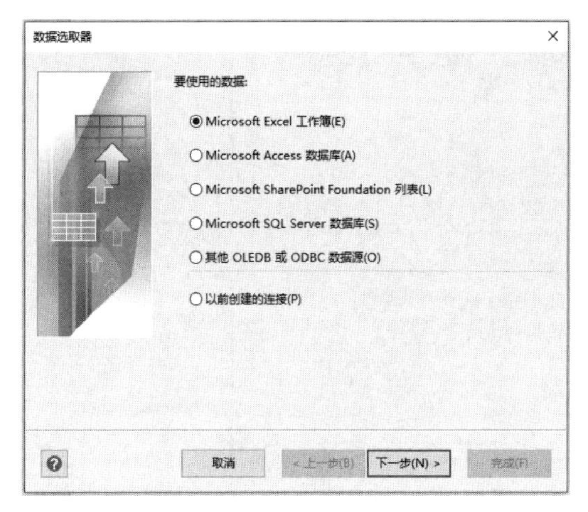

图 4-37　自定义导入数据类型

图 4-38　选择要导入的数据源

在弹出对话框中的“要使用的工作表或区域”下拉列表中，设置工作表或区域。同时选择“首行数据包含有列标题”复选框，并单击“下一步”按钮，如图 4-39 所示。

此时，系统会自动弹出“连接到数据”对话框，选择“所有列”和“所有行”中的数据，并选择需要链接的行和列，或者保持系统默认设置，单击“下一步”按钮，如图 4-40 所示。

图 4-39　选择要使用的工作表或区域

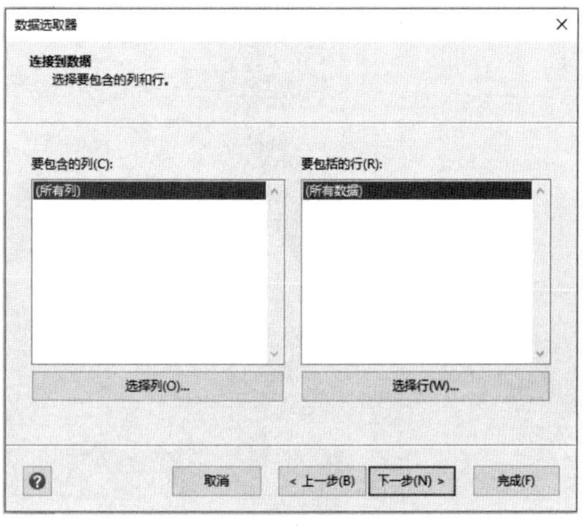

图 4-40　选择需要连接的行和列

“使用以下列中的值唯一标识我的数据中的行”单选按钮表示选择数据中的行来标识数据的更改，该选项为默认选项。而“我的数据中的行没有唯一标识符，使用行的顺序来标识更改”单选按钮表示不存在标识符，Visio 2016 基于行的顺序更新数据，如图 4-41 所示。

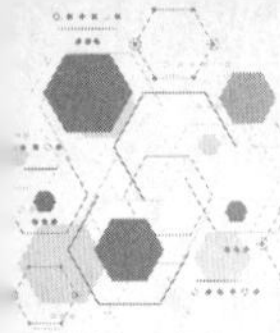

数据选取器

配置刷新唯一标识符

如果数据发生更改，则图表可能会被更新。通常使用"名称"或"ID"之类的列来唯一标识更新的行。

选择标识数据更改的方法:

○ 使用以下列中的值唯一标识我的数据中的行(R):

☑ 工牌号 (推荐)
☐ 姓名
☐ 性别
☐ 年龄
☐ 所属部门

◉ 我的数据中的行没有唯一标识符，使用行的顺序来标识更改(O)。

取消 < 上一步(B) 下一步(N) > 完成(F)

图 4-41　选择标识数据更改的方法

单击“下一步”按钮，完成数据的导入，如图 4-42 所示。

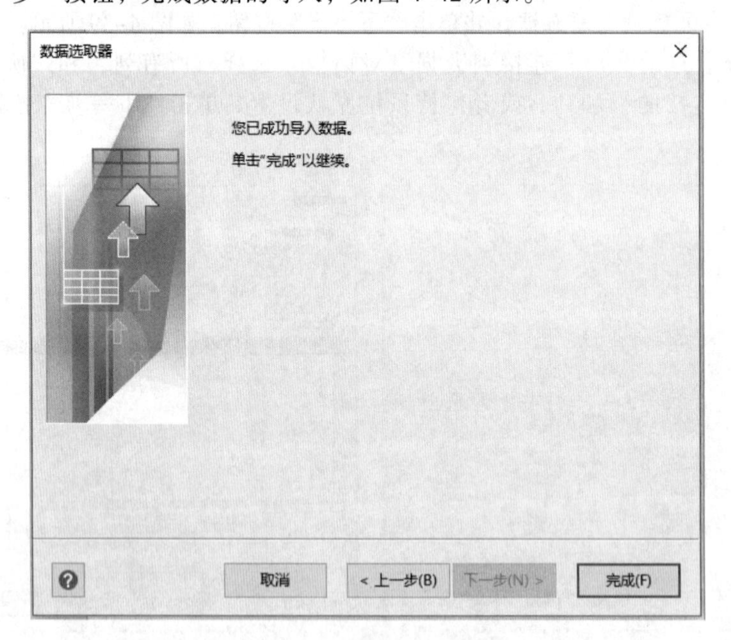

图 4-42　成功导入数据

2. 手动链接数据

数据导入成功以后，选择一个形状，然后在“外部数据”窗口中选择一行要链接到形状的数据，右击，在弹出的快捷菜单中选择“链接到所选的形状”命令，将数据链接到形状上，如图 4-43 所示。

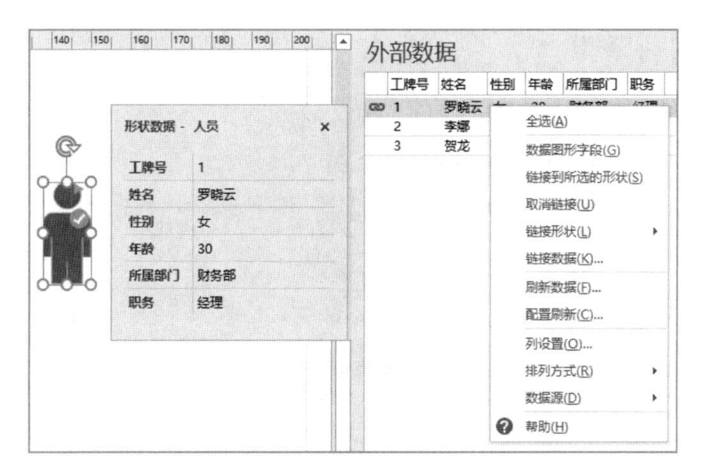

图 4-43　手动链接数据

3．自动链接数据

自动链接适用于数据量很大或修改频繁时，在绘图页中单击“数据”选项卡“高级的数据链接”组中的“链接数据”按钮，系统自动弹出“自动链接”对话框。在“希望自动链接到”栏中选择需要链接的所选形状或全部形状，单击“下一步”按钮，如图 4-44 所示。

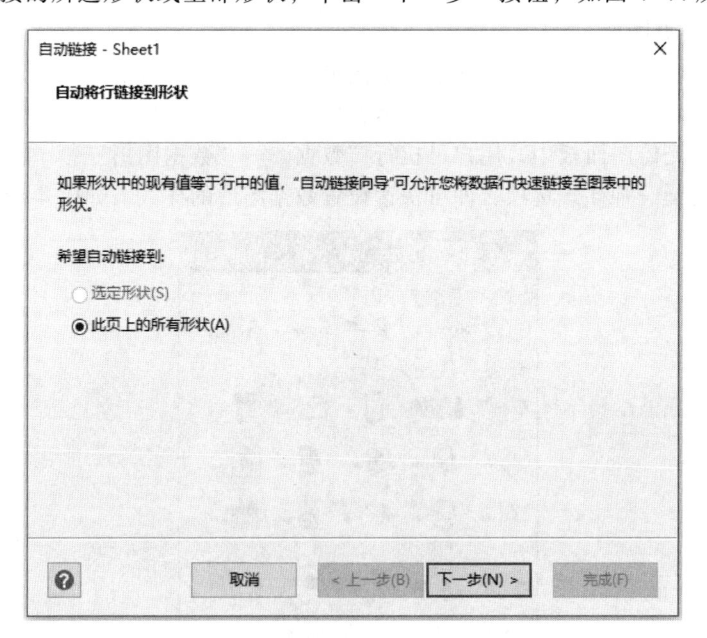

图 4-44　设置自动链接数据需要的形状

在“数据列”与“形状字段”下拉列表中选择需要链接的数据，以及在形状中显示数据的字段。对于需要链接多个数据列的形状来讲，可以单击“和”按钮，增加链接数据列与形状字段。然后，启用“替换现有链接”复选框，以当前的链接数据替换绘图页中已经存在的链接。最后单击“下一步”并单击“完成”按钮即可，如图 4-45 所示。

提示

只有当形状文本的值与数据源字段的值相匹配时，自动链接功能才可用。

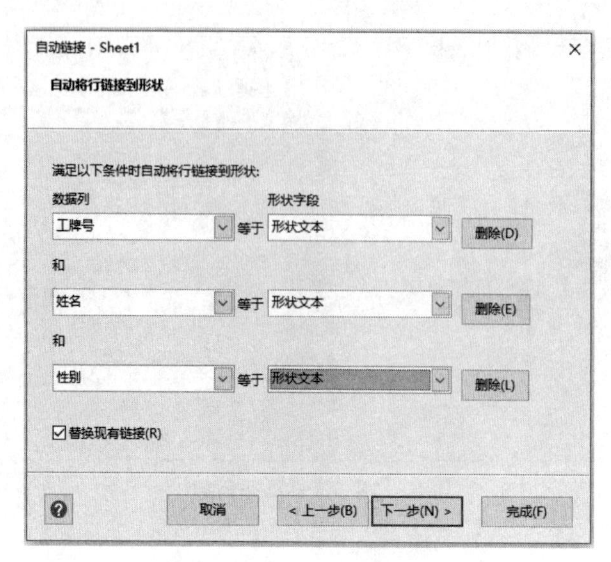

图 4-45　设置自动链接的条件

4.4.3　添加数据图形

1. 添加普通数据图形

通常情况下，Visio 2016 会以默认的数据图形样式来显示形状的数据。添加普通数据图形的操作方法：首先用户需要选择一个图表类型，然后单击数据，快速导入，即可导入所需要的数据。将数据拖动到绘图面板中，用户可执行“数据”→“数据图形”→“数据图形”命令，在其级联菜单中选择一种样式选项，即可快速设置数据图形的样式，如图 4-46 所示。

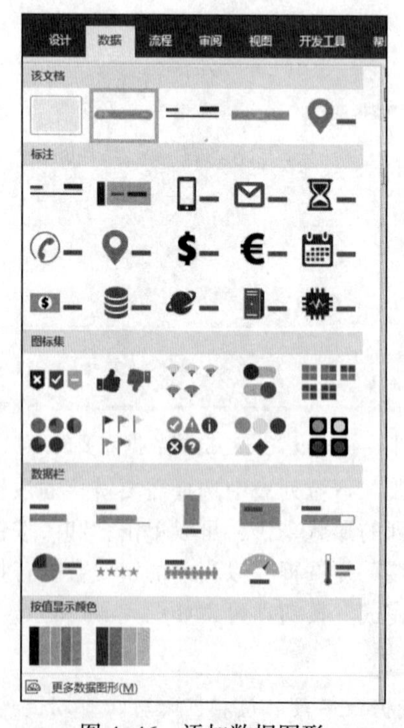

图 4-46　添加数据图形

2．添加高级数据图形

添加高级数据图形的操作方法与添加普通数据图形的方法类似，首先用户需要选择一个图表类型。接下来单击数据，快速导入，即可导入所需要的数据。将数据拖动到绘图面板中，用户可执行“数据”→“高级数据图形”→“可用数据图形”命令，在其级联菜单中选择一种样式选项，即可快速设置高级数据图形的样式。

3．编辑数据图形

首先选择形状并右击，在弹出的快捷菜单中选择“数据”→“编辑数据图形”命令，弹出的对话框如图 4-47 所示。

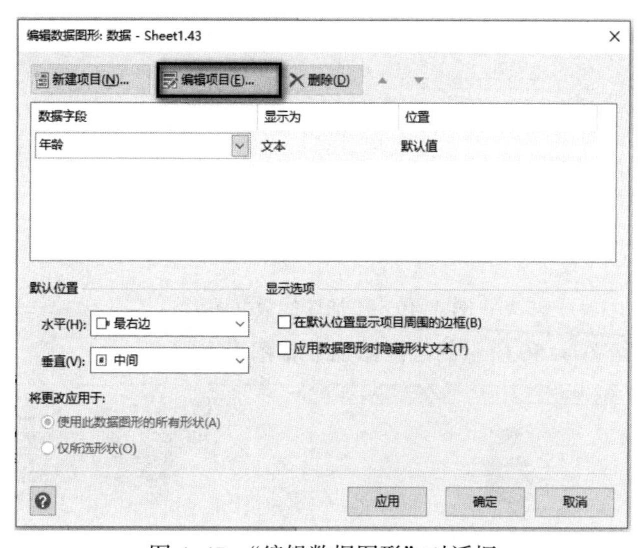

图 4-47　“编辑数据图形”对话框

单击“编辑项目”按钮，弹出的对话框如图 4-48 所示，在此对话框中可设置数据图形的位置和显示方式等。

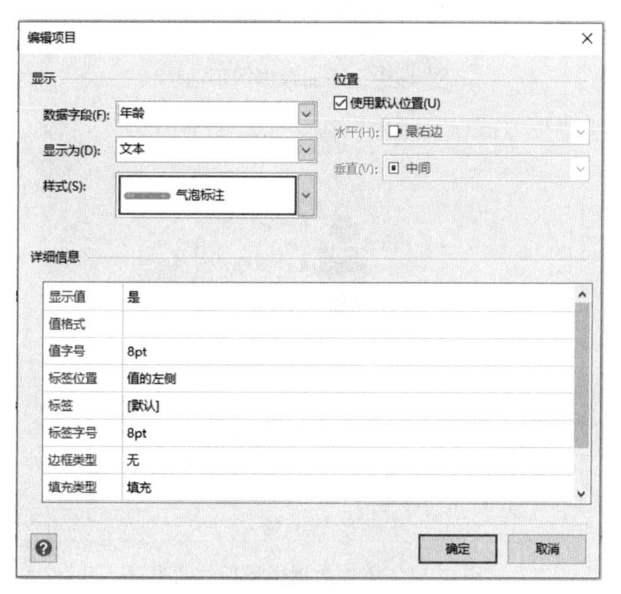

图 4-48　“编辑项目”对话框

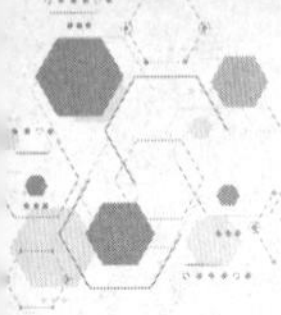

然后选择形状并右击，在弹出的快捷菜单中选择“数据”→“编辑数据图形”命令，在弹出的图 4-49 所示的对话框中单击“新建项目”按钮可以对其他数据字段进行设置。

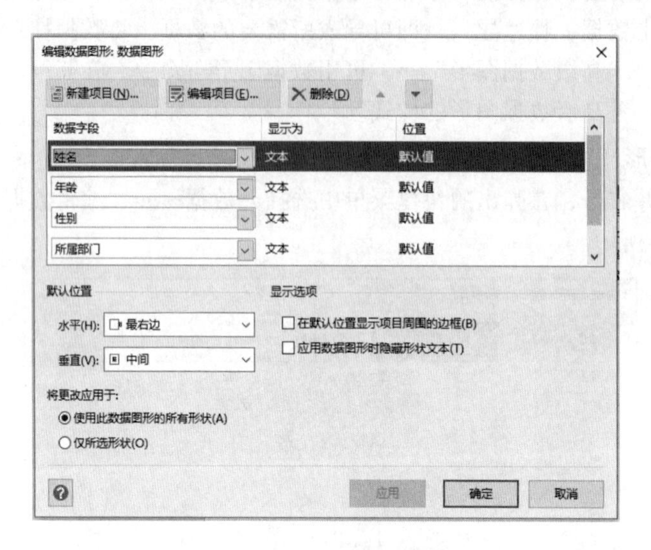

图 4-49　添加新的数据图形

按照上面的方法给图 4-50 所示的绘图添加数据图形。

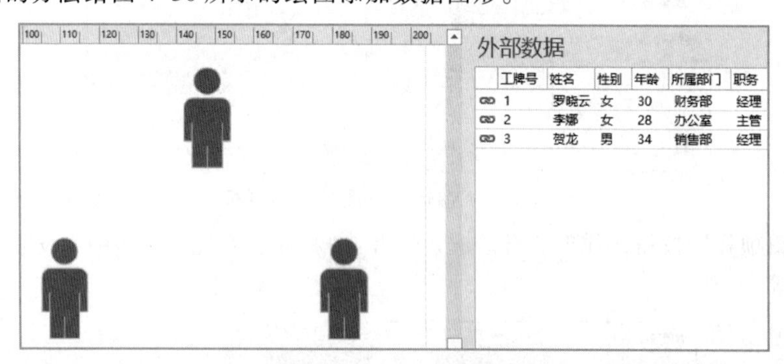

图 4-50　添加数据图形前

完成效果如图 4-51 所示。

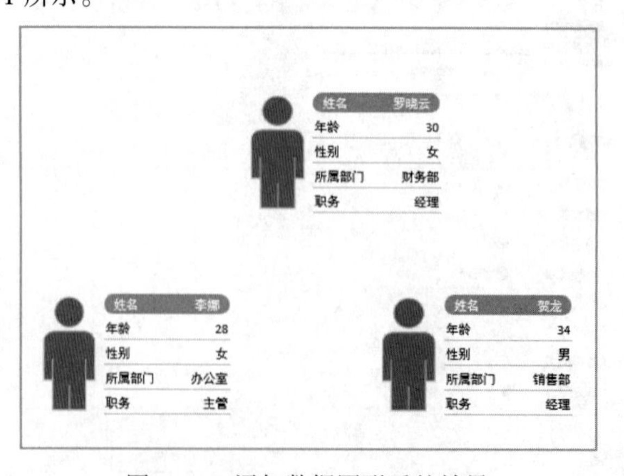

图 4-51　添加数据图形后的效果

4.5　共享 Visio 绘图

4.5.1　嵌入 Visio 绘图

嵌入绘图的操作方法比较简单，首先选择 Visio 中的绘图，然后右击，在弹出的快捷菜单中选择“复制”命令，在目标文件中粘贴就可以将绘图嵌入到目标文件中。

如果需要修改嵌入的图形，只要在 Word 中双击该图，就会暂时进入 Visio 环境，如图 4-52 所示，利用 Visio 的菜单和工具栏，对图形进行编辑修改并操作后，在图框外的空白处单击，即可返回演示文稿界面。

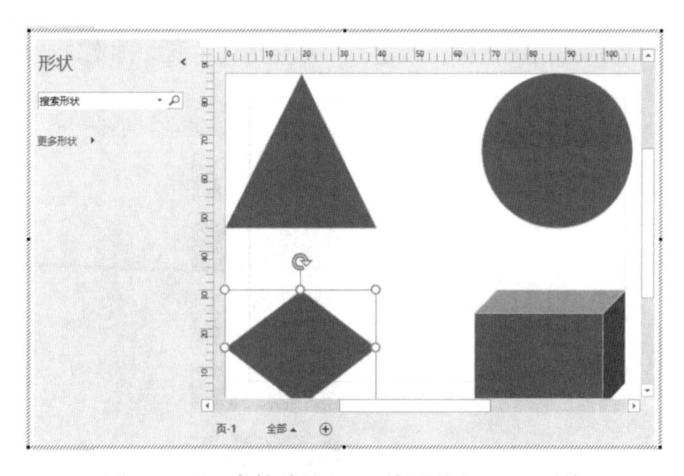

图 4-52　双击粘贴的 Visio 绘图进入 Visio 环境

4.5.2　插入链接对象

在 Word、PPT 等文档中插入链接对象也可以共享 Visio 绘图。单击“插入”选项卡“文本”组中的“对象”按钮，在弹出的对话框中选择“由文件创建”选项卡，单击“浏览”按钮，选择需要插入的绘图文件，选择“链接到文件”复选框，如图 4-53 所示，单击“确定”按钮。

图 4-53　“对象”对话框

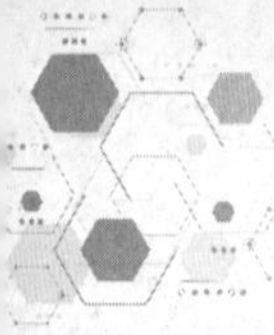

将绘图链接到 Word 或 PPT 文档中时，目标文件的图形会随着原来 Visio 绘图发生的改变而同步变化，实现随时更新。如果要目标文件移动，必须要同时移动 Visio 绘图文件，否则无法修订绘图。

4.5.3 实践：创建基本流程图

基本流程图是最常用的绘图类型之一，下面以某项目的安全检查为例介绍基本流程图的制作过程。

操作步骤如下。

Step 01：添加基本形状。启动 Visio 2016，单击“开始”选项卡中的“新建”按钮，在打开的界面中选择“基本流程图”选项，新建绘图页。从左边的“基本流程形状”模具中拖选 9 个流程形状、2 个判断形状到绘图页中，调整大小和合适的位置，如图 4-54 所示。

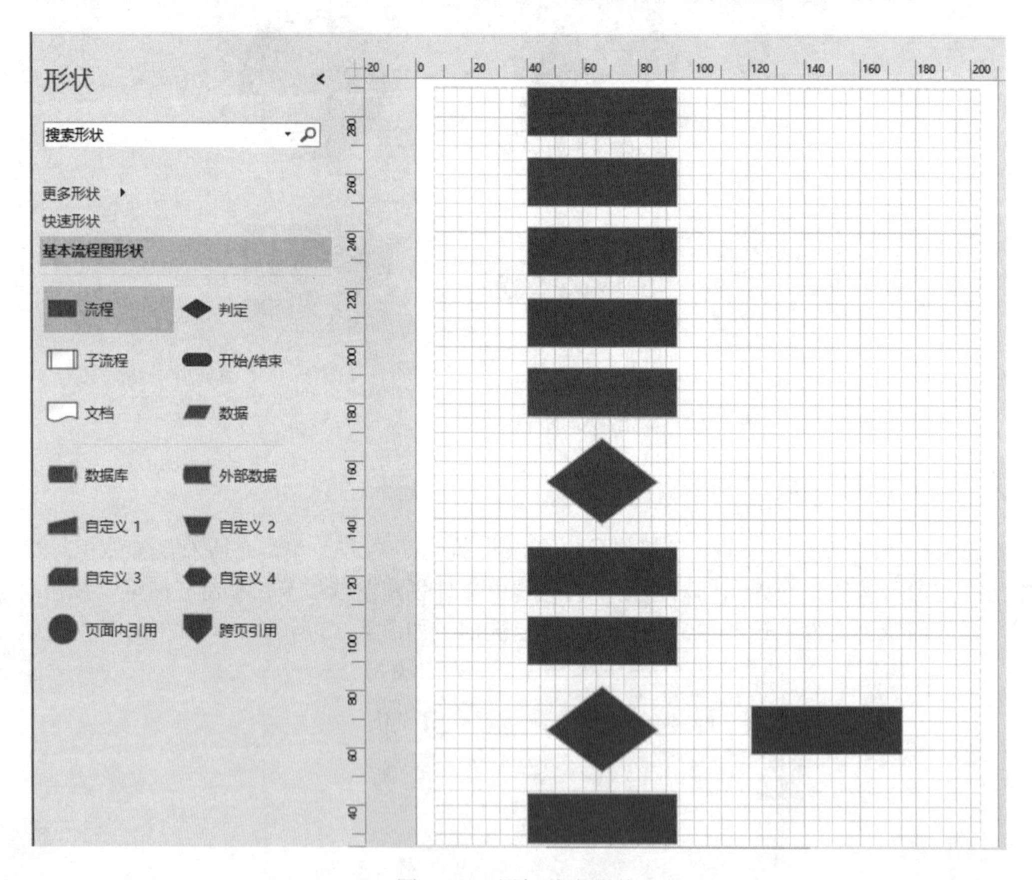

图 4-54 添加基本形状

Step 02：连接形状。单击“开始”选项卡“工具”组中的“连接线”按钮，为形状建立连接线。

Step 03：添加文本。双击形状或者连接线，在文本框中添加文本，如图 4-55 所示。

Step 04：修改形状外观。利用“设计”选项卡可以将绘图设置得更美观。选择“设计”选项卡“主题”组“颜色”下拉列表中的“线性”选项、“效果”下拉列表中的“笔”选项和“连接线”下拉列表中的“阴影”选项并操作后，效果如图 4-56 所示，单击“保存”按钮。

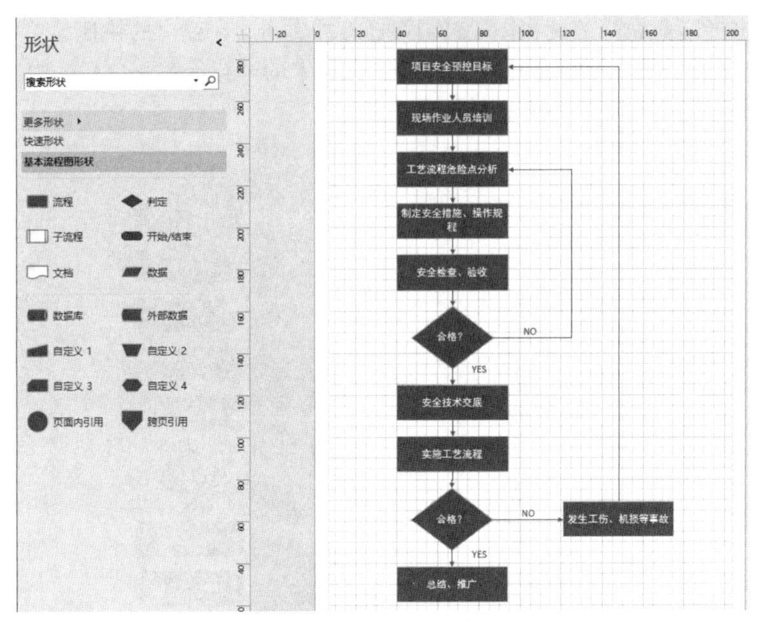

图 4-55　添加文本

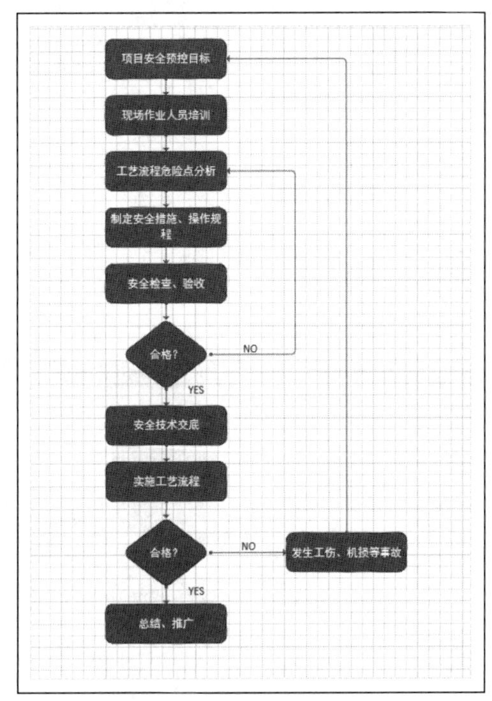

图 4-56　修改形状外观

Step 05： 添加背景页。单击“插入”选项卡“页面”组中的“新建页”下拉按钮，在弹出的下拉列表中选择“背景页”命令，在弹出的对话框中保持默认设置。然后在新建的“背景-1”绘图页中，选择“设计”选项卡“背景”下拉列表中“边框和标题”中的“凸窗”样式；在“主题”列表框中选择“Office 主题，变量 3”样式；在“背景”下拉列表中选择“活力”样式，并在“标题”文本框中输入“项目安全检查流程图”，设置完成后如图 4-57 所示，单击“保存”按钮。

Step 06：选择之前做好的流程图“页-1”标签并右击，在弹出的快捷菜单中选择“页面设置”命令，在“页面设置”对话框中“页属性”选项卡的“背景”下拉列表中选择“背景-1”，单击“确定”按钮，完成效果如图4-58所示。

图4-57　设置背景页

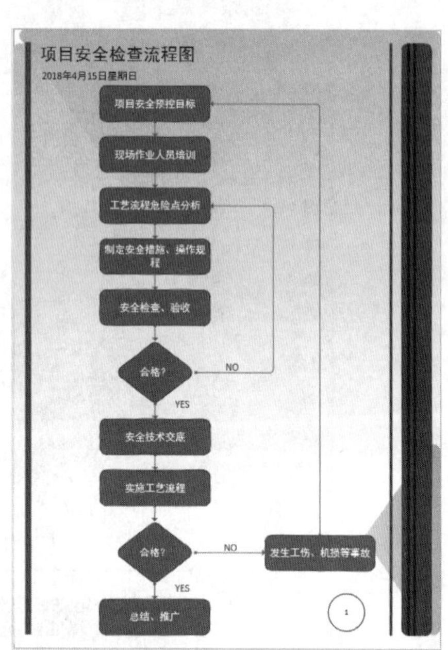

图4-58　完成效果图

本 章 习 题

1. 利用Visio的“基本框图”模板制作一个考试系统流程图，设置形状和文本的格式，效果如下图所示。

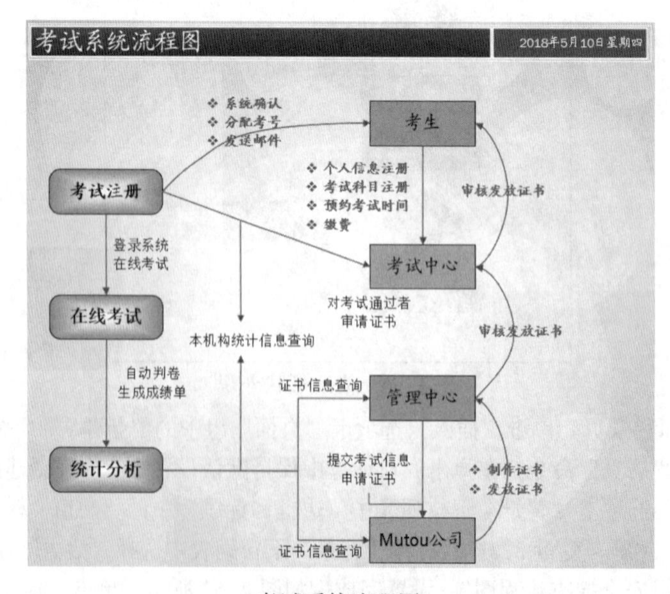

考试系统流程图

2. 利用 Visio“基本流程图”模板制作风险评估流程图，效果如下图所示。

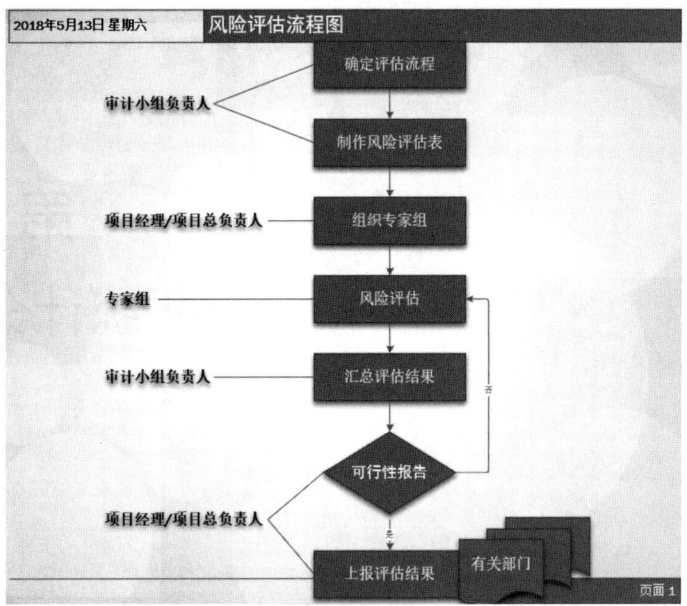

风险评估流程图

第 5 章 Excel 统计分析功能

学习目标

- 掌握 Excel 中如何加载宏，锻炼学生动手能力，培养学生严谨的学习和工作态度。
- 掌握模拟运算表和单变量求解。在海量的数据中寻找规律，理解量变和质变的关系，利用规律进行分析和处理，得到正确或者最恰当的答案。
- 掌握方案管理器的使用。在不同的方案中，结合实际情况，选择最优方案。第一要做到实事求是，数据要真实可靠；第二要集思广益，做事情要多种方案；第三遵循事物发展的规律，掌握规律，利用规律寻找答案。

章节导学

Excel 是办公自动化中非常实用的一款软件，我们在第 2 章学习了 Excel 的很多公式和函数，这让我们体验到该软件的实用性和优势。不过，单一的公式和函数不仅输入复杂，而且非常容易出错，还不能满足图形分析和表格处理的需求。在本章，将重点介绍一些分析工具，帮助读者更深入、更高层次地运用 Excel。

本章首先介绍安装数据分析工具的方法，然后对常见统计分析工具和频率分布图的使用进行详细讲解，对实际应用中常见的一类问题进行分析求解。

5.1 加 载 宏

Microsoft Excel 提供了一组数据分析工具——分析工具库，在建立数据统计或分析时，必需先为每一个分析工具提供必要的参数和数据，该工具会根据参数和数据选择对应的统计或函数，输出相应的结果，其中有些工具不仅能生成输入表格，还能生成图表，有助于结果的分析。

在使用数据分析工具之前，需要先安装数据分析文件，即加载宏。

Step 01：在 Excel 中选择“文件”→“选项”命令，如图 5-1 所示，打开“Excel 选项”对话框，如图 5-2 所示。

图 5-1　“文件”选项卡

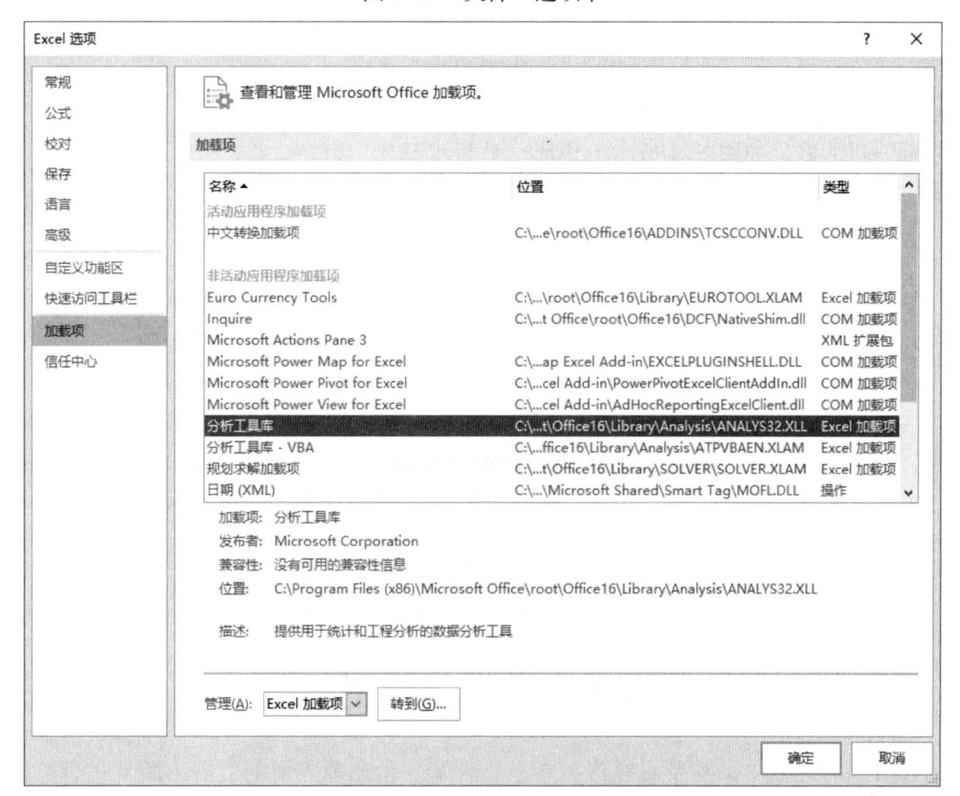

图 5-2　“Excel 选项”对话框

Step 02： 在“Excel 选项”对话框中选择“加载项”选项，选择“分析工具库”选项，单击“转到”按钮，打开“加载宏”对话框，如图 5-3 所示。

Step 03： 在“加载宏”选项卡中，选择“分析工具库”复选框，单击“确定”按钮，进行安装。

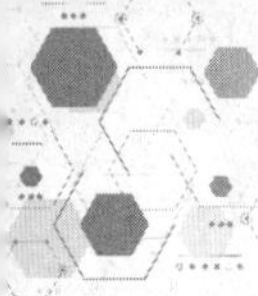

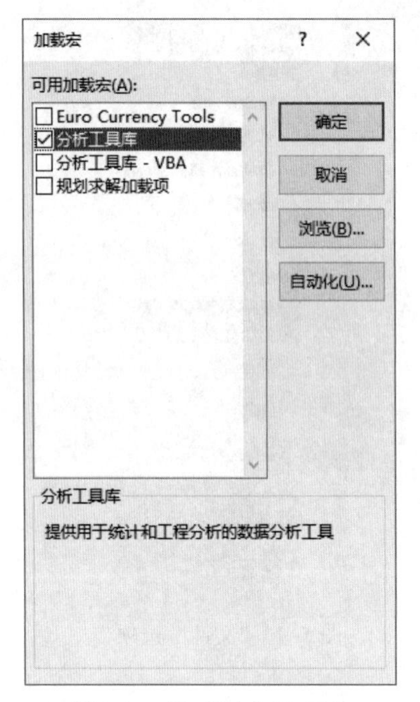

图 5-3 “加载宏”选项卡

Step 04：在 Excel 中选择“数据”选项卡“分析”选项组，单击“数据分析”命令，弹出“数据分析”对话框，如图 5-4 所示，说明“分析工具库”可用。

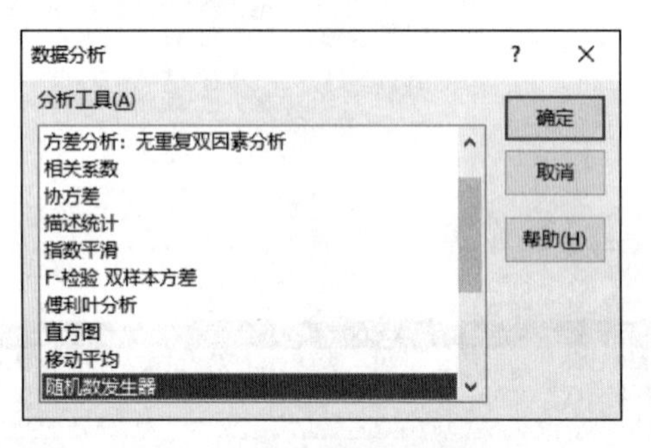

图 5-4 “数据分析”对话框

“数据分析”对话框中的分析工具主要包含方差分析、相关系数、协方差、统计描述、指数平滑、傅里叶分析、直方图、移动平均、随机数发生器、排位与百分比排位、回归、抽样等。

5.2 统计分析图

在社会发展的过程中，需要对经济、军事、人文、生态等方面的发展不断地进行总结，在海量数据的处理中，Excel 的数据分析功能可以完成很多专业软件才具有的数据统计、分析。本节主要介绍统计分析图。

在数据分析中最常见的分析是描述性统计分析，了解数据的平均值、方差，揭示数据的分布特性，在集中趋势分析、离散程度分析的基础上进行推断分析，以样本的信息推测总体的特征和规律。本节主要介绍统计分析工具和直方图分析工具。

5.2.1 描述统计

在进行数据分析的时候，首先要对数据进行描述性统计分析，简单快捷地发现数据之间的内在规律，再选择进一步分析的方法。描述统计分析要对调查总体所有变量的有关数据做统计性描述，主要包括数据的频数分析、数据的集中趋势分析、数据离散程度分析、数据的分布以及一些基本的统计图表，常用的指标有平均值、标准误差、中位数、标准差、方差、区域、最大值、最小值、求和、观测数、置信度等。

案例 1：2020 年，受疫情的影响，全球的经济几乎都处于颓势状态，但我国的经济发展依然坚挺，本例是 2020 年 1~10 月全国各省市生铁产量（截取全国排名前 12 位）。

1. 详细数据说明

如表 5-1 所示，给出我国 2020 年 1~10 月排名前 12 位的省市生铁总量。请对这些数据进行统计描述。

表 5-1　全国各省市 2020 年前 10 个月生铁产量

省份	天津市	山西省	山东省	内蒙古
产量/万吨	1 893.29	5 033.86	6 252.6	1 947.36
省份	辽宁省	江西省	江苏省	湖北省
产量/万吨	6 052.72	1 905.48	8 388.52	2 275.86
省份	河南省	河北省	广东省	安徽省
产量/万吨	2 322.12	19 398.32	1 777	2 121.42

2. 操作步骤

Step 01：新建 Excel 工作簿，任选一张工作表输入表 5-1 所示的数据和相关文字，如图 5-5 所示。

	A	B	C	D	E	F	G	H	I	J	K	L	M
1	2020年1-10月全国各省市生铁产量（前12名）												
2	省份	天津市	山西省	山东省	内蒙古	辽宁省	江西省	江苏省	湖北省	河南省	河北省	广东省	安徽省
3	产量/万吨	1893.29	5033.86	6252.6	1947.36	6052.72	1905.48	8388.52	2275.86	2322.12	19398.32	1777	2121.42

图 5-5　数据表

Step 02：选择“数据”选项卡“分析”选项组中的“数据分析”命令，在“数据分析”对话框中选择“描述统计”，如图 5-6 所示，单击“确定”按钮。弹出“描述统计”对话框，如图 5-7 所示。

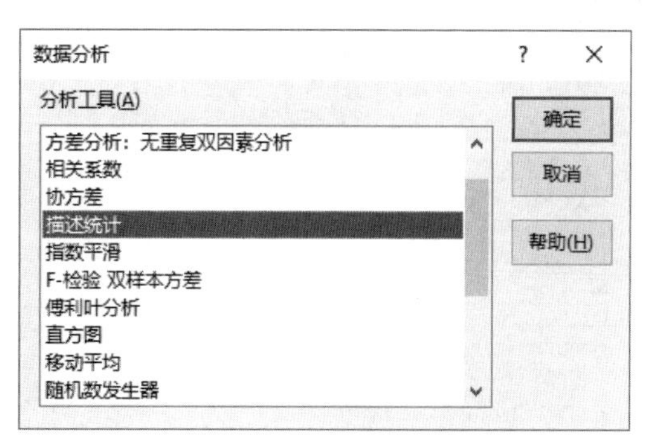

图 5-6　“数据分析”对话框

Step 03：在“描述统计”对话框中，在“输入区域:”文本框中直接输入$A$3: $M$3，或者单击“输入区域:”文本框后面的折叠按钮，框选单元格区域 A3:M3，根据数据表中数据的格式选择分组方式，逐列或者逐行都可以，本例中数据是第三行存放，故“分组方式”选择“逐行”单选按钮，数据表单元格 A3 包含了标识项，还应选择“标志位位于第一列”复选框；“输出区域”直接输入存放数据的单元格或者通过折叠按钮进行选择，本例输入 B6；同时选择复选框“汇总统计”、“平均数置信度”、“第 K 大值”和“第 K 小值”，而且均数置信度、第 K 大值、第 K 小值均采用设置的默认值，如图 5-7 所示。

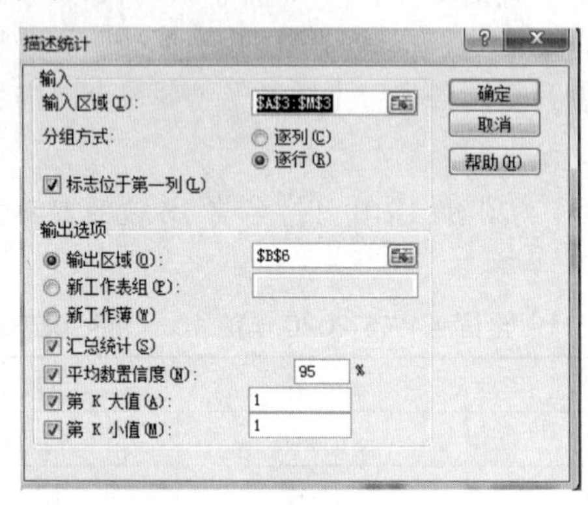

图 5-7 “描述统计”对话框

描述统计各参数的说明：

① 输入区域：原始数据区域，可以选中多个行或列。

② 分组方式：样本数据是以行还是以列的方式排列;如果数据有标志，注意勾选“标志位于第一行”复选框；如果输入区域没有标志项，该复选框将被清除，Excel 将在输出表中生成适宜的数据标志。

③ 输出区域：可以选择本表某个区域、新工作表组或是新工作簿。

④ 汇总统计：包括平均值、标准误差（相对于平均值）、中值、众数、标准偏差、方差、峰值、偏斜度、极差、最小值、最大值、总和、总个数、最大值、最小值和置信度等相关项目。

Step 04：单击“确定”按钮，得到统计分析结果，如图 5-8 所示。

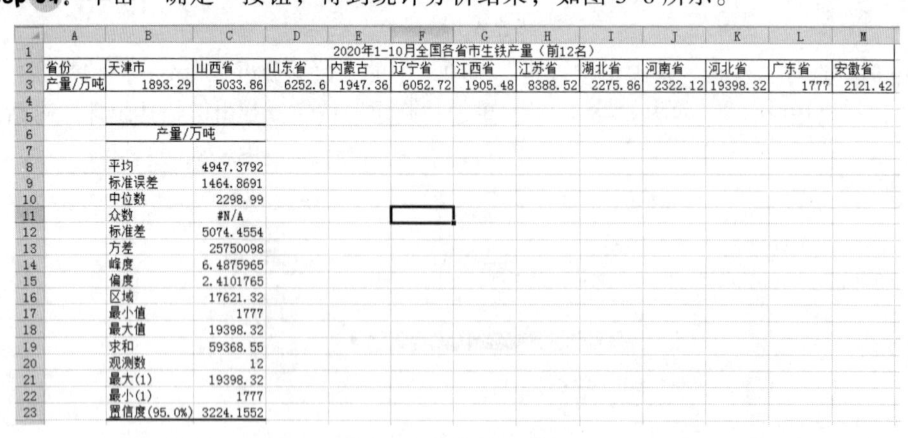

2020年1-10月全国各省市生铁产量（前12名）

省份	天津市	山西省	山东省	内蒙古	辽宁省	江西省	江苏省	湖北省	河南省	河北省	广东省	安徽省
产量/万吨	1893.29	5033.86	6252.6	1947.36	6052.72	1905.48	8388.52	2275.86	2322.12	19398.32	1777	2121.42

产量/万吨	
平均	4947.3792
标准误差	1464.8691
中位数	2298.99
众数	#N/A
标准差	5074.4554
方差	25750098
峰度	6.4875965
偏度	2.4101765
区域	17621.32
最小值	1777
最大值	19398.32
求和	59368.55
观测数	12
最大(1)	19398.32
最小(1)	1777
置信度(95.0%)	3224.1552

图 5-8 统计结果分析

上述数据的涵义如下：

① 平均值：反映了数据的平均水平。

② 标准误差：指样本平均值的“抽样误差”。

③ 中位数：样本中数据排序后的中间值。若样本容量为奇数，则取中间的数据值，若为偶数，则取中间两个数据的平均值。

④ 标准偏差：为所选样本的标准差，是衡量数值相对于其平均值的离散程度的指标。

⑤ 方差：为标准偏差的平方，同样也是描述数据离散程度的指标。

⑥ 峰度：是刻画测度数据分布陡缓程度的指标，以标准正态分布曲线为基准，数值为正值时图像比较平缓。

⑦ 偏度：即偏态系数，也称不对称度，若偏度为正值时，说明其分布较正态分布曲线更向右偏，称为正偏或右偏，存在偏大的极端值；若偏度为负值时，分布为负偏或左偏，存在较小的极端值；若偏度为 0，则数据的分布曲线左右对称，为无偏斜的情况。

⑧ 最大值和最小值：最大值为整个数据系列中数值最大的一个，最小值为整个数据系列中数值最小的一个。

⑨ 第 K 大（小）值：输出表的某一行中包含每个数据区域中的第 k 个最大（小）值。

⑩ 置信水平：表示样本的数值落在某一区间的概率，如 95%表示可用来计算在显著水平为 5%时的平均值置信度。

5.2.2　直方图

直方图又称频率分布图，是一种对数据的总结性概括和图示。通过这些高度不同的柱形，可以直观、快速地观察数据的分散程度与趋势，并为数据分析提供必要支持。频率分布直方图是最常用的探究数据分布特征的图形，根据频率分布直方图特征，可以大致确定数据所服从的分布类型。注意频率分布直方图不是条形图，两者存在本质上的不同。

Excel 有 2 种绘制频率分布直方图的方式，无论哪种方式，都需要先对数据分段。

案例 2：考试成绩是可以从某种程度上反馈教师的教学成果和学生的学习效果，我们经常使用直方图来分析班级学生考试分数段的情况，如某班 python 考试成绩的分析。

1. 直方图分析工具绘制

Step 01：打开 Excel 表，将相关数据输入到工作表中，如图 5-9 所示。

	A	B
1	学号	成绩
2	2020001	88
3	2020002	83
4	2020003	57
5	2020004	85
6	2020005	64
7	2020006	58
8	2020007	80
9	2020008	75
10	2020009	79
11	2020010	81
12	2020011	89
13	2020012	78
14	2020013	100
15	2020014	85
16	2020015	54
17	2020016	77
18	2020017	99
19	2020018	60
20	2020019	96
21	2020020	64
22	2020021	77
23	2020022	69
24	2020023	79
25	2020024	96
26	2020025	30
27	2020026	100

图 5-9　“考试成绩”表

Step 02：根据分数进行分组，90–100 分、80–89 分、70–79 分、60–69 分、0–59 分，如图 5–10 所示。

E	F
分割点	区间
100	90–100分
89	80–89分
79	70–79分
69	60–69分
59	0–59分

图 5–10 数据分组划分

Step 03：选择“数据”→“分析”→“数据分析”，在“数据分析”对话框中选择“直方图”，按“确定”按钮，弹出“直方图”对话框，如图 5–11 所示。

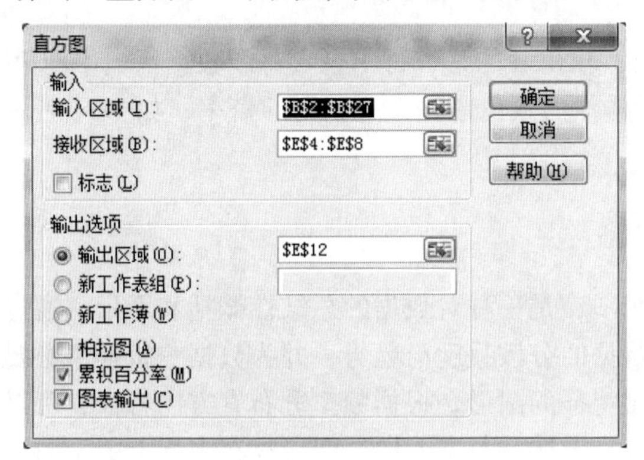

图 5–11 “直方图”对话框

Step 04：在“输入区域:”框选样本数据对应的单元格区域：$B$2:$B$27,“接收区域:”框选$E$4:$E$8，无须选择“标志”，“输出区域:”选$E$12，选中“累计百分率”和“图表输出”复选框，单击“确定”按钮，则看到输出结果如图 5–12 所示。

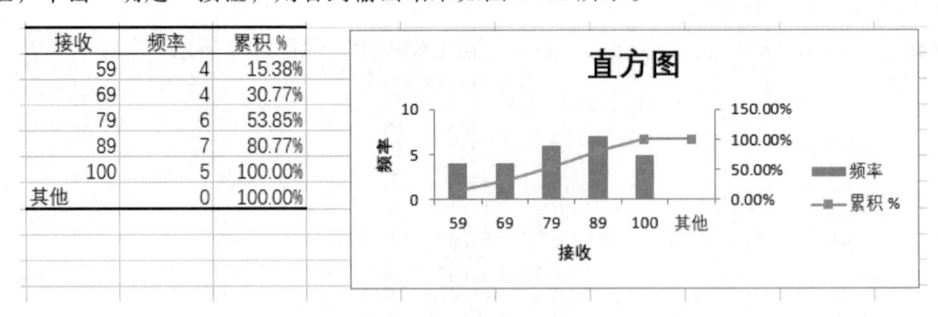

接收	频率	累积 %
59	4	15.38%
69	4	30.77%
79	6	53.85%
89	7	80.77%
100	5	100.00%
其他	0	100.00%

图 5–12 累计百分率和直方图

2. 手工绘制

Step 01：打开 Excel 表，将相关数据输入到工作表中，如图 5–9 所示。

Step 02：根据分数进行分组，90–100 分、80–89 分、70–79 分、60–69 分、0–59 分划分为 5 组。

Step 03：使用 Frequency 频率分布函数求各组数据的频率，选择 G4:G8,在“公式”选项卡“函数库”选项组中选择“插入函数”命令，弹出“插入函数”对话框，如图 5–13 所示。在“选择函数”列表框中选择“FREQUENCY”，单击“确定”，弹出的“函数参数”对话框。

图 5-13　“插入函数”对话框

Step 04：在 “函数参数”对话框中，在 Data_array 中选中$B$2: $B$27，在 Bins_array 中选中$E$4:$E$8，如图 5-14 所示。然后按【Ctrl+Shift+Enter】组合键，即可得到各组数据出现的频率，其结果如图 5-15 所示。

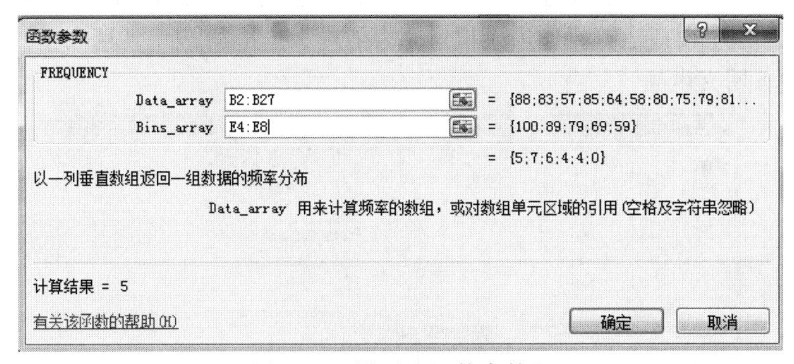

图 5-14　设置“函数参数”

分割点	区间	频率
100	90-100分	5
89	80-89分	7
79	70-79分	6
69	60-69分	4
59	0-59分	4

图 5-15　各组数据出现的频率

不管是由数据分析工具直接生成直方图还是手工绘制直方图，最后的数据结果都是一样的。

5.3　模拟运算表

在 Excel 中有时需要计算一个公式中变量变化后所得到的不同结果，这时可以使用模拟运算表的功能来实现。模拟运算表可分为单变量模拟运算表和双变量模拟运算表两种类型。

Excel 的模拟运算表是利用模拟运算设定，利用 Excel 公式，计算显示运算结果。一般采用单变量模拟运算，最多可以容纳 2 个变量即“输入引用行的单元格”和“输入引用列的单元格”。

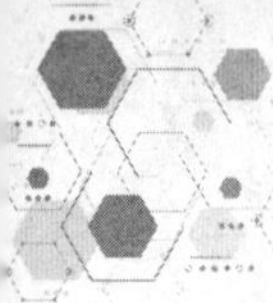

常见的用来假设分析定额存款模拟试算和贷款月还款模拟试算。

5.3.1 单变量模拟运算表

案例 3：用模拟运算计算定额存款最终存款总额。

某汽车爱好者刚大学毕业，他有一个小目标，计划存款三年购买一辆汽车，存款年利率 3.6%，每月存 1 000 元、1 500 元、1 800 元、2 000 元、2 500 元、3 000 元，求最终存款总额为多少。

Step 01：新建 Excel 工作表，按照题目要求输入数据，录入单变量模拟运算表区域，并将计算公式创建于 A 列的第 5 行，如图 5-16 所示。

	A	B
1	定额存款表	
2	年利率	3.60%
3	存款期限（月）	36
4	每月存款额	三年后存款总额
5	-1000	
6	-1500	
7	-1800	
8	-2000	
9	-2500	
10	-3000	

图 5-16　定额存款

Step 02：选择 B5 单元格，单击“公式”→“函数库”→“插入函数”命令，在“插入函数”对话框的“选择函数:”中选择“FV”函数，根据题意，Rate=B2/12，Nper=B3，Pmt=A5，如图 5-17 所示。这个模拟运算将作为模拟运算表的模板。Rate 表示各期利率，Nper 表示总投资期，Pmt 表示各期支出额。

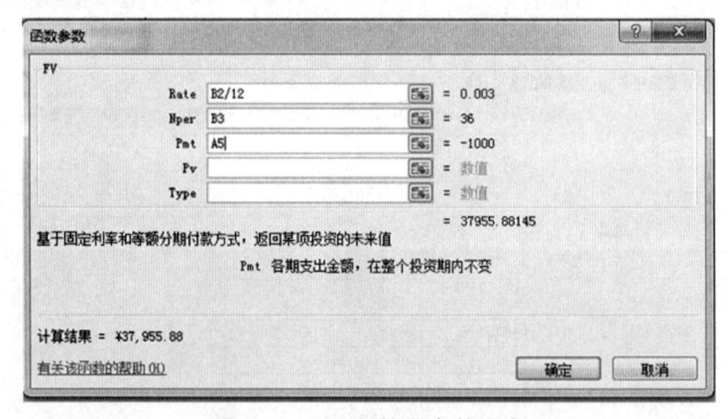

图 5-17　FV 函数的参数设定

Step 03：单击“确定”按钮，得出每月存款 1 000 元三年后存款总额的计算结果，如图 5-18 所示。

	A	B
1	定额存款表	
2	年利率	3.60%
3	存款期限（月）	36
4	每月存款额	三年后存款总额
5	-1000	¥37,955.88
6	-1500	
7	-1800	
8	-2000	
9	-2500	
10	-3000	

图 5-18　三年后存款总额

Step 04：框选出需要进行模拟运算表的数据区域 A5:B10。

Step 05：选择“数据”→“预测”→“模拟分析”→“模拟运算表”命令，在弹出的“模拟运算表”中，输入引用列的单元格是每月存款额，故选择 A5，如图 5-19 所示。

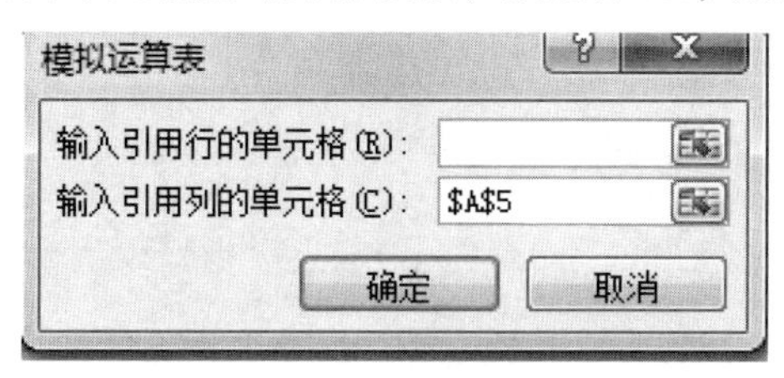

图 5-19　模拟运算表

Step 06：选择完毕后，单击“确定”按钮，得到相应的计算结果，并自动填入相应的单元格，调整格式后结果如图 5-20 所示。

	A	B
1	定额存款表	
2	年利率	3.60%
3	存款期限（月）	36
4	每月存款额	三年后存款总额
5	-1000	¥37,955.88
6	-1500	¥56,933.82
7	-1800	¥68,320.59
8	-2000	¥75,911.76
9	-2500	¥94,889.70
10	-3000	¥113,867.64

图 5-20　单变量模拟运算表结果

5.3.2　双变量模拟运算表

案例 4：求不同贷款期限和不同利率情况下每月还款额。

近年来，在“房子是用来住的不是用来炒的”定位下，各大城市纷纷出台限购政策，购房者在符合购房资格的前提下，结合自身的经济情况，选择最合适的贷款方式。如购房者买了一套全额为 240 万元的一手房，该购房者至少首付三成，即 72 万元，其余金额需通过银行贷款的形式支付，每月还款。银行提供给个人购房贷款有三种方式：第一种是银行商贷，贷款年利率为 4.65%，第二种是公积金贷款，贷款年利率是 3.25%；第三种是组合贷（商贷+公积金贷），贷款年利率为 3.95%。3 种不同贷款种类下，计算贷款期限分布为 15 年、18 年、20 年、25 年、30 年的月还款额。

Step 01：新建 Excel 工作表，按照题目要求输入数据，如图 5-21 所示。

	A	B	C	D
1	贷款金额	1680000		
2	贷款年限	30		
3	年利率	4.65%		
4				
5				
6	贷款年限	年利率		
7		4.65%	3.25%	3.95%
8	15			
9	18			
10	20			
11	25			
12	30			

图 5-21　数据计算表

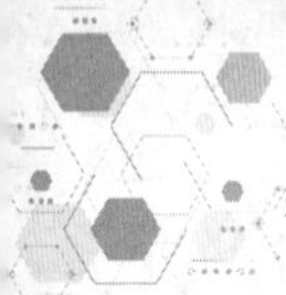

Step 02：选择 A7 单元格，单击“公式”→“函数库”→“插入函数”命令，在“插入函数”对话框的“选择函数:”中选择 “PMT”函数，根据题意，Rate=B3/12，Nper=B2*12，Pv=B1，如图 5-22 所示。单击“确定”按钮，得出结果。这个模拟运算将作为模拟运算表的模板。

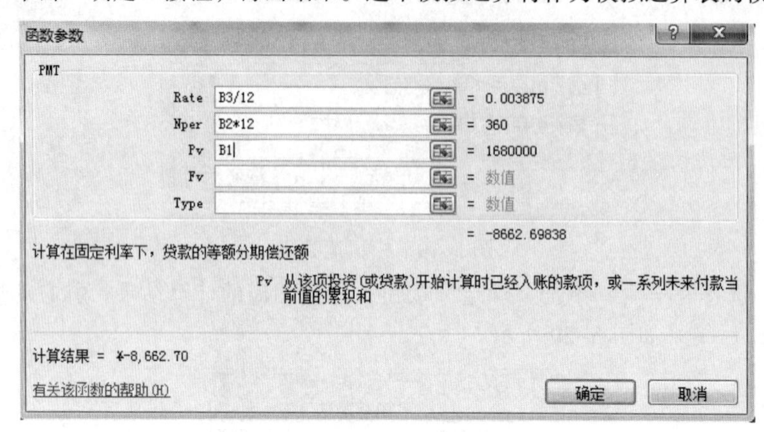

图 5-22 PMT 函数设置

Step 03：框选需进行模拟运算表的数据区域 A6:D12。

Step 04：选择“数据”→“预测”→“模拟分析”→“模拟运算表”命令，在弹出的“模拟运算表”对话框中，输入引用行的单元格为年利率，选择 B3，输入引用列的单元格为贷款年限，选择 B2，如图 5-23 所示。选择完毕后，单击“确定”按钮，得到相应的计算结果，并自动填入相应的单元格，调整格式后结果如图 5-24 所示。

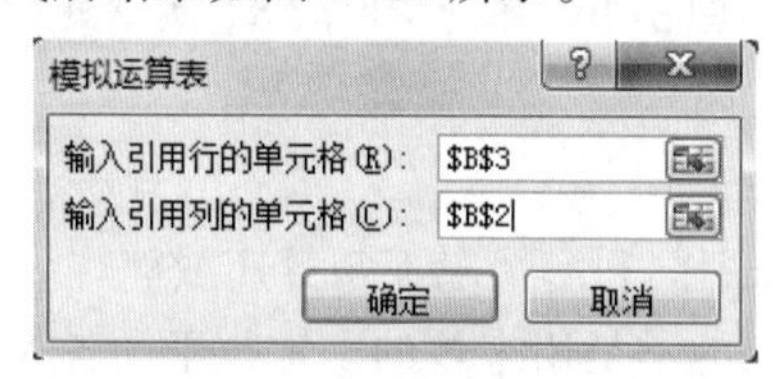

图 5-23 模拟运算表

	A	B	C	D
1	贷款金额	1680000		
2	贷款年限	30		
3	年利率	4.65%		
4				
5				
6	贷款年限	年利率		
7	¥-8,662.70	4.65%	3.25%	3.95%
8	15	¥-12,981.05	¥-11,804.84	¥-12,384.70
9	18	¥-11,495.85	¥-10,283.57	¥-10,879.97
10	20	¥-10,765.02	¥-9,528.89	¥-10,136.26
11	25	¥-9,481.60	¥-8,186.91	¥-8,821.34
12	30	¥-8,662.70	¥-7,311.47	¥-7,972.23

图 5-24 双变量模拟运算表结果

5.4 单变量求解

在 Excel 中，根据所提供的目标值，将引用单元格的值不断调整，直至达到所需要求的公式的目标值时，变量的值才确定。例如已知 $y=f(x)$，给定 x 的值，我们可以根据公式求得 y 的值，而且 y 的值是随着 x 的值变化而变化的，把 x 的取值称为可变参数，求 y 的值就是目标值。反过来给定 y 的值，我们又将如何求 x 的值呢？这就是我们本节要介绍的单变量求解，单变量求解就是函数公式的逆运算。

5.4.1　单变量求解的实例

案例 5：经济发展是促进社会发展的重要因素，某公司生产某产品固定成本为 10 000 元，单位可变成本为 90 元，售价为 340 元，目标售量为 200，目标利润为 40 000 元。当固定成本增加了 5 000 元，单位可变成本增加了 1 倍，如果目标利润还是维持 40 000 元，请问销量比原目标销量增加多少？

用单变量求解销售增量。

Step 01：新建 Excel 工作表，按照题目给出的条件输入数据、文字。

Step 02：根据题意，当固定成本、单位可变成本都发生变化后，售价和目标利润保持不变，可求目标销售额。先建立两表的关系：E1=B1+5000，E2=B2*2，E3=B3，E5=(E3−E2)*E4−E1，销售增量 E6=E4−B4，目标售量暂不输入任何数据，如图 5–25 所示。

E5　　fx　=(E3-E2)*E4-E1

	A	B	C	D	E
1	固定成本	10000		固定成本	15000
2	单位可变成本	90		单位可变成本	180
3	售价	340		售价	340
4	目标售量	200		目标售量	
5	目标利润	40000		目标利润	-15000
6				销售增量	-200

图 5–25　建立两表关系

Step 03：选中 E5，单击“数据”→“预测”→“模拟分析”→“单变量求解”命令，在弹出的“单变量求解”对话框中，输入目标单元格 E5，目标值 40000，可变单元格 E4，如图 5–26 所示。

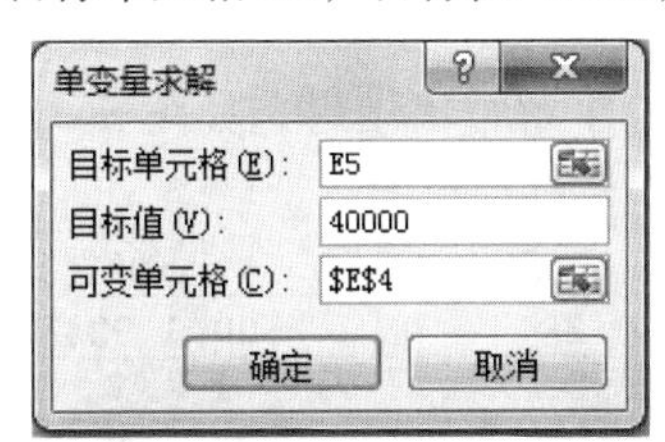

图 5–26　“单变量求解”对话框

Step 04：选择完毕后，单击“确定”按钮，得到相应的计算结果，并自动填入相应的单元格结果如图 5–27 所示。

D	E	F
固定成本	15000	
单位可变成本	180	
售价	340	
目标售量	343.75	
目标利润	40000	
销售增量	143.75	

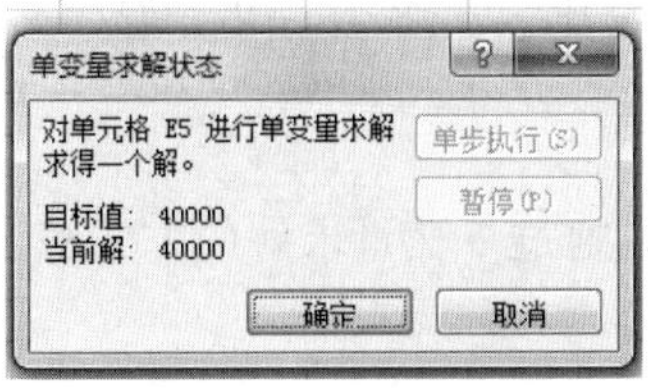

单变量求解状态

对单元格 E5 进行单变量求解　单步执行(S)
求得一个解。　暂停(P)

目标值：40000
当前解：40000

确定　取消

图 5–27　单变量求解销售增量结果

5.4.2 求解一元 N 次方程

在上一节介绍的用单变量求解销售增量，其实相当于求解一元一次方程，有时方程可能是一元二次、一元三次，甚至一元 N 次，一般来说，一元三次以下用公式求解还是比较方便，但是涉及到一元四次以上，计算相当困难。本节将介绍如何使用单变量求解对一元多次方程进行求解。

案例 6：求解 $ax^4+bx^3+cx^2+dx+e=0$。

Step 01：新建 Excel 工作表，a,b,c,d,e 的取值分别为 5,4,-3,2,-100，目标单元格取值 =A2*F2^4+B2*F2^3+C2*F2^2+D2*F2+E2（$5x^4+4x^3-3x^2+2x-100$），如图 5-28 所示。

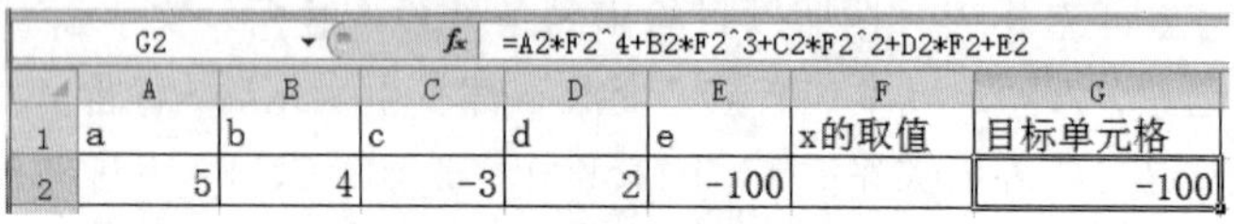

G2　fx　=A2*F2^4+B2*F2^3+C2*F2^2+D2*F2+E2

	A	B	C	D	E	F	G
1	a	b	c	d	e	x的取值	目标单元格
2	5	4	-3	2	-100		-100

图 5-28　各参数对应数据

Step 02：选中 G2 单元格，单击“数据”→“预测”→“模拟分析”→“单变量求解”命令，在弹出的“单变量求解”对话框中，输入目标单元格 G2，目标值 3，可变单元格 F2，如图 5-29 所示。

图 5-29　“单变量求解”对话框设置

Step 03：单击“确定”按钮，求解得出结果，如图 5-30 所示。x 的取值为 2.975949067。

	A	B	C	D	E	F	G
1	a	b	c	d	e	x的取值	目标单元格
2	5	4	-3	2	-100	1.994809	2.975949067

单变量求解状态
对单元格 G2 进行单变量求解
求得一个解。
目标值：3
当前解：2.975949067
单步执行(S)　暂停(P)　确定　取消

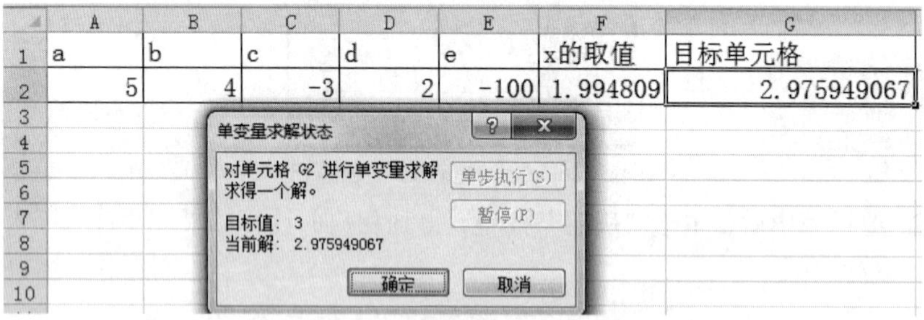

图 5-30　案例 6 计算结果

从结果可以得出，计算只能得到近似值，这是计算机通过多次迭代求值的结果，如果需要更加精确，可以在 Excel 程序中设置迭代次数和最大误差值。选择“文件”→“选项”命令，在弹出的“Excel 选项”对话框中选择“公式”，选中“启用迭代计算”复选框，加大迭代次数、减小最大误差值，如图 5-31 所示。单击“确定”按钮后，重新求解一次，即可以提高计算结果的精度。

由此类推，一元 N 次方程可以通过单变量求解的方式解出来，结果稍微有点偏差，经过设置迭代次数和最大误差可尽量精确。

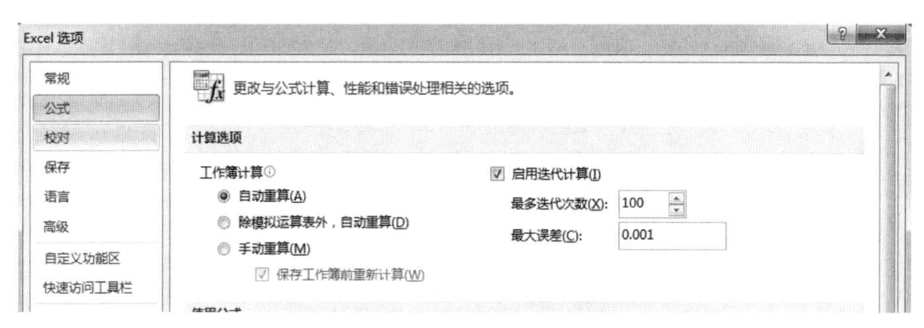

图 5-31　启用迭代计算

5.5　方案管理器

量变和质变是相互渗透的，量变是质变的必要准备，质变是量变的必然结果。模拟运算表和单变量求解可以非常简捷方便地求出一个或两个参数变动后的计算结果，但在实际生活中，某一个结果往往是由多个因素变动导致的，如何在多因素的影响下选择最合适的方案呢？本节我们将介绍方案管理器，通过在变量和公式计算的基础上，形成不同的方案供我们选择。

在方案管理器中可以提供多个方案，每个方案都有计算与管理，根据实际需要，可在多个方案中进行对比，也可以用多个方案创建综合性的方案摘要报告。

方案（假设分析工具）：是一组命令组成部分，预测工作表模型的输出结果。同时还可以在工作表中创建并保存不同的数值组，然后切换到任意方案查看不同的结果。

案例 7：某商店销售货品，已知单个货品的物流成本为 0.25 元，人力成本 0.2 元，损耗成本 0.1 元。下面有四种货品：货品 1，成本 0.5 元，售价 3 元，售量 60 000；货品 2，成本 0.8 元，售价 5 元，售量 40 000；货品 3，成本 3 元，售价 10 元，售量 30 000；货品 4，成本 5 元，售价 20 元，售量 10 000。现有三种方案：

方案 A：物流成本为 0.5 元，人力成本为 0.1 元，损耗成本 0.08 元。

方案 B：物流成本为 0.18 元，人力成本为 0.28 元，损耗成本 0.15 元。

方案 C：物流成本为 0.3 元，人力成本为 0.1 元，损耗成本 0.05 元。

求利润总额最高的一种方案。

5.5.1　创建方案

Step 01：新建 Excel 工作表，命名为“案例 7”，根据题意，利润=（售价-成本-损耗成本-人力成本-物流成本）× 售量，利润总额等于四种货品利润总和。创建表格如表 5-32 所示。

C11　=(C8-C7-$B$4-$B$3-$B$2)*C9

	A	B	C	D	E	F
1		单位成本				
2	物流成本	0.25				
3	人力成本	0.2				
4	损耗成本	0.1				
5						
6		货品1	货品2	货品3	货品4	
7	成本	0.5	0.8	3	5	
8	售价	3	5	10	20	
9	售量	60000	40000	30000	10000	
10						
11	利润	117000	146000	193500	144500	
12	总利润	601000				

图 5-32　数据表

Step 02：单击“数据”→“预测”→“模拟分析”→“方案管理器”命令，弹出“方案管理器”对话框如图 5-33 所示。

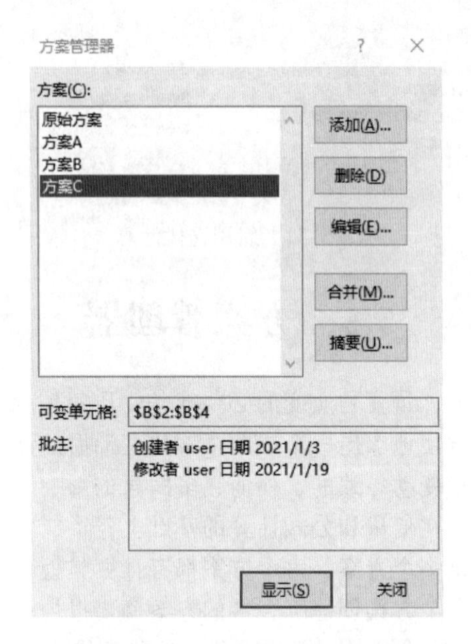

图 5-33 “方案管理器”对话框

Step 03：在“方案管理器”对话框中，单击“添加”按钮，弹出“编辑方案”对话框，在“方案名:”中输入“原始方案”，单击“可变单元格”文本框后的折叠按钮，框选区域“B2:B4”，如图 5-34 所示。

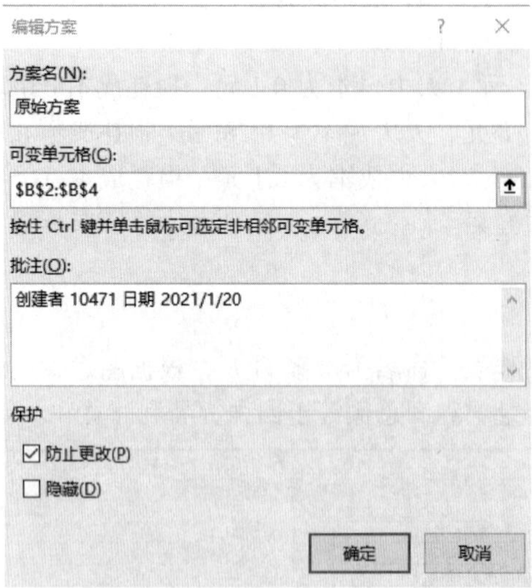

编辑方案

方案名(N):

原始方案

可变单元格(C):

$B$2:$B$4

按住 Ctrl 键并单击鼠标可选定非相邻可变单元格。

批注(O):

创建者 10471 日期 2021/1/20

保护

☑ 防止更改(P)

☐ 隐藏(D)

确定　取消

图 5-34 “编辑方案”对话框

Step 04：在“编辑方案”对话框中单击“确定”按钮，弹出“方案变量值”的对话框，如图 5-35 所示。单击“确定”按钮，创建了“原始方案”的方案。

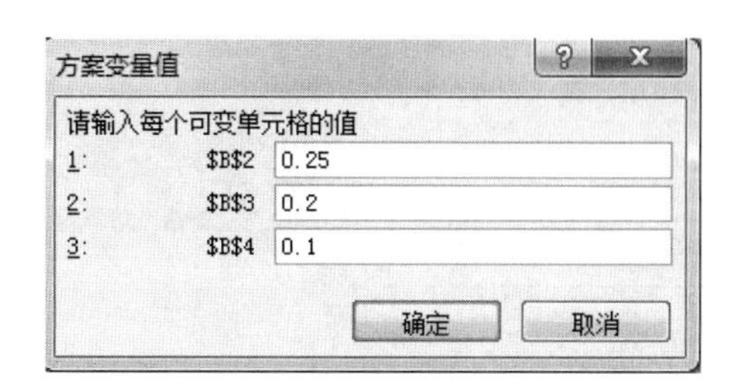

图 5-35　方案变量值参数设定

Step 05：再单击“方案管理器”对话框中的“添加”，弹出“编辑方案”对话框，在“方案名:”中输入“方案 A”，在“编辑方案”对话框中单击“确定”按钮，弹出“方案变量值”对话框，输入方案 A 的物流成本、人力成本和损耗成本的数值，单击“确定”按钮，创建了“方案 A”的方案。

Step 06：若不需要合并，则按上面的步骤创建方案 B 和方案 C。

Step 07：创建好方案后，若要显示方案，可在“方案管理器”对话框中选择一种方案查看，如选中“方案 C”，单击“显示”按钮，则显示出“方案 C”的计算结果，如图 5-36 所示。

	A	B	C	D	E
1		单位成本			
2	物流成本	0.3			
3	人力成本	0.1			
4	损耗成本	0.05			
5					
6		货品1	货品2	货品3	货品4
7	成本	0.5	0.8	3	5
8	售价	3	5	10	20
9	售量	60000	40000	30000	10000
10					
11	利润	123000	150000	196500	145500
12	总利润	615000			

图 5-36　选择“方案 C”

Step 08：若对方案不满意，可以在“方案管理器”中选择需要修改的方案，单击“编辑”按钮，在打开的“编辑方案”对话框中对相应的参数进行修改。

5.5.2　合并方案

前面介绍的案例都是在同一个工作簿的同一个工作表中创建 4 个方案，在实际生活中不同的方案可能存放在不同的工作簿或不同的工作表中，如果需要拿这些方案进行比较，我们需要把方案先进行合并操作，再进行对比。具体步骤如下。

Step 01：把前面创建方案时创建的工作表复制到新的工作簿中（本例是复制到“方案管理器.xlsx”），删除原工作表上的方案 B 和方案 C，然后在该工作簿的 Sheet2 中按前面的步骤创建方案 B 和方案 C，如图 5-37 所示。

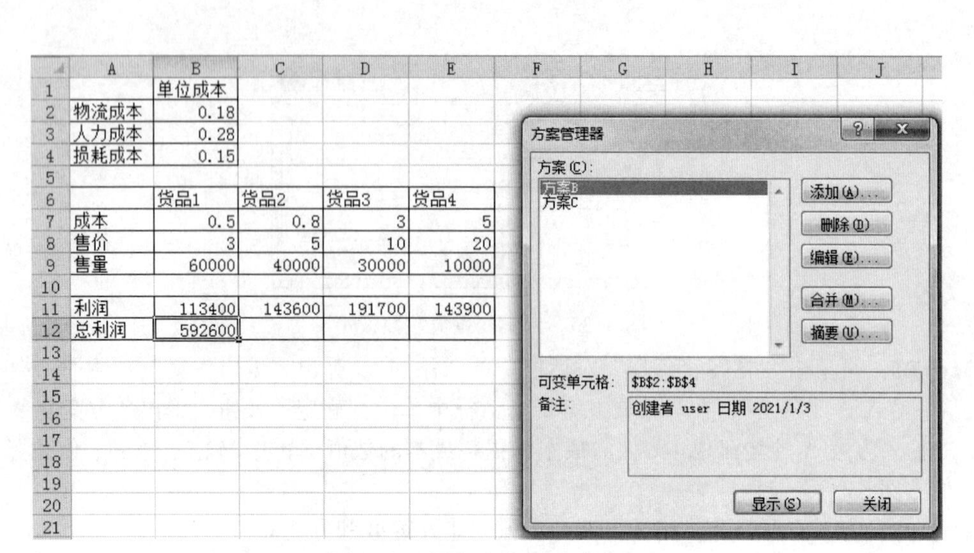

图 5-37 添加方案 B 和方案 C

Step 02：选择“案例 7”的工作表，在“方案管理器”对话框中单击“合并”按钮，弹出对话框如图 5-38 所示。选择要合并方案所在的工作簿，然后选择合并方案所在的工作表，单击“确定”按钮，则可以在“方案管理器”中看到合并后的方案。

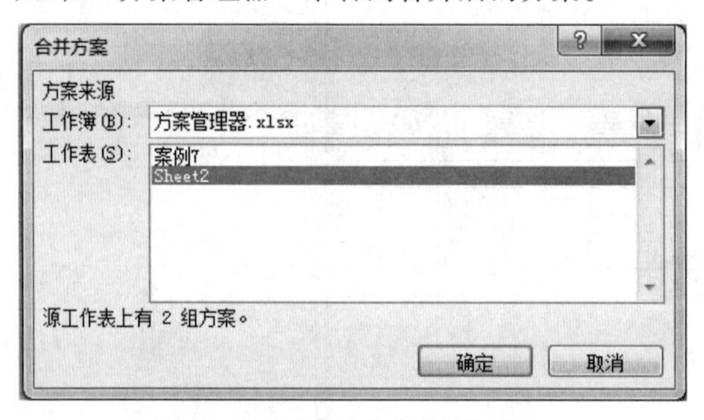

图 5-38 “合并方案”对话框

5.5.3 生成摘要报告

创建了多个方案后，每个方案都可以直接查看，但不能直观地对各方案进行对比。为了更直观地对各方案进行比较和分析，可以通过方案摘要来进行显示。

在“方案管理器”对话框中单击“摘要”按钮，在弹出的“方案摘要”对话框中选择“方案摘要”，“结果单元格:”框选 B12 单元格，如图 5-39 所示。

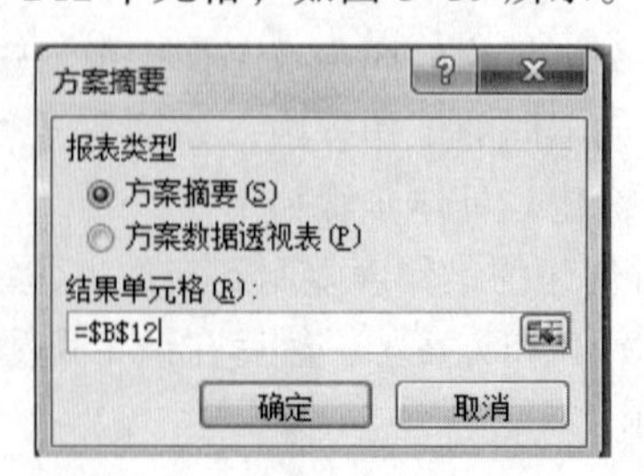

图 5-39 “方案摘要”对话框

单击“确定”按钮，生成一个“方案摘要”工作表，此工作表包含所有方案的可变单元格数据和计算结果，如图 5-40 所示。

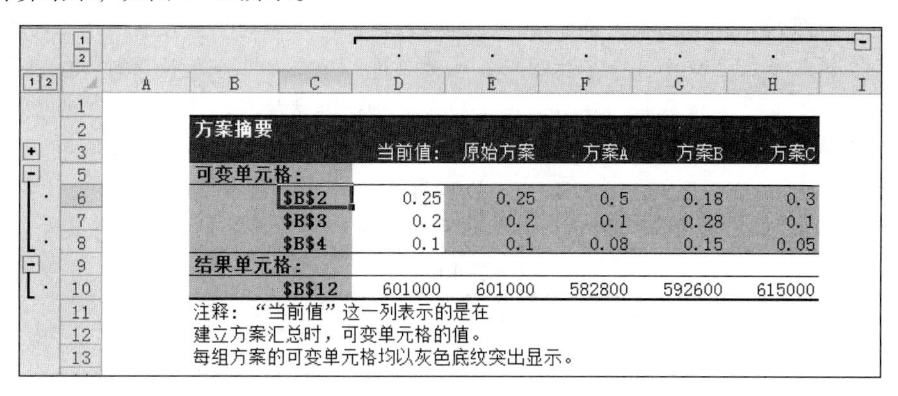

图 5-40　生成方案

在“方案摘要”结果中，可以很直观和清晰地看到不同方案的可变单元格的数值和结果单元格的计算结果。

本 章 习 题

1. 某客户到银行存款 100 万元，存期 3 年，银行有活期存款、定期存款和定活两便存款 3 种方式，其中，活期存款的利率为 0.3%、定期存款的利率为 1.55%、定活两便存款的利率为 0.96%，数据如表 5-2 所示，利用单变量模拟运算表计算该客户选择三种存款三年后各能获得本利和为多少？该客户选择哪种存款方式最好？

习题 1 的数据表

存款金额/元	1 000 000	存 款 方 式	年 利 率	本 利 和
存款期限/年	3	活期	0.3%	
年利率	0.3%	定期	1.55%	
		定活两便	0.96%	

2. 某客户到银行存款 100 万元，存期可选择的有 1 年、3 年、5 年和 10 年，银行有活期存款、定期存款和定活两便 3 种存款方式，其中，活期存款的利率为 0.3%、定期存款的利率为 1.55%、定活两便存款的利率为 0.96%，数据如表 5-3 所示，利用双变量模拟运算表计算该客户选择不同期限和不同存款类型到期后各能获得本利和为多少。

习题 2 的表

存款金额/元	1 000 000	存 款 方 式	年 利 率	存 款 期 限			
存款期限/年	1			1	3	5	10
年利率	0.3%	活期	0.3%				
		定期	1.55%				
		定活两便	0.96%				

3. 求解非线性方程：$7x^4+5x^3+2x+12=200$。

4. 某厂生产 A、B、C、D 四种产品，每一种产品都需要经历一、二、三共三道工序方可

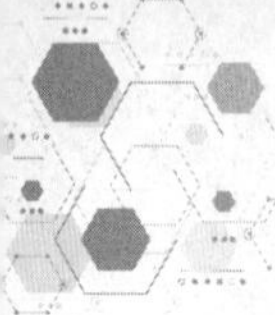

完成。其中，A 产品的生产在第一道工序需要 3 个单位原料，在第二道工序需要 2 个单位原料，在第三道工序需要 1 个单位原料；B 产品的生产在第一道工序需要 3 个单位原料，在第二道工序需要 2 个单位原料，在第三道工序需要 3 个单位原料；C 产品的生产在第一道工序需要 5 个单位原料，在第二道工序需要 3 个单位原料，在第三道工序需要 2 个单位原料；D 产品的生产在第一道工序需要 4 个单位原料，在第二道工序需要 3 个单位原料，在第三道工序需要 3 个单位原料。该厂第一道工序的原料共有 50 000 个，第二道工序的原料共有 35 000 个，第三道工序的原料共有 30 000 个。另外，A、B、C、D 四种产品的单件利润分别为 3 万元、2.5 万元、3.5 万元和 4 万元，数据如表 5-4 所示。分析该厂如何组织生产才能使利润获得最大值。

习题 4 的表

产品 工序	产品 A	产品 B	产品 C	产品 D	原料总和
工序 1	3	3	5	4	50 000
工序 2	2	2	3	3	35 000
工序 3	1	3	2	3	30 000
单件利润	3	2.5	3.5	4	

第 6 章 Access 2016 数据库基础

学习目标

- 了解数据库系统的组成。
- 了解数据模型的要素及分类。
- 掌握关系数据库的基本知识。
- 掌握 SQL 的功能及主要语句。
- 掌握用 Access 2016 创建与管理数据库的方法。
- 通过案例素材的知识，充分挖掘德育元素，提升学生的思想道德水平，引导学生树立正确的世界观、人生观和价值观，将个人发展与社会发展、国家发展结合起来，激发其为国家学习、为民族学习的热情和动力，帮助其在创造社会价值过程中明确自身价值和社会定位。

章节导学

随着科学技术和社会经济的飞速发展，人们要充分利用急剧增加的海量信息资源，就必须有一种技术能够对大量的信息进行处理。Access 数据库管理系统是 Microsoft Office 办公软件的一个组成部分，是流行的桌面数据库管理系统，可以有效地组织、管理和共享数据库的信息，并方便地将数据库和 Web 结合在一起。

6.1 数据库基础知识

本小节以概念为主，主要了解数据库的基本概念、数据库技术的发展及数据模型，重点是关系型数据。

6.1.1 数据库概述

1. 信息、数据与数据处理

（1）数据

数据是指保存在存储介质上能够被计算机识别的物理符号。数据是用来记录信息的可识别符号，是信息的具体表现形式。人们通常使用各种各样的物理符号来表示客观事物的特性和特

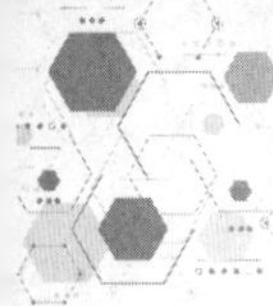

征，这些符号及其组合就是数据（如数字、字母、符号、图形、图像、动画、声音等）。任何事物的属性都是通过数据来表示的。

（2）信息

信息是对现实世界中各种事物的存在方式、运动状态或事物间联系形式的反映。信息是经过加工处理并对人类客观行为产生影响的、通过各种方式进行传播、可被感知的数据表现形式。

例如："友谊商店的邦宝服装在 3 月 8 日打 7.5 折。""湖南第一师范学院需要招聘 2 名图书管理员。"

信息是可以被感知和存储的，并且可以被加工、传递和再生。

（3）数据处理

数据处理是将数据转换成信息的过程，包括对数据的收集、存储、加工、检索、传输等一系列活动，其目的是从大量的原始数据中抽取和推导出有价值的信息。可以用一个等式简单地表示信息、数据与数据处理的关系：信息=数据+数据处理。

2. 数据库的定义

数据库（DataBase，DB）是存储在计算机内有结构的相关数据的集合。它不仅包括描述事物的数据本身，还包括了相关事物之间的关系。数据库中的数据是按一定的数据模型组织、描述和存储的，具有较小的冗余度、较高的数据独立性和易扩展性，可以被多个用户、多个应用程序共享。

3. 数据管理技术的发展

数据管理是指对数据进行分类、组织、编码、存储、检索和维护，数据管理是数据处理的中心问题。而数据处理则是将数据转换成信息的过程，包括对数据的收集、整理、存储、分类、排序、检索、计算等操作，它的目的就是从原始数据中得到有用的信息，即数据是信息的载体，信息是数据处理的结果。

数据库技术是应数据管理任务的需要而产生的。随着计算机软硬件技术的不断发展和计算机应用范围的不断拓宽，在应用需求的推动下，数据管理技术经历了人工管理、文件系统和数据库系统 3 个发展阶段。

4. 数据库管理系统

数据库管理系统（DataBase Management System，DBMS）是位于用户与操作系统之间的一个数据管理软件，在操作系统支持下工作，是负责数据库存取、维护、管理的软件。数据库管理系统支持用户对数据库的基本操作，是数据库系统的核心软件。它的主要目的是方便用户使用数据资源，易于为用户所共享，增强数据的安全性、完整性和可靠性。它的基本功能包括以下几个方面。

① 数据定义功能：DBMS 提供数据定义语言（Data Definition Language，DDL），用户通过它可以方便地对数据库中的数据对象进行定义。

② 数据操纵功能：DBMS 还提供数据操纵语言（Data Manipulation Language，DML），用户可以使用 DML 操纵数据，实现对数据的基本操作，如查询、插入、删除和修改。

③ 数据库的运行管理功能：数据库在建立、运行和维护时由数据库管理系统统一管理和控制，以保证数据的安全性、完整性，以及对并发操作的控制以及发生故障后的系统恢复等。

④ 数据库的建立和维护功能：包括数据库初始数据的输入、转换功能，数据库的转储、恢复功能，数据库的重组织功能和性能监视、分析功能等。

数据库管理系统软件有多种，比较著名的有 Oracle、Informix、Sybase、SQL Server、DB2 等。

5. 数据库系统

数据库系统（DataBase System，DBS）是指在计算机系统中引入数据库后构成的系统，是由硬件、软件、数据库和用户 4 部分构成的整体。

① 数据库：是数据库系统的核心和管理对象，是存储在一起的相互有联系的数据集合。

② 硬件：脱机存储介质（如磁盘、光盘、磁带等）以存放数据库备份。

③ 软件：主要指数据库管理系统。

④ 用户：数据库系统中存在一组管理（数据库管理员）、开发（应用程序员）、使用数据库（终端用户）的用户。

6.1.2　数据模型

1. 数据模型

数据模型（DataModel）是用来抽象、表示和处理现实世界中的数据和信息的工具。数据模型由数据结构、数据操作、数据约束 3 部分组成。

（1）数据结构

数据结构是所研究的对象类型的集合。常用的数据结构有 3 种：层次结构、网状结构和关系结构。这 3 种结构的数据模型分别为层次模型、网状模型、关系模型。

（2）数据操作

数据操作是指对数据库中各种对象（型）的实例（值）允许执行的操作的集合，包括操作及有关的操作规则。

（3）数据约束

数据约束主要描述数据结构内数据间的语法、语义联系，它们之间的制约与依存关系，以及数据动态变化的规则，以保证数据的正确、有效与相容。

数据模型按不同的应用层次分成 3 种类型：概念数据模型、逻辑数据模型、物理数据模型。

① 概念数据模型（概念模型）：面向客观世界、面向用户的模型，如 E-R 模型。

② 逻辑数据模型（数据模型）：面向数据库系统的模型，如层次模型、网状模型、关系模型、面向对象模型等。

③ 物理数据模型（物理模型）：面向计算机物理表示的模型。

2. 概念模型

为了把现实世界中的具体事物抽象、组织为某一数据库管理系统支持的数据模型，人们常常首先将现实世界抽象为信息世界，再将信息世界转换为机器世界。现实世界中客观对象的抽象过程如图 6-1 所示。

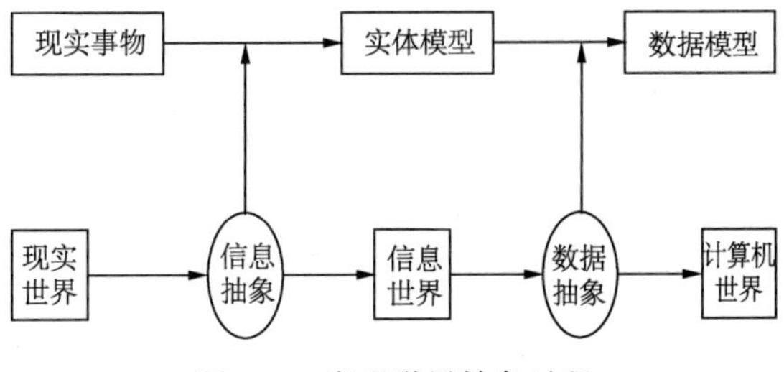

图 6-1　客观世界抽象过程

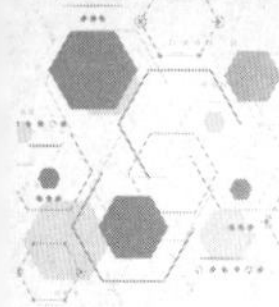

（1）概念模型的基本概念

实体：客观存在并可相互区别的事物称为实体。实体可以是具体的人、事、物，也可以是抽象的概念或联系。例如，一个学生、一门课、一个供应商、一个部门、一本书、一位读者等都是实体。

属性：属性是指实体所具有的某一特性。例如，图书实体可以由编号、书名、出版社、出版日期、定价等属性组成。

域：一个属性的取值范围。例如，职工性别的域为（男，女），姓名的域为字母字符串集合，年龄的域为小于150的整数，职工号的域为5位数字组成的字符串等。

码：唯一标识实体的属性集称为主码。例如，学生号是学生实体的主码，职工号是职工实体的主码。学生实体中，主码由单属性——学号构成。

实体型：用实体名及其属性名集合来描述和刻画同类实体，称为实体型。具有相同属性的实体必然具有共同的特征和性质。例如，学生（学号、姓名、性别、出生年份、系、入学时间）就是一个实体型，图书（编号、书名、出版社、出版日期、定价）也是一个实体型。

实体集：同一类型实体的集合称为实体集。例如，全体学生就是一个实体集，图书馆的图书也是一个实体集。

联系：在现实世界中，事物内部以及事物之间是有联系的，这些联系在信息世界中反映为实体内部的联系和实体之间的联系。实体之间的关联称为联系。

实体内部的联系通常是组成实体的各属性之间的联系。

实体之间的联系是指不同实体集之间的联系。两实体集之间的联系主要有以下3类：

一对一联系（1∶1）：如果实体集 A 与实体集 B 之间存在联系，并且对于实体集 A 中的任意一个实体，在实体集 B 中至多只有一个实体与之对应，反之亦然，则称实体集 A 和实体集 B 具有一对一联系。

一对多联系（1∶n）：如果实体集 A 与实体集 B 之间存在联系，并且对于实体集 A 中的任意一个实体，在实体集 B 中可以有多个实体与之对应；而于实体集 B 中的任意一个实体，在实体集 A 中至多只有一个实体与之对应，则称实体集 A 和实体集 B 具有一对多联系。

多对多联系（m∶n）：如果实体集 A 与实体集 B 之间存在联系，并且对于实体集 A 中的任意一个实体，在实体集 B 中可以有多个实体与之对应；而对于实体集 B 中的任意一个实体，在实体集 A 中也可以有多个实体与之对应；则称实体集 A 和实体集 B 具有多对多联系。

（2）实体-联系模型

概念模型的表示方法很多，其中最为常用的是P.P.S.Chen于1976年提出的实体－联系方法（Entity-Relationship Approach，E-R表示法）。该方法用E-R图描述现实世界的概念模型，称为实体－联系模型，简称E-R模型。

在E-R图中，用矩形表示实体，矩形内写明实体名称。用椭圆形表示属性，椭圆内写明属性名称，并用无向边将其与实体连接起来。用棱形表示联系，棱形内写明联系名称，并用无向边分别将其与有关实体连接起来，并在无向边旁标明联系的类型。图6-2所示为班级实体及其属性，图6-3所示为教学管理系统实体集及其联系图。

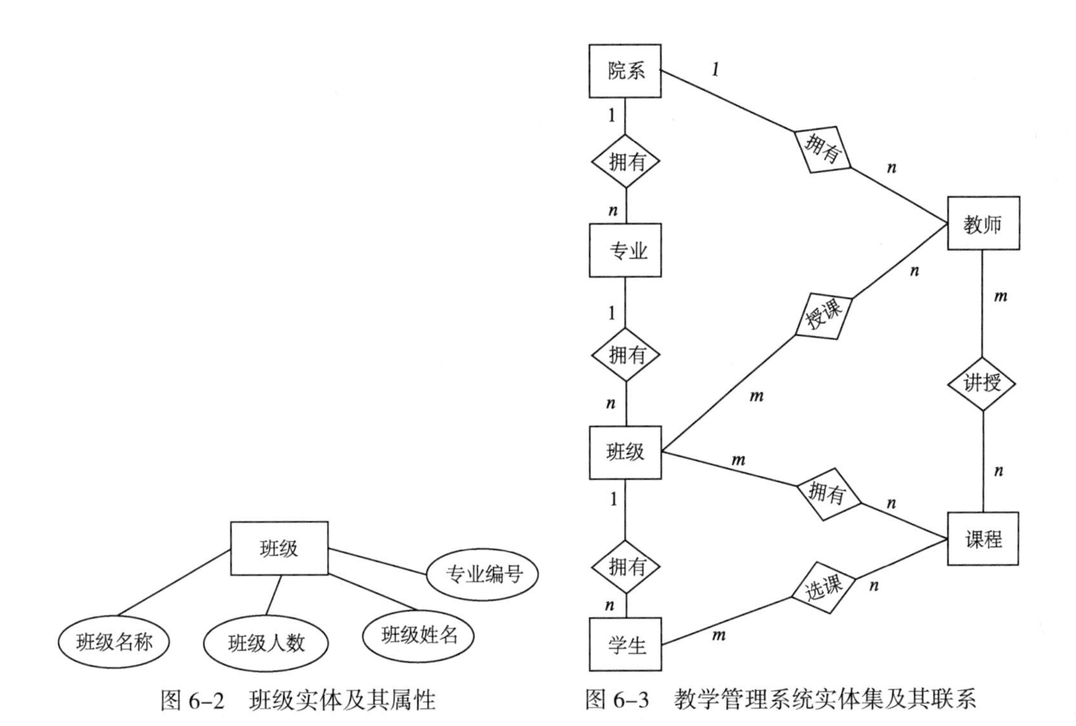

图 6-2　班级实体及其属性

图 6-3　教学管理系统实体集及其联系

6.1.3　关系数据库

关系数据库系统采用关系模型作为数据的组织方式。在现实世界中，人们经常用表格形式表示数据信息。但是日常生活中使用的表格往往比较复杂，在关系模型中基本数据结构被限制为二维表格。因此，在关系模型中，数据在用户观点下的逻辑结构就是一张二维表。每一张二维表称为一个关系（Relation）。

1. 关系数据库的基本术语

关系：一个关系就是一张二维表。每个关系有一个关系名，也称表名。在 Access 中，一个关系存储为一个数据库文件的表。例如，“教学管理”数据库中有“院系”“课程”“学生”“选课”4 个关系。

属性：表的每一列为一个属性（也称字段），如学生表中学号就是一个属性。

元组：表的每一行为一个元组（也称记录），它是一组字段的信息的集合。

域：属性的取值范围称为域。如学生选课表的综合成绩的取值范围是 0~100 之间的浮点数。

关系模式：关系名及关系中的属性集合构成关系模式，一个关系模式对应一个关系的结构。

关系模式的格式为关系名（属性名 1,属性名 2,属性名 3,…,属性名 *n*）。例如，班级表的关系模式为班级（班级名称,专业编号,班级人数,班长姓名）。

主关键字：主关键字也称主键，是唯一标识表中记录的字段或字段的组合，可以是一个字段或多个字段的组合。如学生表中的学号可作为主关键字，它能唯一标识表中的每一条记录，即表中不能有两个相同的学号出现。学生选课表中的学号和课程编号两个字段的组合为主关键字。

候选码：如果某个字段的值能唯一标识表中的一个记录，这个字段就被称为候选码。一个

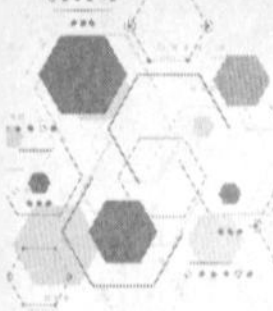

关系中可能有多个候选码。当然，候选码也可以是多个字段的组合。

外部关键字：外部关键字也称外键，是用来与另一个关系进行联接的字段，且是另一个关系中的主关键字。例如，在教学管理系统中，系编号在专业表中是外键，而在院系表中为主键，这是因为专业表和院系表通过系编号字段相关联。

关系在用户看来是一个表格，记录是表中的行，属性是表中的列。例如，学生、课程、学生与课程之间的“选课”联系都用关系来表示，表 6-1 所示为“学生”关系，表 6-2 所示为“选课”关系。

表 6-1 “学生”关系

学 号	姓 名	性 别	系 号
091501	张婷	女	01
091505	李波	男	01
091508	王燕	女	01
091610	陈晨	男	02
091613	马刚	男	02
091718	刘娟	女	03

表 6-2 “选课”关系

学 号	课 程 号	成 绩
091501	101	81
091505	102	79
091508	101	88
091610	103	82
091613	104	75
091718	101	68

2. 关系的特点

关系模型看起来简单，但并不是将一张表按照一个关系的方式直接存放在数据库系统中的。关系模型对关系的限制如下：

① 在关系（表）中每一个属性（字段）不可再分，是最基本的单位。

② 在同一个关系（表）中不能有相同的属性名（字段名），且列次序可以任意。

③ 在关系（表）中不允许有相同的元组（记录），且元组（记录）的顺序可以是任意的。

6.1.4 Access 数据库结构

Access 中包括表、查询、窗体、报表、宏和模块六大对象。表是数据库的基本对象，是创建其他 5 种对象的基础。表由记录组成，记录由字段组成，表用来存储数据库的数据，故又称数据表。表是用来存储大量数据的容器，它需要认真设计并建立表与表之间的关系。查询可以按索引快速查找到需要的记录，按要求筛选记录并能连接若干个表的字段组成新表。窗体是为了编制程序处理数据时能更直观地看到数据，提供了一种方便的浏览、输入及更改数据的窗口。还可以创建子窗体显示相关联的表的内容。报表的功能是将数据库中的数据分类汇总，然后打印出来，以便分析。宏是用来自动执行一系列操作。Access 列出了一些常用的操作供用户选择，使用起来十分方便。模块的功能与宏类似，但它定义的操作比宏更精细和复杂，用户可以根据需要编写程序。模块使用 Visual Basic 编程。

6.2　创建数据库和数据表

本节介绍如何在 Access 中创建数据库和表，并介绍设置字段属性，创建索引，定义和更改主键，数据表的复制、排序、筛选，表间关系的创建等操作。

6.2.1　创建数据库

1. 创建“教学管理系统”空白数据库

操作步骤如下。

Step 01： 启动 Access 2016 后，单击启动屏幕上的“空白数据库”按钮，如图 6-4 所示。

> **提示**
>
> 在 Access 2016 中切换到“文件”选项卡，单击“新建”按钮，在右侧的“新建”界面中选择“空白数据库”选项，也可以新建空白数据库。

Step 02： 在弹出的对话框中，设置好文件名及文件保存路径，单击“创建”按钮，如图 6-5 所示，即可创建空白数据库。

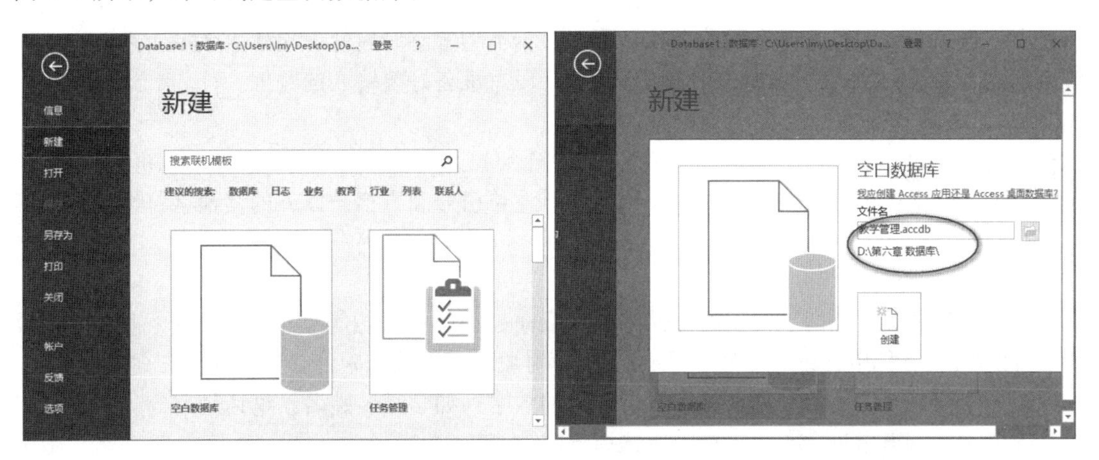

图 6-4　启动屏幕　　　　图 6-5　设置数据库名及路径

2. 利用模板创建数据库

在 Access 2016 中，还可以根据内置的模板或联机搜索模板，创建已有数据结构的空数据库。操作步骤如下。

Step 01： 启动 Access 2016，弹出图 6-4 所示窗口。

Step 02： 单击一个模板后，弹出图 6-6 所示的对话框，单击“创建”按钮，即可创建教职员列表数据库。

Step 03： 此时 Access 2016 将自动调用内置模板或者下载联机模板，耐心等待，即可根据模板创建空数据库，如图 6-7 所示。

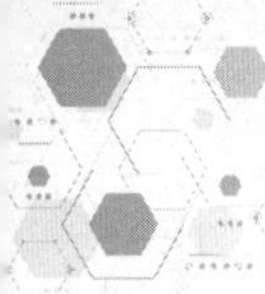

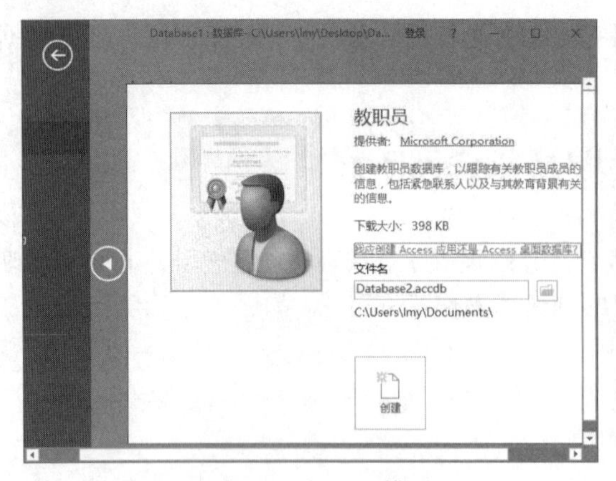

图 6-6　教职员模板

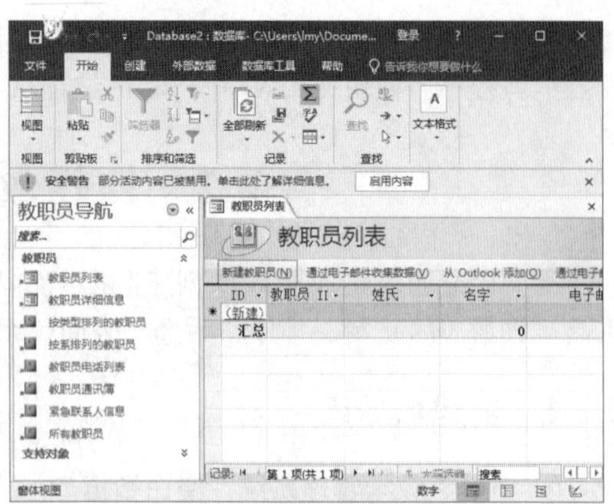

图 6-7　教职员数据库

6.2.2　创建数据表

在 Access 中，表是最重要的对象之一，是查询、窗体、报表及宏等对象的操作基础。数据表就是关系，是数据库中唯一存储数据的对象。设计一个好的数据表结构，对整个数据库系统的高效运行起非常重要的作用。

1. 表的组成

一个完整的表由表的结构和表中记录两部分构成。表的结构是指表的框架，由字段组成，即表中包含的全部字段及各字段的字段名称、数据类型等字段属性。在建立数据表之前，首先要设计好数据表的结构，同时还要确定好索引字段，准备好要输入的数据。

（1）字段名称

字段名称用于标识表中的每一个字段，每一个字段都有唯一的名称。字段名称可以由字母、汉字、数字、空格及除西文句号、西文感叹号、左单引号和方括号以外的其他字符组成，但不能以空格开头。

（2）数据类型

字段的数据类型决定了数据的存储方式。Access 2016 的数据类型包括短文本、长文本、数字、日期/时间、货币、自动编号、是/否、OLE 对象、超链接、附件、计算和查阅向导等。

短文本：可存储任何可见字符和不需计算的数字，如学号、姓名、电话号码等。最多可存储 255 个字符，当超过 255 个字符时应选择备注类型。

长文本：可存储较多的字符和数字，如简历等。

数字：可存储需要进行算术运算的数字数据。具体又分为字节、整型、长整型、单精度型、双精度型等。字段长度为 1～8 个字节。

日期/时间：可存储日期、时间数据，字段长度为 8 个字节。

货币：可存储货币类型的数据，是数字类型的特殊类型，字段长度为 8 个字节。

自动编号：当表中未指定主键时，可自动插入自动编号字段作为主键，作为表中每条记录的唯一标识。字段长度为 4 个字节。

是/否：可存储只有两个值的逻辑型数据，如婚否等。字段长度为 1 个字节。

OLE 对象：可存储链接或嵌入的对象。这些对象以文件形式存在，如图片、声音或文档等。字段最大容量为 1 GB。

超链接：以文本形式存储超链接地址，用来链接到文件、Web 页、电子邮件地址等。

附件：可存储所有种类的文档和二进制文件，如图像、文档、电子表格文件等。对于压缩的附件，字段最大容量为 2 GB，对于非压缩附件，字段容量大约为 700 KB。

计算：可显示计算结果，计算时必须引用同一表中的其他字段。可以使用表达式生成器创建计算。字段长度为 8 个字节。

查阅向导：可实现查阅其他表上的数据，或查阅创建字段时指定的一组值。输入数据时可直接选择相应值，而无须通过键盘输入值。

（3）字段大小

可以控制字段使用的空间大小，只适用于文本或数字类型的字段。

2. 使用数据表视图创建“学生”表

“学生”表结构如表 6-3 所示。

表 6-3 “学生”表结构

字段名称	数据类型	字段大小	字段名称	数据类型	字段大小
学号	短文本	12	班级名称	短文本	20
姓名	短文本	20	家庭住址	短文本	50
性别	短文本	2	手机	短文本	11
民族	短文本	50	简历	长文本	
出生年月	日期时间型		照片	OLE 类型	
政治面貌	短文本	4			

操作步骤如下。

Step 01：打开“教学管理”数据库，在“创建”选项卡的“表格”组中单击“表”按钮，将在数据视图下创建名为“表 1”的新表，如图 6-8 所示。

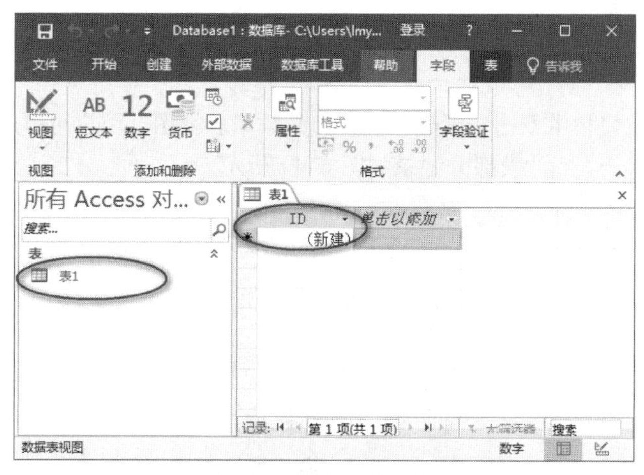

图 6-8　新建“表 1”

Step 02：在图 6-8 中，单击“ID”字段，在“字段”选项卡的“属性”选项组中单击“名称和标题”按钮，弹出“输入字段属性”对话框，如图 6-9 所示，在“名称”文本框中输入“学号”，单击“确定”按钮完成名称设置。

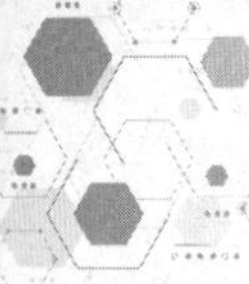

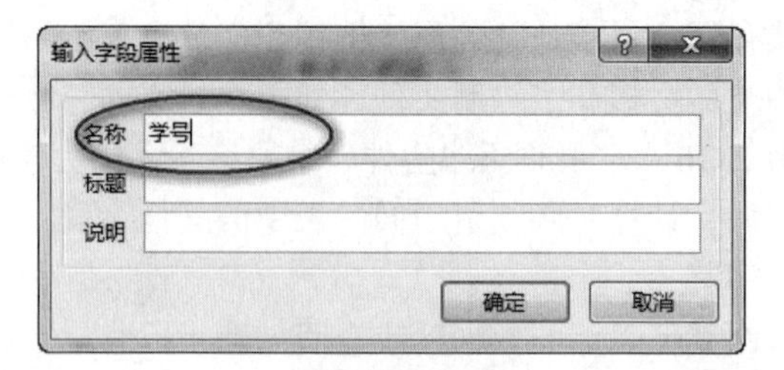

图 6–9　修改名称

Step 03：单击“学号”字段，在“字段”选项卡“格式”选项组的“数据类型”下拉列表中选择“短文本”选项。

Step 04：单击“学号”字段，在“字段”选项卡“属性”选项组的“字段大小”文本框中输入 12，如图 6–10 所示。

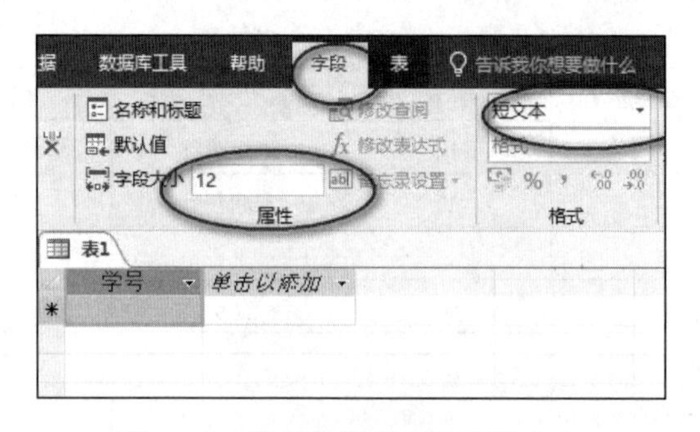

图 6–10　设置数据类型和字段大小

Step 05：添加新字段。“学号”字段设置完成后，单击“单击以添加”字段可添加新字段。新字段的字段名称、数据类型、字段大小的设置方法与上述方法类似，不再赘述。“姓名”“性别”等字段均可按上述方法设置。

Step 06：选择“文件”→“保存”命令，在弹出的“另存为”对话框中输入表名“学生”，将表保存为“学生”表。

Step 07：在导航窗格中双击“学生”表，打开数据表视图，用户可以在该视图中直接输入数据，输入数据后的“学生”表部分记录如图 6–11 所示。

学生

学号	姓名	性别	民族	出生年月	政治面貌	班级名称	年级	家庭住址	手机	简历	照片	单击以添加
201301010101	郑玲	男	汉	2012/11/29	党员	13会计1班	2012	广东茂名	1876543	2003年广东		
201301010102	吴奇隆	女	白	1991/4/5	团员	13会计1班	2010	广东韶关	1587655			
201301010103	张玉英	男	汉	1993/12/25	群众	14会计1班	2011	广东梅州	1883456			
201301010104	黄磊	女	白	1994/2/2	团员	14会计1班	2011	湖南常德	1865432			
201301020101	张苗苗	男	汉	1992/9/9	群众	13旅管1班	2010	广东云浮	1580987			
201301225215	张姗姗											
201303050101	黄丽丽	男	满	1992/6/6	团员	13教技1班	2010	湖北武汉				
201304080101	章子怡	女	汉	1992/8/8	群众	13英语1班	2010	湖南永州				

图 6–11　输入数据

提示

①设置字段名称时，也可双击 ID，使其进入编辑状态，将其改为“学号”；或右击“ID”，在弹出的快捷菜单中选择“重命名字段”命令，更改字段名称。

②使用数据表视图创建表时，系统会默认第一个字段为主键。也可以删除默认主键或更改为其他主键。

3. 使用设计视图创建表

“班级”表结构如表 6-4 所示。

表 6-4 “班级”表结构

字段名称	数据类型	字段大小	字段名称	数据类型	字段大小
班级名称	短文本	12	班级人数	数字型	整型
专业编号	短文本	2	班长姓名	短文本	10

操作步骤如下：

Step 01：在“创建”选项卡的“表格”选项组中单击“表设计”按钮，这时将在设计视图下创建名为“表 1”的新表。设计视图分上下两部分，如图 6-12 所示：上半部分用来设置每个字段的字段名称和数据类型，如果需要还可对字段进行必要的说明；下半部分用来设置每个字段的其他属性。

Step 02：单击设计视图“字段名称”列第 1 行的单元格，输入“班级姓名”；在“数据类型”下拉列表中选择“短文本”；单击设计视图下半部分“常规”选项卡中的“字段大小”文本框，设置其值为 12，如图 6-12 所示。

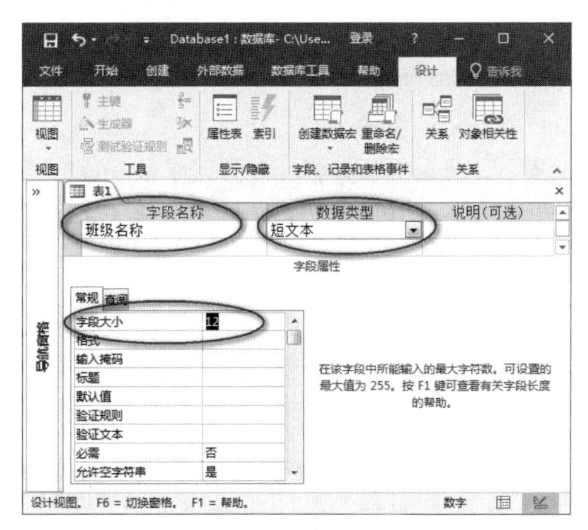

图 6-12 设置字段

Step 03：选择“文件”→“保存”命令，在弹出的“另存为”对话框中输入表名“班级”，将表保存为“班级”表。

Step 04：在导航窗格中双击“班级”表，打开数据表视图，用户可以在该视图中直接输入数据，输入数据后的“班级”表如图 6-13 所示。

班级

班级名称	专业编号	班级人数	班长姓名	单击以添加
10对外汉语1	04	45	张浩瀚	
10汉语言文学	03	52	张勇	
10会计1班	01	54	李小红	
10计科1班	13	32	李小兰	
10教技1班	05	32	王平	
10旅管1班	02	47	李贤	
10美术1班	16	43	任意	
10数应1班	09	48	李浩	

图 6-13 班级表

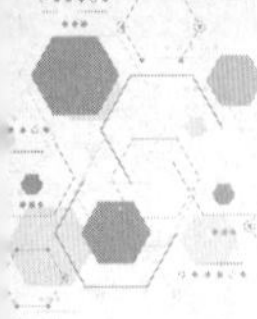

提示

使用设计视图创建的表在保存时，系统会提示“尚未定义主键”。此时可定义主键后再保存，也可暂不定义主键。

6.2.3 数据表相关操作

数据表存储着大量的数据信息，使用数据库进行数据管理，既有关定位、选择、添加、删除、修改和复制数据库中记录的操作，还包括调整表的外观，进行字体、字形、颜色等设置。

1. 定位记录

在数据表视图中，Access 允许在记录间移动，对要进行操作的记录定位。可以向前/向后移动一条记录，移到首记录/尾记录，也可以通过垂直滚动条进行大范围移动。

2. 选择记录

在 Access 中，可以在数据表视图下选择数据范围。选择数据范围可以通过鼠标或键盘进行操作。

3. 删除记录

删除表中不需要的数据的操作步骤如下。

Step 01：在数据库窗口打开要编辑的表。

Step 02：在数据表视图下，将鼠标指针移至一条记录最左边的灰色区域，选定该记录。

Step 03：右击不需要的数据，在弹出的快捷菜单中选择“删除记录”命令。

Step 04：在弹出的“您正准备删除 1 条记录”对话框中单击“是”按钮，则删除该条记录。若单击“否”按钮，可以取消删除操作。

4. 添加记录

在数据表中添加新记录的操作步骤如下：

Step 01：在数据库窗口打开要编辑的表。

Step 02：在数据表视图下，将光标移到表末尾的空白单元格上或选定表中的任一记录后右击，在弹出的快捷菜单中选择“新记录”命令。

Step 03：输入新记录的数据。

5. 修改记录

在数据表视图下修改数据的方法很简单，将光标移到要修改数据的相应字段直接修改即可。修改时，可以修改整个字段的值，也可以修改字段的部分数据。

6. 复制记录

利用数据复制操作可以减少重复数据或相近数据的输入。在 Access 中，数据复制的内容可以是一条记录、多条记录、一列数据、多列数据、一个数据项、多个数据项或一个数据项的部分数据。

7. 设置数据表格式

在数据表视图中，可以设置和修改数据表的格式。例如，设置行高和列宽、排列和隐藏列、设置显示方式等。重新安排数据在表中的显示方式可以满足数据处理的需要。

设置列宽和行高的操作步骤如下。

Step 01：打开表。

Step 02：将鼠标指针指向要调整的列的右边缘，然后按住鼠标左键并将其拖动到所需的列宽。双击列标题的右边缘可以调整列宽以适合其中的数据。

Step 03：将鼠标指针指向相邻两个记录选定器之间，然后按住鼠标左键并将其拖动到所需的行高。

8. 移动列

在数据表视图中，可以调整列的显示顺序。操作步骤如下。

Step 01：打开表。

Step 02：单击要移动的列的字段选定器以选定列。

Step 03：再次单击选定列的字段选定器，按住鼠标左键并将其拖动到新的位置。

9. 隐藏和显示列

为了便于查看表中的主要数据，可以在数据表视图下，将某些字段暂时隐藏起来，需要时再将其显示出来。操作步骤如下。

Step 01：打开表。

Step 02：单击字段选定器选定要隐藏的列，单击“格式”选项卡中的“隐藏列”按钮，将该列隐藏起来。

Step 03：单击“格式”选项卡中的“取消隐藏列”按钮，弹出“取消隐藏列”对话框，以选择要取消隐藏的列，单击“确定”按钮。

10. 冻结和取消冻结列

在数据表中可以冻结一列或多列，使它们成为数据表视图中最左边的列，不管如何滚动视图，它们总是显示在最左边。操作步骤如下：

Step 01：打开表。

Step 02：单击字段选定器选定要冻结的列后右击，在弹出的快捷菜单中选择“冻结字段”命令。

Step 03：右击字段选定器，在弹出的快捷菜单中选择“取消对所有列的冻结”命令，可以取消所有已冻结的列。

11. 改变网格线样式和可选行颜色

在数据表视图中，一般在水平和垂直方向都显示网格线，而且网格线、背景颜色及替换背景色都采用系统的默认颜色。如果需要，可以修改单元格的显示效果。操作步骤如下。

Step 01：打开表。

Step 02：右击选定要隐藏字段的列，在弹出的快捷菜单汇总选择“隐藏字段”选项。将该列隐藏起来。

Step 03：右击任一字段列，在弹出的快捷菜单中选择“取消隐藏字段”选项，打开“取消隐藏列”对话框，勾选所隐藏的列前的复选框，单击“关闭”按钮，隐藏的字段重新显示出来。

12. 改变字体

为了使数据的显示美观清晰、更加醒目突出，可以改变数据表中数据的字体、字形和字号等。

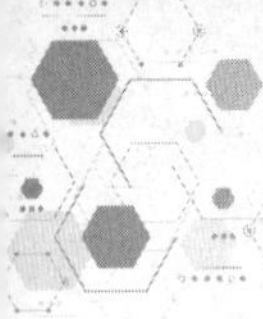

6.2.4 数据的排序与筛选

排序就是将数据按照一定的逻辑顺序排列。例如，将学生成绩从高分到低分排列，可以方便地看到成绩的排列情况。在 Access 中可以进行简单排序或者高级排序，进行排序时，Access 将重新组织表中记录的顺序。

1. 数据排序

排序是根据当前表中的一个或多个字段的值对整个表中的所有记录进行重新排列。排序时可以按升序排序数据，也可以按降序排列数据。

（1）简单排序

简单排序就是基于一个或多个相邻字段的记录按升序或降序排列。利用简单排序也可以进行多个字段的排序，但是，这些列必须是相邻的，并且每个字段都必须按照同样的排序方式（升序或降序）进行排列。

案例 1：将“教学管理”数据库中的“学生”表按“性别”字段对表中的记录升序排序。

操作步骤如下。

Step 01：首先在数据表视图下打开“学生”表。

Step 02：将光标移动到“性别”字段任意单元格

Step 03：然后在“开始”选项卡的“排序和筛选”选项组中单击“升序”按钮，完成排序，如图 6-14 所示。

学号	姓名	性别	民族
201301225215	张姗姗		
201301010103	张玉英	男	汉
201301020101	张苗苗	男	汉
201409160102	肖凌	男	汉
201303050101	黄丽媛	男	满
201403050102	高平	男	汉
201410180103	牛翔	男	朝鲜
201301010101	郑玲	男	汉
201309160102	李晶	男	白
201309160101	姜瑞丽	男	汉
201301010102	吴奇隆	女	白
201304080101	章子怡	女	汉
201304080102	龙灵	女	白
201308150101	肖潇	女	朝鲜
201401020102	周西西	女	满
201404080101	林信跃	女	苗
201404080102	马海峰	女	苗
201408150102	龙想	女	汉
201410180134	牛真真	女	
201409160103	邵玲	女	苗
201301010104	黄磊	女	白

图 6-14　按性别升序排序

案例 2：将“教学管理”数据库中的“学生”表按“性别”字段和“出生年月”升序排序。

操作步骤如下。

Step 01：在数据表视图下打开“学生”表。

Step 02：单击“出生年月”字段名称选择该字段，按下鼠标左键并拖动至“性别”和“民族”字段之间，释放鼠标。

Step 03：单击“性别”字段名称后，按住【Shift】键，再单击“出生年月”字段名称，选定“性别”和“出生年月”字段，然后在“开始”选项卡的“排序和筛选”选项组中单击“升序”按钮，完成排序，如图 6-15 所示。

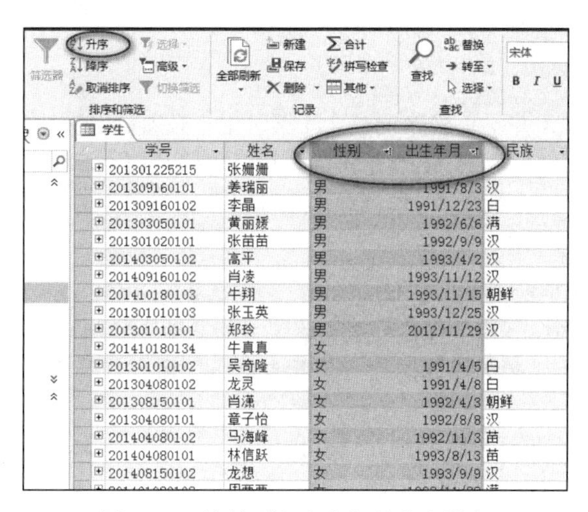

图 6–15　按性别和出生年月升序排序

（2）高级排序

使用高级排序可以对多个不相邻的字段排序，并且各个字段可以采用不同的方式（升序或降序）排列。

案例 3：将“教学管理”数据库中的“学生”表先按“性别”字段升序排序，再按“出生年月”字段降序排序。

操作步骤如下。

Step 01：在数据表视图下打开“学生”表。

Step 02：单击“开始”选项卡“排序和筛选”选项组中的“高级”下拉按钮，在弹出的下拉列表中选择“高级筛选/排序”，弹出图 6–16 所示的设计视图，在设计视图的网格设计区域设置对应的字段及排序方式。

Step 03：单击“排序和筛选”选项组中的“切换筛选”按钮应用筛选，排序结果如图 6–17 所示。

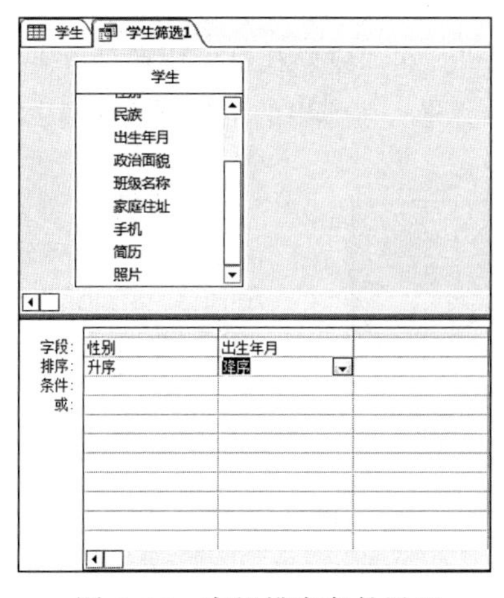

图 6–16　高级排序条件设置

图 6–17　高级排序结果

（3）取消排序

如果不希望将排序结果保存到数据表中，可以取消排序。方法是单击“开始”选项卡“排

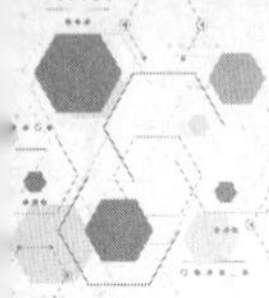

序和筛选”选项组中的“取消排序”按钮。

2. 筛选数据

筛选是选择查看记录，并不是删除记录。筛选时用户必须设定筛选条件，然后 Access 按筛选条件筛选并显示满足条件的数据，不满足条件的记录将隐藏起来。筛选可使数据更加便于管理。

案例 4：筛选出姓“张”的 1991 年以后出生的学生信息。

操作步骤如下。

Step 01：在数据视图下打开“学生”表。

Step 02：选择“姓名”字段，在“开始”选项卡的“排序和筛选”选项组中单击“筛选器”按钮，弹出筛选器，选择“文本筛选器”→“开头是…”命令，弹出“自定义筛选”对话框，在其文本框中输入“张”。

Step 03：选择“出生年月”字段，在“开始”选项卡的“排序和筛选”选项组中单击“筛选器”按钮，弹出筛选器。

Step 04：选择“日期筛选器”→“之后”命令，弹出“自定义筛选”对话框，在其文本框中输入“1991-1-1”。单击“确定”按钮即可完成筛选，筛选结果如图 6-18 所示。

学生

学号	姓名	性别	民族	出生年月	政治面貌	班级名称	年级	家庭住址	手机
201301020101	张苗苗	男	汉	1992/9/9	群众	13旅管1班	2010	广东云浮	15809876655
201301010103	张玉英	男	汉	1993/12/25	群众	14会计1班	2011	广东梅州	18834567788

图 6-18　学生筛选结果

案例 5：筛选出湖南的女生，并按出生年月升序排序。

操作步骤如下。

Step 01：在数据表视图下打开“学生”表，在“开始”选项卡的“排序和筛选”选项组中单击“高级”下拉按钮，在弹出的下拉列表中选择“高级筛选/排序”命令，打开“筛选”窗口。窗口上半部分显示“学生”表的字段列表，下半部分用来设置筛选条件。

Step 02：在“学生”表的字段列表中分别双击“性别”“出生年月”“家庭住址”字段，将其添加到下半部分的设计区。

Step 03：在“性别”字段的“条件”单元格输入“女”，在“家庭住址”字段的“条件”单元格输入“湖南*”，单击“出生年月”字段的“排序”单元格，在弹出的下拉列表中选择“升序”，如图 6-19 所示。

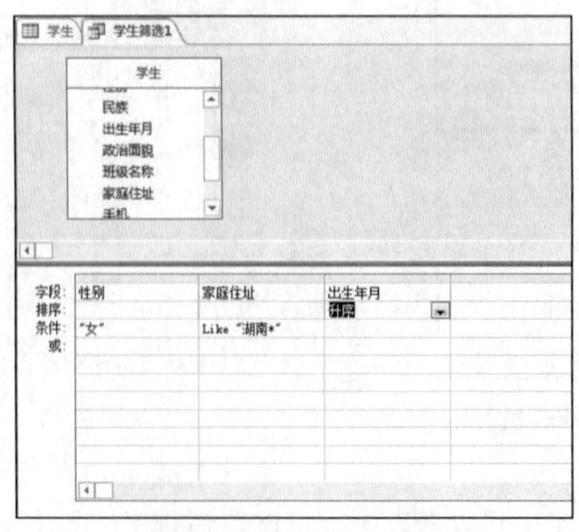

图 6-19　高级筛选条件

Step 04：在“开始”选项卡的“排序和筛选”选项组中单击“切换筛选”按钮完成筛选，结果如图 6-20 所示。

学号	姓名	性别	民族	出生年月	政治面貌	班级名称	家庭住址	手机	简历	照片
201304080101	章子怡	女	汉	1992/8/8	群众	13英语1班	湖南永州			
201408150102	龙想	女	汉	1993/9/9	团员	14体教1班	湖南株洲			
201301010104	黄磊	女	白	1994/2/2	团员	14会计1班	湖南常德	18654321234		

图 6-20　高级筛选结果

6.2.5　数据的导入与导出

除了可在 Access 中利用数据表视图或设计视图创建数据表外，还可以利用导入数据功能，例如将 Excel 文件、文本文档等外部数据导入数据库形成数据表。

1. 数据导入

案例 6：在“教学管理”数据库中，将“教师授课.xls”文件导入到“教学管理”数据库，保存成“教师授课”表。

操作步骤如下：

Step 01：在“外部数据”选项卡的“导入并链接”选项组中单击“新数据源”下拉按钮，在弹出的下拉列表中选择“从文件”→“Excel”命令，弹出“获取外部数据-Excel 电子表格”对话框，如图 6-21 所示。

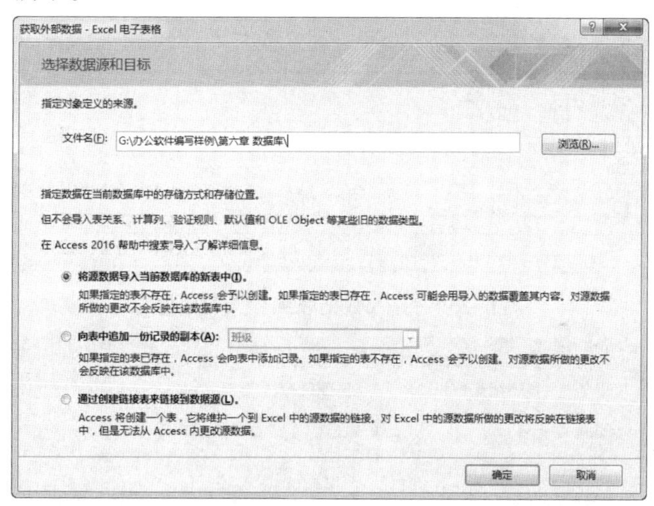

图 6-21　“获取外部数据-Excel 电子表格”对话框 1

Step 02：在该对话框中单击“浏览”按钮，在弹出的“打开”对话框中找到并双击要导入的“教师授课.xls”文件，返回“获取外部数据-Excel 电子表格”对话框，如图 6-22 所示。

Step 03：单击“确定”按钮，弹出“导入数据表向导”对话框 1，如图 6-23 所示，该对话框列出了要导入表的内容，选择“第一行包含标题”复选框。

Step 04：单击“下一步”按钮，弹出“导入数据表向导”对话框 2，如图 6-24 所示，在该对话框中可以修改字段的信息。

Step 05：单击“下一步”按钮，弹出“导入数据表向导”对话框 3，如图 6-25 所示，在该对话框中可以选择字段作为主键，也可以暂不设置主键，待表导入后再行设置。

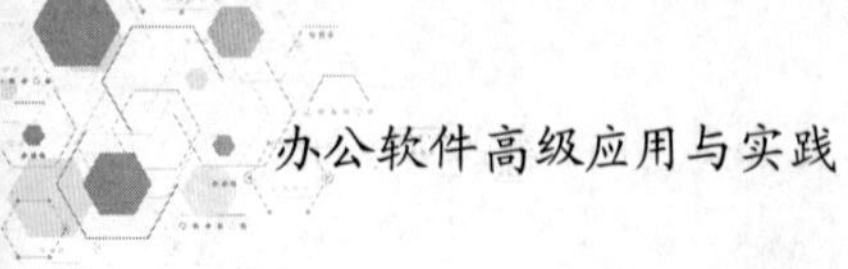

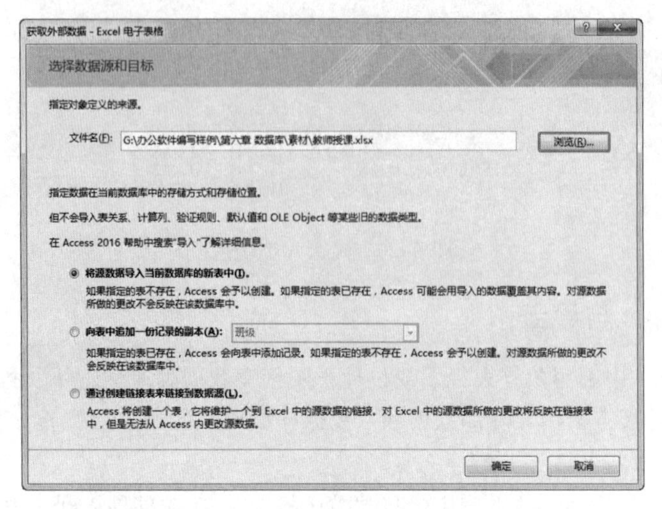

图 6-22 “获取外部数据-Excel 电子表格”对话框 2

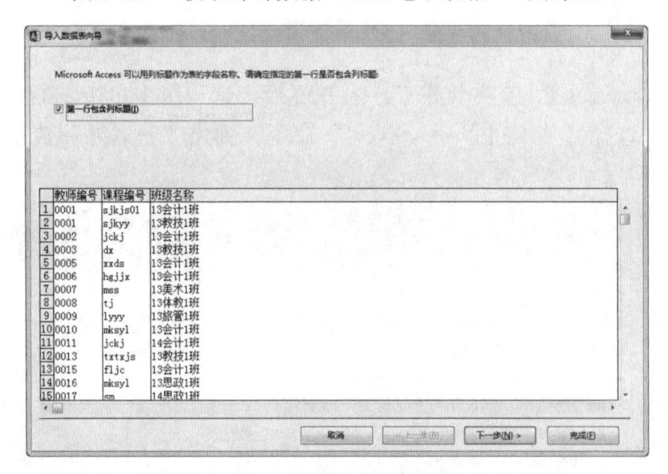

图 6-23 “导入数据表向导”对话框 1

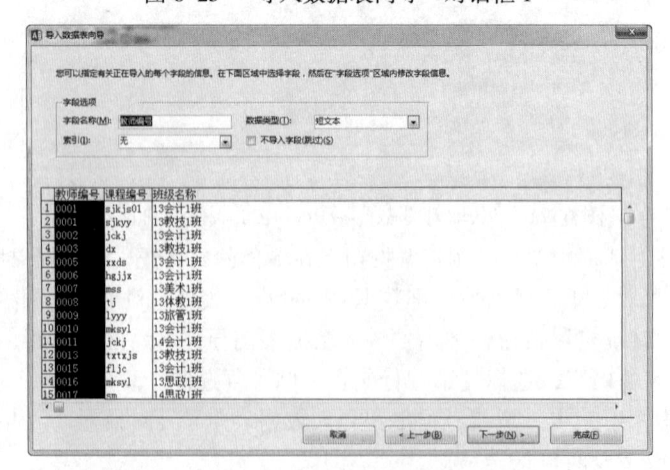

图 6-24 “导入数据表向导”对话框 2

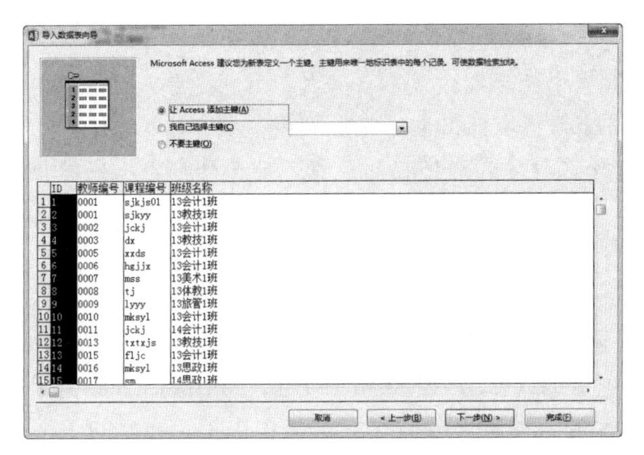

图 6-25　“导入数据表向导”对话框 3

Step 06：单击“下一步”按钮，弹出“导入数据表向导”对话框 4，如图 6-26 所示，在该对话框中的“导入到表”文本框中输入“教师授课”作为表名。

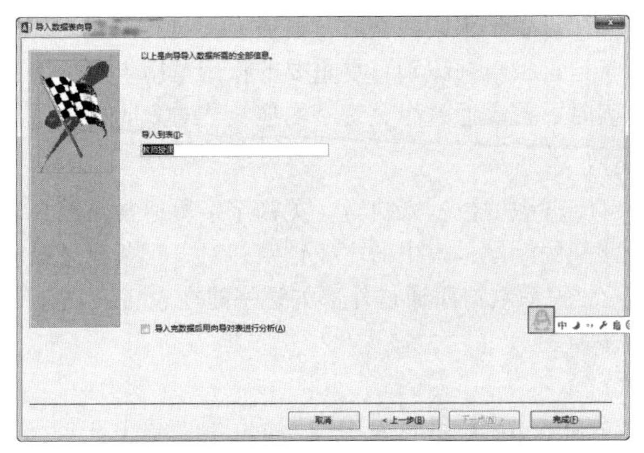

图 6-26　“导入数据表向导”对话框 4

Step 07：单击“完成”按钮，弹出“获取外部数据-Excel 电子表格”对话框 3，如图 6-27 所示，取消选择“保存导入步骤”复选框，单击“关闭”按钮完成导入。

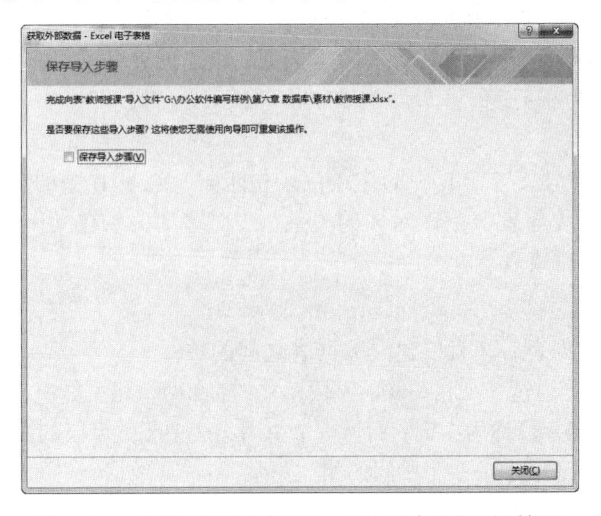

图 6-27　“获取外部数据-Excel 电子表格”对话框 3

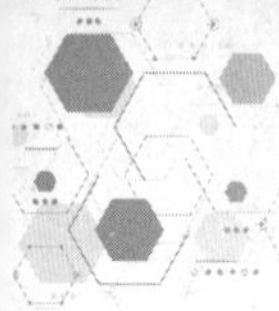

提示

导入时数据在数据库中的存储方式不止一种，本例是导入一个新的数据表，若有同名表则覆盖。导入时也可以选择当有同名表时追加数据，或者选择第三种方式“通过创建链接表来链接到数据源”。选择这种方式，链接的数据不会与外部数据断绝链接，将随外部数据源的变化而变化。

2. 数据导出

数据库中的表可以导出生成其他格式的文件。具体做法是：首先单击导航窗格中的“学生”表，在“外部数据”选项卡的“导出”选项组中单击“导出到Excel电子表格”按钮，弹出“导出-Excel电子表格”对话框，在该“文件名”文本框中指定导出的Excel文件保存的位置和文件名，在“文件格式”下拉列表中选择文件格式，单击“确定”按钮即可。

6.2.6 表间关系

在数据库中为每个实体设置了不同的表时，需要定义表间关系实现信息的合并。在表中定义主关键字可以保证每条记录被唯一识别，更重要的作用是用于多个表间的连接。

当数据库包含多个表时，需要通过主关键字的连接建立表间的关系，使各表协同工作。

1. 关系的作用及类型

关系通过匹配关键字字段中的数据来执行，关键字字段通常是两个表中具有相同名称的字段。一般情况下，这些匹配的字段是表中的主关键字，对每一条记录提供唯一的标识，并在其他表中有一个外部关键字。关系数据库通过外部关键字建立表与表之间的关系。关系分为三种：一对一、一对多和多对多。

（1）一对一的关系

假设有两个表：表A和表B。如果表A中的一条记录与表B中的一条记录相匹配，且表B中的一条记录也与表A中的一条记录相匹配，则表A与表B是一对一的关系。

（2）一对多的关系

如果表A中的一条记录与表B中的多条记录相匹配，但表B中的一条记录只与表A中的一条记录相匹配，则表A与表B是一对多的关系。表A称为主表，表B称为相关表。例如，在“教学管理”数据库中，“学生”表和“学生选课”表之间就是一对多的关系。其中，“学生”表为主表，“选课”表为相关表。

（3）多对多的关系

如果表A中的多条记录与表B中的多条记录相匹配，且表B中的多条记录也与表A中的多条记录相匹配，则表A与表B是多对多的关系。多对多的关系在操作上较复杂，通常是通过多个一对多的表间关系来表现。

2. 关系的创建

当建立好所需的数据表后，就要建立数据表之间的关系。

两个表之间的关系是通过一个相关联的字段建立的，在两个相关表中，起定义相关字段取值范围作用的表称为父表，该字段称为主键；而另一个引用父表中相关字段的表称为子表，该字段称为子表的外键。根据父表和子表中关联字段间的相互关系，Access数据表之间的关系应遵循如下原则。

① 一对一关系。父表中的每一条记录只能与子表中的一条记录相关联，在这种表关系中，

父表和子表都必须以相关联的字段为主键。

② 一对多关系。父表中的每一条记录可与子表中的多条记录相关联，在这种表关系中，父表必须根据相关联的字段建立主键。

③ 多对多关系。父表中的记录可与子表中的多条记录相关联，而子表中的记录也可与父表中的多条记录相关联。在这种表关系中，父表与子表之间的关联实际上是通过一个中间数据表实现的。

案例 7：在“教学管理”数据库中，创建“学生”表和“学生选课”表间的关系。

操作步骤如下。

Step 01：确认“学生”表和“学生选课”表均为关闭状态，在“数据库工具”选项卡的“关系”选项组中单击“关系”按钮，打开“关系”设计视图。

Step 02：在“关系工具/设计”选项卡的“关系”选项组中单击“显示表”按钮，在弹出“显示表”对话框，分别双击“学生”和“学生选课”表，将这两个表的字段列表添加到“关系”窗口中，如图 6-28 所示。关闭“显示表”对话框。

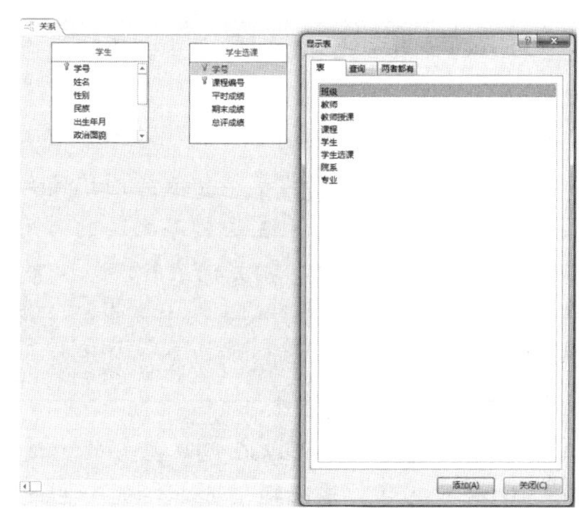

图 6-28　添加表

Step 03：选定“学生”字段列表中的“学号”字段，然后按住鼠标左键并拖动至“选课”字段列表中的“学号”字段上。释放鼠标，弹出图 6-29 所示的“编辑关系”对话框。在该对话框中选择“实施参照完整性”复选框，然后还可以选择“级联更新相关字段”和“级联删除相关记录”复选框，单击“创建”按钮，可在“关系”窗口看到图 6-30 所示的关系。

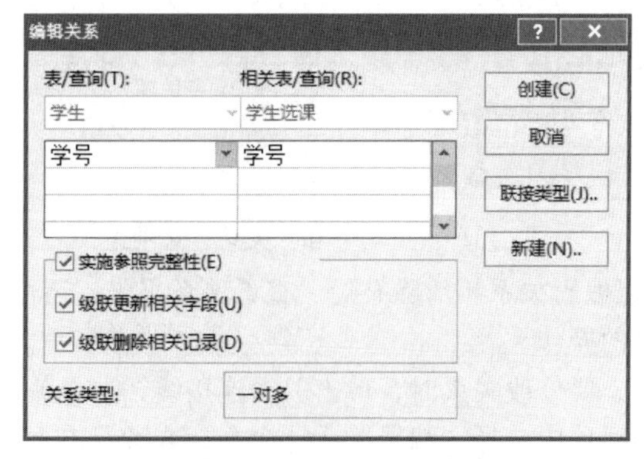

图 6-29　“编辑关系”对话框

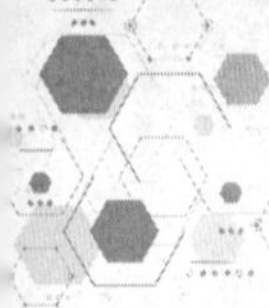

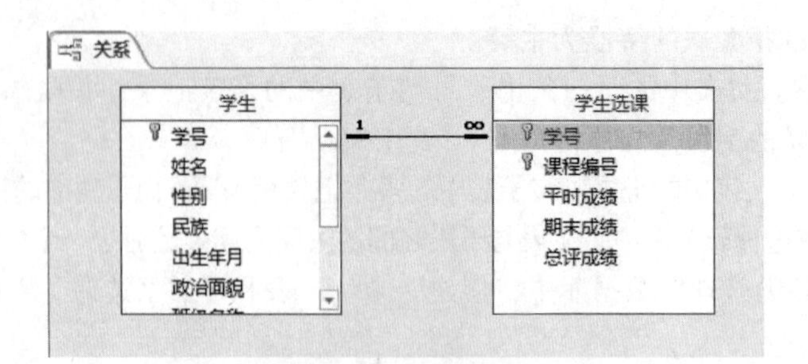

图 6-30 创立关系

利用同样的方法，可以创建完成其他各表间的关系。

提示

①从图 6-30 可以看到，两个表的相关字段之间出现了一条关系线，“学生”表的一方显示“1”，“学生选课”表的一方显示“∞”。该关系线表示“学生”表中的一条记录对应“选课”表中的多条记录，是一对多的关系。此时，“1”方表中的字段为主键，“∞”方表中的字段为外部关键字，也称外键。

②建立表间关系时，相关字段的字段名称可以不同，但数据类型必须相同。

③参照完整性是指在输入或删除记录时，为了维护表之间已定义的关系而必须遵循的原则。参照完整性规则要求通过定义的外关键字和主关键字之间的引用规则来约定两个关系之间的联系。如果实施了参照完整性，主表中没有相关记录时，就不能将记录添加到相关表中；也不能在相关表中有匹配记录时，删除主表记录或更改主表中的主键值。也就是说，实施参照完整性后，对表中主键字段进行操作时，系统会自动检查该字段，若对主键的修改违背了参照完整性要求，则系统会强制执行参照完整性。

④选择“级联更新相关字段”复选框，可以在更改主表的主键值时，自动更新相关表中对应的值；选择“级联删除相关记录”复选框，可以在删除主表中的记录时，自动删除相关表中的相关记录。

3．关系的修改和删除

当表间关系建立好后，有时还需要进行关系的查看、修改、删除等操作。对关系的操作都可以通过“关系工具/设计”选项卡“工具”和“关系”选项组中的按钮来完成，如图 6-31 所示。

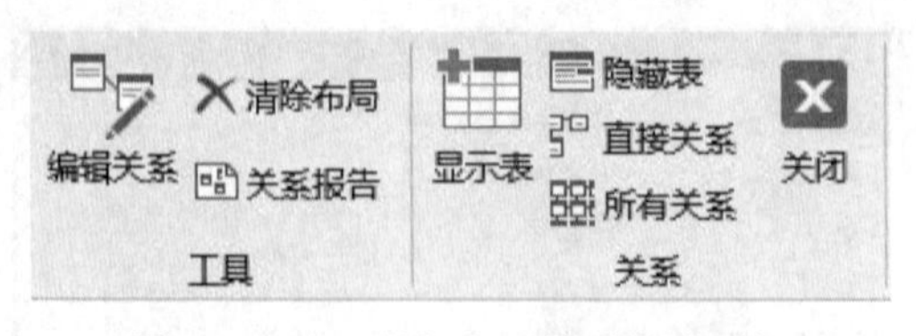

图 6-31 “工具”和“关系”选项组

如图 6-31 所示，可以编辑关系、清除布局、查看关系报告，还可以进行显示表、隐藏表、查看直接关系和所有关系的操作。

对于已经存在的关系，要修改关系时，单击关系连接线，选择关系，此时连接线会变粗，此时右击，从弹出的快捷菜单中选择“编辑关系”命令，或者双击关系连接线，弹出“编辑关系”对话框。

如果需要删除已经建立的关系，可右击“关系”窗口中表之间连接线的细线部分，在弹出的快捷菜单中选择“删除”命令，即可删除已建立好的表间关系。

若修改后的内容需要存储，请注意保存。

4. 子数据表的使用

建立表之间的关系以后，Access 会自动在主表中插入子表。主表是在“一对多”关系中“一”方的表，子表是在“一对多”关系中“多”方的表。在主表中的每一条记录下面都会有一个甚至几个子表。例如，“学生”表和“学生选课”表存在一对多关系，主表是“学生表”。

当使用父表时，可方便地使用子表。只要通过插入子数据表的操作，就可以在父表打开时，浏览到子数据表的相关数据。子数据表的设置是在属性表栏设置完成的。

（1）子数据表的浏览与折叠

创建完成数据表间的关系后，系统自动在“属性表”栏中的“子数据表名称”后显示“自动”，在主表的数据浏览窗口中可以看到左边新增了标有“+”的一列。

当单击“+”符号时，会展开子数据表，“+”变为“-”符号，单击“-”符号可以折叠子数据表。

（2）子数据表的删除

删除子数据表是删除在数据表视图中父表与子表的符号“+”，删除后则不能在父表中浏览子表的数据，但不删除父表和子表间的关系，具体设置是将“属性表”任务窗格中的“子数据表名称”设置为“无”即可。

（3）子数据表的插入

在打开主表时，若需要查看子表的信息，可以通过插入子数据表的方法实现，具体设置是将“属性表”任务窗格中的“子数据表名称”设置为“自动”或者通过设置表名和连接字段完成即可。

6.3 创建查询

在数据库的应用过程中，用户往往会查找一些需要的信息，如教师会查看哪些学生的哪些课程需要重修，学生需要查询自己的成绩等。这时就需要建立查询，通过查询，数据库就会根据用户的需求搜索出相关信息。

6.3.1 查询概述

查询是 Access 对象之一，就是根据制定的条件对表或者其他查询进行检索，筛选出符合条件的记录，构成一个新的数据集合。主要从表中查找用户需要的数据，方便对数据库表进行查看和分析。

1. 查询的功能

查询是查找和筛选功能的扩充，在 Access 中，利用查询可以实现多种功能。

① 选择字段：选择表中的部分字段生成所需的表或多个数据集。

② 选择记录：根据指定的条件查找所需的记录，并显示查找的记录。

③ 编辑记录：添加记录、修改记录和删除记录（更新查询，删除查询）。

④ 实现计算：查询满足条件的记录，还可以在建立查询过程中进行各种计算（计算平均成绩、工龄等）。

⑤ 建立新表：操作查询中的生成表查询可以建立新表。

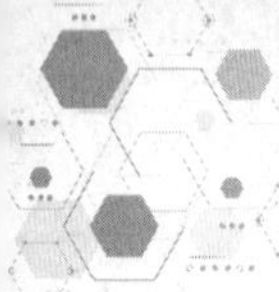

⑥ 为窗体、报表提供数据：可以作为建立报表、查询、窗体的数据源。

提示

查询对象不是数据的集合，而是操作的集合。查询的运行结果是一个数据集，也称为动态集。它类似于一张表，但并没有存储在数据库中。创建查询后只保存查询的操作，只有在运行查询时才会从数据源中抽取数据。

2. 查询的类型

根据对数据源操作方式和操作结果的不同，查询分为 5 种类型。

① 选择查询。选择查询是根据指定的条件，从一个或多个数据源中获取数据并显示结果，也可对分组的记录进行总计、计数、平均以及其他类型的计算。

② 交叉表查询。交叉表查询就是将来源于某个表中的字段进行分组，一组列在交叉表的左侧，一组列在交叉表的上部，并在交叉表行与列交叉处显示表中某个字段的汇总计算值（可以计算平均值、总计、最大值、最小值）。行标题最多可以选择 3 个字段，列标题只能选择 1 个字段。创建交叉表的数据源必须来自于一个表或查询，如果数据源来自多个表，可以先建立一个查询，以这个查询作为数据源，创建交叉查询。

③ 参数查询。参数查询是一种利用对话框，根据用户输入的条件或参数检索记录的查询。

④ 操作查询。操作查询是利用查询去添加、修改或者删除数据源中的数据，将结果保存成一个新的表。操作查询又分为 4 种。

- 生成表查询：利用一个或多个表中的全部或部分数据建立新表。
- 删除查询：就是从一个或多个表中删除记录。
- 更新查询：对一个或多个表中的一组记录全部进行更新。
- 追加查询：将某个表中符合一定条件的记录添加到另一个表上。

⑤ SQL 查询。SQL 查询是利用 SQL 语句创建的查询。它是最灵活、功能最强大的一种查询。SQL 查询包括联合查询、传递查询、数据定义查询、子查询 4 种类型。

3. 查询的视图模式

进行查询设计时，可通过“设计”选项卡“结果”选项组中的“视图”按钮选择查询的视图，如图 6-32 所示。Access 2016 中查询的视图有 3 种：设计视图、数据表视图、SQL 视图。

① 设计视图。设计视图如图 6-33 所示，可用于对查询设计进行编辑，利用该视图可以创建除 SQL 查询之外的各种类型查询。

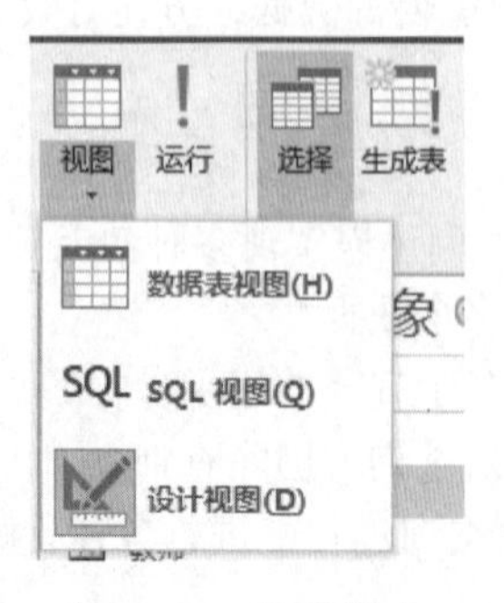

图 6-32　视图模式

图 6-33　设计视图

② 数据表视图。如图 6-34 所示，是查询的数据浏览器，用于查看查询运行结果；外观与

表相似，但不能加入或删除列，不能修改查询字段的字段名。

③ SQL 视图。如图 6-35 所示，SQL 视图用于显示与设计视图等效的 SQL 语句，是查看和编辑 SQL 语句的窗口。

设计视图示例

学号	姓名	性别	出生年月
201001010101	周敏	女	1992-5-
201001010102	刘小颖	女	1991-4-
201001020101	黄于细	男	1992-9-
201002030101	刘琳	女	1992-4-
201002040101	刘小梅	女	1990-3-
201003050101	尚天	男	1992-6-
201003060101	黄宏伟	男	1992-9-
201004080101	张小芳	女	1992-8-
201004080102	刘芳	女	1991-4-
201005090101	孙玉化	男	1992-3-

记录: 第 1 项(共 32 项　无筛选器

图 6-34　数据表视图

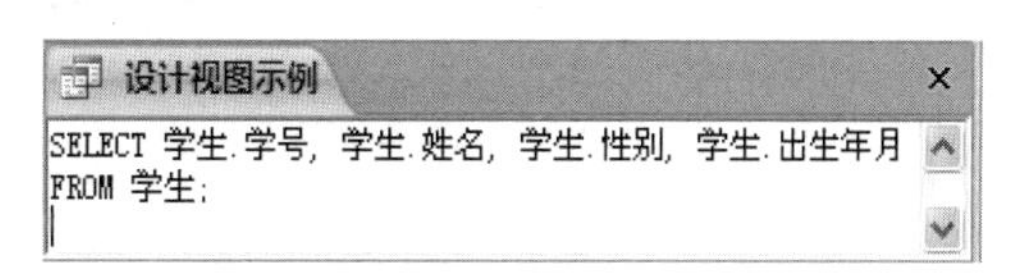

图 6-35　查询 SQL 视图

6.3.2　创建查询

Access 为查询的创建提供了两种方法：一是使用查询向导，二是使用查询设计器。使用查询向导可以创建简单查询、交叉表查询、查找重复项查询和查找不匹配项查询。如果要创建复杂的、带条件的查询，只能在查询设计器中完成。

1. 使用查询向导创建简单查询

选择查询是数据库中最基本的查询。

案例 8：在“教学管理”数据库中，查找教师表中的记录，要求显示教师编号、姓名、性别、参加工作日期和系编号。

操作步骤如下。

Step 01：在 Access 中，打开“新建查询”对话框，如图 6-36 所示。

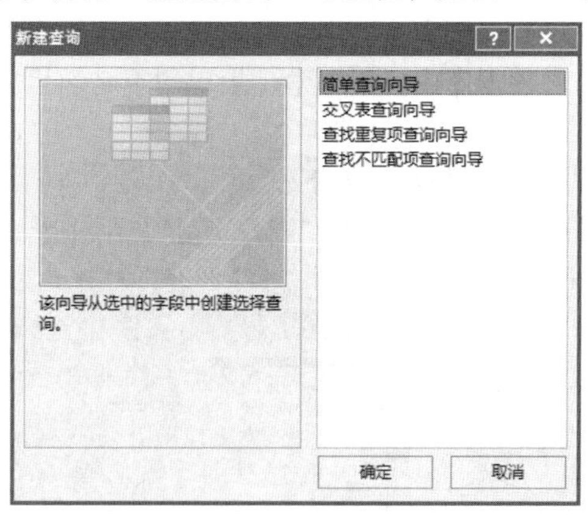

图 6-36　“新建查询”对话框

Step 02：选择“简单查询向导”选项，单击“确定”按钮。

Step 03：在弹出的对话框中选择查询数据源，添加所需字段，如图 6-37 所示。

Step 04：指定查询名称：简单查询-教师。如果要打开查询查看结果，则单击“打开查询查看信息”单选按钮；如果要修改查询设计，则单击“修改查询设计”单选按钮。

Step 05：单击“完成”按钮，查询结果如图 6-38 所示。

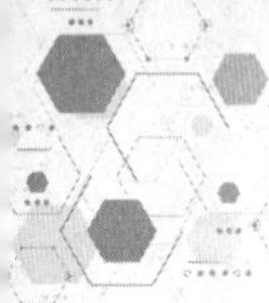

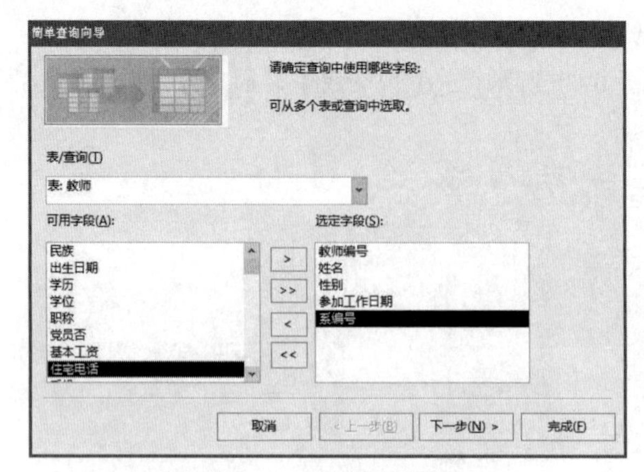

图 6-37　字段选定结果

简单查询-教师

教师编号	姓名	性别	参加工作日	系编号
0001	周华健	男	2003-6-25	02
0002	黄伟文	男	1987-7-7	01
0003	刘琳	男	2013-12-7	02
0004	左海局	女	1985-7-1	02
0005	陈俊杰	男	2004-7-1	02
0006	张浩瀚	女	2001-6-23	01
0007	杨晓霞	男	1996-9-1	05
0008	张瑞雪	女	2004-7-1	04
0009	张欣然	男	1985-6-1	03
0010	赵瑞龙	女	2004-7-1	06
0011	林海翔	女	1986-2-1	01
0012	李萌萌	男	1999-6-24	02
0013	刘琳	男	1987-7-7	02
0014	王新	男	2003-7-1	02
0015	周敏	女	1985-7-1	06
0016	韩安旭	女	2004-7-1	06
0017	李小红	男	1998-6-23	05

图 6-38　查询结果

2. 创建查找重复项查询

查找重复项查询可以在表或查询中将某个字段值重复的记录集中在一起显示。

案例 9：在“教学管理”数据库中，查询学生表中的重名学生，要求显示姓名、学号、性别和班级名称。

查询名为“学生重名查询”，操作步骤如下。

Step 01：打开“新建查询”对话框，选择“查找重复项查询向导”选项，单击“确定”按钮。

Step 02：在弹出的对话框中选择查询数据源“学生”表，如图 6-39 所示，单击“下一步”按钮。

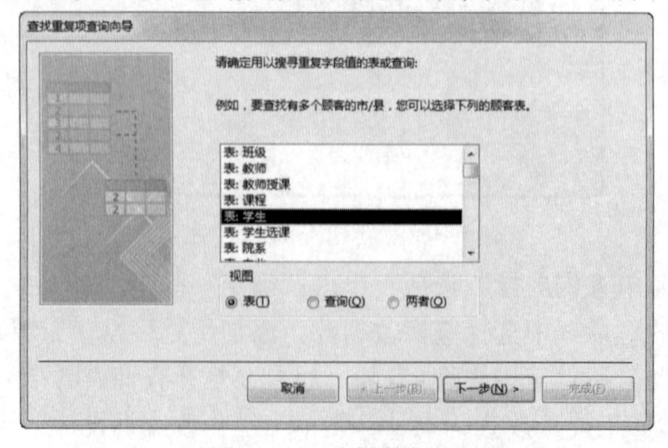

图 6-39　选择数据源

Step 03：在弹出的对话框中选择包含重复值的字段“姓名”，如图 6-40 所示，单击“下一步”按钮。

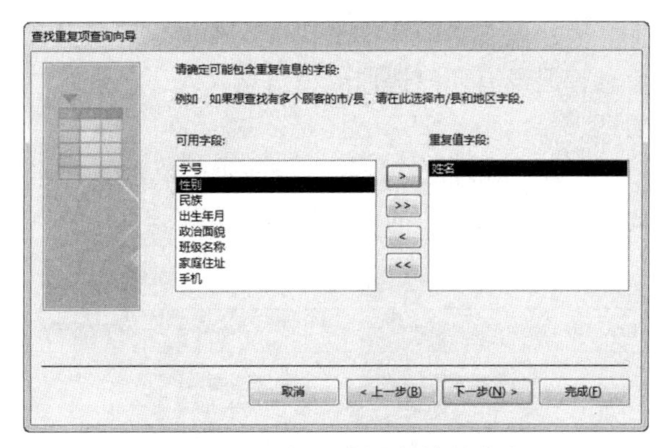

图 6-40　选择包含重复值的字段

Step 04：在弹出的对话框中选择重复字段之外的其他字段，如图 6-41 所示，单击“下一步”按钮。

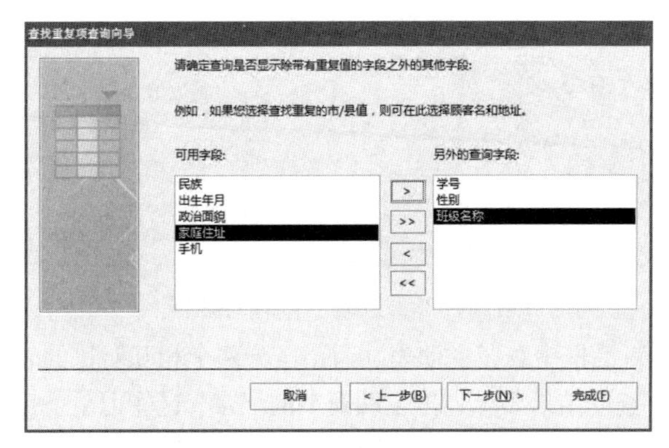

图 6-41　选定其他字段

Step 05：在弹出的对话框中指定查询名称“学生重名查询”，查询结果如图 6-42 所示。

学生重名查询

姓名	学号	性别	班级名称
龙灵	201403050102	男	14教技1班
龙灵	201304080102	女	13英语1班
邵玲	201409160103	女	14美术1班
邵玲	201303050101	男	13教技1班
*			

图 6-42　查询结果

3. 创建查找不匹配项查询

查找不匹配项查询是在两个相关表中，查询没有相同记录的数据。例如，在具有一对多关系的两个表中，对于“一”方的表中的一条记录，在“多”方表中可以有多个记录与之对应；也可能存在“一”方中的记录，没有“多”方表中的记录与之对应，查找不匹配项查询就是查找那些“多”方没有对应记录的“一”方表中的记录。这种查询也适用于关系是一对一的表。

案例 10：利用“查找不匹配项查询”，将没有成绩信息的学生基本信息（“学号”“姓名”“性别”“班级名称”）显示出来，保存名称为“查询向导-没有成绩的学生”。

分析：查询要求查找“学生选课”表中没有相应信息但“学生”表中存在信息的学生。查询显示字段来源于“学生”表，但多出的条件是“选课成绩”表中没有的相关记录。可以理解为，该学生注册了基本信息，但没有任何选课成绩信息录入，该生的“学号”在“选课成绩”表中不存在。操作步骤如下。

Step 01：打开“新建查询”对话框，选择“查找不匹配项查询向导”选项，在打开的数据库窗体中，选择“查询向导”对话框中的“查找不匹配项查询向导”选项，如图 6-43 所示，单击“确定”按钮。

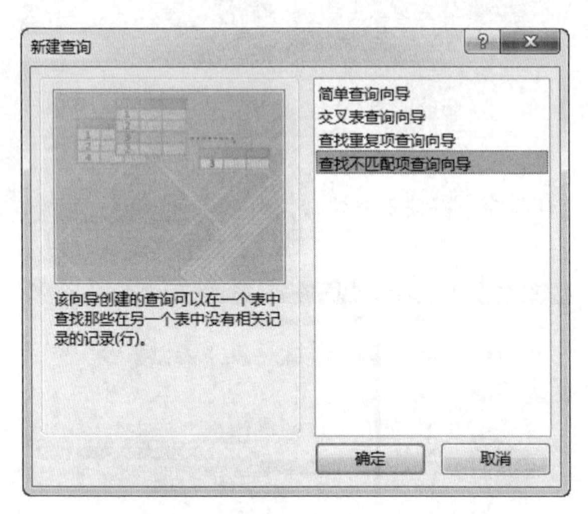

图 6-43　“新建查询”对话框

Step 02：在弹出的对话框中选择主动表。为了区分两个相互对比的表，我们把两个表分别称为主动表和被动表，其中查询结果要求列出主动表中的记录，这些记录是在被动表中没有相互关联的。例如，本例中的主动表是“学生”表，“被动表”是“选课成绩”表。选择主动表如图 6-44 所示，单击“下一步”按钮。

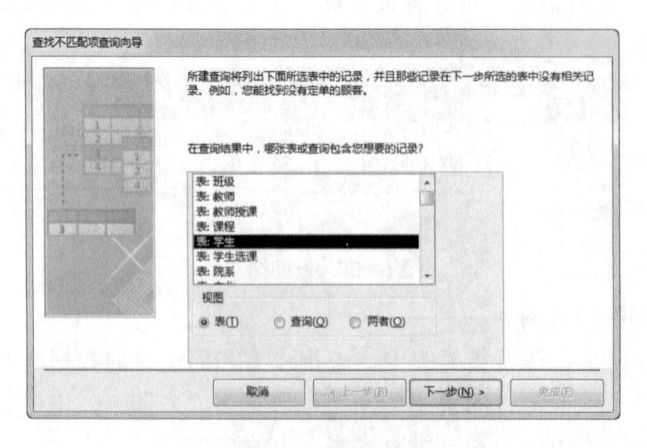

图 6-44　选择主动表

Step 03：在弹出的对话框中选择被动表，即“学生选课”表，如图 6-45 所示，然后单击“下一步”按钮。

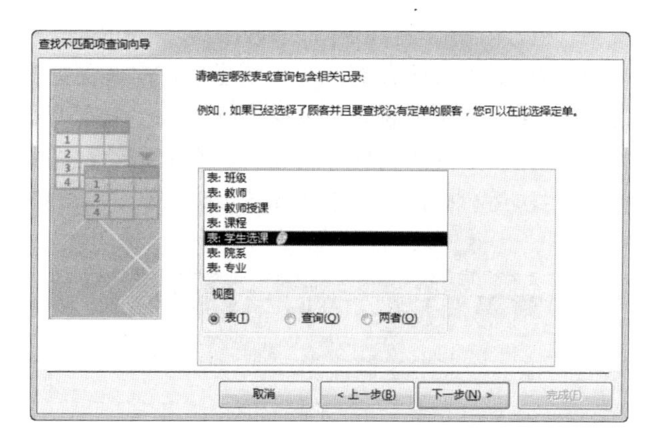

图 6–45　选择被动表

Step 04：进入“请确定在两张表中都有的信息”对话框，本例中，“学生”表和“学生选课”表都有的信息是“学号”，两张表比较的也是“学号”。所以选择“学号”，通常情况下系统会给一个默认值，该值的依据是两张表之间的关系，如图 6–46 所示，然后单击“下一步”按钮。

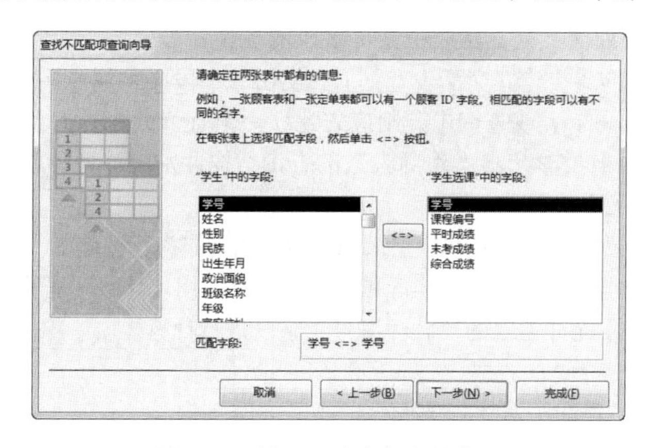

图 6–46　设置两张表都有的信息

Step 05：进入“请选择查询结果所需的字段”对话框，按照题目要求，设置如图 6–47 所示，然后单击“下一步”按钮。

图 6–47　设置查询结果所需的字段

Step 06：设置查询名称和打开方式，保存名称为“查询向导–没有成绩的学生”。查词运

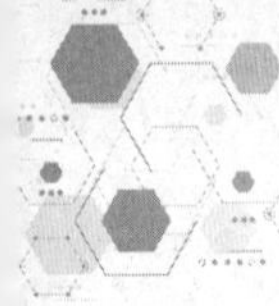

行没有任何信息。

如果查询结果为空，原因可能来自两方面：一个可能是查询设置错误，另一个可能是没有符合查询要求的信息。仔细对比“学生”表和“选课成绩”表，未发现没有选课成绩的学生信息，即查询结果合理，为了验证该查询的正确性，先关闭查询结果预览窗口，在“学生”表中添加两个自拟的学生信息，再次运行查询，结果如图 6-48 所示。

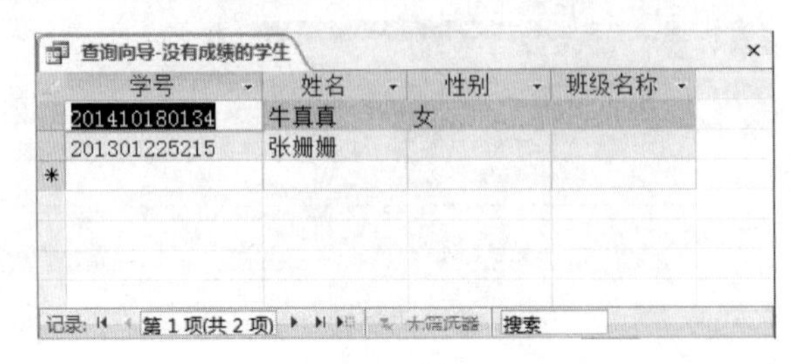

图 6-48　查询结果

4．创建交叉表查询

交叉表查询是对来源于某个表中的字段进行分组，一组列在交叉表左侧，一组列在交叉表上部，并在交叉表行与列交叉处显示表中某个字段的各种计算值。

使用“交叉表查询向导”建立交叉表查询时，使用的字段必须属于同一个表或同一个查询。如果使用的字段不在同一个表或查询中，则应先建立一个查询，将它们放在一起。

案例 11：创建统计各类学历男女教师人数的查询，按性别统计各种学历人数，保存成“按学历统计教师人数-交叉表”。

分析：查询结果中要显示的职称和性别来源于教师表。作为行标题的是“学历”字段的取值，而作为列标题的是“性别”字段的取值。行和列的交叉点采用“计数”运算计算字段取值而非空的记录个数，因此选取不允许为空的“教师编号”字段进行计算。

操作步骤如下。

Step 01：在“新建查询”对话框中选择“交叉表查询向导”选项，单击“确定”按钮。

Step 02：在弹出的对话框中选定表或查询，这里选择“教师”表，如图 6-49 所示，单击“下一步”按钮。

Step 03：在弹出的对话框中选择行标题“学位”字段，如图 6-50 所示，单击“下一步”按钮。

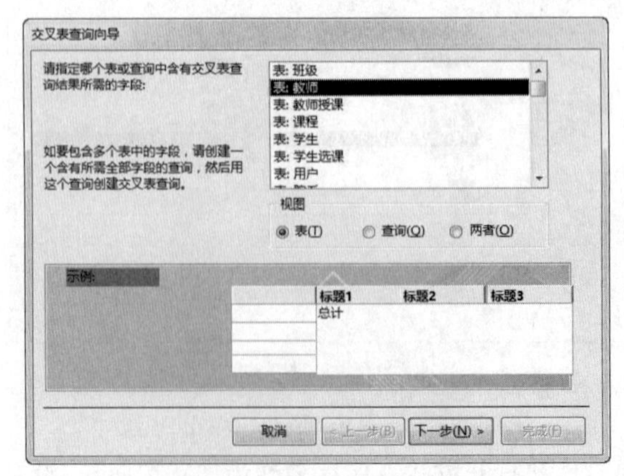

图 6-49　选定表或查询

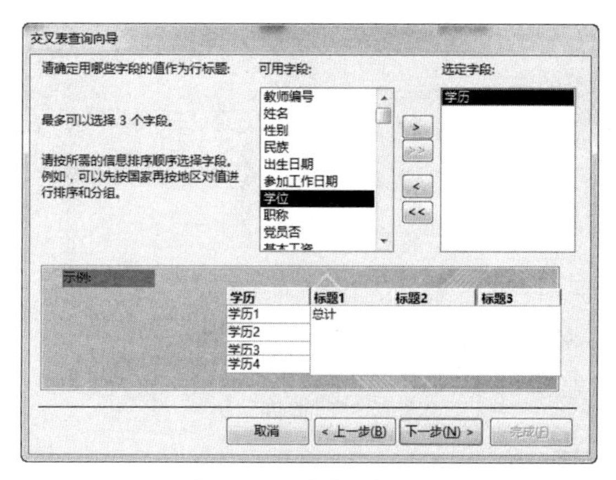

图 6-50　确定行标题

Step 04：在弹出的对话框中选择列标题“性别”字段，如图 6-51 所示，单击“下一步”按钮。

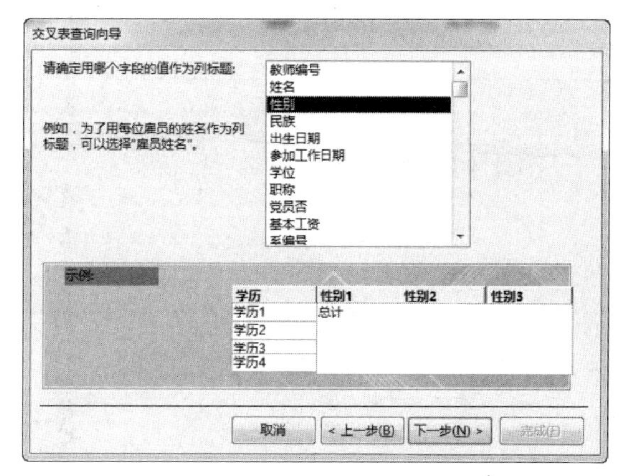

图 6-51　确定列标题

Step 05：确定用于计算的字段和计算函数，选择“教师编号”字段，函数为“计数”函数，如图 6-52 所示，单击“下一步”按钮。

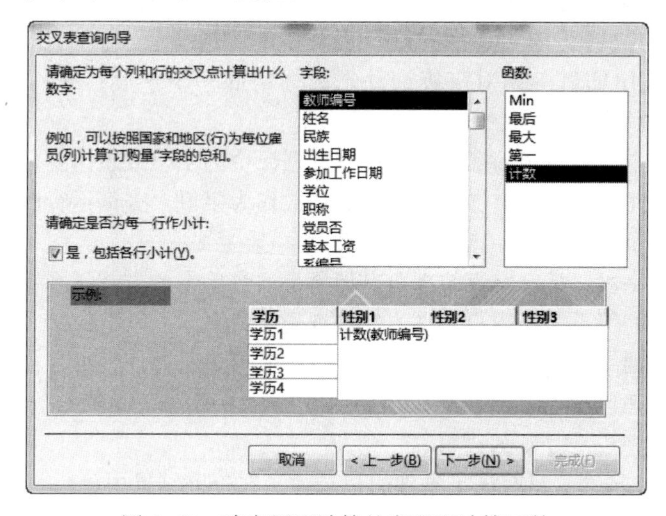

图 6-52　确定用于计算的字段和计算函数

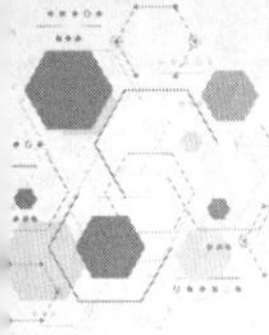

Step 06：输入查询的名称，单击“完成”按钮，即可看到查询结果，如图 6–53 所示。

按学历统计教师人数-交叉表

学历	总计 教师纟	男	女
本科	5	2	3
博士	5	3	2
研究生	7	5	2

记录：第 1 项(共 3 项) 无筛选器 搜索 数字

图 6–53　查询结果

5. 使用查询设计器创建查询

尽管查询向导能够方便地创建查询，但其功能很有限。如果要创建功能更强，用户自定义要求更多的查询，查询向导是无法胜任的，需要使用查询的设计视图。首先介绍查询设计视图的界面，可以通过“创建”选项卡中的“查询设计”按钮或打开已经存在的查询设计视图模式打开该界面，如图 6–54 所示。

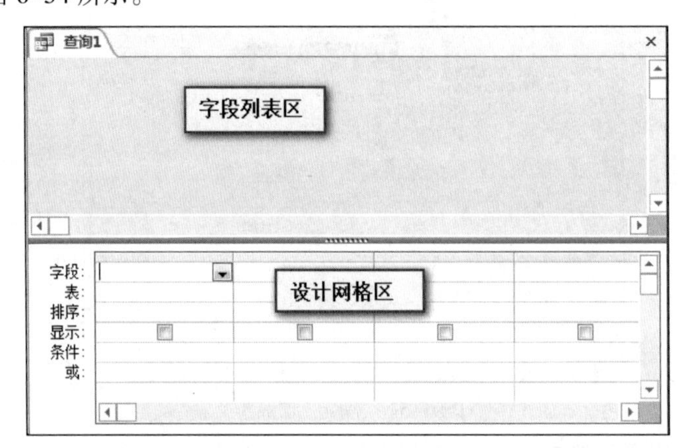

图 6–54　查询的设计视图模式

查询设计视图对话框分为上下两部分。上半部分为字段列表区，用来设置数据源，可通过右击，在弹出的快捷菜单中选择“显示表”命令，选择表或查询作为数据源；下半部分为设计网格区，其中的每一列对应查询动态数据集的一个字段，每一行对应字段的一个属性或要求，具体说明如下：

字段：指定查询中需要使用的字段，可以是数据源中的字段或表达式。在数据源的列表中使用双击的方式可以完成字段的添加，或书写表达式作为字段。查询运行时，前者直接显示相应字段的值，后者显示表达式的计算结果。

表：对应上面的字段，指定字段的来源。如果是通过单击的方式选择字段，该值是系统自动填写的。所以该值一般不需要用户填写，仅供查阅参考。

排序：对应上面的字段，指定查询结果是否按字段值进行升序或降序的排列。如果没有排序要求，该行不进行任何设置。

显示：指定对应字段是否显示。

条件：指定查询的条件，只有满足条件的记录才会在查询结果中显示。该值可以是部分的，和上面的“字段”组成完整的条件表达式；也可以是完整的，返回值为逻辑值的条件表达式。

如果该行有多个列的值，表示要求多个条件同时成立。

或：指定“或”关系的第二个条件，与上一行条件构成完整的“或”查询条件。如果没有“或”条件，该行无须填写。即使存在两个“或”条件，该行也不一定填写，因为两个条件表通过运算符“Or”可以合并为一个条件表达式。

案例 12：在“教学管理”数据库中，查询学生选课成绩信息，要求显示学号、姓名、课程名称、平时成绩、期末成绩和综合成绩。查询名称为“学生成绩查询”。

操作步骤如下。

Step 01：打开“教学管理”数据库，打开查询设计视图，弹出“显示表”对话框。

Step 02：选择数据源，选择学生表、课程表和学生选课表。

Step 03：选择查询字段，选择学号、姓名、课程名称、平时成绩、期末成绩和综合成绩字段，并设置其“显示”属性，如图 6-55 所示。

Step 04：保存查询为“学生成绩查询”。

Step 05：单击“运行”按钮或切换到数据表视图即可查看结果，部分结果如图 6-56 所示。

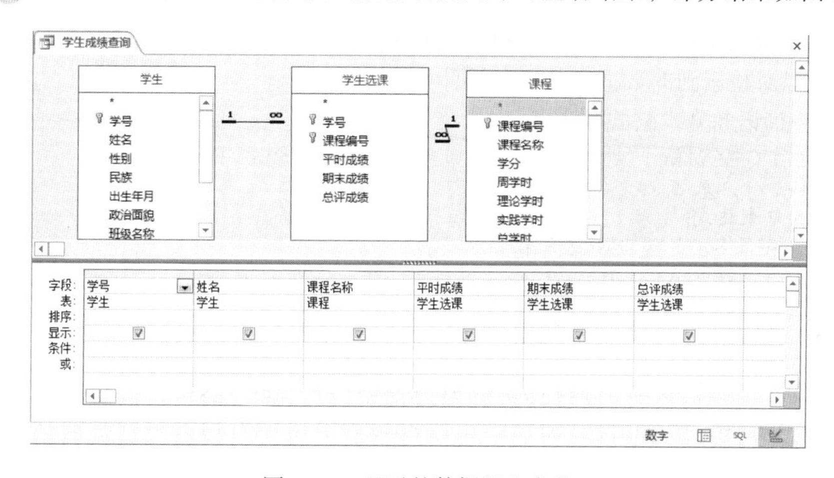

图 6-55　显示的数据源和字段

学生成绩查询

学号	姓名	课程名称	平时成绩	期末成绩	总评成绩
201301010101	郑玲	宏观经济学	90	80	83
201301010101	郑玲	马克思主义基本原理	77	56	62.3
201301010101	郑玲	Access数据库技术与应用	33	78	80.7
201301010101	郑玲	线性代数	86	75	74.4
201301010102	吴奇隆	宏观经济学	94	76	81.4
201301010102	吴奇隆	马克思主义基本原理	85	98	94.1
201301010102	吴奇隆	Access数据库技术与应用	80	79	79.3
201301010102	吴奇隆	线性代数	91	77	81.2
201301010103	张玉英	宏观经济学	90	90	90
201301010103	张玉英	马克思主义基本原理	77	80	79.1
201301010103	张玉英	Access数据库技术与应用	76	82	80.2
201301010103	张玉英	线性代数	99	96	96.9
201301010104	黄磊	宏观经济学	91	59	68.6
201301010104	黄磊	马克思主义基本原理	70	81	77.7
201301010104	黄磊	Access数据库技术与应用	84	73	76.3
201301010104	黄磊	线性代数	73	70	70.9
201301020101	张苗苗	旅游英语听力（二）	93	85	87.4
201301020101	张苗苗	旅游资源调查与评价	68	57	60.3

记录：第 1 项(共 74 项　搜索　数字

图 6-56　查询结果

6.3.3　SQL 查询

SQL（Structured Query Language）查询是利用 SQL 语言创建的查询。

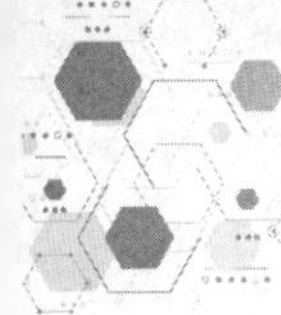

1. 概述

SQL 是结构化查询语言的简称，是关系数据库的标准语言，是一种广泛应用于关系型数据库设计的数据查询和程序设计的语言。

SQL 语言从功能上可以分为 4 部分：数据查询（Data Query）、数据定义（Data Definition）、数据操纵（Data Manipulation）和数据控制（Data Control）。

数据查询语言：主要完成记录的查询操作，核心动词有 SELECT 等。

数据定义语言：用于定义 SQL 模式、基本表、视图、索引等结构，核心动词有 CREATE、ALTER、DROP 等。

数据操纵语言：分为数据查询和数据更新两类，其中，数据更新又分成插入、删除和修改 3 种操作，核心动词有 INSERT、UPDATE、DELECT 等。

数据控制语言：包括对基本表和视图的授权、完整性规则的描述、事务控制等内容，核心动词有 GRANT，REVOKE 等。

2. 创建 SQL 查询

SQL 查询功能主要利用 SELECT 语句实现，它不仅可以从一个或多个数据源检索需要的数据，而且还可以对检索到的数据进行各种统计计算。

SELECT 查询语句基本格式如下：

```
SELECT[ALL|DISTINCT|TOPn]*|<字段列表>[,<表达式>AS<字段别名>]
FROM<表名 1>[,<表名 2>]…
[WHERE<条件表达式>]
[GROUPBY<字段名>[HAVING<条件表达式>]]
[ORDERBY<字段名>[ASC|DESC]];
```

SELECT 语句基本格式中，各部分的含义如下：

[]：表示方括号中的内容是可选择的，根据不同的情形进行选取。

<>：表示尖括号中的内容在实际使用时用具体的内容进行替换。

|：表示任选其一，如 ALL | DISTINCT | TOPN，表示在 ALL、DISTINCT 和 TOPN 三者中任选一个。

ALL：表示返回所有满足条件的记录。

DISTINCT：表示返回不包含重复行的所有记录。

TOPn：表示返回数据源中前 n 条记录，其中 n 为正整数。例如，TOP10。

*：表示返回记录的所有字段。

<字段列表>：表示返回指定的字段，字段名之间用英文半角逗号隔开，例如，学号,姓名,班级。

<表达式>AS<字段别名>：表示返回一个或多个计算表达式的值，并且可以给每一个计算表达式的值指定一个新字段名。若需要返回多个表达式的值，则各部分之间用逗号隔开。例如，AVG(综合成绩)AS 平均分。

FROM<数据源>：表示查询的数据源。可以是一个，也可以是多个。多个数据源之间用英文半角逗号隔开。例如，From 学生表,班级表,院系表。

WHERE<条件表达式>：表示查询的条件，条件表达式可能是关系表达式或逻辑表达式。例如，WHERE 年龄<18and 性别= " 女 ",WHERELEF(学号号,4)= " 2013 " 等。

GROUPBY<字段名>或<表达式>：表示对查询结果按指定的字段或表达式进行分组，例如，GROUPBY 性别等。

HAVING<条件表达式>：必须与 GROUPBY 一起使用，用于限定参与分组的条件，例如，

GROUPBY 学历 HAVING 性别= " 男 " 。

ORDERBY<字段名>：表示对查询结果按指定的字段排序。

ASC：表示查询结果按指定字段值升序排列。

DESC：表示查询结果按指定字段值降序排列。

案例 13：从学生表中选择学号、姓名、性别、班级名称显示。

对应的 SQL 语句如下：

```
SELECT 学生.学号,学生.姓名,学生.性别,学生.班级名称
FROM 学生
```

案例 14：从“学生”表中选择所有女生的学号、姓名、性别、班级名称显示。

对应的 SQL 语句如下：

```
SELECT 学生.学号,学生.姓名,学生.性别,学生.班级名称
FROM 学生
WHERE 学生.性别="女"
```

案例 15：计算每名教师的工龄，并显示“姓名”和“工龄”。

对应的 SQL 语句如下：

```
SELECT 姓名,ROUND((DATE()-[参加工作日期])/365,0)AS 工龄
FROM 教师;
```

案例 16：查找学生的选课情况，并显示“学号”“姓名”“课程编号”“综合成绩”。

对应的 SQL 语句如下：

```
SELECT 学生.学号,姓名,课程编号,综合成绩
FROM 学生,学生选课
WHERE 学生.学号=学生选课.学号;
```

分析：由于此查询数据源来自学生表和学生选课表，因此在 FROM 子句中列出了两个表的名称，同时使用 WHERE 子句指定连接表的条件。在涉及多表的查询中，应在所有字段的字段名前面加上表名，并且使用英文标点符号“.”分开，除非字段唯一。

案例 17：查询选修 xxds 课程的学生中综合成绩最高的学生学号、综合成绩。

对应的 SQL 语句如下：

```
SELECT 学号,综合成绩
FROM 学生选课
WHERE 课程编号="000GB001"AND 综合成绩>=ALL
(SELECT 综合成绩
FROM 学生选课
WHERE 课程编号="xxds");
```

分析：此查询中，子查询由“>=ALL”引导，表示“综合成绩”值要大于等于子查询的“综合成绩”结果中的所有值，即为最高的综合成绩。

说明：嵌套查询是指在查询语句 SELECT...FROM...WHERE 内再嵌入另一个查询语句。被嵌入的查询称为子查询。子查询是一个用括号括起来的特殊条件，可以代替 WHERE 子句、HAVING 子句中的表达式。子查询一般由比较运算符或谓词引导，可以引导子查询的谓词有 IN、ALL、ANY 和 EXISTS。

6.3.4　查询条件

1. 查询条件的组成

在 Access 中，查询数据需要指定相应的查询条件。查询条件一般是由常量、字段名、字段值、函数等运算对象用各种运算符连接起来生成的一个表达式，表达式的运算结果就是查询条

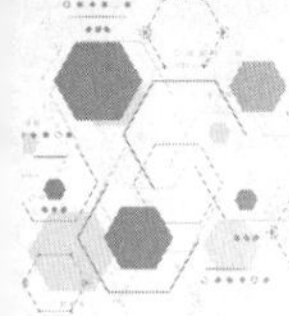

件的取值。在设计查询时，使用不同的条件会得到不同的查询结果。因此，学习和掌握查询条件的组成对正确使用查询条件具有关键性作用。

① 常量。常量是指不进行计算也不会发生变化的值，包括数值常量、字符串常量、日期常量、逻辑常量等。

数字型常量分为整数和实数，表示方法和数学中的表示方法类似。

文本型常量用英文双引号作为定界符，如 " Access2010 " 、 " 数据查询 " 。

日期/时间型常量用"#"作为定界符，如 2021 年 1 月 4 日可表示成#2021-1-4#或#2021/1/4#。

是/否型常量有两个，用 True、Yes 或 - 1 表示"是"（逻辑真），用 False、No 或 0 表示"否"（逻辑假）。

② 运算符。运算符是指一个标记或符号，是构成查询条件的基本元素，指定表达式内执行的计算类型。包括算术运算符、比较运算符、逻辑运算符、字符串运算符、特殊运算符和引用运算符等。

③ 函数。函数是一种能够完成某种特定操作或功能的数据形式，函数的返回值称为函数值。

函数调用格式：

```
函数名([参数1][,参数2][,…])
```

常用函数的函数有数值函数、字符函数、日期/时间函数、统计函数、条件函数等，常用数值函数、字符函数、日期/时间函数、统计函数的功能及使用示例分别如表 6-5~表 6-8 所示。

表 6-5　常用数值函数

函　数	功　　能	示　例	函 数 值
Abs(数值表达式)	返回数值表达式值的绝对值	Abs(−30)	30
Int(数值表达式)	返回数值表达式值的整数部分，如果数值表达式的值是负数，返回小于或等于数值表达式值的第一负整数	Int(5.5) Int(−5.5)	5 −6
Fix(数值表达式)	返回数值表达式值的整数部分，如果数值表达式的值是负数，返回大于或等于数值表达式值的第一负整数	Fix(5.5) Fix (−5.5)	5 −5
Sqr(数值表达式)	返回数值表达式值的平方根值	Sqr(4)	2
Sgn(数值表达式)	返回数值表达式值的符号对应值，数值表达式大于 0、等于 0、小于 0，返回值为 1、0、−1	Sgn(5.4) Sgn(0) Sgn(−5.4)	1 0 −1
Rnd(数值表达式)	返回一个 0~1 之间的随机数	—	—
Round(数值表达式 1,数值表达式 2)	对数值表达式 1 的值按数值表达式 2 指定的位数四舍五入	Round(12.59,1) Round(12.59,0)	12.6 13

表 6-6　常用字符函数

函　数	功　　能	示　例	函数值
Space(数值表达式)	返回数值表达式值指定的空格个数组成的空字符串	" 教学 " &Space(2)& " 管理 "	" 教学管理 "
String(数值表达式,字符表达式)	返回一个由字符表达式的第一个字符重复组成的由数值表达式值指定长度的字符串	String(3, " abcdefg ")	" aaa "
Len(字符表达式)	返回字符表达式的字符个数	Len(" 教学 " & " 管理 ")	4

续表

函　数	功　　能	示　例	函 数 值
Left(字符表达式,数值表达式)	按数值表达式值取字符表达式值的左边子字符串	Left(" 教学管理 " ,2)	" 教学 "
Right(字符表达式,数值表达式)	按数值表达式值取字符表达式值的右边子字符串	Right(" abcdefg " ,3)	" efg "
Mid(字符表达式,数值表达式 1[,数值表达式 2])	从字符表达式值中返回以数值表达式 1 规定起点、以数值表达式 2 指定长度的字符串	Mid(" abc " & " defg " ,3,4)	" cdef "
Ltrim(字符表达式)	返回去掉字符表达式前导空格的字符串	" 教学 " &Ltrim(" 管理 ")	" 教学管理 "
Rtrim(字符表达式)	返回去掉字符表达式尾部空格的字符串	" 教学 " &Rtrim(" 管理 ")	" 教学管理 "
trim(字符表达式)	返回去掉字符表达式前导和尾部空格的字符串	" 教学 " &trim(" 管理 ")	" 教学管理 "
Asc(字符表达式)	返回字符表达式首字符的 ASCII 码值	Asc(" ABC ")	65
Chr(字符的 ASCII 码值)	返回 ASCII 码值对应的字符	Chr(97)	" a "
Ucase(字符表达式)	将字符表达式值中的小写字母转换为相应的大写字母	Ucase(" Access ")	" ACCESS "
Lcase(字符表达式)	将字符表达式值中的大写字母转换为相应的小写字母	Lcase(" Access ")	" access "
Str(数值表达式)	将数值表达式值转换成字符串，并在字符串前面保留一空格表示正负。数值表达式值>=0 时，用空格表示正号	Str(1+2+3+4) Str(--4)	" 10 " " -10 "
Val(字符表达式)	将数字字符串去掉空格、制表符和换行符转换成数值型数字,当遇到第一个非数字时停止转换。当字符串不以数字开头时，返回 0	Val(" 999GPS99 ") Val(" GPS999 ")	999 0
InStr(字符表达式 1，字符表达式 2)	返回字符表达式 2 在字符表达式 1 中的位置，否则返回 0	InStr(" abc " , " b ") InStr(" abc " , " h ")	2 0

表 6-7　常用日期/时间函数

函　数	功　　能	示　例	函数值
Date()	返回当前系统日期		
Time()	返回当前系统时间		
Now()	返回当前系统日期和系统时间		
Year(日期表达式)	返回日期表达式对应的年份值	Year(##)	2013
Month(日期表达式)	返回日期表达式对应的月份值	Month(##)	12
Day(日期表达式)	返回日期表达式对应的日期值	Day(##)	24
Weekday(日期表达式)	返回日期表达式对应的星期值	Weekday(##)	2

续表

函 数	功 能	示 例	函数值
DateSerial(数值表达式 1,数值表达式 2,数值表达式 3)	返回指定年月日的日期，其中数值表达式 1 的值为年，数值表达式 2 的值为月，数值表达式 3 的值为日	DateSerial(2013,7-2,4)	

表 6-8 常用统计函数

函 数	功 能	示 例	函 数 值
Sum(字符表达式)	返回表达式对应的数值型字段的列值的总和	Sum(末考成绩)	计算末考成绩字段的总和
Avg(字符表达式)	返回表达式对应的数值型字段的列值的平均值。忽略 Null 值	Avg(末考成绩)	计算末考成绩字段的平均分
Count(字符表达式) Count(*)	返回表达式对应的数值型字段中值的数目，忽略 Null 值 返回表或组中所有行的数目，Null 值被计算在内	Count(末考成绩)	统计有末考成绩的学生人数
Max(字符表达式)	返回表达式对应字段列中的最大值。忽略 Null 值	Max(末考成绩)	返回末考成绩字段的最大值
Min(字符表达式)	返回表达式对应字段列中的最小值。忽略 Null 值	Min(末考成绩)	返回末考成绩字段的最小值

④ 表达式。Access 的表达式是用运算符将常量、函数、字段名、字段值等操作数连接起来构成的式子，如 5+2*10Mod10\9/3+2^2。

2. 查询条件的设置

若要在查询中设置条件，则必须进入查询设计视图，找到要设置条件的字段列，在“条件行”中输入条件表达式。图 6-57 所示的矩形区域就是已经设置好的条件表达式。若要指定条件的字段尚未出现在“设计网格”区，则必须先添加该字段，再设置其条件表达式。

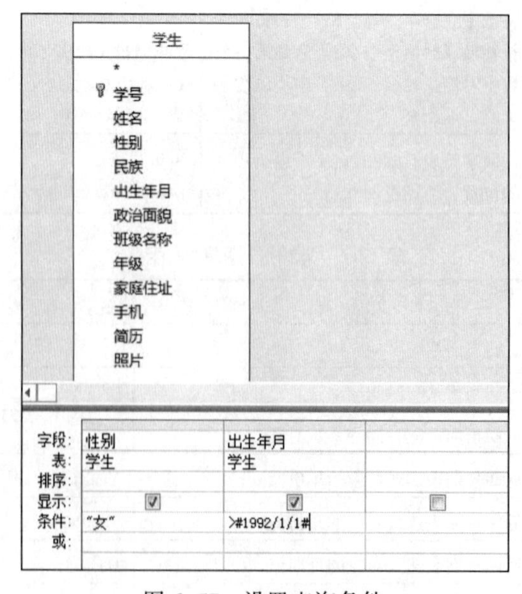

图 6-57 设置查询条件

3. 查询条件示例

“教学管理”数据库中，常用的不同功能对应的查询条件示例如表 6-9 所示。

表 6-9　查询条件示例

字段名	条　件	功　能
职称	" 教授 " Or " 副教授 "	查询职称为教授或副教授的记录
	In(" 教授 " , " 副教授 ")	
姓名	Like " 张* "	查询姓张的记录
	Left([姓名],1)= " 张 "	
	Mid([姓名],1,1)= " 张 "	
民族	NotLike " 汉 "	查询少数民族的记录
	Not " 汉 "	
	<> " 汉 "	
出生日期	Date()–[出生日期]<=45*365	查询 45 岁以下的记录
	Year(Date())–Year([出生日期])<=45	
参加工作日期	Between##And##	查询 2004 年参加工作的记录
	Year([参加工作日期])=2004	
	Date()–[参加工作日期]<15	查询 15 天内参加工作的记录
	>Date()–15	
	BetweenDate()–15AndDate()	
综合成绩	Between70And90	查询综合成绩在 70 ~ 90 之间的记录
	>=70And<=90	

6.4　窗体设计

6.4.1　窗体概述

窗体是表的操作界面，是数据库的用户接口。在 Access 中，以窗体作为输入界面时，它可以接受用户的输入，判定其有效性、合理性，并响应消息、执行一定的功能。以窗体作为输出界面时，它可以输出数据表中的各种字段内容，如文字、图形图像，还可以播放声音、视频动画，实现数据库中多媒体数据处理。窗体还可作为控制驱动界面等。

从外观上看，窗体和普通的 Windows 窗口非常相似，上方是标题栏和控制按钮，窗体内是各种控件，如命令按钮、文本框、列表等，下方是状态栏。

1. 窗体的功能

窗体和报表都可用于数据库中数据的维护，但两者的作用是不同的。窗体主要用来输入数据，报表则用来输出数据。具体来说，窗体具有以下几种功能。

① 数据的显示与编辑。窗体的最基本功能是显示与编辑数据。窗体可以显示来自多个数据表中的数据。此外，用户可以利用窗体对数据库中的相关数据进行添加、删除和修改，并可以设置数据的属性。用窗体显示并预览数据比用表和查询的数据表格显示数据更加灵活。

② 数据输入。用户可以根据需要设计窗体，作为数据库中数据输入的接口。这种方式可以节省数据输入的时间并提高数据输入的准确度。窗体的数据输入功能是它与报表的主要区别。

③ 应用程序流控制。与 VisualBasic 窗体类似，Access 中的的窗体也可以与函数和子程序相结合。在每个窗体中，用户可以使用 VBA（Visual Basic for Applications）编写代码，并利用代码执行相应的功能。

④ 信息显示和数据打印。在窗体中可以显示一些警告或解释信息。此外，窗体也可以用来执行打印数据库数据的功能。

2. 窗体的类型

窗体有多种分类方法，根据数据的显示方式，窗体可分为纵栏式窗体、表格式窗体、数据表窗体、主/子窗体和图表窗体。窗体类型和主要功能如表 6-10 所示。

表 6-10　窗体类型及功能

窗体类型	功能
纵栏式窗体	也称单页窗体，在窗体中每页只显示表或查询的一条记录或记录中的字段
表格式窗体	一个窗体中显示多条记录内容
数据表窗体	用来作为一个窗体的子窗体
主/子窗体	窗体中的窗体称为子窗体，包含子窗体的窗体称为主窗体。主窗体和子窗体通常用于显示多个表或查询中的数据，这些表或查询中的数据具有一对多关系

6.4.2　创建窗体

窗体的创建方法有三种：一是使用“自动窗体”创建基于单个表查询的窗体，二是使用向导创建基于一个或多个表查询的窗体，三是在设计视图中自行创建窗体。

1. 自动创建窗体

自动创建窗体包括使用“窗体”按钮创建窗体和使用“其他窗体”按钮创建分割窗体、数据透视表窗体，其中最快捷的方法是利用“窗体”工具创建窗体。

案例 18：在“教学管理”数据库中，以表对象“院系”为数据源创建图 6-58 所示的纵栏式窗体，窗体名称为“院系纵栏式”。

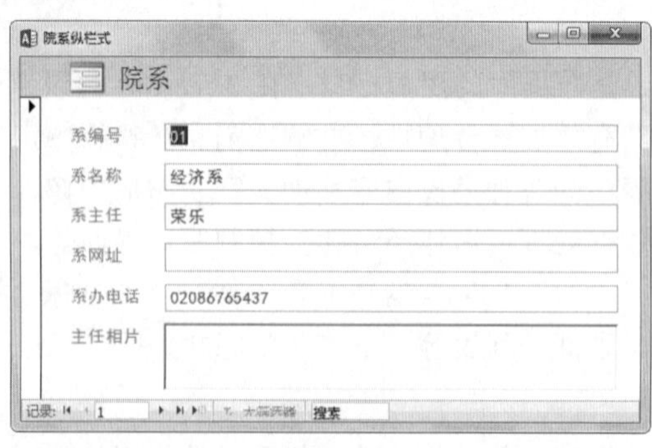

图 6-58　院系纵栏式

操作步骤如下。

Step 01：在“导航”窗格中，单击“院系”表对象。

Step 02：在“创建”选项卡的“窗体”选项组中，单击“窗体”按钮。此时，Access 将自动创建窗体，并以布局视图的方式显示窗体。

Step 03：单击快速访问工具栏中的“保存”按钮，在弹出的“另存为”对话框中输入“院系纵栏式”，单击“确定”按钮保存。

2．使用向导创建窗体

利用“窗体”按钮创建的窗体，其数据源只能来自一个表或查询，而且默认的情况下显示在窗体上的字段只能是表或查询中的全部字段，这显然不能满足复杂的要求。而使用“窗体向导”创建的窗体，其数据既可以是一个表或查询，也可以是多个表或查询，更重要的是，使用“窗体向导”使创建主/子窗体更加容易。

案例 19：在“教学管理”数据库中，创建图 6-59 所示的主/子窗体，主窗体和子窗体的名称分别为“学生选课主窗体”和“学生选课子窗体”。

操作步骤如下。

Step 01：确定数据源和字段。本例要创建的窗体涉及的数据源为以下 3 个表对象：学生、课程、学生选课。涉及的字段有学号、姓名、性别、班级名称、课程编号、课程名称、平时成绩、期末成绩、总评成绩，如图 6-59 所示。

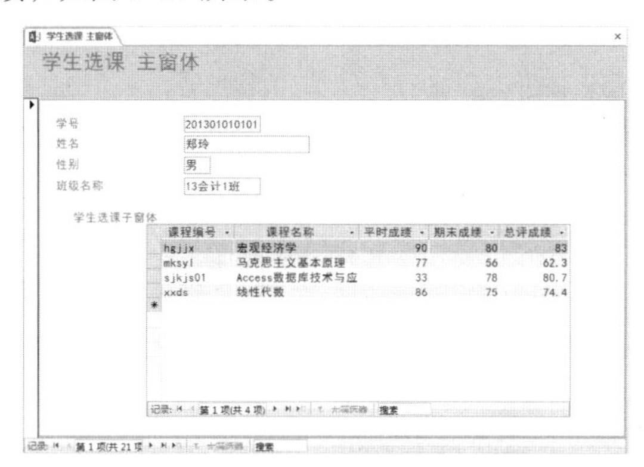

图 6-59　主/子窗体

Step 02：利用向导建立主/子窗体时，首先应设置表与表之间的关系。在本例中，首先应在关系图中设置学生、课程、学生选课这 3 个表之间的关系。

Step 03：单击“创建”选项卡“窗体”选项组中的“窗体向导”按钮，弹出图 6-60 所示的对话框。

Step 04：在“表/查询”下拉列表中选择“学生”，在左侧的“可用字段”列表中选择需要显示在窗体中的字段名称“学号”“姓名”“性别”“班级名称”，双击将其添加到“选定字段”列表中。

Step 05：在“表/查询”下拉列表中选择“课程”，然后在“可用字段”列表中选择“课程编号”和“课程名称”字段，双击将其添加到右侧的“选定字段”列表中。采用类似的方法将“学生选课”表中的“平时成绩”字段、“期末成绩”字段、“总评成绩”字段添加到右侧的“选定字段”列表中。

Step 06：单击“下一步”按钮，在“请确定查看数据的方式”列表中选择“通过 学生”，如图 6-61 所示。单击“下一步”按钮，在弹出的界面中确定子窗体的布局，本例采用默认的“数据表”布局，如图 6-62 所示。单击“下一步”按钮，在弹出的界面中为窗体指定标题，将窗体和子窗体的标题分别改为“学生选课 主窗体”和“学生选课 子窗体”，如图 6-63 所示。

单击“完成”按钮。这时会发现在导航窗格中出现两个窗体，名称分别为“学生选课 主窗体”和“学生选课 子窗体”，如图 6-64 所示。

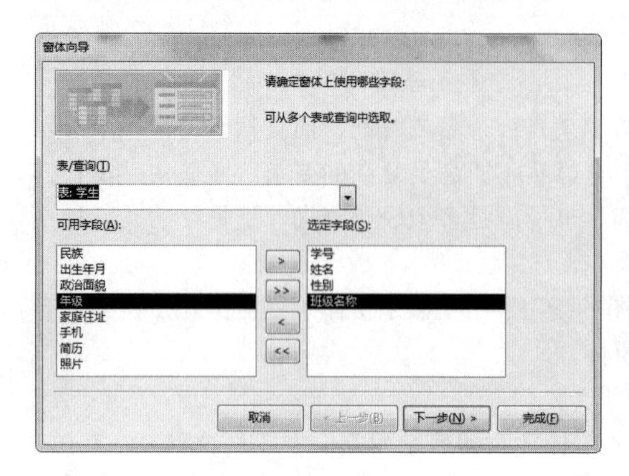

图 6-60 “窗体向导”对话框

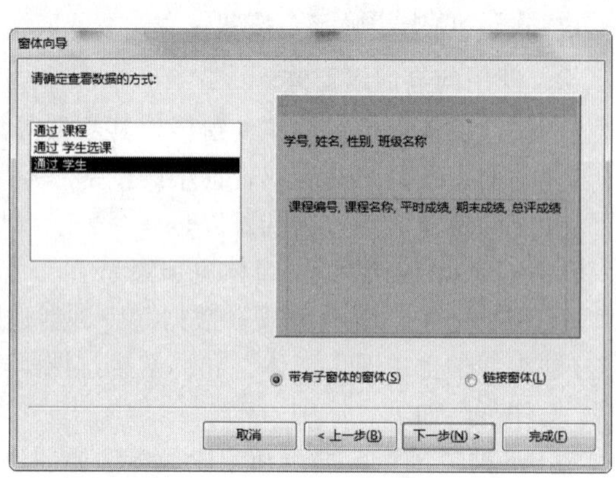

图 6-61 确定查看数据的方式

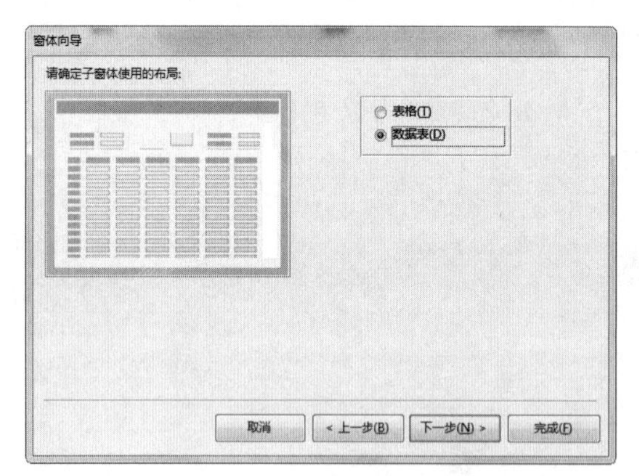

图 6-62 确定子窗体的布局

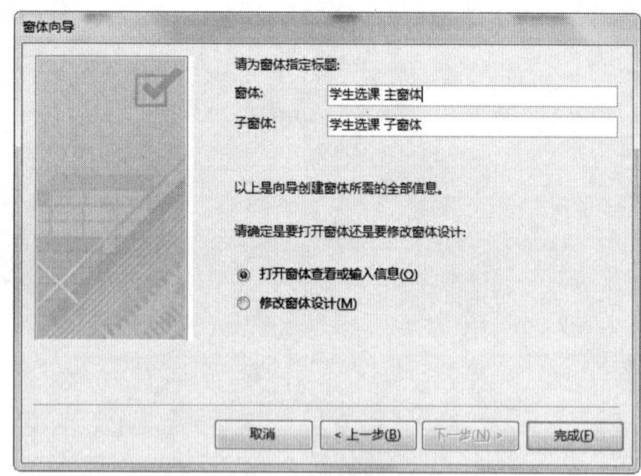

图 6-63 为窗体指定标题

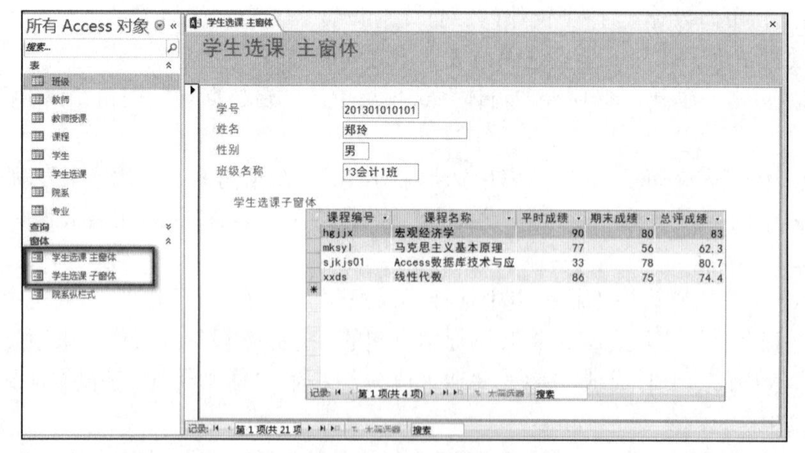

图 6-64 主/子窗体

3. 使用设计视图创建窗体

在实际应用中，快速创建窗体的方法往往只能满足一般的需求，不能满足创建复杂窗体的需求。如果要创建功能更加丰富、更加个性化的窗体，就必须在窗体设计图中自定义窗体，或者先使用向导或其他方法创建窗体，然后再在设计视图中修改窗体。

（1）窗体设计视图的组成

窗体的设计视图是用来修改或设计窗体的窗口，它由主体、窗体页眉、窗体页脚、页面页眉、页面页脚这 5 个节组成，如图 6-65 所示。

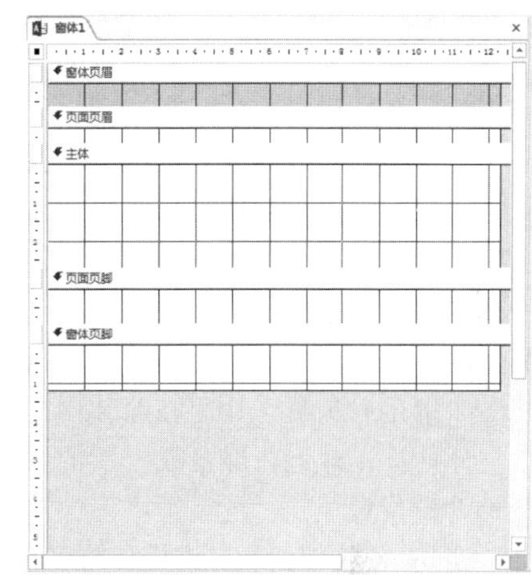

图 6-65　窗体设计视图组成

窗体设计视图各组成部分的作用介绍如下。

窗体页眉：位于窗体的顶部位置，主要用来放置标签控件显示标题或字段名称。

页面页眉：用于设置窗体每页的顶部所显示的信息，包括标题、列标题、日期或页码等。页面页眉仅当窗体打印时才显示，且显示在每一打印页的上方。

主体：是每个窗体都必须包含的主体部分（其他部分是可选的）。绝大多数的控件及信息都出现在主体节中，是窗体的核心部分，主要用于显示数据源的内容。

页面页脚：用于设置窗体每页的底部所显示的信息，包括页总汇、日期或页码等。页面页脚仅当窗体打印时才显示，且显示在每一打印页的下方。

窗体页脚：位于窗体的底部，其功能与窗体页眉基本相同，一般用于显示对记录的操作说明、设置命令按钮等。

（2）窗体控件

控件是窗体中用于显示数据、执行操作和装饰窗体的对象。比如，利用命令按钮打开另一个窗体、利用文本框显示和输入数据、利用直线和矩形分隔与组织控件等。

常用的控件主要有标签、文本框、命令按钮、选项组、列表框、组合框、复选框、选项按钮、直线、矩形、图像、子窗体/子报表控件等。

标签控件：用来显示说明性文本。在 Access 中，当在窗体上添加其他控件时，一般会附加一个标签控件。

文本框控件：用于文本编辑，用户可以在该控件对象区域内输入、编辑和显示文本内容。

命令按钮控件：主要用来执行某项操作或某些操作。窗体处于运行状态时，通过单击按钮来触发一定的事件，从而执行相应的动作。

列表框控件：主要用来列出一列或多列数据供用户选择，用户不能输入新值。在设计时，列表框的值可以通过向导来源于用户“自行键入的值”以及“使用列表框查阅表或者查询中的值”。

组合框控件：即是下拉列表框。组合框由多行组成，默认情况下只显示一行，需要选择其他行时，单击右侧的下拉按钮选择即可。

选项按钮控件、复选框控件和切换按钮控件：这三个控件通常用作选项组的一部分，都可以和“是/否”字段绑定。复选框是在窗体或报表中添加“是/否”字段时创建的默认控件类型。

选项组控件：是由一个组框和一组复选框、选项按钮或切换按钮组成。选项组控件用来控制在多个选项中，只选择其中一个选项的操作。当从“控件”组中将一个选项组控件放入窗体中时，会弹出“选项组向导”对话框。可以根据需要将一组复选框、选项按钮或切换按钮通过向导放入选项组中。

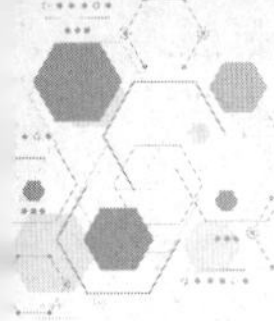

选项卡控件：用来将多个不同格式的数据操作窗体封装在一个窗体中。换言之，选项卡控件能够在一个“窗体”中包括多页数据操作窗体，而且在每页窗体中包括多个控件。选项卡控件能够实现多个选项卡的效果。

子窗体/子报表控件：用来在主窗体中显示与其数据源相关的子数据表中数据的窗体。

为了在窗体中放置一幅图片来美化窗体，可以使用图像控件。图像控件对象中的图像通过“图片”属性设置。

矩形控件：可以将一组相关的控件对象放入一个矩形控件对象中以起到突出显示效果。

直线控件：一般用作分隔线以修饰窗体。

绑定对象框：用于在窗体或报表上显示 OLE 对象，如一系列的图片。例如，将“学生”表中的“照片”字段通过字段列表拖到窗体上时，会生成一个绑定对象框控件对象。当在记录间移动时，不同学生的照片会显示在窗体上。

未绑定对象框：用于在窗体中显示未绑定 OLE 对象，如 Word 文档。

分页符：标记新屏幕或打印的页的窗体或报表上的开始位置。

ActiveX 控件：单击该控件将弹出“插入 Active 控件”对话框，可以在列表中选择所需要的项目添加到窗体中。

案例 20：利用设计视图以“班级”表对象为数据源设计图 6-66 所示的纵栏式窗体，将窗体命名为“班级信息窗体”。

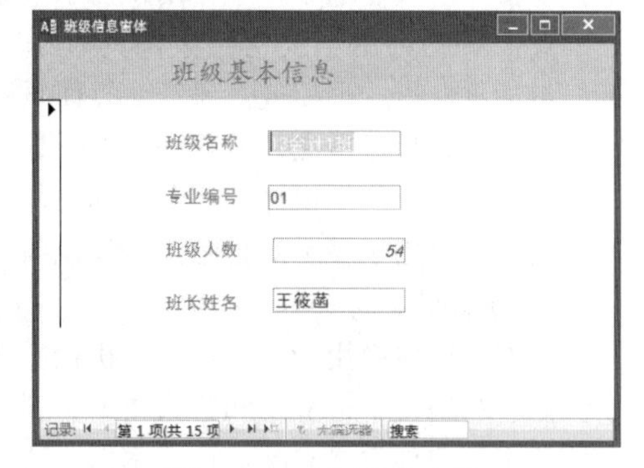

图 6-66　班级信息窗体

操作步骤如下。

Step 01：打开“教学管理”数据库。

Step 02：新建窗体。选择“创建”选项卡，单击“窗体”选项组中的“窗体设计”按钮，出现图 6-67 所示的窗体设计视图。此时的窗体只有“主体”节。

Step 03：右击窗体，在弹出的快捷菜单中分别选择“窗体页眉”和“窗体页脚”命令，添加窗体页眉、页脚，如图 6-68 所示。

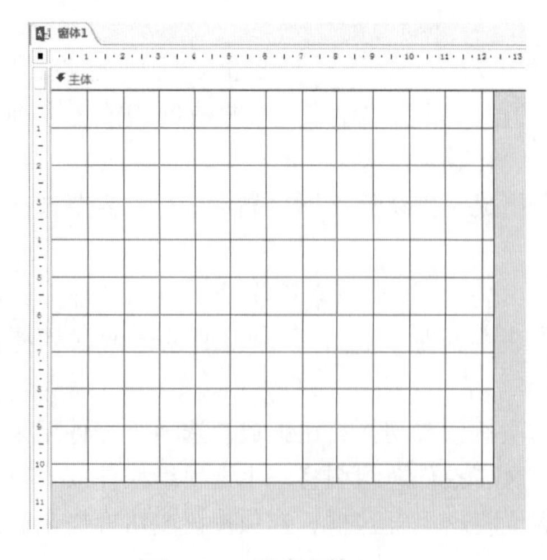

图 6-67　创建窗体

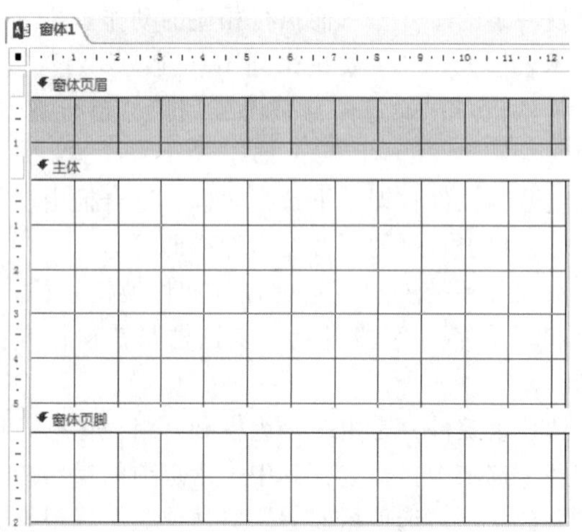

图 6-68　添加页眉页脚

Step 04：从“控件”选项组中将控件添加到窗体上。将“标签”控件添加到窗体页眉区域。单击的“标签”控件，将鼠标指针移到窗体页眉区域，此时鼠标指针形状变成+A形状，单击并拖动鼠标在窗体页眉区域画一个矩形，释放鼠标，在矩形框中输入“班级基本信息”。

Step 05：设置控件的属性。右击窗体页眉中的标签控件，选择“属性”命令，弹出“属性表”对话框，选择“格式”选项卡，此时会发现标题属性的值为输入的“班级基本信息”，拖动右侧的滚动块，找到字体和字号属性，将其分别设置为“华文楷体”“18 磅”。在窗体上选择标签控件，将其拖动到合适的位置，并用鼠标调整窗体页眉、主体的高度以及窗体的宽度。

Step 06：将“字段列表”列表框中的字段拖到主体部分。在设置数据源后，选择“设计”选项卡，在“工具”选项组中单击“添加现有字段”按钮，弹出“字段列表”对话框。将字段列表中的“班级姓名”“专业编号”“班级人数”“班长姓名”分别拖到窗体中，如图 6-69 所示。

Step 07：设置窗体和控件的其他属性。打开“属性表”对话框，在“对象”下拉列表中选择某个对象，设置对象的其他属性。

Step 08：保存窗体。单击“保存”按钮，将窗体命名为“班级信息窗体”，如图 6-70 所示。

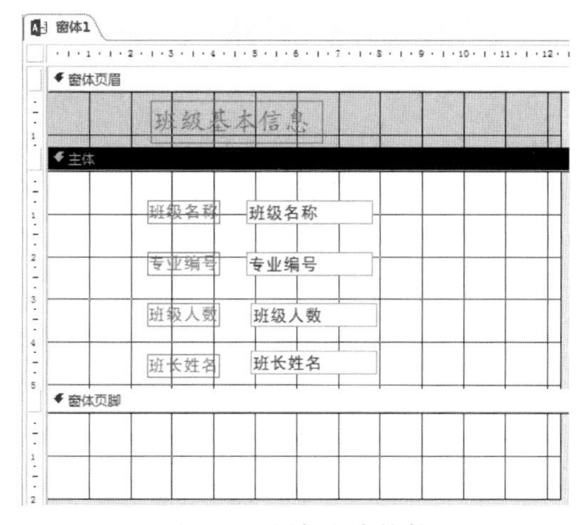

图 6-69　添加文本控件

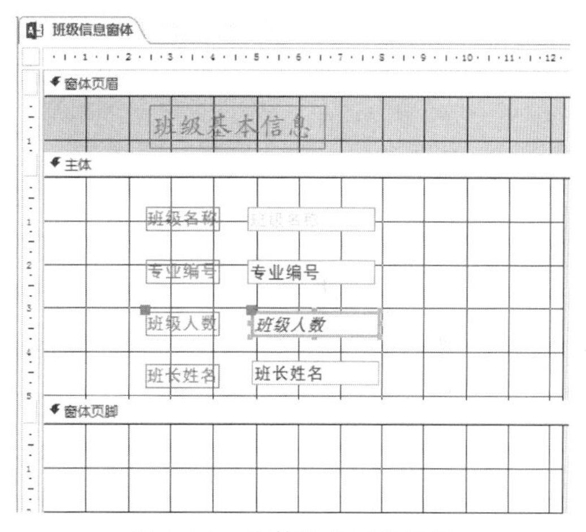

图 6-70　窗体控件属性设置

本 章 习 题

1. 什么是数据库？什么是数据库系统？
2. 什么是关系模型？
3. 什么是 SQL 语言？SQL 语言有什么功能和特点？
4. Access 2016 包括哪些数据库对象？请分别说出它们的含义和功能。
5. 为什么要创建表间关系？表之间有哪几种关系？如何设置表的主键？
6. 什么是查询？查询和表有什么区别？
7. 窗体有什么功能？
8. 创建名为“职工信息管理.accdb”数据库，并依次按照以下要求创建各数据库对象：

（1）按如下要求创建“教工”数据库表，数据表的结构如下表所示，将“教工.xlsx”表中

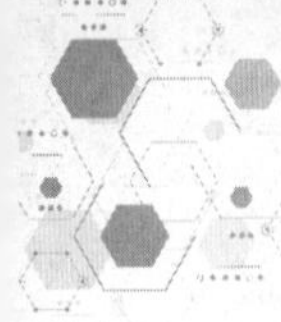

的数据追加导入到“教工”数据库表中；将“部门”表中的“部门电话”字段进行重命名，重命名为“部门联系电话”，将“教工”表中的“婚否”字段隐藏；为“部门”和“职工”表分别建立主键；并根据需要为每个表建立不同的索引；为“部门”“工资”“教工”数据表之间建立关联关系；编辑各数据表间的关系并实施参照完整性，要求删除“教工”表中的某条记录时，“工资表”中的相关信息也自动删除。

“职工”表逻辑结构

字 段 名	字段类型	字段大小	字 段 名	字段类型	字段大小
工号	文本	4	学历	文本	10
姓名	文本	4	职称	文本	10
性别	文本	1	婚否	是/否	
出生日期	日期/时间		部门编号	文本	3
身高	整型		照片	OLE 对象	
民族	文本	8	简历	备注	

（2）打开“职工信息管理”数据库，数据库内有表对象“部门”“工资”“教工”等，按照以下要求，完成操作：建立职工基本信息查询，要求显示职工的工号、姓名、性别、职称四个字段的信息，以“职工信息查询”保存；建立查询，统计各个部门的职工人数，显示部门名称和职工人数两个字段，以“查询各部门职工人数”保存。

（3）打开“职工信息管理”数据库，数据库内有表对象“部门”“工资”“教工”等，按照题目要求完成操作：利用“窗体向导”创建一个职工信息窗体，并为窗体添加标题“职工基本信息”，如下图所示，以“职工基本信息”保存。

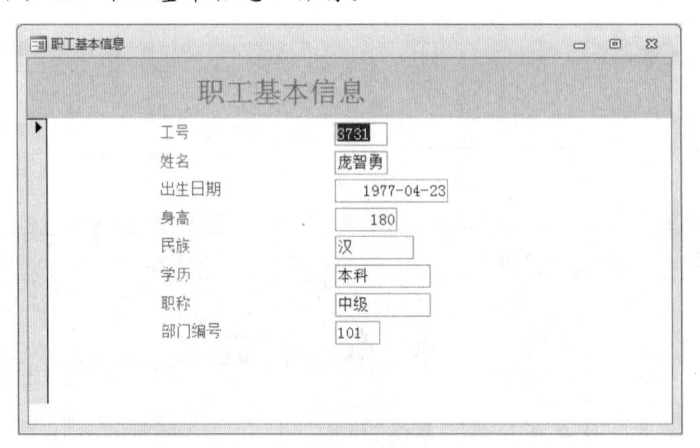

职工基本信息窗体界面

第 7 章 宏与 VBA 基础

学习目标

- 掌握在 Word 和 Excel 中录制宏。
- 掌握在 Word 和 Excel 中运行宏。
- 掌握 VBE 的启动、基本操作和关闭。
- 掌握在 VBE 中编辑、调试 Word 宏和 Excel 宏。
- 掌握 VBA 的基本控制语句、Sub 子过程、对象、属性、方法和事件。
- 通过 VBA 的应用，让学生领略祖国的壮美山河，熟悉中国共产党的辉煌历史，培养学生的爱国思想与家国情怀，养成学生不怕艰难困苦、迎难而上的生活态度，以及持之以恒的学习态度。

章节导学

在信息化社会，能够熟练地操作办公软件几乎成为每个人的必备能力。虽然 Word、Excel、PowerPoint 等办公软件为用户提供了强大的文字、表格、演示文稿等处理能力，但在实际工作中，这些办公软件现有的一般功能并不能满足用户全部的工作需求。例如，在 Word 中批量设置图片格式并添加题注，在 Excel 中批量处理相同样式的工作表，在 PowerPoint 中制作选择题等，此时，可使用宏和 VBA 程序自动执行重复的操作、实现高级复杂的功能，帮助用户解决一些高级需求，从而进一步提高工作效率。

虽然 VBA 是一门比较简单易学的程序语言，但对于初学者来说，学习 VBA 还是有一定难度的。不过，初学者可以通过 Office 软件的宏录制功能开始学习，然后再对录制的宏代码进行编辑、优化。

本章主要介绍宏的录制、编辑及运行，VBA 的开发环境、基础和简单应用实践。

7.1 宏的录制与运行

宏是通过一次单击就可以应用的命令集，是一段定义好的操作，是一批指令的集合。宏的最大意义在于能够按照设定好的顺序自动完成一系列重复工作，从而能够节省操作时间，提高

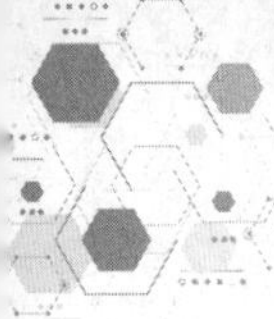

办公自动化的水平和工作效率。

7.1.1 宏基础

宏其实是保存在 Visual Basic 模块中的一段 VBA 程序代码，是可以完成某一特定功能的命令组合。在日常工作中，一些简单的操作，通过录制宏的方式完成，并自动保存成 VBA 代码。不过执行宏时需要手工运行，无法根据实际情况自动执行。

在支持录制宏的软件（Word 和 Excel）中，制作宏的方法有两种。

① 宏录制器。打开宏录制器，然后进行计划好的一系列操作，直到关闭宏录制器。宏录制器帮助用户创建宏，对于没有任何编程经验的用户来说，这是最简单的方式。宏录制器把操作步骤用 VBA 代码记录下来，可以在 Visual Basic 编辑器中打开宏进行编辑，删除不必要的代码，或者加入其他用户所需的代码、控件和用户界面。

② Visual Basic 编辑器。打开 Visual Basic 编辑器，用户可自行编写指令代码，并指定宏名。此种方法更灵活、强大，能够实现许多录制宏无法实现的功能。

7.1.2 录制宏

打开宏录制器，选择使用宏的方法（按钮或组合键等），继续进行一系列操作直至完成，接着停止宏的录制。然后，可运行宏重复所录制的过程。在用软件进行操作时，宏录制器将操作命令以 VBA 程序的形式存储下来，如果在录制宏时出错，可以在 Visual Basic 编辑器中对宏进行编辑，改正错误的代码。

1. 设计宏

在录制宏之前，用户必须知道需要录制的宏包含哪些操作以及这些操作的顺序，以确保宏过程正确无误。一般情况下，需要先设计好宏步骤，然后再将操作录制下来。

2. 打开宏录制器

默认情况下，Office 软件不显示“开发工具”选项卡，而关于“宏”和“VBA”的按钮，大多集中“开发工具”选项卡中，如图 7-1 所示。

图 7-1　Word 中的“开发工具”选项卡

显示“开发工具”选项卡的操作步骤如下。

Step 01：打开 Office 软件，切换到“文件”选项卡，单击“选项”命令。

Step 02：弹出相应软件的选项对话框，切换到“自定义功能区”选项，在右侧的“自定义功能区”下拉列表中选择“主选项卡”，在下方的列表框中选择“开发工具”复选框，然后单击“确定”按钮即可。图 7-2 所示为 Word 2016 的“Word 选项”对话框。

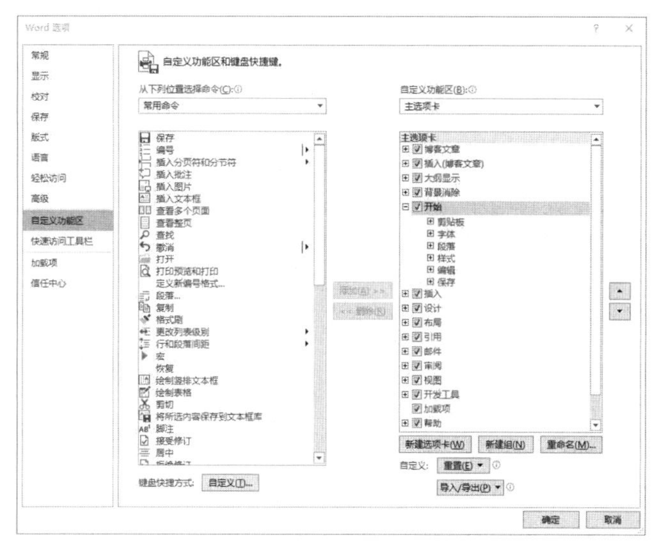

图 7-2　“Word 选项”对话框

在支持录制宏的软件（Word 和 Excel）中，打开宏录制器有 3 种方法。

① 单击“开发工具”选项卡“代码”选项组中的“录制宏”按钮，如图 7-1 所示。弹出“录制宏”对话框，如图 7-3 所示。

② 单击“视图”选项卡“宏”选项组中的“宏”下拉按钮，在下拉列表中选择“录制宏”命令，如图 7-4 所示。弹出“录制宏”对话框，如图 7-3 所示。

③ 单击状态栏中的“录制宏”按钮，如图 7-5 所示。弹出“录制宏”对话框，如图 7-3 所示。

图 7-3　“录制宏”对话框

图 7-4　“宏”下拉列表

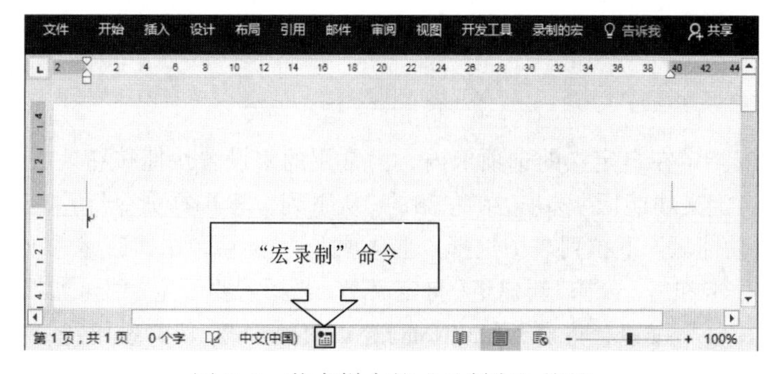

图 7-5　状态栏中的“录制宏”按钮

在“录制宏”对话框中，宏名默认用“宏 1”“宏 2”“宏 3”……命令。用户可以输入自定义的宏名。宏名的命名规则如下：

- 宏名的首字符必须是汉字或字母，其他字符可以是字母、数字或下画线。
- 宏名中允许有空格，可以用下画线作为分词符。
- 在 Excel 中，宏名不允许与单元格引用重名，否则会提示宏已经存在、是否替换原有宏。

一般情况下，必须指明宏存放的位置和宏的使用方式。如图 7-3 所示，一种方式是将宏指定到“按钮”，另外一种方式是将宏指定到“键盘”。

另外，为了日后便于查阅、编辑宏，可以在“说明”文本框中输入宏的作用、录制者等描述信息。

3. 设定宏的运行方式

在设定宏的运行方式时，无论在 Word 还是 Excel 中都需要按下面的方法来操作。

（1）在 Word 中指定宏的运行方式

① 在“录制宏”对话框中，单击“按钮”按钮，弹出“Word 选项”对话框。

② 在“Word 选项”对话框中，切换到“快速访问工具栏”选项，在左侧的“从下列位置选择命令”下拉列表中选择“宏”，如图 7-6 所示。

③ 在右侧的“自定义快速访问工具栏”下拉列表中选择将宏用于默认的所有文档。选择宏（如“Nomal.NewMacros.宏 1”），单击“添加”按钮，然后单击“确定”按钮，即可将宏（如“Nomal.NewMacros.宏 1”）命令按钮添加到快速访问工具栏中。

图 7-6　指定宏的运行方式

④ 还可以将宏指定在自定义的选项卡内，为常用的宏设置快捷按钮。在“Word 选项”对话框中，切换到“自定义功能区”选项，在左侧的“从下列位置选择命令”下拉列表中选择“宏”。在右侧的“自定义功能区”下拉列表中选择“主选项卡”，然后单击“新建选项卡”和“新建组”按钮，生成新的选项卡和组。选择“新建组（自定义）”，选择需要设定的宏（如“Nomal.NewMacros.宏 1”），再单击“添加”按钮，将宏（如“Nomal.NewMacros.宏 1”）添加到选项卡中，如图 7-7 所示。

图 7–7　添加宏到自定义的选项卡

可以分别对选项卡、新建的组和宏进行重命名。选择“新建选项卡（自定义）”，单击“重命名”按钮，在弹出的“重命名”对话框中输入选项卡的名称（如“录制的宏”）。选择“新建组（自定义）”，单击“重命名”按钮，在弹出的“重命名”对话框中选择组的符号，输入组的名称（如“第一组”），如图 7–8 所示。选择“新建组（自定义）”下的宏（如“Nomal.NewMacros.宏 1”），单击“重命名”按钮，在弹出的“重命名”对话框中选择宏的符号，输入新宏的名称（如“Macro1”），单击“确定”按钮。然后，再单击“Word 选项”对话框的“确定”按钮。此时，在功能区可以看到新建的选项卡，在该选项卡内，可以看到新建的组以及宏命名按钮。

在“录制宏”对话框中，单击“键盘”按钮，弹出“自定义键盘”对话框，如图 7–9 所示。在“请按新快捷键”文本框内单击，然后在键盘上按下一组快捷键，如【Ctrl+K】。单击“自定义键盘”对话框左下角的“指定”按钮，将宏指定到组合键。

设置快捷键是为了方便快速调用宏。设置的快捷键最好不要与系统快捷键冲突，如不要使用【Ctrl+A】【Ctrl+C】等常用的组合键。

图 7–8　修改组的名称

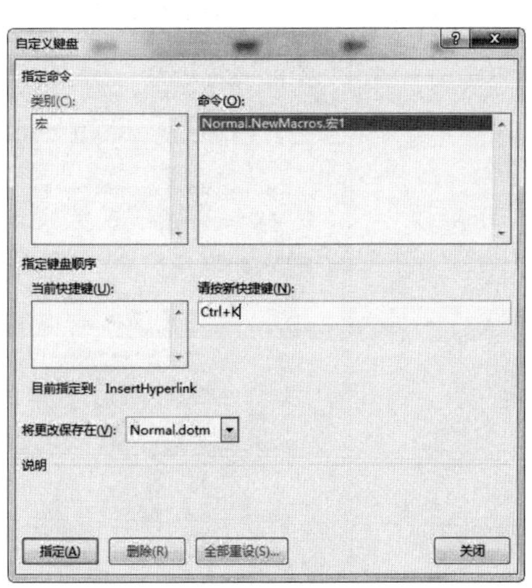

图 7–9　“自定义键盘”对话框

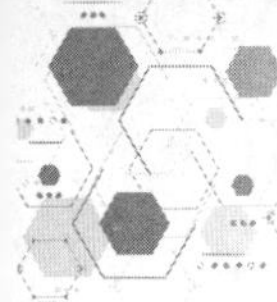

（2）在 Excel 中指宏的运行方式

在 Excel 中录制宏，设定宏的运行方式只需在“录制宏”对话框中指定一组快捷键，如图 7-10 所示。如果想将宏命令按钮添加到选项卡或快速访问工具栏中，则必须在录制宏完成之后进行添加。

需要注意的是，在“快捷键”下的文本框中输入小写字母，如“q”，设置的快捷键才是 Ctrl+Q。如果输入的是大写的“Q”，则设置的快捷键是 Ctrl+Shift+Q。

图 7-10 设置快捷键

4．保存宏

（1）在 Word 中保存宏

可以在 Word 的“录制宏”对话框中设置宏的保存方式。“将宏保存在”下拉列表有两个选项，分别是：

① 所有文档（Normal.dotm）：将宏保存在 Word 模板中，可以为其他新建文档使用。

② 文档 1（文档）：指当前文档，宏只能在当前这个文档使用。

如果将宏保存在当前文档，由于当前文档可能未启用宏，因此，在保存文档时，会弹出图 7-11 示的提示对话框。

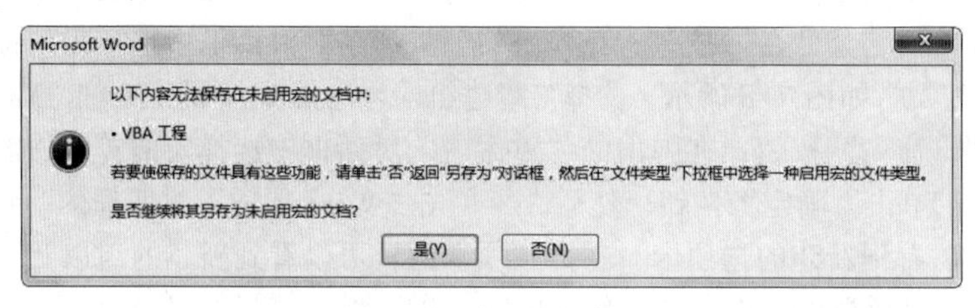

图 7-11 提示对话框

单击“是”按钮，将文档保存为未启用宏的文档，宏代码就无法自动运行，但是不影响手动执行宏。

单击“否”按钮，弹出“另存为”对话框，在“保存类型”下拉列表中选择文档类型为“启用宏的 Word 文档(*.docm)”，如图 7-12 所示。单击“保存”按钮完成文档的保存。

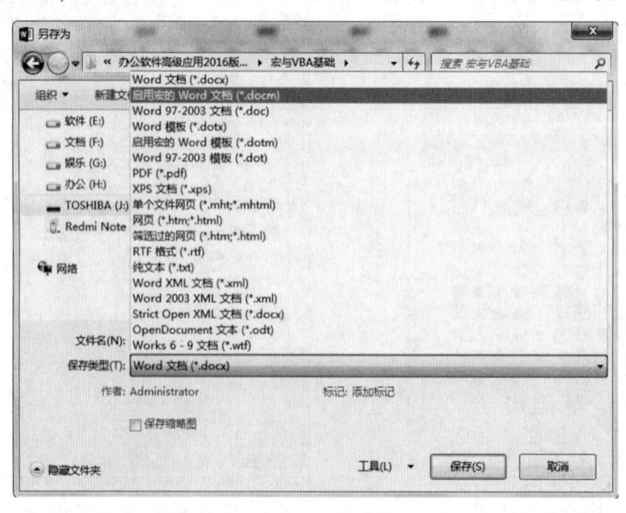

图 7-12 选择保存文件的类型

（2）在 Excel 中保存宏

可以在 Excel 的“录制宏”对话框中设置宏的保存位置，如图 7-10 所示。“保存在”下拉列表有 3 个选项，分别是：

① 当前工作簿：它将宏保存在当前活动工作簿中。

② 新工作簿：创建一个新工作簿，将宏保存在该工作簿中。

③ 个人宏工作簿：把宏和其他自定义内容保存在“个人宏工作簿”中，就能在每次创建 Excel 文件时都能使用该宏。在选择“个人宏工作簿”时，如果隐藏的个人宏工作簿不存在，需要创建一个新的个人宏工作簿，并将宏保存在此工作簿中。

最后，单击“确定”按钮，以启动宏录制器。当所有操作完成后，切换到“开发工具”选项卡，单击“代码”选项组中的“停止录制”按钮，如图 7-13 所示。

图 7-13　“代码”组

7.1.3　指定宏的运行方式

如果在录制宏时未指定宏的运行方式，可以将现有的宏的运行指定到选项卡上，也可以指定到组合键。

（1）将宏指定到选项卡快捷按钮

操作步骤如下。

Step 01：切换到“文件”选项卡，单击“选项”按钮。

Step 02：弹出“Word 选项”对话框，切换到“自定义功能区”选项，在左侧的“从下列位置选择命令”下拉列表中选择“宏”；在右侧的“自定义功能区”下拉列表中选择“主选项卡”，然后单击右下角的“新建选项卡”和“新建组”按钮。

选择“新建组（自定义）”，选择需要指定的宏（如“Nomal.NewMacros.宏 1”），单击“添加”按钮，将宏（如“Nomal.NewMacros.宏 1”）添加到新建的选项卡中。最后，将新建的选项卡重命名为“宏”，新建的组重命名为“录制的宏”，如图 7-14 所示。

Step 03：单击“确定”按钮，生成新建的选项卡和选项组，如图 7-15 所示。

图 7-14　添加宏到新建选项卡

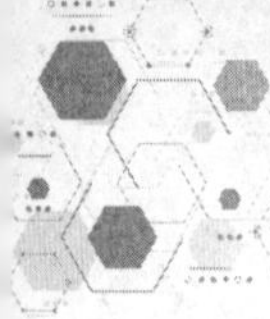

图 7-15　生成新的选项卡和选项组

Excel 中指定宏到选项卡快捷按钮的设置步骤与 Word 中的操作相同，这里就不再赘述。

（2）将宏指定到组合键

在 Word 中将未设定运行方式的宏指定到组合键的操作步骤如下。

Step 01：打开“Word 选项”对话框，切换到“自定义功能区”选项，在左侧的“从下列位置选择命令”下拉列表中选择“宏”，单击需要指定的宏（如“Nomal.NewMacros.宏 1”），然后单击“自定义”按钮，弹出“自定义键盘”对话框（见图 7-9）。

Step 02：在“类别”列表框中选择“宏”，在“命令”列表框中选择需要指定的宏（如“Nomal.NewMacros.宏 1”），在“请按新快捷键”文本框中单击，然后在键盘上按下一组快捷键，如【Ctrl+K】。单击“自定义键盘”对话框左下角的“指定”按钮，将宏指定到组合键。

需要注意的是，如果宏保存在当前文档中，首先需要在“将更改保存在”下拉列表中选择当前文档。

在 Excel 中将未设定运行方式的宏指定到组合键的操作步骤如下。

Step 01：切换到“开发工具”选项卡，单击“代码”组中的“宏”按钮，弹出“宏”对话框，如图 7-16 所示。在“宏”对话框中，选择需要指定运行方式的宏（如“宏 1”），单击“选项”按钮，弹出“宏选项”对话框，如图 7-17 所示。

Step 02：在“快捷键”文本框中输入快捷键（如“q”），单击“确定”按钮完成。

图 7-16　“宏”对话框

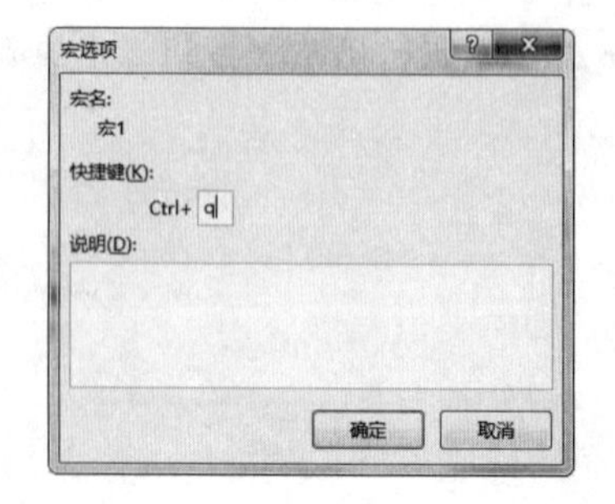

图 7-17　“宏选项”对话框

7.1.4　运行宏

运行宏的操作非常简单，主要有以下两种方法。

① 如果录制宏时指定了运行方式，如前面所述的快速访问工具栏按钮、选项卡快捷按钮、快捷组合键，则按照指定的方式运行即可。

② 如果未指定宏的运行方式，则需要以查看宏的方式执行。

A. 切换到“开发工具”选项卡，单击“代码”组中的“宏”按钮，弹出“宏”对话框，如图 7-18 所示。在对话框中选择要执行的宏，单击“运行”按钮。

B. 切换到“视图”选项卡，单击“宏”组中的“宏”下拉按钮，在弹出的下拉列表中选择“查看宏”命令，弹出“宏”对话框，如图 7-18 所示。然后选择要执行的宏，单击“运行”按钮。

图 7-18　Word“宏”对话框

7.1.5　在 Word 中录制宏

在 Word 中录制宏之前，录制者要设计好宏的操作及操作顺序。下面以录制一个设置字符和段落格式的宏命令为例，介绍在 Word 中录制宏的方法。操作步骤如下。

Step 01：打开文档“Word 中录制宏_素材.docx”，切换到“开发工具”选项卡，单击“代码”选项组中的“录制宏”按钮，弹出“录制宏”对话框。

Step 02：在“录制宏”对话框中输入宏名“WMacro”，然后单击“按钮”按钮，将宏指定在选项卡上运行。

Step 03：选择“将宏保存在”下拉列表的第 2 项，将宏保存在当前文档中。

Step 04：单击“确定”按钮，开始录制。

A. 切换到“开始”选项卡，单击“字体”选项组右下角的对话框启动器按钮，弹出“字体”对话框，设置字体为“黑体”，大小为“四号”，加粗，单击“确定”按钮。

B. 单击“段落”选项组右下角的对话框启动器按钮，弹出“段落”对话框，在“特殊格式”下拉列表中选择“首行缩进”，磅值为 2 个字符；在“行距”下拉列表中选择“1.5 倍行距”，单击“确定”按钮。

Step 05：切换到“开发工具”选项卡，单击“代码”选项组中的“停止录制”按钮，完成宏的录制。

Step 06：选择需要设置格式的段落，按照 Step 02 设定的运行方式，在选项卡上单击该宏的快捷按钮运行宏“WMacro”，可看到选择段落的格式即随之改变，参见文档“Word 中录制宏_效果.docx”。

7.1.6　在 Excel 中录制宏

在 Excel 中录制宏，也需要先设计一组操作：打开工作簿“Excel 中录制宏_素材.xlsx”，

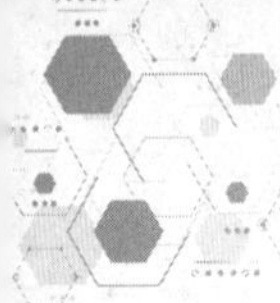

在第一行前插入1行，合并单元格区域A1:D1，设置字体为“隶书”，字形为“加粗”，大小16号，颜色为“深红”，图案样式为“6.25% 灰色”，图案颜色为“浅蓝”。操作步骤如下。

Step 01：打开工作簿“Excel中录制宏_素材.xlsx”，切换到“开发工具”选项卡，单击“代码”选项组中的“录制宏”按钮，弹出“录制宏”对话框。

Step 02：在“录制宏”对话框中输入宏名“EMacro”，然后在“快捷键”文本框中输入“k”。

Step 03：在“保存在”下拉列表中选择“当前工作簿”。

Step 04：单击“确定”按钮，开始录制。

A. 选择第一行，右击，弹出快捷菜单，选择“插入”命令，在第一行前插入一个空白行。

B. 选择单元格区域“A1:D1”，切换到“格式”选项卡，单击“对齐方式”组中的“合并后居中”按钮，合并单元格区域“A1:D1”。

C. 选择单元格A1，右击，弹出快捷菜单，选择“设置单元格格式”命令，弹出“设置单元格格式”对话框，如图7-19所示。切换到“字体”选项卡，在“字体”列表框中选择“隶书”，在“字形”列表框中选择“加粗”，在“字号”列表框中选择“16”，然后在“颜色”下拉列表中选择“深红”。

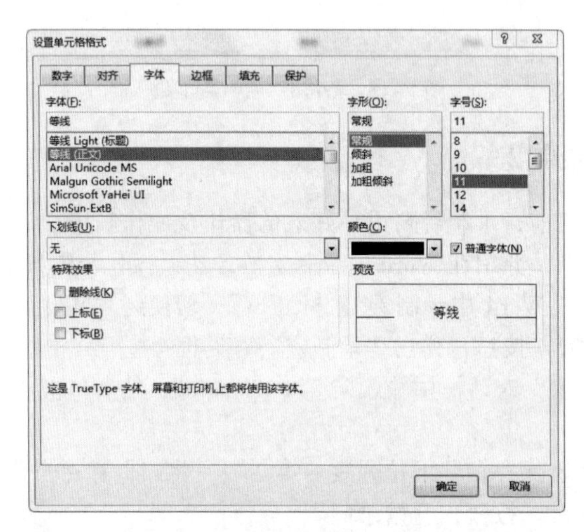

图7-19 “设置单元格格式”对话框

D. 切换到“填充”选项卡，在“图案颜色”下拉列表中选择“浅蓝”，在“图案样式”下拉列表中选择“6.25% 灰色”，设置完毕单击“确定”按钮。

Step 05：切换到“开发工具”选项卡，单击“代码”选项组中的“停止录制”按钮，完成宏的录制。

Step 06：切换到“成绩表”工作表，按快捷键【Ctrl+K】运行宏EMacro，可看到A1单元格的变化，参见工作簿“Excel中录制宏_效果.xlsx”。

7.1.7 删除宏

删除宏的操作步骤如下。

Step 01：切换到“开发工具”选项卡，单击“代码”选项组中的“宏”按钮，弹出“宏”对话框（见图7-18）。也可以在“视图”选项卡的“宏”选项组中，单击“宏”下拉按钮，在弹出的下拉列表中选择“查看宏”命令，弹出“宏”对话框。

Step 02：在“宏名”列表框中选择需要删除的宏，单击“删除”按钮。

Step 03：在弹出的提示对话框中，单击“是”按钮，确认删除宏。

7.2　Visual Basic 编辑器介绍

在 Visual Basic 编辑器（Visual Basic Editor，VBE）窗口中可以实现应用程序 VBA 代码的编写、调试和运行等操作。VBE 不能单独打开，必须依附于它所支持的应用程序，也就是说只有在运行 Word、Excel 或 PowerPoint 等主应用程序的前提下才能打开 VBE。

7.2.1　VBE 的启动方式

打开 VBE 的方法主要有以下 3 种：

① 切换到“开发工具”选项卡，单击“代码”组中的“Visual Basic”按钮，即可启动 VBE。

② 按快捷键【Alt+F11】，即可快速启动 VBE。

③ 在包含宏的文件中，切换到“开发工具”选项卡，单击“代码”选项组中的“宏”按钮，弹出“宏”对话框（见图 7-18）。在“宏名”列表框中选择需要的宏，单击“编辑”按钮，即可启动 VBE，并在其中查看所选宏的代码。

7.2.2　VBE 操作界面

在默认情况下，VBE 主窗口是由“标题栏”“菜单栏”“工具栏”“工程资源管理器”“属性窗口”“代码窗口”“立即窗口”组成的，如图 7-20 所示。

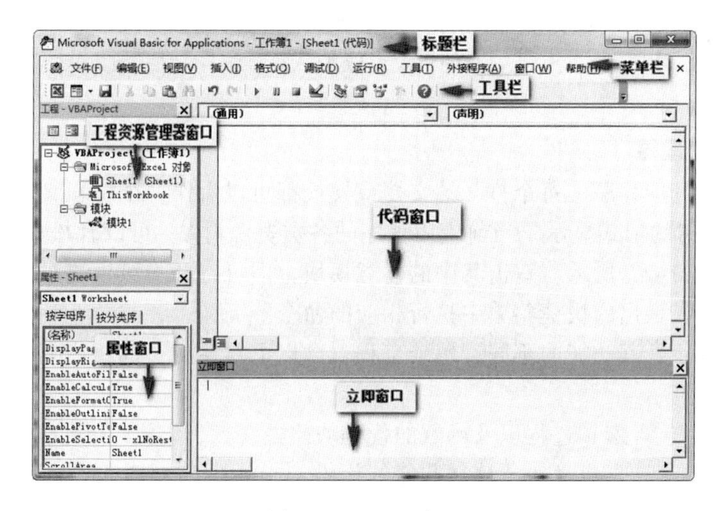

图 7-20　VBE 窗口

1. 标题栏

VBE 窗口的标题栏用来显示打开窗口的标题，标题栏显示的内容可分为 3 部分。

① 第一部分显示的是开发环境“MicroSoft Visual Basic for Applications”。

② 第二部分显示的是当前主应用程序打开的文件名称。

③ 第三部分显示的是 VBE 当前对象窗口以及用途，如[Sheet1（代码）]，其中“Sheet1”为工作表对象窗口，“代码”表示该窗口用于编制代码。

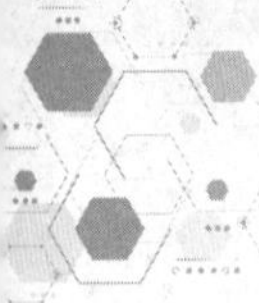

2．菜单栏

在 VBE 窗口的菜单栏中，包含了“文件”“编辑”“视图”等共 11 个菜单项，如图 7–20 所示。每个菜单项都包含若干个菜单命令，分别选择菜单项上的相关命令即可执行相应的操作。

3．工具栏

VBE 提供的工具栏有 4 种，分别是“标准”“编辑”“调试”“用户窗体”工具栏。各工具栏的主要作用如下。

①“标准”工具栏：主要包含 18 个常用的功能按钮，如插入、保存、剪切、复制、粘贴、运行子过程/用户窗体、中断、设计等。

②“编辑”工具栏：主要包含对程序代码进行缩进、显示属性/方法列表、设置注释块、解除注释块等操作的按钮。

③“调试”工具栏：主要包含对代码进行编译、调试、监视、切换断点等操作的按钮。

④“用户窗体”工具栏：主要包含对开发的窗体控件布局进行操作的按钮，如移至顶层、移至底层、组、取消组、左对齐、水平居中等操作的按钮。

默认情况下，VBE 窗口只显示“标准”工具栏，可以根据需要显示其他 3 种工具栏，或者隐藏工具栏，具体方法如下：

① 选择“视图”→“工具栏”命令，在弹出的子菜单中单击需要显示的工具栏名称，使其左侧出现“√”，即可显示相应的工具栏；使工具栏名称左侧的“√”取消，即可隐藏相应的工具栏，如图 7–21 所示。

② 右击工具栏空白处，在弹出的快捷菜单中单击需要显示的工具栏名称，使其左侧出现“√”，即可显示相应的工具栏；使工具栏名称左侧的“√”取消，即可隐藏相应的工具栏。

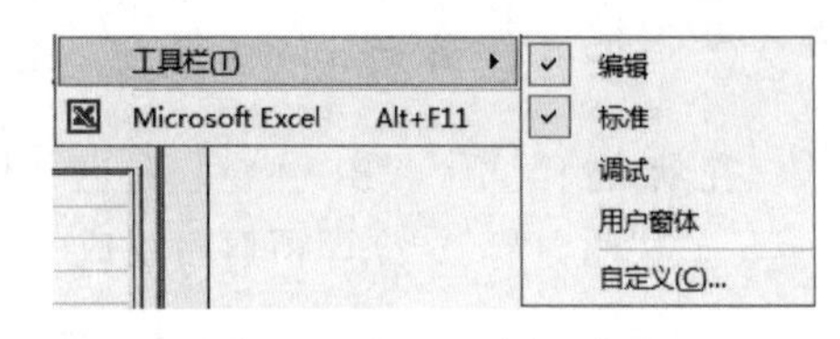

图 7–21 “工具栏”命令

4．工程资源管理器

对于大多数主应用程序，每个打开的文档或模板都可以看作一个工程，并在“工程资源管理器”窗口以工程树的形式显示了当前应用程序的各类资源清单，可以轻松查看每个 VBA 工程的组成结构，如图 7–22 所示。双击其中的任意模块，即可打开与该模块对应的代码窗口。右击任意模块，即可在弹出的快捷菜单中执行相应的命令。

根据主应用程序及其功能的不同，每个工程包含以下对象的一部分或全部。

① 用户窗体对象。

② 模块对象，包含宏、过程以及函数的代码块。

③ 类模块对象，包含定义对象属性和值的代码。

④ 引用其他工程或库文件。

⑤ 与应用有关的对象。例如，每个 Excel 工作簿的 VBA 工程都有 Excel 对象，包括工作表对象（如 Sheet1、Sheet2、Sheet3…）和 This Workbook 对象。This Workbook 让程序能够访问此工作簿的属性和事件。每个 Word 文档或模板的 VBA 工程都有 Word 对象，包括 This Document 对象。This Document 让程序访问此文档或模板的属性和事件。

“工程资源管理器”窗口中有 3 个切换查看方式的按钮，如图 7–22 所示。

① 查看代码按钮：位于左边，单击该按钮，显示选择对象的代码窗口。

② 查看对象按钮：位于中间。如果在未选择任何可显示对象（如用户窗体、文件或文件内对象），该按钮处于灰色不可用状态。如果选择了用户窗体对象，单击该按钮，显示被选择对象的用户窗体。如果选择了文件或文件内对象，单击该按钮后，在主应用程序的窗口显示该对象。例如，选择了 This Workbook 对象，并单击“查看对象”按钮，则在 Excel 窗口中显示该工作簿对象。

③ 切换文件夹按钮：位于最右边。用于切换“工程资源管理器”中对象的视图，在文件夹视图和文件夹内容视图之间进行切换。

如果用户想要在“工程资源管理器”窗口中进行插入模块、插入窗体、插入类模块、导入文件或导出文件等操作，可以在选择工程对象名称后右击，从弹出的快捷菜单中选择相应的命令来完成，如图 7-22 所示。

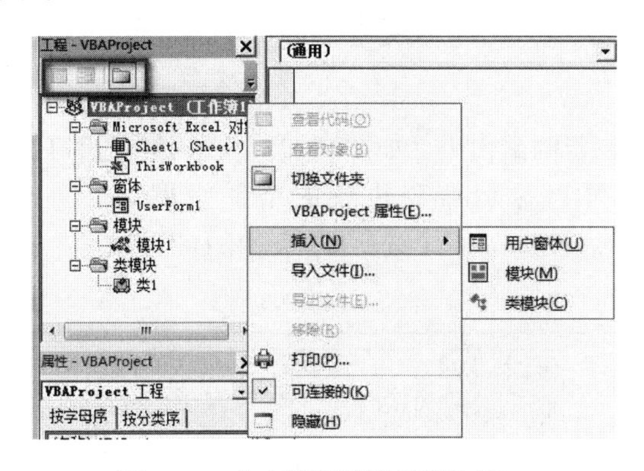

图 7-22 “工程资源管理器”窗口

在 VBE 中，选择“视图”→“工程资源管理器”命令，即可打开“工程资源管理器”窗口。

5. 属性窗口

属性窗口主要用于查看或设置对象的属性，如图 7-23 所示。选择 VBA 的对象（如工程、用户窗体、模块和控件等），属性窗口会显示出该对象的全部属性。在左侧属性列表中单击某个属性，然后在右侧对应的属性值中通过输入或选择的方式，可设置被选择属性的值。在“属性”窗口中选择“按字母序”或“按分类序”选项卡，可以切换查看属性的排序方式。

在 VBE 中，选择“视图”→“属性窗口”命令，即可打开属性窗口。

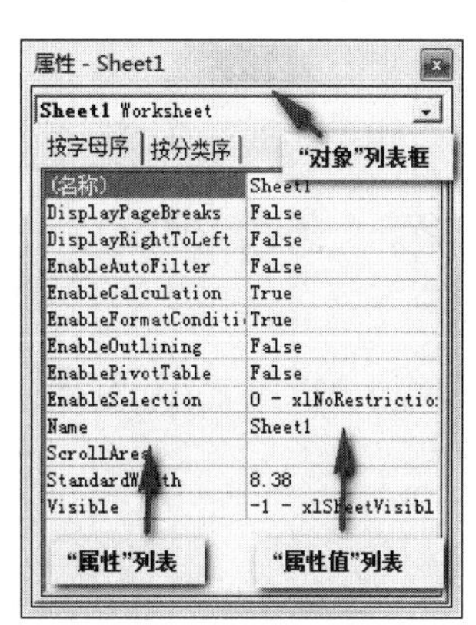

图 7-23 “属性”窗口

6. 代码窗口

代码窗口的主要功能是编辑和查看 VBA 代码。代码窗口有“对象”下拉列表、“过程/事件”下拉列表和过程编辑区等部分组成，如图 7-24 所示。

①“对象”下拉列表：显示当前选择对象的名称，提供了在不同对象之间切换的方法。

②“过程/事件”下拉列表：显示当前编辑的过程/事件名称，提供了在当前模块内各个过程之间切换的方法。

③ 代码编辑区：可以使用常用的文本编辑功能输入、修改和删除 VBA 代码。

在 VBE 中，选择“视图”→“代码窗口”命令，即可打开代码窗口。

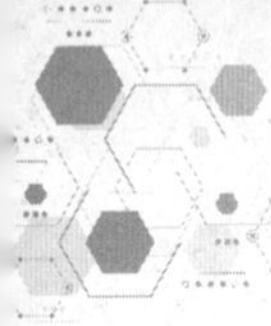

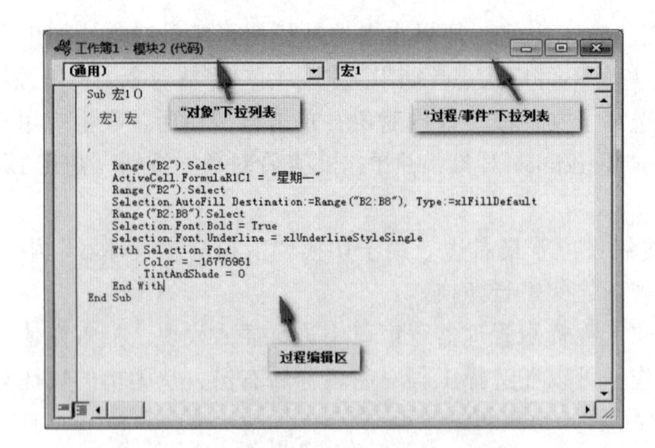

图 7-24　代码窗口

7. 立即窗口

立即窗口的主要功能在于调试代码，如图 7-25 所示。将过程内需要测试的代码输入到立即窗口，按【Enter】键可以显示命令执行的结果。例如，在立即窗口中输入代码：Range("A1:B10").Select，然后按【Enter】键，即可在 Excel 工作簿中看到单元格区域“A1:B10”被选择。

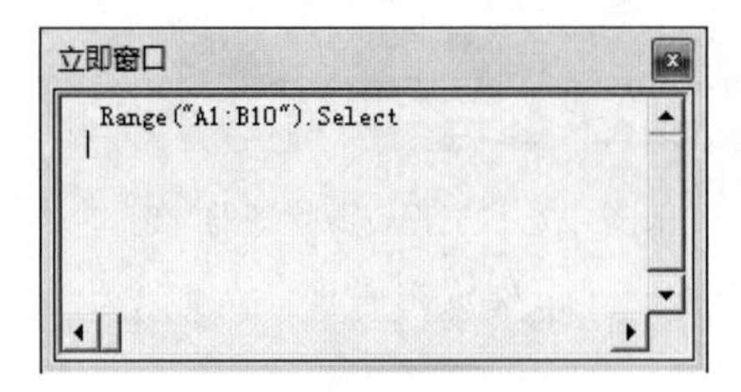

图 7-25　立即窗口

在 VBE 中，选择“视图”→“立即窗口”命令，即可打开立即窗口。

7.2.3　关闭 VBE

关闭 VBE，可以通过单击 VBE 窗口“标题栏”右侧的“关闭”按钮，或者选择“视图”→“关闭并返回主应用程序”命令。

7.3　编辑已录制的宏

宏在录制时，应用程序会自动记录操作步骤对应的代码。在下面 3 种情况下，需要在 VBE 中对宏代码进行编辑。

① 录制的宏不能完全满足工作的需要。例如，只录制了设置 A2 单元格格式的宏，如果用户想对工作表的其他区域也应用该宏，就需要对相应的代码进行修改。

② 录制宏的过程中出现了错误的操作。例如，设计宏时，字体设定为“隶书”；而在录制宏时，错误地选择了“楷体”，就需要对相应的代码进行修改以改正错误。

③ 为了提高工作效率，利用已录制的宏作为基础，在 VBE 中编写新宏，而不是从头开始编写宏。

7.3.1　在 VBE 中调试宏

在 VBE 中打开一个已录制的宏，对宏代码进行编辑的操作步骤如下。

Step 01： 切换到“开发工具”选项卡，单击“代码”组中的“宏”按钮，弹出“宏”对话框。

Step 02： 在对话框中选择要编辑的宏，单击“编辑”按钮。此时，启动 VBE，并显示该宏的代码以便编辑。

Step 03： 按【F5】键或者单击“标准”工具栏中的“运行子过程/用户窗体”按钮，也可选择“运行”→“运行子过程/用户窗体”命令，运行该宏。

Step 04： 如果宏出错，VBE 会弹出错误提示对话框，并在代码窗口中显示有错误的语句，进行相应修改即可。

下面介绍 VBE 常用的调试工具的使用方法。

1. 单步执行

在 VBE 中调试程序时，可以通过按【F8】键单步执行程序，即一次执行一条命令，这样就能知道每条命令的操作效果，以发现和确定问题所在。单步执行的操作步骤如下。

Step 01： 在 VBE 中打开需要编辑的宏，将光标定位在代码的任意一行，按【F8】键，VBE 将自动选择程序开头的代码，被选择的代码将以黄色背景高亮显示，如图 7-26 所示。

Step 02： 再次按【F8】键，VBE 将执行被选择的代码，并自动选择下一行。

Step 03： 连续按【F8】键，VBE 就可以逐条执行代码，此时，可以返回主应用程序查看代码执行的效果，如图 7-26 所示。

Step 04： 再次按【F8】键，单步执行代码，直至执行到存在编译错误或运行错误的代码时，VBE 将中断执行代码，弹出错误提示对话框。

Step 05： 在弹出的错误提示对话框中单击“调试”按钮即可返回代码窗口，此时发生错误的那行代码以黄色背景高亮显示。

图 7-26 中，代码“Range("A6").Selected”中的“Selected”拼写错误，应该是“Range("A6").Select”。

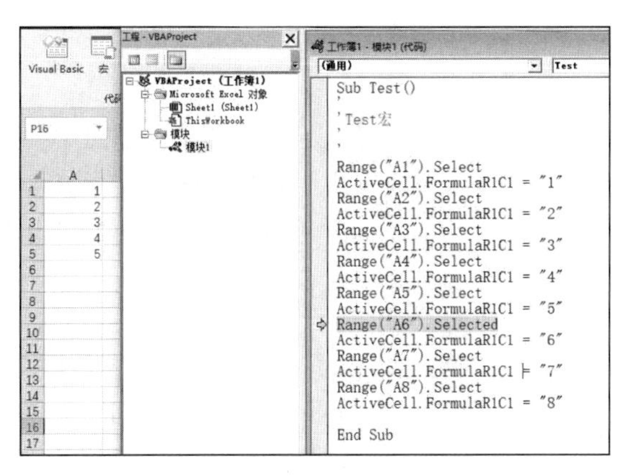

图 7-26　单步执行程序的效果

2. 设置断点

在 VBE 中，可以在代码中设置断点，断点所在行的代码将以棕色背景高亮显示。当程序运行到断点所在行时，将会暂停执行并停止在断点所在行，进入中断模式，将该行加上黄色背景高亮显示，如图 7-27 所示。

因此，可以利用这一特性将断点设置在可能有问题的某行代码前。当设置的断点发生作用，程序进入中断模式后，按【F8】键，就可以从断点所在行开始，往下逐条执行代码，检查代码运行情况，以便查找和修正错误。

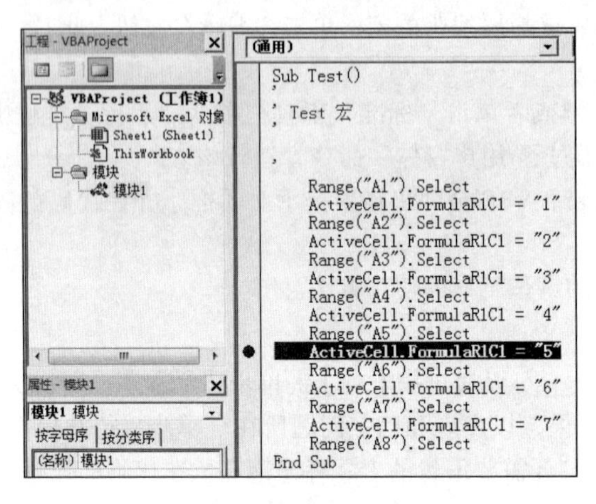

图 7-27 设置断点

在 VBE 中，设置和清除断点的方法有以下几种。

① 在代码窗口中，将光标定位到要设置断点的某行代码中，然后按【F9】键，即可设置断点；设置断点后，再次定位到该行，按【F9】键，即可清除该行断点。

② 在代码窗口中，将光标定位到要设置断点的某行代码中，然后选择“调试”→“切换断点”命令，即可设置断点。设置断点后，再次定位到该行，选择“调试”→“切换断点”命令，即可清除该行断点。

③ 在代码窗口中，直接单击代码行左侧的边界条，即可快速设置断点；设置断点后，再次单击该行左侧的边界条，即可清除该行断点。

如果需要一次性清除代码中的所有断点，可以在 VBE 窗口中，选择“调试”→“清除所有断点”命令，或者按【Ctrl+Shift+F9】组合键。

3. 添加注释

在 VBA 代码中添加注释，以使代码便于阅读和理解，也便于代码的编辑修改。可以用手工方法添加注释，只需要在该代码行前面输入半角的单引号。添加了注释的代码行会变成浅绿色，VBE 在运行程序时不会执行添加了注释的代码行。如果用手工方法解除注释，删除注释符即可。

如果注释有多行，需要使用 VBE 提供的“设置注释块”和“解除注释块”命令，自动进行有关注释块的设置和解除操作，以提高工作效率。选择需要设置或解除注释的多个代码行。按照前文所述方法，显示“编辑”工具栏，如图 7-28 所示。单击“设置注释块”按钮，以便在每行的起始处设置注释符；要解除注释行，需要单击 “解除注释块”按钮。

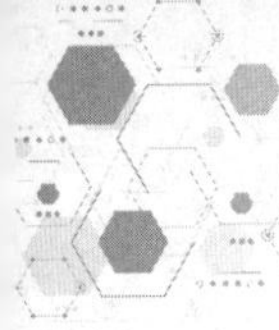

图 7-28　“编辑”工具栏

4. 使用 Debug.Print 语句检查值

在编写的代码发生错误时，可以使用 Debug.Print 语句检查变量、表达式的值或对象的属性值。Debug.Print 语句的作用是将其后书写的变量、表达式的值或对象的属性值输出到立即窗口，如图 7-29 所示。当程序运行结束后，就可以在立即窗口中查看值的全部变化情况，从而查找代码中可能存在的错误。

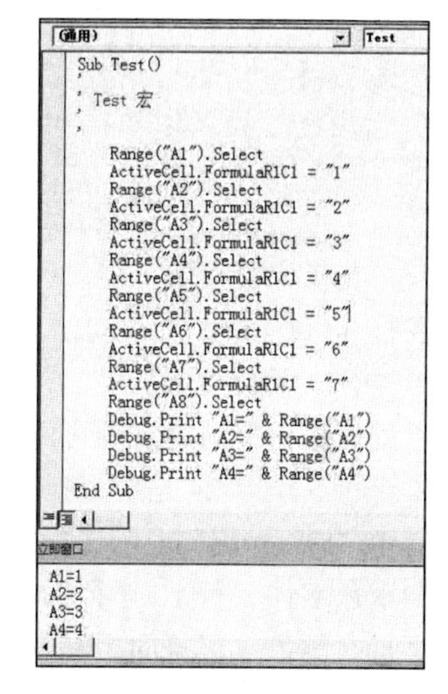

图 7-29　Debug.Print 语句

7.3.2　编辑 Word 宏

这里将前面 Word 中录制的宏“WMacro”进行编辑、修改以得到一个新的宏。

1. 打开“WMacro”宏

操作步骤如下。

Step 01：在 Word 应用程序中，切换到“开发工具”选项卡，单击“代码”选项组中的“宏”按钮，弹出“宏”对话框（见图 7-18）。

Step 02：在“宏”对话框中选择“WMacro”，单击“编辑”按钮。此时，启动 VBE，并显示“WMacro”宏的代码。

程序清单 7-1

```
1.  Sub WMacro()
2.  '
3.  ' WMacro 宏
4.  '
5.        With Selection.Font
6.          .NameFarEast="黑体"
7.          .NameAscii="黑体"
8.          .NameOther="宋体"
9.          .Name="宋体"
10.         .Size=14
11.         .Bold=True
12.         .Italic=False
13.         .Underline=wdUnderlineNone
14.         .UnderlineColor=wdColorAutomatic
15.         .StrikeThrough=False
16.         .DoubleStrikeThrough=False
17.         .SmallCaps=False
18.         .AllCaps=False
19.         .Color=wdColorAutomatic
20.         .Spacing=0
21.         .Scaling=100
22.         .Position=0
23.         .Kerning=1
```

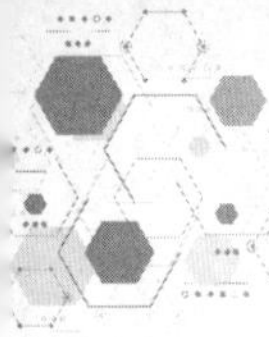


```
24.        End With
25.        With Selection.ParagraphFormat
26.          .LeftIndent=CentimetersToPoints(0.85)
27.          .RightIndent=CentimetersToPoints(0)
28.          .LineSpacingRule=wdLineSpace1pt5
29.          .Alignment=wdAlignParagraphJustify
30.          .NoLineNumber=False
31.          .Hyphenation=True
32.          .FirstLineIndent=CentimetersToPoints(0.35)
33.          .OutlineLevel=wdOutlineLevelBodyText
34.          .CharacterUnitLeftIndent=0
35.          .CharacterUnitRightIndent=0
36.          .CharacterUnitFirstLineIndent=2
37.        End With
38.  End Sub
```

在代码窗口中，能看到类似程序清单 7-1 的代码。行 1 以 Sub WMacro()语句开始宏过程，在行 38 以 End Sub 语句结束宏过程。

行 2 至行 4 添加了注释，指明宏的名称、录制时间和录制人员，对应于“宏录制”对话框中的信息，提高了宏的可阅读性。

行 5 至行 24 是对选择对象的字符格式进行设置，对应于 Word 中“字体”对话框的功能，其中“Selection”表示选择的对象。其中行 6 至行 9 设置汉字字体、ASCII 部分字体、其他字体和默认字体，行 10 至行 16 设置字号、加粗、倾斜、下画线、删除线，行 17 至行 23 设置大写字母、颜色、字符间距、字符缩放、位置。

行 25 至行 37 是对选择对象的段落格式进行设置，对应于 Word 中“段落”对话框的功能。行 26 至行 27 设置左缩进、右缩进，行 28 设置行距，行 29 设置段落两端对齐方式，行 30 设置取消行号，行 31 设置取消断字，行 32 以厘米为单位设置首行缩进量，行 33 设置大纲级别，行 34 至行 35 设置段落的左、右缩进量，行 36 以字符为单位设置段落首行缩进量。

行 5 至行 37 的代码体现了“字体”对话框和“段落”对话框中所具有的信息，因此内容非常庞大。其实，实现“WMacro”宏功能的有效代码只有十几行。

2. 单步执行“WMacro”宏

按【F8】键单步执行代码，对“WMacro”宏进行调试，操作步骤如下。

Step 01：排列 Word 窗口和 VBE 窗口，使两者能同时被观察到，可以右击任务栏，在弹出的快捷菜单中选择“堆叠显示窗口”或“并排显示窗口”命令。

Step 02：在代码窗口内单击，将插入点定位到 WMacro 宏代码中。

Step 03：按【F8】键单步执行代码，当前执行代码行以黄色背景高亮显示，同时在 Word 窗口内能看到执行的效果。

Step 04：当到达“WMacro”宏代码的结束处时，即 End Sub 语句行，再次按【F8】键，VBE 会关闭中断模式。

3. 运行“WMacro”宏

单步执行完“WMacro”宏，没有发现任何问题或错误，可以通过 VBE 运行它。可以按【F5】键或者单击“标准”工具栏中的“运行子过程/用户窗体”按钮，还可以选择“运行”→“运行子过程/用户窗体”命令，运行该宏。

4. 创建新的宏“NWMacro”

接下来，以“WMacro”宏代码为基础，创建一个新的宏“NWMacro”，实现一些新的功能。操作步骤如下。

Step 01：在代码窗口中，选择“WMacro”宏的所有代码，右击，在弹出的快捷菜单中选择“复制”命令。

Step 02：将插入点定位于“WMacro”宏的结束语句“End Sub”的下面一行或几行。注意，插入点不允许在其他代码内部。

Step 03：右击，选择“粘贴”命令，将 WMacro 宏的所有代码复制一次。

Step 04：编辑宏的开始语句“Sub WMacro()”，将其修改为“Sub NWMacro()”。于是，宏的名字改为“NWMacro”。

Step 05：编辑注释行，将宏名修改“NWMacro”。

Step 06：根据原来的宏代码，对需要改变的功能进行修改、删除或增加。改变字体的颜色为蓝色，添加下画线，字形为华文楷体，改变段落的行距为 2 倍行距；删除“字体”对话框和“段落”对话框中默认部分对应的无效代码；增加文字阴影效果。

程序清单 7-2

```
1.  Sub NWMacro()
2.  '
3.  ' NWMacro 宏
4.  '
5.       With Selection.Font
6.           .NameFarEast="黑体"
7.           .NameAscii="黑体"
8.           .NameOther="宋体"
9.           .Name="华文楷体"
10.           .Size=14
11.           .Bold=True
12.           .Italic=False
13.           .Underline=wdUnderlineSingle
14.           .UnderlineColor=wdColorAutomatic
15.           .Color=wdColorBlue
16.           .Shadow=1
17.      End With
18.      With Selection.ParagraphFormat
19.          .LeftIndent=CentimetersToPoints(0.85)
20.          .RightIndent=CentimetersToPoints(0)
21.          .LineSpacingRule=wdLineSpaceDouble
22.          .Alignment=wdAlignParagraphJustify
23.          .FirstLineIndent=CentimetersToPoints(0.35)
24.          .OutlineLevel=wdOutlineLevelBodyText
25.          .CharacterUnitFirstLineIndent=2
26.      End With
27.  End Sub
```

对比程序清单 7-1 和 7-2，可以发现有些代码行删掉了，有些代码行修改了，例如行 9、行 13、行 15 和行 21，分别改变了字体、下画线、颜色和段落行距。增加了代码行 16，为文字设置阴影效果。

5. 保存“NWMacro”宏

完成“NWMacro”宏的调试、运行之后，就可以保存宏。在 VBE 窗口中，选择“文件”→

“保存”命令，或者单击“标准”工具栏中的“保存”按钮，完成 NWMacro 宏的保存。

7.3.3 编辑 Excel 宏

这里将前文 Excel 中录制的宏“EMacro”进行编辑、修改以得到一个新的宏。

1. 打开 EMacro 宏

操作步骤如下。

Step 01：在 Excel 应用程序中，切换到“开发工具”选项卡，单击“代码”选项组中的“宏”按钮，弹出“宏”对话框，如图 7-16 所示。

Step 02：在“宏”对话框中选择“EMacro”，单击“编辑”按钮。此时，启动 VBE，并显示“EMacro”宏的代码。

程序清单 7-3

```
1.  Sub EMacro()
2.  '
3.  ' EMacro 宏
4.  '
5.        Rows("1:1").Select
6.        Selection.Insert Shift:=xlDown,CopyOrigin:=xlFormatFromLeftOrAbove
7.        Range("A1:D1").Select
8.        Selection.Merge
9.        With Selection.Font
10.           .Name="隶书"
11.           .Size=16
12.           .Strikethrough=False
13.           .Superscript=False
14.           .Subscript=False
15.           .OutlineFont=False
16.           .Shadow=False
17.           .Underline=xlUnderlineStyleNone
18.           .ThemeColor=xlThemeColorLight1
19.           .Color=-16776961
20.           .TintAndShade=0
21.           .ThemeFont=xlThemeFontNone
22.       End With
23.       Selection.Font.Bold=True
24.       With Selection.Interior
25.           .Pattern=xlGray8
26.           .PatternColor=15773696
27.           .ColorIndex=xlAutomatic
28.           .TintAndShade=0
29.           .PatternTintAndShade=0
30.       End With
31. End Sub
```

在代码窗口中，能看到类似程序清单 7-3 的代码。行 1 以 Sub EMacro()语句开始宏过程，在行 31 以 End Sub 语句结束宏过程。

行 3 添加了注释，指明宏的名称，对应于“宏录制”对话框中的信息，提高了宏的可阅读性。

行 5 至行 8 是在 Rows 集合对象选择第 1 行，然后使用 Insert 方法插入一个新行，选择 Range 对象 A1:D1 单元格区域，接着使用 Merge 方法合并 A1:D1 单元格区域。

行 9 至行 22 是设置选择单元格区域的字体为“隶书”、字号为 16、颜色为“深红色”（-16776961），其他属性值保持默认设置。

行 23 是设置选择单元格区域字体“加粗”。

行 24 至行 30 是设置选择单元格区域图案样式为“6.25% 灰色”（xlGray8），图案颜色为“浅蓝”（15773696）。

2. 运行“EMacro”宏

按【F8】键单步执行代码，先对“EMacro”宏进行调试。单步执行完“EMacro”宏，没有发现任何问题或错误，可以通过 VBE 运行它。可以按【F5】键或者单击“标准”工具栏中的“运行子过程/用户窗体”按钮，还可以选择“运行”→“运行子过程/用户窗体”命令，运行该宏。

3. 创建新的宏“NEMacro”

接下来，以“EMacro”宏代码为基础，创建一个新的宏“NEMacro”，实现一些新的功能。具体操作步骤如下。

Step 01: 在代码窗口中，选择“EMacro”宏的所有代码，右击，在弹出的快捷菜单中选择“复制”命令。

Step 02: 将插入点定位于“EMacro”宏的结束语句“End Sub”的下面一行或几行。注意，插入点不允许在其他代码内部。

Step 03: 右击，选择“粘贴”命令，将 EMacro 宏的所有代码复制一次。

Step 04: 编辑宏的开始语句“Sub EMacro()”，将其修改为“Sub NEMacro()”。于是，宏的名字改为“NEMacro”。

Step 05: 编辑注释行，将宏名修改“NEMacro”。

Step 06: 在原来宏代码的基础上，对需要改变的功能进行修改、删除或增加。合并单元格区域 A1:E1；改变活动单元格的字体的颜色为蓝色、字号为 20；设置活动单元格无边框；删除“设置单元格格式”对话框中“字体”选项卡中默认部分对应的无效代码。

程序清单 7-4

```
1.  Sub NEMacro()
2.  '
3.  ' EMacro 宏
4.  '
5.        Rows("1:1").Select
6.        Selection.Insert Shift:=xlDown,CopyOrigin:=xlFormatFromLeftOrAbove
7.        Range("A1:E1").Select
8.        Selection.Merge
9.        With Selection.Font
10.           .Name="隶书"
11.           .Size=20
12.           .ThemeColor=xlThemeColorLight1
13.           .Color=vbBlue
```

```
14.        End With
15.        Selection.Font.Bold=True
16.        With Selection.Interior
17.            .Pattern=xlGray8
18.            .PatternColor=15773696
19.            .ColorIndex=xlAutomatic
20.            .TintAndShade=0
21.            .PatternTintAndShade=0
22.        End With
23.        Selection.Borders(xlDiagonalDown).LineStyle=xlNone
24.        Selection.Borders(xlDiagonalUp).LineStyle=xlNone
25.        Selection.Borders(xlEdgeLeft).LineStyle=xlNone
26.        Selection.Borders(xlEdgeTop).LineStyle=xlNone
27.        Selection.Borders(xlEdgeBottom).LineStyle=xlNone
28.        Selection.Borders(xlEdgeRight).LineStyle=xlNone
29.        Selection.Borders(xlInsideVertical).LineStyle=xlNone
30.        Selection.Borders(xlInsideHorizontal).LineStyle=xlNone
31.    End Sub
```

单步执行新的宏“NEMacro”,同时观察 Excel 应用程序中的效果。对比程序清单 7-3 和 7-4,可以发现有些代码行被删除，例如行 12 至行 17、行 20 至行 21。有些代码行被修改，如行 7、行 11、行 13，分别改变了选择的单元格区域、字号和颜色。增加了代码行 23 至行 30，将活动单元格设置为无边框。

4. 保存“NEMacro”宏

完成“NEMacro”宏的调试、运行之后，就可以保存宏。在 VBE 窗口中，选择“文件”→“保存”命令，或者单击“标准”工具栏中的“保存”按钮，完成 NEMacro 宏的保存。

至此，完成 Word 宏和 Excel 宏代码的修改。

7.4 VBA 基础

VBA（Visual Basic for Application）由微软公司开发的面向对象的程序设计语言，它内嵌在 Office 应用程序中，是 Office 软件的重要组件，具有面向对象、可视化、容易学习和实现办公自动化等特点。Visual Basic 编辑器（VBE）是 VBA 的开发环境。

当用户面对一串陌生的 VBA 代码时，可能最想知道这些代码的含义和功能，以及它们是怎么构成的、有什么规则等。因为任何一门计算机语言都有它自己的组织结构，VBA 也不例外。本节将简单介绍 VBA 的数据类型、运算符、基本控制语句、对象、属性、方法和事件，掌握了这些基本的组成元素后，理解或设计 VBA 程序就容易得多。

7.4.1 VBA 语言基础

VBA 代码编写的基础知识包括数据类型、变量、常量和运算符。

1. 数据类型

VBA 的数据类型有数值型、字符型、日期型、布尔型、对象型、变体型等。表 7-1 列出了 VBA 中主要的数据类型及其取值范围。

表 7-1　数据类型

数据类型	关键字	说　　明	类型声明字符
整数型	Integer	用于存储程序中的整数,在内存中占2个字节,其取值范围为-32 768~32 767	%
长整数型	Long	存储范围更大的整数，在内存中占 4 个字节，其取值范围为-2 147 483 648~2 147 483 647	&
单精度浮点型	Single	存储正负的小数数值，在内存中占 4 个字节，其中，负数的取值范围为-3.402823E38~-1.401298E45,正数的取值范围为 1.401298E-45~3402823E38	!
双精度浮点型	Double	存储正负的小数数值，比单精度浮点型的精度更高，也就是可存储的小数位数更多。其中，负数的取值范围为-1.79769313486231E308~-4.94065645841247E-324，正数的取值范围为 4.94065645841247E-324~1.79769313486232E308	#
字符串型	String	存储若干个字符组成的一个字符序列,这些字符可以是 ASCII 码范围中的任意一个有效字符，在内存中占 1 个字节	$
布尔型	Boolean	最简单的数据类型，取值只能是 False 或 True，默认是 False。在内存中占 2 个字节	无
日期型	Date	存储日期和时间的数据类型，任何可以辨认的文本日期都可赋值给 Date 型变量，在内存中占 8 个字节	无
货币型	Currency	是为计算货币而设置的数据类型,通常情况下它是小数位数固定为 4 位的定点数，在内存中占 8 个字节	@
字节型	Byte	通常用来存储二进制文件、图像文件以及声音文件,在内存中占 1 个字节,范围是 0~255	无
对象型	Object	存储为 4 个字节的地址形式，为对象的引用	无
变体型	Variant	一种特殊的数据类型，所有没有被声明数据类型的变量都默认为变体型，可表述为上述任何一种数据类型	无

2. 常量和变量

（1）常量

常量的特点是在程序执行期间总是保持固定值。使用常量可以使程序更具可读性，并且易于修改。如果在程序中多次引用某个特定值，就可以将该数值定义为常量。如果以后这个值发生了改变，只简单地在语句中改变这个常量的声明即可，而不必改变该值所有使用的地方。常量一般分为以下几种：

① 数值常量：数值类型的常量称为数值常量，如 3.14、2、-16 等都是数值常量。

② 字符及字符串常量：字符数据类型的常量称为字符常量，通常用定界符（" "）表示，如 " 汽车 " 、" 123 " 、" ABC " 等。

③ 符号常量：在 VBA 中用符号表示的常量，在程序中可多次出现。例如，可以定义符号常量 PI，Const PI=3.1415926。

（2）变量

变量是指在 VBA 程序运行过程中可以改变的量。变量的使用包含两层含义：变量名和对变量的赋值。变量名是用户为变量定义的标识符；变量的值表示实际的量，存储在计算机系统中以变量标识符标记的存储位置。在 VBA 中，变量声明的格式为：

```
Dim 变量名 as [数据类型]
```

若在声明变量时，没有指定数据类型，则会自动声明为 Variant 类型。

根据变量的作用域可将变量分为以下 3 种。

① 公共模块级变量。整个程序都可以使用的变量，公有变量的声明应在模块的顶部使用 Public 语句声明，如 Public Num as Integer。

② 模块级变量。程序中的某个模块可以使用，同一程序中的不同模块不可使用，这类变量用 Dim 关键字在模块开始部分定义。

③ 过程级变量。只有声明此变量的过程可以使用它们，同一个模块的不同过程不可以使用。这类变量用 Dim 关键字在过程内定义。

3. 运算符

VBA 中共有 4 类运算符，分别是算术运算符、比较运算符、逻辑运算符、连接运算符。

（1）运算符的类型

① 算术运算符用来进行数学计算，是最常用、也是最简单的运算符，如表 7-2 所示。

表 7-2 算术运算符

运算符	名称	示例	功能说明
+	加法运算符	result=num1+num2	用于计算两数之和
–	减法运算符/符号	result=num1–num2 –num1	用作二元运算符时，计算两数之差；用作一元运算符时，说明表达式为负值
*	乘法运算符	result=num1*num2	用于计算两数之积
/	除法运算符	result=num1/num2	用于计算两个数的除法运算并返回一个浮点数
^	乘方运算符	result=num1^num2	用于指数运算
\	整数除法运算符	result=num1\num2	用于对两个数做除法运算并返回一个整数
Mod	取余运算符	result=num1 Mod num2	用于对两个数做除法运算并只返回余数

② 比较运算符是用来对两个操作数进行比较，是二元运算符，运算结果是 Boolean 型，即为 True 或 False，如表 7-3 所示。

表 7-3 比较运算符

运算符	功能	语法格式	运算符	功能	语法格式
=	等于	result=exp1=exp2	<=	小于或等于	result=exp1<=exp2
<	小于	result=exp1<exp2	>=	大于或等于	result=exp1>=exp2
>	大于	result=exp1>exp2	< >	不等于	result=exp1<>exp2

③ 逻辑运算符用来执行逻辑运算，结果为 Boolean 型，如表 7-4 所示。

表 7-4 逻辑运算符

运算符	名称	示例	功能说明
And	逻辑与	result=exp1 And exp2	And 运算符两边表达式同为真时，结果为 True，否则为 False
Or	逻辑或	result=exp1 Or exp2	Or 运算符两边表达式至少有一个为真时，结果为 True，否则为 False
Xor	逻辑异或	result=exp1 Xor exp2	Xor 运算符两边表达式同为真或同为假时，结果为 False，否则为 True
Not	逻辑非	result=exp1 Not exp2	一元运算符，当表达式的值为真时，结果为 False，否则为 True
Eqv	逻辑相等	result=exp1 Eqv exp2	Eqv 运算符两边表达式值相同时，结果为 True，否则为 False
Imp	逻辑蕴涵	result=exp1 Imp exp2	当表达式 1 为真而表达式 2 为假时，结果为 False，否则为 True

④ 连接运算符用来合并两个字符串，包括“+”和“&”两种，如表 7-5 所示。

表 7-5　连接运算符

运算符	示　例	功能说明
+	result=exp1 + exp2	可连接数据类型同为 String 的字符串，也可以连接一个表达式为 String，另一个表达式为其他数据类型的情况
&	result=exp1 & exp2	将两个表达式进行字符串强制连接，如果表达式不是 String，则会将其转换成 String 后再连接

（2）运算的优先级

在一个表达式中，可能使用多种运算符，每一个运算符都会按照预先确定的顺序进行计算，这称为运算的优先顺序。不同运算符在同一表达式中的优先运算关系如表 7-6 所示。

表 7-6　运算符的优先顺序

运 算 符	运算符名称	优 先 级
^	指数	1
–	取负	2
*/	乘法和除法	3
\	整除	4
Mod	求余	5
+–	加法和减法	6
&	连接运算符	7
=、<>、<、>、>=和<=	比较运算符	8
Not、And、Or、Xor、Eqr、Imp	逻辑运算符	9

需要注意的是，逻辑运算符中，以逻辑非运算符“Not”的优先级最高。

当优先级相同的运算符同时出现在一个表达式中时，按照其从左到右出现的顺序进行运算。为了让表达式中的某些部分优先进行运算，可使用“()”来改变其运算顺序，并且括号内的运算总是优先于括号外的运算，但在括号内，运算符的优先级不变。

7.4.2　VBA 的基本控制语句

VBA 作为一种程序设计语言，有一些固定的语句结构，使用这些语句可以执行循环、逻辑判断以及声明变量等。在 VBA 中，语句结构有很多种，这里仅简单介绍比较常用的 4 类控制语句。

1. 顺序结构

顺序结构没有复杂的逻辑关系，是最简单的一类语句结构。按照语句编写顺序从上到下、逐条语句执行。执行时，排在前面的代码先执行，排在后面的代码后执行，执行过程中没有任何分支。顺序结构是最普遍的结构形式，也是其他语句结构的基础。

2. 选择结构

在实际工作中，处理某些事情时往往会受到条件的制约，例如进行优秀学生评选时，只有当成绩“大于等于 90 分”的学生才能评为“优秀”。根据条件是否成立来确定是否执行相应操作的问题时，需要用选择结构来解决。选择结构又称分支结构，是根据“条件”选择执行哪一

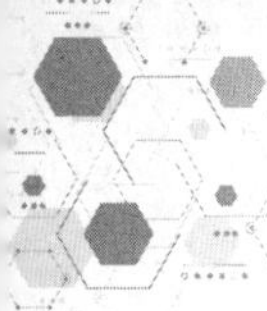

个分支的语句。

常用的选择结构有 If...Then 语句、If...Then...Else 语句、If...Then...ElseIf...Then 语句、Select Case 语句等。

（1）If...Then 语句

只对条件为 True 的情况进行处理，使用 If...Then 语句。

单行语法格式为：

```
If <条件表达式> Then < 语句>
```

块结构语法格式为：

```
If <条件表达式> Then
    < 语句>
End If
```

功能：当条件表达式的值为 True 时，执行 Then 后面的语句，否则不执行 If 语句。

需要注意的是，当使用块结构的 If...Then 语句时，一定要加上 End If 语句，否则执行程序时会出现错误。

（2）If...Then...Else 语句

If...Then...Else 语句的单行语法格式为：

```
If <条件表达式> Then < 语句 1> Else < 语句 2>
```

If...Then...Else 语句的块结构语法格式为：

```
If <条件表达式> Then
    < 语句 1>
Else
    < 语句 2>
End If
```

功能：当条件表达式的值为 True 时，执行 Then 后面的语句 1，否则执行 Else 后面的语句 2。

（3）If...Then...ElseIf...Then 语句

If...Then...ElseIf...Then 语句的语法格式为：

```
If <条件表达式 1> Then
    < 语句 1>
ElseIf <条件表达式 2> Then
        < 语句 2>
ElseIf <条件表达式 3> Then
        < 语句 3>
…
Else
        < 语句 n>
End If
```

功能：当条件表达式 1 的值为 True 时，执行语句块 1；否则，当条件表达式 2 的值为 True 时，执行语句块 2……以此类推。

这里的“ElseIf”为多重判断的关键字，不能用“If”代替，并且该语句格式中只需要一个“End If”语句。

（4）Select Case 语句

根据条件判断的结果，决定选择执行几组语句中的哪一组，使用 Select Case 语句更为有效。其语法格式为：

```
Select Case  <测试表达式>
     Case <表达式列表 1>
         <语句块 1>
```

```
        Case <表达式列表 2>
            <语句块 2>
        Case <表达式列表 3>
            <语句块 3>
    …
        Case <表达式列表 n>
            <语句块 n>
        [Case Else
            <语句块 n+1>]
    End Select
```

Select Case 语句的执行过程是根据“测试表达式”的值，找到第一个与该值相匹配的表达式列表，然后执行其后面的语句块。如果找不到与“测试表达式”的值匹配的表达式列表，并且有 Case Else 语句，则执行 Case Else 后面的语句块，否则跳转执行 End Select 后面的语句。

3. 循环结构

使用循环语句可以帮助用户快速完成一系列重复性的操作，减少程序重复书写的工作量，这是程序设计中最能发挥计算机特长的程序结构。在 VBA 中，经常使用的循环语句有 For...Next 循环、While...Wend 循环和 Do...Loop 循环。

（1）For ...Next 循环

对于指定次数的循环可以直接使用 For...Next 循环，该结构也称计数循环语句，其语法格式为：

```
For <循环变量> = <初值> To <终值> [Step 步长值]
    <循环体>
[Exit For]
Next <循环变量>
```

其中，循环变量是一个数值变量。初值、终值和步长值均为数值表达式，也可以为变量。如果语句中没有强行终止循环的语句，则循环会一直从初值循环到终值，然后结束。

步长值为正数则表示循环变量的值递增，如果是负数则表示循环变量的值递减。当省略 Step 时，默认步长值为 1。

循环体可以是单行语句，也可以是多行语句，当循环变量超过终值时，循环过程正常结束。如果要在循环结束前退出循环，就要在循环体内使用“Exit For”语句。该语句只能出现在循环体内，用来跳出循环并执行 Next 语句后面的程序。

（2）While...Wend 循环

While...Wend 循环语句通常用在指定条件为 True 时执行一系列重复性操作，其语法格式为：

```
While <条件表达式>
    <循环体>
Wend
```

While...Wend 循环语句的执行流程是首先判断条件表达式的值是否为 True，如果为 True 则执行循环体，并执行 Wend 语句，然后再返回 While 语句对条件表达式的判断。如果条件仍然为 True，则重复执行。当条件为 False 时，则不执行循环体，直接执行 Wend 语句后面的程序。

While...Wend 循环语句的条件可以是数值表达式或字符串表达式，其结果为 True 或 False。

（3）Do...Loop 循环

当知道在什么条件下执行循环，在什么条件下停止循环，但是不知道循环的次数时，可以使用 Do...Loop 循环结构。

Do...Loop 循环语句可以分为 Do While 和 Do Until 两种。Do While 语句可以理解为“当……时，执行……”，即当条件成立时执行循环；Do Until 语句可以理解为“执行……直到……”，执行循环直到条件不成立。

Do While 和 Do Until 又分别有两种结构。

① Do While...Loop 语句。Do While...Loop 语句的语法格式为：

```
Do While <条件表达式>
      <循环体>
      [Exit Do]
Loop
```

功能：先判断条件表达式的值，当条件表达式的值为 True 时，继续执行循环体，直到条件表达式的值为 False 时，跳出循环体。这种结构有可能循环体一次也不执行。

② Do Until...Loop 语句。Do Until...Loop 语句的语法格式为：

```
Do Until <条件表达式>
      <循环体>
[Exit Do]
Loop
```

功能：先判断条件表达式的值，当条件表达式的值为 False 时，继续执行循环体，直到条件表达式的值为 True 时，跳出循环。这种结构有可能循环体一次也不执行。

③ Do...Loop While 语句。Do...While Loop 语句的语法格式为：

```
Do
      <循环体>
[Exit Do]
Loop While <条件表达式>
```

功能：先执行循环体，再判断条件表达式的值，当条件表达式的值为 True 时，继续执行循环体，直到条件表达式的值为 False 时，跳出循环体。这种结构至少执行循环体一次。

④ Do...Loop Until 语句。Do...Until Loop 语句的语法格式为：

```
Do
      <循环体>
[Exit Do]
Loop Until <条件表达式>
```

功能：先执行循环体，再判断条件表达式的值，当条件表达式的值为 False 时，继续执行循环体，直到条件表达式的值为 True 时，跳出循环。这种结构至少执行循环体一次。

4. With 语句

在编写程序的过程中，如果需要设置同一个对象的多个属性，一般可以使用“对象.属性=属性值”语句去设置。例如，设置选择对象的字体格式，程序代码如下：

```
Selection.Font.NameFarEast="黑体"
Selection.Font.Name="宋体"
Selection.Font.Size=14
Selection.Font.Bold=True
Selection.Font.Underline=wdUnderlineNone
Selection.Font.UnderlineColor=wdColorAutomatic
Selection.Font.Color=wdColorAutomatic
```

但这样要反复输入相似的代码，非常烦琐。利用 With 语句能解决这个问题，该语句可以为设置同一个对象的不同属性，可以省略对象名称，达到简化代码的目的。其语法格式为：

```
With 对象
    .属性 1=属性值
    .属性 2=属性值
    .属性 3=属性值
    ……
    .属性 n=属性值
End With
```

使用 With 语句完成同样功能的程序代码如下：

```
With Selection.Font
    .NameFarEast="黑体"
    .Name="宋体"
    .Size=14
    .Bold=True
    .Underline=wdUnderlineNone
    .UnderlineColor=wdColorAutomatic
    .Color=wdColorAutomatic
End With
```

需要注意的是，在 With 语句中，属性前都要加上英文输入状态下的“.”，并且一次只能设定一个对象，不能用该语句一次设定多个不同的对象。

7.4.3 Sub 子过程

Sub 子过程是一个最基本的程序单元，包括一系列用于解决某个问题或完成某种任务的语句。在 Word 和 Excel 中录制的宏，生成的就是一个 Sub 子过程。

1. 声明 Sub 子过程

要使用 Sub 子过程，就需要声明 Sub 子过程，指定过程的名称、作用域、参数等。Sub 子过程声明语法格式为：

```
[Public/Private] Sub 子过程名[(参数 1,参数 2,……)]
                过程体
End Sub
```

其中，Public 关键字用于声明过程的作用域为公共过程，可以被其他模块调用；Private 关键字用于声明过程的作用域为私有过程，只能在本模块内调用，不可以被其他模块使用。如果省略 Public/Private，则默认为公共过程。另外，Sub 子过程可以带参数，也可以不带参数，以录制宏的方式生成的宏代码就是不带参数的子过程。

2. 调用 Sub 子过程

在 VBA 程序编写过程中，遇到复杂的任务时，可以将复杂任务分解为若干个功能单一的简单任务。先为每个简单任务编写过程，然后在编写完成复杂任务的过程中调用已编写好的过程，再将这些过程有序组合起来。在 VBA 中，调用 Sub 子过程的方法主要有两种：

（1）使用关键字 Call

可以使用 Call 语句调用子过程，其语法格式为：

```
Call 子过程名 [(参数 1,参数 2,……)]
```

如果子过程有参数，需要用“()”括起来；没有参数则可以省略掉“[]”内的内容。

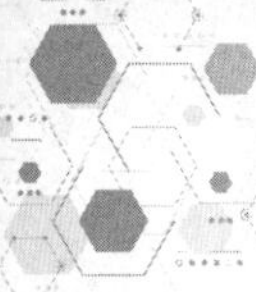

（2）直接输入过程名称

调用子过程并不一定要使用 Call 关键字，还可以直接输入过程名称，其语法格式为：

```
子过程名 [参数1,参数2,……]
```

如果调用子过程时省略了 Call 关键字，那么也必须省略参数外面的“()”，否则程序会出现错误。

7.4.4 对象、属性和方法

对象、属性、方法是代码的重要组成部分，VBA 程序中进行的所有操作都与对象有关，例如，为对象事件编写事件过程、调用对象的方法、设置对象的属性。因此，要对这些概念有所了解。

1. 对象

对象是客观世界的实体，生活中存在的任何具体的事物都可以称之为对象，如一辆汽车、一部手机、一个苹果等。VBA 中的对象代表应用程序中的元素，是 VBA 程序处理的内容。Word 的任何一个文档、表格、段落、域、书签等都是对象；Excel 的任何一个工作簿、工作表、单元格、图表、窗体等都是对象。

用户如果要查看 VBA 对象，可以在 VBE 窗口中选择“视图”→“对象浏览器”命令，打开“对象浏览器”窗口。该窗口是一个 VBA 全对象浏览器，可以帮助浏览 VBA 中的所有可用对象。

集合是一组属于同一个类的对象，集合本身也是对象，例如，Workbooks 集合对象是当前打开的所有 Workbook（工作簿）对象的集合。

2. 属性

属性定义了对象的特征，如名称、颜色、大小、是否可见等，每一个对象都有属性。可以通过修改对象的属性改变对象的特征，对象的属性值一次只能设定为一个特定的值。

在程序中可以使用赋值语句设置对象的属性，其语法格式为：

```
对象.属性=属性值
```

这里需要注意的是，对象和属性之间要用“.”分隔，“.”表示从属关系。例如下面的语句：

```
Workbooks("Sheet1").Name="基本信息表"
```

该语句是将工作表对象 Sheet1 的“Name”属性值设置为“基本信息表”。

还可以在程序中获取对象的属性值，其语法格式为：

```
变量=对象.属性
```

例如下面的语句：

```
i=Range("A1").Value
```

该语句获取单元格对象 A1 的“Value”属性值，然后赋值给变量 i。

3. 方法

每个对象都有方法，方法是作用在对象上的操作。例如，文档可以打印，Document 对象具有 PrintOut 方法；单元格区域的格式可以清除，Range 对象具有 ClearFormats 方法；工作簿可以新建，Workbook 对象具有 Add 方法。调用对象方法的语法格式为：

```
对象.方法
```

这里需要注意的是，对象和属性之间要用“.”分隔，“.”表示从属关系。例如下面的语句：

```
Range("A1: D1").ClearFormats
```

该语句的功能是调用 Range 对象的 ClearFormats 方法，清除单元格区域 A1:D1 的格式。

7.4.5　VBA 的应用

本节内容主要阐述几个实践中可能会用到的 VBA 编程案例，通过这些案例简单介绍 Word 对象模型、Excel 对象模型、PowerPoint 对象模型，并展示编写 VBA 程序用以解决问题的方法、步骤。

1. Word 对象模型

了解 Word 对象模型，可以在 VBE 窗口中选择“帮助”→“MicroSoft Viusal Basic for Applications 帮助”命令，或者按【F1】键，在浏览器中打开微软的“Office 客户端”在线帮助文档，并且定位到 Word 部分。在左侧的“目录”中，选择“Word VBA 参考”，打开 Word VBA 帮助文档；在“目录”中选择“对象模型”，可以查看 Word 的所有对象模型以及每个对象的属性、方法和事件。

Word 对象模型中，常用的、重要的对象有 Application 对象、Documents 集合、Document 对象、Seletion 对象、ActiveDocument 对象、Characters 集合、Words 集合、Sentences 集合、Paragraghs 集合等。

Application 对象是 Word 对象模型中最高层级的对象，代表 Microsoft Word 应用程序。

一个 Application 对象可以包含很多个文档 Document 对象，即 Documents 集合对象。可以同时打开多个文档 Document 对象，但只有一个文档 Document 对象处于编辑状态，这个文档就是当前具有焦点的文档 ActiveDocument 对象。

Seletion 对象代表 Word 窗口或窗格中的当前所选内容。所选内容代表文档中选定（或突出显示）的区域，如果文档中没有选定任何内容，则代表插入点。每个文档窗格只能有一个 Seletion 对象，并且在整个应用程序中只能有一个活动的 Seletion 对象。

每一个 Document 对象都具有 Characters（字符）、Words（分类号单词）、Sentences（句子）和 Paragraghs 四个集合。

接下来，通过 3 个案例讲解 Word 对象模型的用法，并通过 Word VBA 编程解决几个常见的 Word 应用问题。

案例 1：删除当前文档的空白段落。

在本例中，使用了 For Each...Next 循环语句，针对 Paragraphs 集合对象中的每个段落对象重复执行一组语句，找出空白段落并删除；并通过 Msgbox()函数调用输出消息对话框，在对话框中显示删除的空白段落总数。操作步骤如下。

Step 01：打开文档“例 7.1_素材.docx”，其中的空白段落是需要删除的段落。按【Alt+F11】组合键，打开 VBE 窗口。

Step 02：在“工程资源管理器”窗口中右击，在弹出的快捷菜单中选择“插入”→“模块”命令，插入“模块 1”，双击“模块 1”，打开代码窗口。

Step 03：在代码窗口输入程序清单 7-5 的代码。Paragraph 对象的 Range 属性返回一个 Range 对象，该对象代表指定段落中包含的文档部分。Range 对象的 Delete 方法删除指定数量的字符或单词。

程序清单 7-5

```
1.  Sub DelBlankParagraph()
2.        Dim i As Paragraph,n As Long
3.        Application.ScreenUpdating=False
```

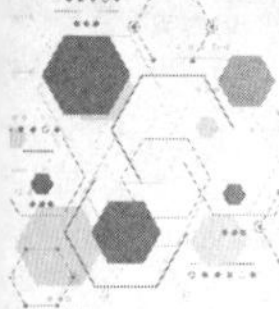


```
4.        For Each i In ActiveDocument.Paragraphs
5.           If Len(i.Range)=1 Then
6.              i.Range.Delete
7.              n=n+1
8.           End If
9.        Next
10.       MsgBox "共删除空白段落" & n & "个!"
11.       Application.ScreenUpdating=True
12.   End Sub
```

行 1 声明子过程 DelBlankParagraph()，由该过程完成空白段落的删除；行 3 关闭屏幕刷新；行 4 使用 Paragraph 对象 i 遍历当前活动文档的段落集合；行 5 至行 7 判断段落的长度是否为 1，如果条件满足，即为空白段落，则删除该空白段落，并进行计数；行 10 调用输出消息对话框，显示删除的空白段落总数。行 11 恢复屏幕刷新。

Step 04：在 VBE 窗口中，单击“标准”工具栏中的“保存”按钮，可保存为启动宏的 Word 文件。

Step 05：返回 Word 应用程序，切换到“开发工具”选项卡，单击“代码”选项组中的“宏”按钮，在弹出的“宏”对话框中，选择“DelBlankParagraph”宏，单击“执行”按钮，运行该宏。也可以在 VBE 窗口，单击“标准”工具栏中的“运行子过程/用户窗体”按钮。此时，可以看到文档中的空白段落全部删除，并弹出消息对话框显示删除空白段落总数。具体代码和效果可查看文档“例 7.1_效果.docm”。

案例 2：统一设置当前文档中图片的格式：居中、宽 8 cm，高 6 cm。

如果文档中的图片比较多，手动给每个图片设置格式、添加题注，显然效率是很低的。这里通过编写 VBA 代码，使用 Document 的 InlineShapes 属性返回文档中的 InlineShapes 集合，然后设置每一个 InlineShape 对象的格式，操作步骤如下。

Step 01：打开文档“例 7.2_素材.docx”，可以发现该文档中有若干张图片。按【Alt+F11】组合键，打开 VBE 窗口。

Step 02：在“工程资源管理器”窗口中右击，在弹出的快捷菜单中选择“插入”→“模块”命令，插入“模块 1”，双击“模块 1”，打开代码窗口。

Step 03：在代码窗口输入程序清单 7-6 的代码。

程序清单 7-6

```
1.  Sub SetShape()
2.        Dim myInlineShape As InlineShape
3.        Dim myWidth As Integer
4.        Dim myHeight As Integer
5.        myWidth=8
6.        myHeight=6
7.        For Each myInlineShape In ActiveDocument.InlineShapes
8.           myInlineShape.LockAspectRatio=False
9.           myInlineShape.Width=28.34*myWidth
10.          myInlineShape.Height=28.34*myHeight
11.          myInlineShape.Range.Paragraphs.Alignment=wdAlignParagraphCenter
12.        Next
13.  End Sub
```

行 1 声明子过程 SetShape()；行 2 至行 6 声明整型变量 myWidth、myHeight 用于存放高度值 6 和宽度值 8；行 7 使用 InlineShape 对象 myInlineShape 遍历当前活动文档 ActiveDocument 的

InlineShapes 集合对象，然后才能设置每个图片的格式；行 8 取消锁定纵横比；行 9 至行 10 设置图片的宽和高，这里需要将单位“cm”转换为“像素 ”；行 11 使用 Alignment 属性设置图片的位置居中。

Step 04： 在 VBE 窗口中，单击“标准”工具栏中的“保存”按钮，可保存为启动宏的 Word 文件。

Step 05： 返回 Word 应用程序，切换到“开发工具”选项卡，单击“代码”选项组中的“宏”按钮，在弹出的“宏”对话框中，选择“SetShape”宏，单击“执行”按钮，运行该宏。也可以在 VBE 窗口，单击“标准”工具栏中的“运行子过程/用户窗体”按钮。此时，可以看到文档中的空白段落全部删除，并弹出消息对话框显示删除空白段落总数。具体代码和效果可查看文档“例 7.2_效果.docm”。

案例 3：设置 Word 表格中的公式能够自动填充。

使用过 Office 的用户可能会有这样一个问题：为什么 Word 文档中的表格使用公式进行数据计算时不能像 Excel 那样自动填充？确实，Excel 可以自动填充公式，这种功能大大提高了办公效率。而 Word 中的表格如果有多个数据需要计算，最快速的方式就是复制公式到其他单元格，很多时候还需要手动修改参数，效率极低而且容易出错。接下来，编写 VBA 程序，实现 Word 表格中的公式能够自动填充，操作步骤如下。

Step 01： 打开文档“例 7.3_素材.docx”，该文档中有张“学生成绩表”需要计算总分和平均分。按【Alt+F11】组合键，打开 VBE 窗口。

Step 02： 在“工程资源管理器”窗口中，双击“ThisDocument”对象，打开其代码窗口。

Step 03： 在代码窗口输入程序清单 7-7 的代码。

程序清单 7-7

```
1. Option Compare Text
2. Sub AutoFormula()
3. Dim aCell As Cell,Fct As String,Rfct As String, StartRow As Integer, EndRow As Integer
4. Dim StartCol As Byte,EndCol As Byte,i As Byte
5. On Error Resume Next
6. Application.ScreenUpdating=False
7. With Selection
8.      If .Information(wdWithInTable)=False Then MsgBox "光标未处于 Word 表格中!": GoTo 10
9.      StartRow=.Cells(1).RowIndex
10.     EndRow=.Cells(.Cells.Count).RowIndex
11.     StartCol=.Cells(1).ColumnIndex
12.     EndCol=.Cells(.Cells.Count).ColumnIndex
13.     Fct=InputBox("请输入选定单元格中首个单元格的公式,以=开头!注意引用单元格的行(列)号与公式中的引用相一致!")
14.     If Fct Like "=[a-z]#*"=False Or Fct="" Then MsgBox "无效公式!": GoTo 10
15.     If StartCol=EndCol Then
16.         For Each aCell In .Cells
17.             If aCell.RowIndex=StartRow Then
18.                aCell.Formula Formula:=Fct
19.             Else
20.                Rfct=Replace(Fct,StartRow,aCell.RowIndex)
21.                aCell.Formula Formula:=Rfct
```

```
22.                 End If
23.             Next
24.         ElseIf StartRow=EndRow Then
25.             .Tables(1).Cell(StartRow, StartCol).Select
26.             .InsertFormula Formula:=Fct
27.             For i=StartCol+1 To EndCol
28.                 Rfct=Replace(Fct,Chr(StartCol+96),Chr(i+96))
29.                 .MoveRight unit:=wdCell
30.                 .InsertFormula Formula:=Rfct
31.             Next
32.         Else
33.             MsgBox "多行多列的单元格选定区域,Word 不予支持!"
34.         End If
35.     End With
36.     10: Exit Sub
37.     Application.ScreenUpdating=True
38.     End Sub
```

行 1 指定程序中字符串比较采用文本的比较方式；行 2 声明子过程 AutoFormula ()；行 5 规定程序的错误处理为忽略错误；行 8 检测选定部分或者单元格是否处于表格中，如果不是则弹出提示消息对话框，并使用 Goto 10 语句跳转到行标签为 10 的代码行，结束子过程；行 9 至行 12 使用 RowIndex、ColumnIndex 属性获取选定单元格区域的开始行、列号和结束行、列号；行 13 至行 14 使用 InputBox()函数，调用输入对话框，要求用户按要求输入第一个公式，并判断公式是否正确，如果不正确，跳转到行标签为 10 的代码行，结束子过程。

行 15 至行 23，判断选定单元格区域是否为同一列单元格；如果是，遍历该区域的每一个单元格，首先使用 Formula 方法填充第一个单元格的公式，然后使用 Replace 方法将原公式中的行号替换为当前单元格的行号，然后在当前单元格填充新的公式。

行 24 至行 31，判断选定单元格区域是否为同一行单元格；如果是，使用.Tables(1).Cell(StartRow, StartCol).Select 选择该区域的第一个单元格，并填充公式；接着使用 For...Next 循环为其余的单元格填充公式。

行 33，如果用户选择的单元格区域是多行多列的单元格区域，那么就无法填充公式，弹出错误提示消息对话框。

Step 04：在 VBE 窗口中，单击“标准”工具栏中的“保存”按钮，可保存为启动宏的 Word 文件。

Step 05：返回 Word 应用程序，选择表格中“总分”列的结果单元格区域 H2:H8。

Step 06：切换到“开发工具”选项卡，单击“代码”选项组中的“宏”按钮，在弹出的“宏”对话框中，选择“AutoFormula”宏，单击“执行”按钮，运行该宏，弹出输入对话框。也可以在 VBE 窗口，单击“标准”工具栏中的“运行子过程/用户窗体”按钮。

Step 07：在“输入”对话框中输入公式“=C2+D2+E2+F2+G2”，单击“确定”按钮。此时，可以看到所有学生的“总分”都计算出来了。

Step 08：重复 Step 05 至 Step 07 的步骤，计算“平均分”的结果，如图 7-30 所示。具体代码和效果可查看文档“例 7.3_效果.docm”。

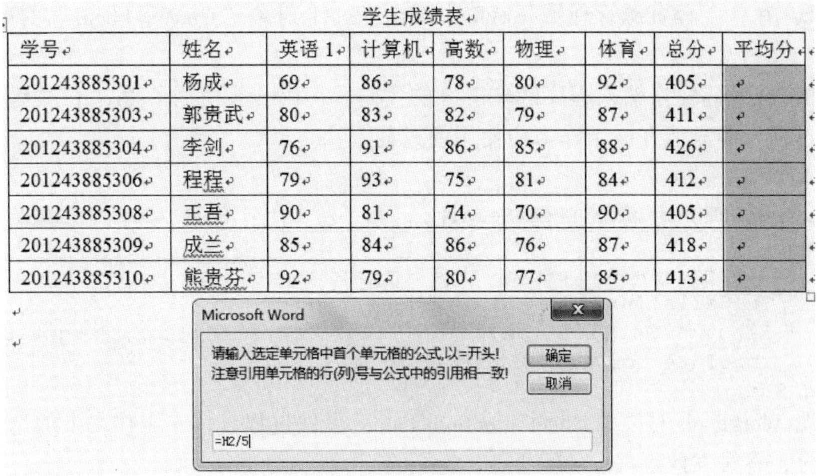

学生成绩表

学号	姓名	英语 1	计算机	高数	物理	体育	总分	平均分
201243885301	杨成	69	86	78	80	92	405	
201243885303	郭贵武	80	83	82	79	87	411	
201243885304	李剑	76	91	86	85	88	426	
201243885306	程程	79	93	75	81	84	412	
201243885308	王吾	90	81	74	70	90	405	
201243885309	成兰	85	84	86	76	87	418	
201243885310	熊贵芬	92	79	80	77	85	413	

Microsoft Word

请输入选定单元格中首个单元格的公式,以=开头!
注意引用单元格的行(列)号与公式中的引用相一致!

确定　取消

=H2/5

图 7-30　Word 表格自动填充

2. Excel 对象模型

了解 Excel 对象模型，可以在 VBE 窗口中打开“帮助”命令，选择“MicroSoft Viusal Basic for Applications 帮助”命令，在浏览器中打开微软的“Office 客户端”在线帮助文档，并且定位到 Excel 部分。在左侧的“目录”中，选择“Excel VBA 参考”，打开 Excel VBA 帮助文档；在“目录”中选择“对象模型”，可以查看 Excel 的所有对象模型以及每个对象的属性、方法和事件。

Excel 对象模型中，常用的、重要的对象有 Application 对象、Workbooks 集合、Workbook 对象、Worksheets 集合、Worksheet 对象、Range 对象、ActiveWorkbook 对象、ActiveSheet 对象等。

Application 对象是 Excel 对象模型中最高层级的对象，一个 Excel 应用程序就是一个 Application 对象。

一个 Application 对象可以包含很多个工作簿 Workbook 对象，即 Workbooks 集合对象。可以同时打开多个工作簿 Workbook 对象，但只有一个工作簿 Workbook 对象处于编辑状态，这个工作簿就是活动工作簿 ActiveWorkbook 对象。

一个工作簿 Workbook 对象包含很多个工作表 WorkSheet 对象，即 WorkSheets 集合对象。只有一个工作表 WorkSheet 对象处于编辑状态，这个工作表就是活动工作表 ActiveSheet 对象。

一个工作表 WorkSheet 对象可以包含很多个单元格 Range 对象。Range 对象可以是一个单元格，也可以是多个单元格。

接下来，通过 3 个案例来讲解 Excel 对象模型的用法，并通过 Excel VBA 编程解决几个常见的 Excel 应用问题。

案例 4：用颜色突显单元格所在的行和列。

在实际工作中，如果工作表中的数据太多，很容易使人看错行或者列，从而误读数据。通常情况下，可以使用【Ctrl+F】组合键打开“查找和替换”对话框快速定位一个值，但是在查看这个值所对应的行号和列标时，难免不会因为数据错综复杂而看错。如何才能在成百上千行数据的工作表中快速定位要查看的数据呢？答案是可以编写 VBA 代码，用颜色突出显示选择单元格所在的行和列。实现步骤如下。

Step 01：打开工作簿“例 7.4_素材.xlsx”，按【Alt+F11】组合键，打开 VBE 窗口。

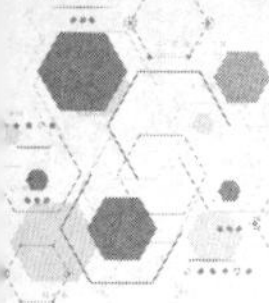

Step 02：在“工程资源管理器”窗口中双击 Excel 对象“ThisWorkbook”，打开该对象的代码窗口。

Step 03：在代码窗口输入程序清单 7-8 的代码，代码开头使用了 Private 关键字，说明这是一个私有过程，即只能在该工作簿中使用的过程。

程序清单 7-8

```
1.  Private Sub Workbook_SheetSelectionChange(ByVal Sh As Object, ByVal Target As
    Range)
2.        Dim rng As Range
3.        Sh.Cells.Interior.ColorIndex=xlNone
4.        Set rng = Application.Union(Target.EntireColumn, Target.EntireRow)
5.        rng.Interior.ColorIndex=4
6.  End Sub
```

行 1 声明 Workbook 对象的 SheetSelectionChange 事件过程，任一工作表上的选定单元格区域发生改变时，将触发此事件。

行 3 将工作表的单元格中已有的填充色清除。行 4 将选择单元格所在的行和列存放在 Range 类型的变量 rng 中。行 5 将变量 rng 中存放的单元格区域填充 4 号色。

Step 04：在 VBE 窗口中，单击“标准”工具栏中的“保存”按钮，可保存为启动宏的 Excel 文件。返回 Excel 应用程序，单击任意单元格，此时可以看到选择单元格所在行和列都被填充了绿色，如图 7-31 所示。具体代码和效果也可查看工作簿“例 7.4_效果.xlsm”。

	A	B	C	D	E	F	G	H	I	J
1	员工编号	姓名	性别	出生日期	年龄	参加工作	工龄	职称	级别	基本工资
2	A50103	陈珂	女	1956年8月1日	57	1977年9月1日	36	讲师	6级	1965.80
3	A50125	唐糖	女	1978年2月1日	35	2000年8月1日	13	助教	8级	1560.23
4	A50128	郭涛	男	1963年11月18日	50	1987年11月1日	26	助教	8级	1388.89
5	A50212	李沛祺	女	1976年7月16日	37	1997年8月1日	16	助教	8级	1458.40
6	A50216	杨增湖	男	1963年12月11日	50	1977年12月1日	36	副教授	4级	3030.97
7	A50313	朱钟灵	男	1982年10月14日	31	2006年5月1日	7	实验员	8级	1323.95
8	A50325	戴婷	男	1960年3月15日	53	1988年3月1日	25	教授	1级	2924.04
9	A50326	田畑	女	1969年1月26日	44	1987年1月2日	26	实验员	8级	1362.94
10	A50327	沈梦怡	男	1956年12月30日	57	1980年12月1日	33	教授	1级	2413.19
11	A50329	陆云龙	女	1970年4月28日	43	1992年4月1日	21	助教	8级	1781.07
12	A50330	方晓强	男	1977年1月18日	36	1999年8月1日	14	讲师	7级	2752.19
13	A50401	马梁	女	1963年10月2日	50	1983年10月1日	30	副教授	4级	2638.50
14	A50402	王楠	男	1948年10月6日	65	1969年10月1日	44	讲师	6级	2536.40

图 7-31　操作效果

案例 5：根据单元格内容删除单元格。

在处理 Excel 表格时，经常遇到对符合要求的单元格进行删除的操作。如果只有几个单元格，手动删除是很容易的。但是，当表格数据量庞大且无规律，手动删除就变成了难以完成的任务。可以使用 Range 对象的 Delete 方法，根据单元格内容删除所有不需要的单元格。Delete 方法的语法格式为：

```
表达式.Delete(移位)
```

其中，表达式是一个代表单元格或单元格区域的 Range 对象。“移位”是指对于要删除的 Range 对象，如何调整邻近的单元格以填补删除的单元格位置。“移位”的参数有 3 种，分别是：

① xlShiftToLeft：删除后右侧的单元格向左移动。

② xlShiftUp：删除后下方的单元格向上移动。

③ 省略：根据区域的形状确定调整方式。

下面编写 VBA 程序，实现根据单元格内容删除单元格，操作步骤如下：

Step 01：打开工作簿“例 7.5_素材.xlsx”，其中，V 列中有“退休”备注信息的数据记录是需要删除的。按【Alt+F11】组合键，打开 VBE 窗口。

Step 02：在“工程资源管理器”窗口中右击，在弹出的快捷菜单中选择“插入”→“模块”命令，插入“模块 1”，双击“模块 1”，打开代码窗口。

Step 03：在代码窗口输入程序清单 7-9 的代码。使用了 For Each...Next 循环语句，针对集合中的每个元素重复执行一组语句。

程序清单 7-9

```
1.  Sub DelRng()
2.        Dim a As Range
3.        Dim b As Range
4.        Set a=Worksheets(1).UsedRange
5.        For Each b In a
6.            If b.Value="退休" Then
7.               b.Select
8.               Dim i
9.               i=Selection.Row
10.              Rows(i).Delete
11.           End If
12.       Next b
13.  End Sub
```

行 4 将工作簿中第一个工作表已使用的单元格区域赋值给集合对象 a。行 5 使用 b 遍历集合 a 中的每一个 Range 对象。行 6 如果 b 中的值等于“退休”，则执行行 7 至行 10 的代码。行 10 删除值为“退休”的单元格所在的行。

Step 04：在 VBE 窗口中，单击“标准”工具栏中的“保存”按钮，可保存为启动宏的 Excel 文件。

Step 05：返回 Excel 应用程序，切换到“开发工具”选项卡，单击“代码”选项组中的“宏”按钮，在弹出的“宏”对话框中，选择“DelRng”宏，单击“执行”按钮，运行该宏。此时，可以看到 V 列中有“退休”备注信息的数据行全部被删除。具体代码和效果可查看工作簿“例 7.5_效果.xlsm”。

案例 6：将不同工作表拆分成独立的工作簿。

在 Excel 的实际应用中，用户可能会遇到这样的问题：为了给不同的使用对象最直接的数据，需要先将无关的数据拆分出来，这就需要将工作表拆分成独立工作簿。操作步骤如下。

Step 01：打开工作簿“例 7.6_素材.xlsx”。该工作簿中有 4 张工作表，分别记录 4 个分部的图书销售情况，现要求将这 4 张工作表拆分成 4 个独立的工作簿。按【Alt+F11】组合键，打开 VBE 窗口。

Step 02：在“工程资源管理器”窗口中右击，在弹出的快捷菜单中选择“插入”→“模块”命令，插入“模块 1”，双击“模块 1”，打开代码窗口。

Step 03：在代码窗口输入程序清单 7-10 的代码，包括 WorkbookSplit()子过程和 GetPatch()函数。

程序清单 7-10

```
1.  Sub WorkbookSplit()
2.        Dim patch As String
3.        patch=GetPatch()
4.        If patch="" Then
5.            Exit Sub
6.        End If
```

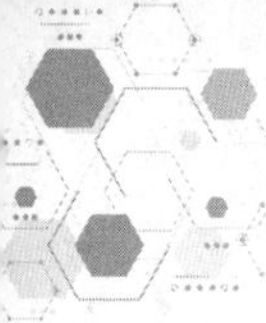


```
7.        Application.ScreenUpdating=False
8.        Dim index As Integer
9.        For index=1 To Worksheets.Count
10.           Dim one As Worksheet
11.           Set one=ThisWorkbook.Worksheets(index)
12.           Workbooks.Add
13.           one.Copy before:=ActiveWorkbook.Worksheets(1)
14.           ActiveWorkbook.SaveAs patch+"\"+one.Name+".xlsx"
15.           ActiveWorkbook.Close
16.       Next index
17.       Application.ScreenUpdating=True
18.   End Sub
19.   Function GetPatch() As String
20.       Dim fd As FileDialog
21.       Set fd=Application.FileDialog(msoFileDialogFolderPicker)
22.       Dim result As Integer
23.       With fd
24.           .AllowMultiSelect=False
25.           result=.Show()
26.           If result<>0 Then
27.               GetPatch=fd.SelectedItems(1)
28.           Else
29.               GetPatch=""
30.           End If
31.       End With
32.       Set fd=Nothing
33.   End Function
```

行 1 至行 18 为 WorkbookSplit()子过程，实现将工作表拆分成独立的工作簿，其中调用 GetPatch()函数获取用户输入的文件夹路径，在这个路径下新建工作簿，并将当前工作簿中的每一张工作表分别插入到这个新建的工作簿中，然后保存并关闭新建工作簿。

行 19 至行 33 为 GetPatch()函数，该函数调用“文件夹选取”对话框获取用户指定的文件夹路径。

Step 04：在 VBE 窗口中，单击“标准”工具栏中的“保存”按钮，可保存为启动宏的 Excel 文件。

Step 05：返回 Excel 应用程序，切换到“开发工具”选项卡，单击“代码”组中的“宏”按钮，在弹出的“宏”对话框中，选择“WorkbookSplit”宏，单击“执行”按钮，运行该宏。此时，弹出“浏览”对话框，选择“例 7.6”文件夹，将拆分后的工作簿保存在此文件夹中。

Step 06：程序运行结束后，打开“例 7.6”文件夹，可看到拆分出的 4 个工作簿，如图 7-32 所示。具体代码可查看工作簿“例 7.6_效果.xlsm”。

3. PowerPoint 对象模型

了解 PowerPoint 对象模型，可以在 VBE 窗口中打开“帮助”菜单，选择“MicroSoft Viusal Basic for Applications 帮助”命令，在浏览器中打开微软的“Office 客户端”在线帮助文档，并定位到 PowerPoint 部分。在左侧的“目录”中，选择“PowerPoint VBA 参考”，打开 PowerPoint VBA 帮助文档；在“目录”中选择“对象模型”，可以查看 PowerPoint 的所有对象模型以及每个对象的属性、方法和事件。

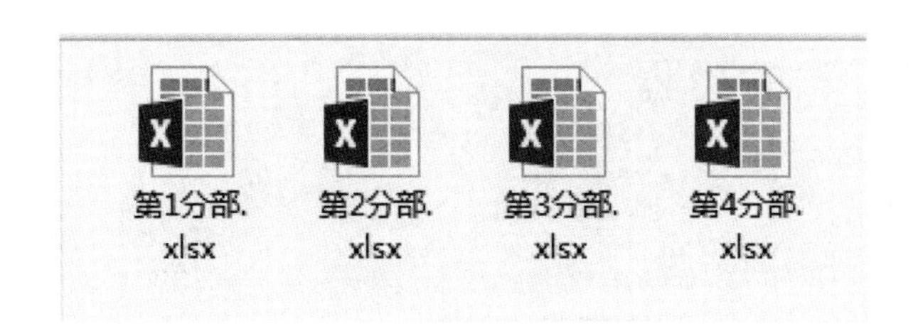

图 7-32　拆分出的工作簿

PowerPoint 对象模型中，常用的、重要的对象有 Application 对象、Presentations 集合、Presentation 对象、Slides 集合、Slide 对象、SlideShowWindow 对象、ActivePresentation 对象、Shape 对象等。

Application 对象是 PowerPoint 对象模型中最高层级的对象，一个 PowerPoint 应用程序就是一个 Application 对象，通过该对象可以访问 PowerPoint 中的其他所有对象。

一个 Application 对象可以包含很多个演示文稿 Presentation 对象，即 Presentations 集合对象。可以同时打开多个演示文稿 Presentation 对象，但只有一个演示文稿 Presentation 对象处于编辑状态，这个演示文稿就是活动演示文稿 ActivePresentation 对象。

一个演示文稿 Presentation 对象包含很多张幻灯片 Slide 对象，即 Slides 集合对象。

SlideShowWindow 对象代表幻灯片放映窗口中的视图。

Shape 对象代表绘图层中的对象，例如自选图形、任意多边形、OLE 对象或图片。

接下来，通过 2 个案例来讲解 PowerPoint 对象模型的用法，并通过 PowerPoint VBA 编程解决几个常见 PowerPoint 问题。

案例 7：使 PowerPoint 中的铅笔功能更加灵活。

实际上，PowerPoint 自带铅笔功能。在幻灯片放映时右击，在弹出的快捷菜单中选择“指针选项”→“笔”命令，即可实现将鼠标指针变成铅笔功能。在这里，通过编写 VBA 代码实现对铅笔功能更加灵活的控制。操作步骤如下。

Step 01：打开演示文稿“例 7.7_素材.pptx”，选择第 2 张幻灯片。

Step 02：切换到“开发工具”选项卡，单击“控件”选项组中的“命令按钮”控件，如图 7-33 所示。在第 2 张幻灯片中绘制第一个按钮，接着单击“控件”组中的“属性”按钮，打开“属性”窗口，设置“Caption”属性的值为“变铅笔”。

Step 03：使用上述方法，添加第二个按钮，并在“属性”窗口设置“Caption”属性的值为“清除”，如图 7-34 所示。

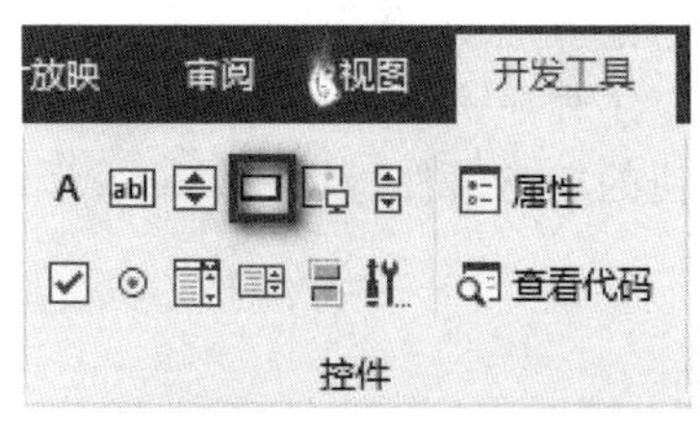

图 7-33　控件组

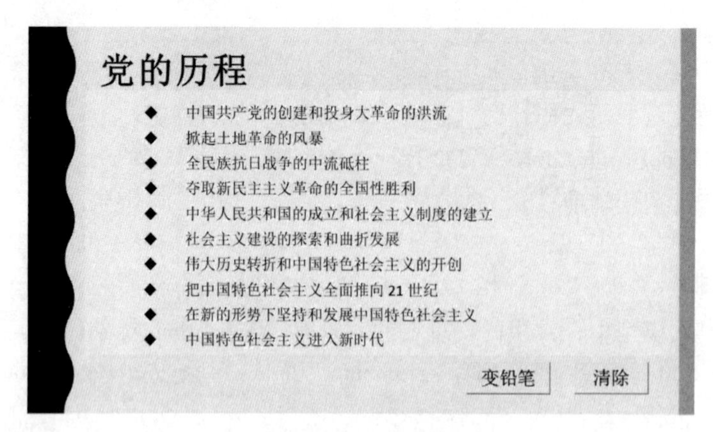

图 7-34 添加按钮

Step 04：单击“变铅笔”按钮，单击“控件”组中的“查看代码”按钮，打开 VBE 窗口，同时将插入点定位在该按钮的单击事件过程内。输入程序清单 7-11 的代码，实现将鼠标指针变为铅笔的功能。

程序清单 7-11

```
1.  Private Sub CommandButton1_Click()
2.       If CommandButton1.Caption="变铅笔" Then
3.          With SlideShowWindows(1).View
4.              .PointerType=ppSlideShowPointerPen
5.           End With
6.           CommandButton1.Caption="变鼠标"
7.       Else
8.           SlideShowWindows(Index:=1).View.PointerType = ppSlideShowPointerArrow
9.           CommandButton1.Caption="变铅笔"
10.      End If
11.  End Sub
```

行 1 声明“变铅笔”按钮的单击事件过程，过程名称为 CommandButton1_Click()。

行 11 结束“变铅笔”按钮的单击事件过程。

行 2 至行 10 是 If...Then...Else 语句，用来判断按钮标题是“变铅笔”还是“变鼠标”；如果按钮标题为“变铅笔”，运行行 3 至行 6 的代码，将索引值为 1 的幻灯片放映窗口 SlideShowWindows(1)的指针类型值设置为 ppSlideShowPointerPen，即变为铅笔，并修改按钮标题 Caption 属性为“变鼠标”；如果按钮标题为“变鼠标”，则运行行 8 至行 9 的代码，将幻灯片放映窗口 SlideShowWindows(Index:=1)的指针类型值设置为 ppSlideShowPointerArrow，即变为鼠标指针，并修改按钮标题 Caption 属性为“变铅笔”。

Step 05：返回 PowerPoint 应用程序，单击“清除”按钮，单击“控件”组中的“查看代码”按钮，将插入点定位在该按钮的单击事件过程内。输入程序清单 7-12 的代码，实现清除所有铅笔笔迹的功能。

程序清单 7-12

```
1.  Private Sub CommandButton2_Click()
2.       SlideShowWindows(1).View.EraseDrawing
3.  End Sub
```

行 2 的 EraseDrawing 方法用于删除幻灯片放映时使用铅笔绘制的线条。

Step 06：返回 PowerPoint 应用程序，放映幻灯片，分别单击“变铅笔”按钮和“清除”

按钮，查看效果。

Step 07：在 PowerPoint 应用程序窗口中，单击“保存”按钮，可保存为启动宏的 PowerPoint 文件。具体代码可查看演示文稿“例 7.7_效果.pptm”。

案例 8：制作单选题测试。

PowerPoint 经常用于辅助教学，单选题是了解学习者对知识掌握情况的一个重要途径。如果利用 PowerPoint 对学习者进行单选题测试，就需要用 VBA 和 PowerPoint 控件制作具有较强交互性和智能化的课件。操作步骤如下。

Step 01：打开演示文稿“例 7.8_素材.pptx”，选择第 2 张幻灯片。

Step 02：切换到“开发工具”选项卡，单击“控件”选项组中的“选项按钮”控件，在第 2 张幻灯片中绘制一个“选项”按钮；接着单击“控件”组中的“属性”按钮，打开“属性”窗口，设置“Caption”属性的值为“A、1920 年”；设置“Value”属性值为“False”。

Step 03：使用上述方法，添加 3 个“选项”按钮，分别设置“Caption”属性的值为“B、1921 年”“C、1924 年”“D、1922 年”，并设置“Value”属性值都为“False”。

Step 04：单击“控件”选项组中的“命令按钮”控件，在第 2 张幻灯片绘制两个“命令”按钮，并分别设置两个按钮的“Caption”属性值为“重新做”“下一题”，如图 7-35 所示。

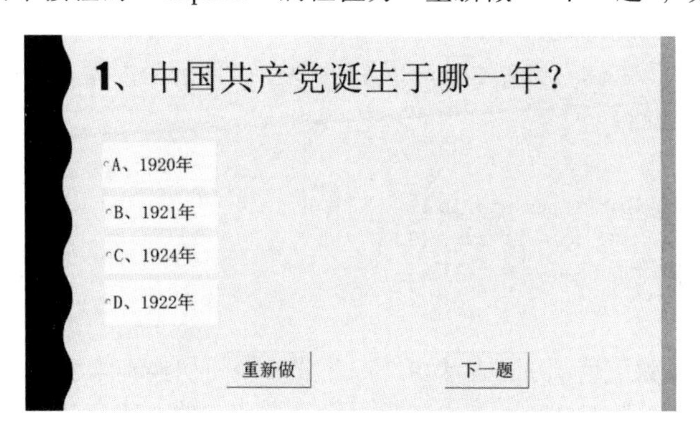

图 7-35　单选题 1

Step 05：选择第 3 张幻灯片，参考第 2 张幻灯片，添加 4 个“选项”按钮，并分别设置“Caption”属性的值和“Value”属性值；再添加 3 个“命令”按钮，并分别设置“Caption”属性的值，如图 7-36 所示。

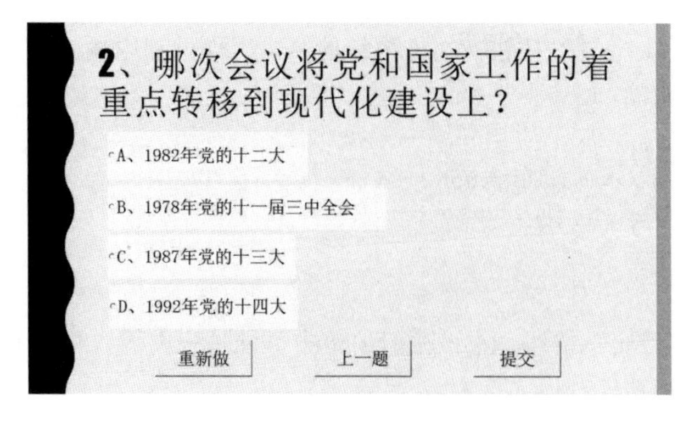

图 7-36　单选题 2

Step 06：单击“控件”选项组中的“查看代码”按钮，打开 VBE 窗口，在“工程资源管理器”窗口右击，在弹出的快捷菜单中选择“插入”命令，然后选择“模块”，添加“模块 1”。在“模块 1”的代码窗口输入程序清单 7-13 的代码。

程序清单 7-13

```
Public Right_Answer As Integer
```

该行代码声明全局变量 Right_Answer，用于统计答题正确的个数。因为所有幻灯片都要使用这个变量，所以必须设为全局变量。

Step 07：选择第 2 张幻灯片，双击“重新做”按钮，将插入点定位在该按钮的单击事件过程内。输入程序清单 7-14 的代码，实现清除所选答案的功能。

程序清单 7-14

```
1.  Private Sub CommandButton1_Click()
2.      OptionButton1.Value=False
3.      OptionButton2.Value=False
4.      OptionButton3.Value=False
5.      OptionButton4.Value=False
6.  End Sub
```

行 2 至行 5 的代码，将 4 个“选项”按钮的“Value”属性值都设为“False”，表示所有选项都为未被选择，可以重新答题。

Step 08：双击“下一题”按钮，在该按钮的单击事件过程内输入程序清单 7-15 的代码，实现切换到下一题的功能。

程序清单 7-15

```
1.  Private Sub CommandButton2_Click()
2.      With SlideShowWindows(1).View
3.      .GotoSlide 3
4.      End With
5.  End Sub
```

行 3 的 GotoSlide(索引值)方法表示在幻灯片放映期间切换到索引值指定的那一张幻灯片。

Step 09：选择第 3 张幻灯片，双击“重新做”按钮，输入程序清单 7-16 的代码。

程序清单 7-16

```
1.  Private Sub CommandButton1_Click()
2.      OptionButton1.Value=False
3.      OptionButton2.Value=False
4.      OptionButton3.Value=False
5.  End Sub
```

Step 10：双击“上一题”按钮，在该按钮的单击事件过程内输入程序清单 7-17 的代码，实现切换到上一题的功能。

程序清单 7-17

```
1.  Private Sub CommandButton2_Click()
2.      With SlideShowWindows(1).View
3.      .GotoSlide 2
4.      End With
5.  End Sub
```

Step 11：双击“提交”按钮，在该按钮的单击事件过程内输入程序清单 7-18 的代码，实现统计答对题目总数的功能。

程序清单 7-18

```
1.  Private Sub CommandButton3_Click()
```

```
2.       Right_Answer=o
3.       If OptionButton2.Value=True Then
4.          Right_Answer=Right_Answer+1
5.       End If
6.       If Slide2.OptionButton2.Value=True Then
7.          Right_Answer=Right_Answer+1
8.       End If
9.       MsgBox("答对" & Right_Answer&"题!")
10.       SlideShowWindows(1).View.Exit
11.  End Sub
```

行 2 将全局变量 Right_Answer 赋值为 0，更新每次正确的答题总数。

行 3 至行 5 判断第 3 张幻灯片中的题目所选答案是否正确，如果“OptionButton2”的“Value”属性值为 True，将 Right_Answer 变量加 1。

行 6 至行 8 判断第 2 张幻灯片中的题目所选答案是否正确，如果“Slide2.OptionButton2”的“Value”属性值为 True，将 Right_Answer 变量加 1。

行 9 使用 Msgbox()函数，在对话框中显示答对题目的总数。

行 10 使用 Exit 方法结束幻灯片的放映。

Step 12：返回 PowerPoint 应用程序，放映幻灯片，分别单击“选项”按钮和“命令”按钮，查看效果，如图 7-37 所示。

图 7-37　消息框

Step 13：在 PowerPoint 应用程序窗口中，单击“保存”按钮，可保存为启动宏的 PowerPoint 文件。具体代码可查看演示文稿“例 7.8_效果.pptm”。

本 章 习 题

1. 在 Word 2016 中录制宏：首行缩进 2 个字符，字体为华文中宋，小四，行间距为 15 磅，并应用该宏对文档“习题素材.docx”中的正文进行格式设置。

2. 利用 VBA 编写简单的程序，对工作簿“行和列互换.xlsx”中 Excel 表格的行和列进行互换。

（1）打开工作簿“行和列互换. xlsx”，切换到“开发工具”选项卡，单击“控件”选项组中的“插入”按钮，插入“ActiveX 控件区”内的命令按钮。

（2）双击 CommandButton1 按钮，出现命令按钮单击事件代码窗口，输入“单击事件”的代码，实现 Excel 表格行和列的互换。

（3）保存工作簿“行和列互换.xlsx”。

参 考 文 献

[1] 沃尔肯巴赫. 中文版 Excel 2016 宝典[M]. 9 版. 赵利通，卫琳，译. 北京：清华大学出版社，2016.

[2] 一线文化. Word/Excel/PPT 2016 商务办公技能+技巧+实战应用大全[M]. 北京：中国铁道出版社，2017.

[3] 龙马高新教育. Office 2016 办公应用从入门到精通[M]. 北京：北京大学出版社，2016.

[4] 王国胜. Excel 2016 公式与函数辞典[M]. 北京：中国青年出版社，2016.

[5] 亚历山大，库斯莱卡. Excel 2016 高级 VBA 编程宝典[M]. 8 版. 姚瑶，王战红，译. 北京：清华大学出版社，2017.